识生命之状态　　修生活之态度

*More ecological living needs more ecologic learning!*

# 生态学精要

## Fundamentals of General Ecology

（第二版）

周长发　屈彦福　李　宏　吕琳娜　计　翔　编著

科学出版社

北　京

## 内 容 简 介

本书对基础生态学中的核心内容进行了图文并茂的展示和叙述，重点对个体、种群、群落和生态系统生态学中的主要研究内容、案例和结论进行了详细阐述，对其中涉及的统计理论和数学模型等进行了推导与构建。它涉及生态学的最核心基础，内容丰富、案例典型、语言生动。

本书包含了生态学发展过程与主要理论的最新研究成果，适合作为生态学和生物学本科生、研究生的教材，也是相关专业师生的必备参考书。

**图书在版编目（CIP）数据**

生态学精要 / 周长发等编著. —2 版. —北京：科学出版社，2017.3

ISBN 978-7-03-052317-4

Ⅰ. ①生… Ⅱ. ①周… Ⅲ. ①生态学-高等学校-教材 Ⅳ. ①Q14

中国版本图书馆 CIP 数据核字（2017）第 052338 号

责任编辑：刘 畅 / 责任校对：邹慧卿

责任印制：赵 博 / 封面设计：铭轩堂

科 学 出 版 社 出版

北京东黄城根北街 16 号

邮政编码：100717

http://www.sciencep.com

三河市骏杰印刷有限公司印刷

科学出版社发行 各地新华书店经销

*

2017 年 4 月第 二 版 开本：787 × 1092 1/16

2025 年 1 月第八次印刷 印张：22

字数：563 000

**定价：79.80元**

（如有印装质量问题，我社负责调换）

本书的编写和出版得到国家自然科学基金项目（31172124 和 31472023）以及江苏高校优势学科建设工程资助项目、江苏高校品牌专业建设工程一期项目和国家科技基础条件平台工作重点项目（2005DKA21402）的共同资助！

本书使用的部分标本数据来自于国家动物数字博物馆数据库。

# 序

春萌夏华、秋敛冬藏。天地有大美、四时有明法、万物有成理。 钩深索隐、说法明理，乃人之大乐、生之大幸，亦为学者之责、学人之任也！

生命乃宇宙之精、自然之华，自成之来已历千万季矣！其与环境和谐共处、融合演化之生态理论古人虽早有窥究，但其严密成熟学说之确立却只略长于甲子之年。何哉？统合之论需有饱学之士，精微之理要有严密之术，野外之习多赖耐劳之人。况生命之精巧、环境之多变、表现之细微非朝夕可悟也。然时至今日，生态之说、环境之论已日臻完善，且已渗入社会生活各个层面，已然现代之人、杰出之士非懂之理、必修之课也！研习其基本理论、掌握其主要知识，不仅可一探生命存在之状况，亦可一窥世界大势之趋向也！

惜当今之世，借社会发展之名行毁损生态之境多矣，鼠目寸光之人亦众矣！追本溯源，乃生态之学不够彰显、生物之说不甚普及也。故推广生态之学、广播环保之术乃教师学人不能回避之责也！

吾学浅才陋、俭腹枯肠，本不擅此大任。然萤焰之光也可借明、点滴之水亦能解渴。况人人都不行动何人才能行动、何时都不开始何时才能开始？故借四方游学之际、多国游览之时，广看多摄、善问好学，自觉稍懂自然生态之理、浅窥自然之术，故裁选核心内容、挑选典型图片汇成此辑。望以简洁科学之描述、精美生动之图示给读者以知识和乐趣！

学得生态，活得生态！信乎？

周长发

zhouchangfa@njnu.edu.cn

2017 年 1 月

# 前　　言

生态学主要研究自然状态下生物与环境之间的相互关系及其演化适应过程和模式。它的基本理论对指导我们人类可持续发展、人与环境和谐统一等有重要意义，故在当今世界越来越多地引起关注和研究。

生态学理论综合性强、范围广泛、发展迅猛。对于基本理论的准确把握、深入了解和系统学习是生物学、生态学、农林类专业学生的不可或缺的研习任务之一。

当前，大多数国外生态学教材往往独特性较强，有较深的研究背景和实例，而国内的教材内容却大多简单、重复，个性不足，实例较少，偏重于理论的归纳与总结，独创性较弱。有鉴于此，本书作者结合多年生态学教学实践，在阅读大量原始文献的基础上编成此书。它的内容涵盖了基础生态学或普通生态学的所有方面，每个章节只针对一个主题，并以较浅显的语言、原创图片进行介绍和展示，寄希望给大学生和对生态学感兴趣的读者带来阅读的兴趣并较容易地有所收获。

在本书的编写过程中，南京师范大学的很多老师尤其是程罗根、杨州及戴建华等教授给了我们很多鼓励和支持，我们将最诚挚的敬意和谢意献给他们！

云南大学生命科学学院的陆树刚教授慷慨提供了部分照片，使本书增色不少。

南京师范大学蜉蝣研究组的李丹、王艳霞、孙俊芝、韩轶轲、斯琴、罗娟艳、胡泽、张伟等在照片拍摄、文字录入和校对方面给予了一定的协助。

几年教学过程中有许多同学就基础生态学和环境生态学的相关问题与我们进行过讨论。他们上课时的认真态度、钻研精神和专注眼神给了我们很多激励！

由于水平十分有限，在编写过程中，我们虽极其尽力小心，相信书中错误及不足之处仍有不少，欢迎读者及同行批评指正！

编　者

2016 年 9 月

南京师范大学生命科学学院

# 目　　录

## 第三部分　群落生态学

## 第四部分　生态系统生态学

# 1

# 第一章　绪　论

生物的生存与发展离不开环境。每个生物个体都要不停地从外界获得营养、食物，呼吸气体，交换能量，并且向周围环境排出代谢废物等。种群内的不同个体之间也存在着程度不同的联系，如婚配、竞争、协作和淘汰等；种群本身也有形成、发展和衰亡过程；不同种群之间也有个体的迁入或迁出、基因交换或竞争淘汰等。生活在同一地域的不同种群形成群落，它们之间具有捕食、寄生、共生等多种相互关系。同时，群落本身也要与环境交换物质（如水）与能量（如光能）等从而形成生态系统，后者的存在与平衡也需要有能量和物质的不断输入与驱动。总之，在所有层次和水平上，生物与周围环境、生物与其他生物之间都存在着复杂多样的关系、作用和联系。如果把生物体或其群体之外的所有一切都看做环境的话，那么我们可以这样说，生物与环境之间存在着多种多样的复杂关系（图 1-1）。而生态学就是研究生物与环境之间相互关系的学科。

扫一扫看彩图

图 1-1　生物离不开环境示例（小白鹭在水中捕鱼）

## 一、生态学的定义

Haeckel（1866）首先提出和使用“**ecology**”一词，它由希腊词词根 *oîkos*（意为“房子”）和-$\lambda o\gamma i\alpha$（意为“学问”）组合变化而成。因此，从词源上讲，生态学（ecology）是研究生物“住所”的科学，即研究生物与其环境之间相互关系的科学。

在生态学的发展过程中，许多人因强调不同的研究分支和领域，从不同的角度提出过多种生态学的定义（方萍和曹凑贵，2008）：

生态学是关于生物与环境关系的综合学科（Haeckel，1866）；

生态学是关于动物与有机和无机环境各种关系的学科（Haeckel，1869）；

生态学研究生物的居所，它是有关生物与周围所有有机或无机环境之间存在的各种关系总和的知识（Haeckel，1869）；

生态学是关于动物、植物与历史的、现实的外部环境或生物之间关系的科学（Burdon-Sanderson，1893）；

生态学研究植物与其周围环境和其他植物之间关系，这些关系随植物生境的不同而变化（Tansley，1904）；

生态学研究动物、植物与生境和习性之间的关系（Elton，1927）；

生态学主要关注动物在群落中的地位及能量关系而非它们的结构和适应性（Elton，1927）；

生态学是研究动物的生活方式与生存条件的联系，以及动物生存条件对繁殖、生活、数量及分布的意义（Haymob，1955）；

生态学是研究生态系统的结构和功能的科学（Odum，1956，1971）；

生态学是研究有机体与生活地之间相互关系的科学（Smith，1966）；

生态学是研究自然环境尤其是生物与周遭关系的学科（Ricklefs，1973）；

生态学是研究生命系统与环境系统之间相互作用规律及其机制的科学（马世骏，1980）；

生态学是综合研究有机体、物理环境与人类社会的科学（Odum，1997）。

Haeckel 与马世骏的观点具有较大的包容性，在我国应用相对较广。

## 二、生态学的发展简史

生态学由来已久，从萌芽到当下，生态学经过了长期的发展过程和成熟步骤（阳含熙，1989；吴兆录，1994；卢升高和吕军，2004）。

### （一）萌芽时期：17 世纪以前的生态学

朦胧的生态学思想和论述很早就已出现在中外古籍中。汪子春等（1992）考证，成书于公元前 11～5 世纪的《诗经》中，就包含有生态学内容。例如，“春日迟迟，采蘩祁祁”、“秋日凄凄，百卉具腓”就包含有物候的萌芽。《诗经·豳风·七月》中更有“五月斯螽动股；六月莎鸡振羽；七月在野，八月在宇，九月在户，十月蟋蟀，入我床下。”《夏小正》（约成书于公元前 350 年）中记载了许多物候现象。《管子·地员篇》（约成书于公元前 220 以前）中有大量生态学论述，更有土壤与植物、山地植被垂直分布、植物分布与水环境之间关系、植物分层等信息的详细记载。《庄子·山木篇》（约成书于公元 300 年）中有食物链的记述。鲍照《登大雷岸与妹书》（公元 439 年）曰“北则陂池潜演，湖脉通连。苎蒿攸积，菰芦所繁。栖波之鸟，水化之虫，智吞愚，强捕小，号噪惊聒，纷牣其中”，明显含有生物与环境、食物链及生存斗争等信息。

在欧洲，亚里士多德按栖息地划分了动物类群（水栖、陆栖），Theophratus 曾提出植物群落含义及动物体色是对环境的适应等。这一时期，古人的生态学观念和论述是朴素的和朦胧的。

### （二）建立时期：17~19 世纪

文艺复兴之后，各学科都有长足进步，生态学也不例外。例如，Boyle（1670）发表了低压对动物的试验结果，标志着动物生理生态学的开端；1735 年 Reaumur 记述了许多昆虫生态学知识；Malthus（1798）的《人口论》阐述了人口增长与食物之间的关系；Humbodt（1807）的《植物地理知识》描述了物种的分布规律；Darwin（1859）的《物种起源》更系统地深化了人类对生物与环境相互关系的认识；Haeckel（1866）对生态学予以定义；德国的 Mobius（1877）创立了生物群落概念；Schroter 提出了个体生态学和群体生态学两个概念。

这一时期最重要的成果是提出了生物进化论、生态学定义和植物生态学长足发展。

### （三）形成时期：1901~1953 年

进入 20 世纪后，动物生态学迅猛发展，如种群增长逻辑斯谛（Logistic）方程的提出；Lotka（1925）和 Volterra（1926）分别提出了描述两个种群间相互作用的 Lotka-Volterra 方程；Elton（1927）在《动物生态学》一书中提出了食物链、数量金字塔、生态位等非常有意义的概念；Lindeman（1942）提出了生态系统能量传递的渐减法则。

这一时期，植物生态学在植物群落研究上有了很大的发展，一些学者如 Clements、Tansley、Whittaker、Gleason 和 Chapman 等先后提出了诸如顶极群落、演替动态、生物群落类型（biome）、植被连续性和排序等重要概念，对生态学理论的发展起了重要的推动作用。同时由于各地自然条件不同，植物区系和植被性质差别甚远，在认识上和工作方法上也各有千秋，形成了几个中心或学派。

1. 英美学派（Arglo-American school）

这一学派的代表人物是美国的 Clements 和英国的 Tansley。他们的特点是重视群落的动态，从植物群落演替观点提出演替系列、演替阶段群落分类方法，并提出了演替顶极的概念。

2. 法瑞学派（Zurich-Montpellier school）

这一学派的代表人物在法国蒙彼利埃（Montpellier）城的国际高山和地中海植物研究站及瑞士苏黎士城地理植物研究所，如瑞士的 Rübel 著有《地理植物学的研究方法》（1922）和法国的 Braun-Blanquet 著有《植物社会学》（1928）。这一学派的特点是重视群落研究的方法，用特征种和区别种划分群落的类型，建立了严密的植被等级分类系统，在联邦德国和法国完成了大量植被图。法瑞学派的影响最大，欧洲大陆国家包括大多数东欧国家及日本、印度和非洲拉美都有不少人属此学派。

3. 北欧学派

这个学派以瑞典 Uppsala 大学为中心，代表人物为 du Rietz。他们重视群落分析、森林群落与土壤 pH 关系，1935 年以后，与法瑞学派合流，合称西欧学派，或叫大陆学派，不过仍保留把植物群落分得很细的特点。

4. 前苏联学派

这个学派以 Sukachev 为代表，注重建群种与优势种，建立了一个植被等级分类系统，并重视植被生态与植被地理，很重视制图工作，完成了全苏植被图。

这一时期的标志性成果有 Emerson 和 Allee 等著的《动物生态学原理》（1949）、Odum 的《基础生态学》（1953）等，明确提出了基础生态学的 4 个分支学科：个体生态学、种群生态学、群落生态学和生态系统生态学。

### （四）现代生态学时期：1953 年以后

现代生态学的主要特点有：①新技术和新手段的应用，如遥感技术和地理信息系统的应用；②向微观（如分子水平）与宏观（如生物圈水平）两方面的发展（图 1-2）；③环境问题得到高度重视；④分支学科众多。

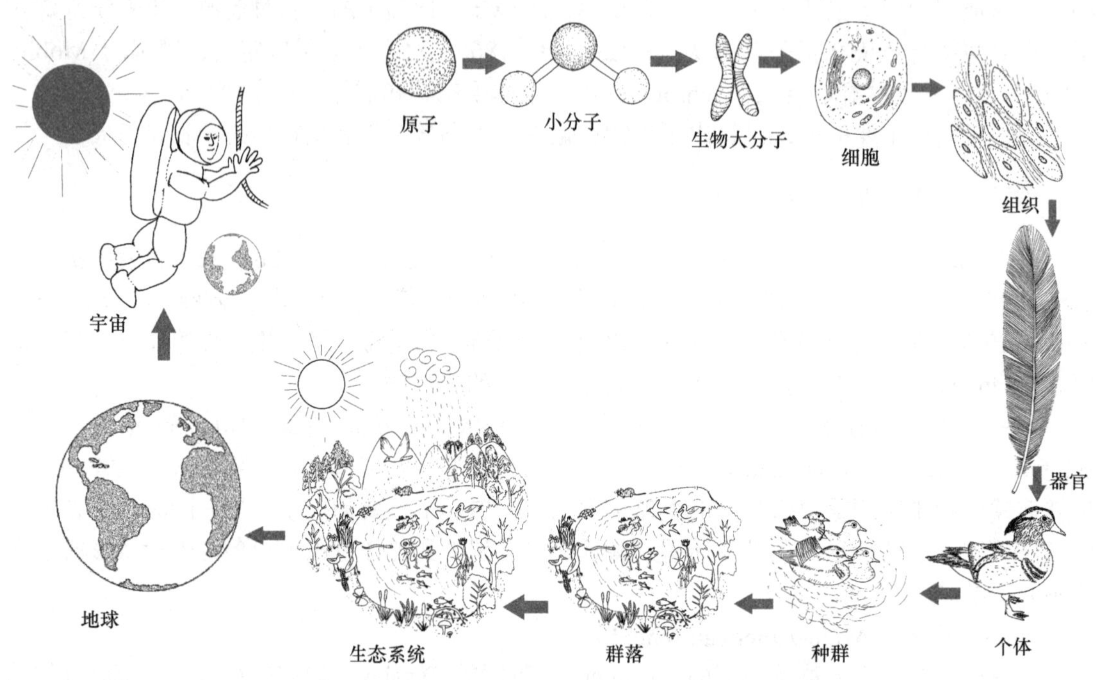


图 1-2　现代生态学的研究范围日益向宏观和微观方向发展

## 三、生态学在生物学中的地位和角色

生态学是生物学中的综合性学科，它综合了多学科的知识和研究手段。在如图 1-3 所示的多层蛋糕模型中，生态学是处于生物学基部的横跨所有生物门类的综合性研究分支。它与生物进化论是生物学中综合性最强的两个学科。

## 四、生态学的研究方法

与所有自然科学一样，生态学的研究方法也包括野外实地观测、室内控制实验及其两方面的综合。随着技术的提高和精进，观测手段和设备日新月异，如遥感卫星、高空摄影摄像等，为生态学的研究提供了现代化工具。同时，随着分子技术的发展，分子生态学的研究也取得了长足进步。

## 五、生态学的核心研究内容及层次

生态学的研究内容与范围十分广泛，故生态学的分支学科十分繁杂。然而，就总体而论和一般研究人员能够涉及的领域来看，生态学的核心研究内容和基础研究主要有 4 个方面，分别为个体生态学、种群生态学、群落生态学与生态系统生态学（图 1-2）。其中，种群生

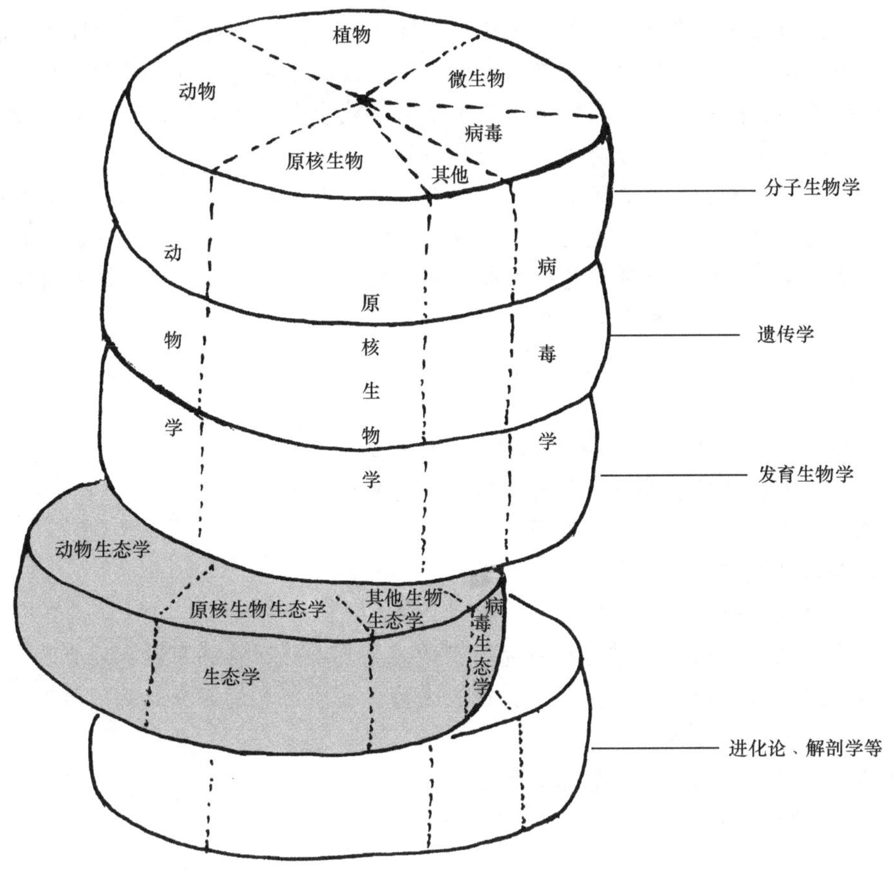


图 1-3 生物学分支学科的多层蛋糕模型

示各学科的相对地位和划分，其中生态学是综合性的基础学科

态学中关于种群增长数学模型的研究与建立将生态学从描述性学科变成定量描绘性学科，从而使其日益精确化、科学化和可预测化。因而，基础生态学的核心内容与理论基础全部集中于此。

## 本章小结

由于生物体及其群体与外界每时每刻都进行着物质和能量的交换，因而其不可避免地受到外界环境的影响。而生态学就是研究生物（系统）与外界环境（系统）之间相互关系的学科，它将人类的认识从单纯对生物及人类自身转移到生物与外界环境的关系上，并往往将它们当做一个整体或系统进行考察和研究。由于考察主体的多变、研究范围的多样、技术手段的更新，生态学的内涵不断扩大，生态学本身也从对现象的朦胧描述逐渐发展到对生物规律和模型的拟合和建立，从而逐渐发展成为成熟的、综合性的生物学分支学科。

## 本章重点

Haeckel（1866）定义生态学是关于生物与环境关系的综合学科；马世骏（1980）认为生态学是研究生命系统与环境系统之间相互作用规律及其机理的科学。另有很多人对生态学研究的内容进行过定义和限定。

生态学研究的范围从原子、分子至宇宙，范围极大。然而就基础生态学而言，其研究主体分别是生物个体、种群、群落和生态系统，相应地，基础生态学可以分为4个分支学科，分别为个体生态学、种群生态学、群落生态和生态系统生态学。当然，生态学在形成和成熟的过程中，其分支学科极多，分类方法也多种多样。

由于生态学要研究生物及其环境，因而所有可应用于有机体或无机体的研究手段和设备都可在生态学找到用武之地，研究生态学的方法和仪器极为多样。宏观上讲，主要有可控实验、野外观察和综合方法。随着信息技术和新科技的日新月异，相信生态学的研究方法和仪器设备将更加先进、便携、精确和有效。

## 思考题

1. 生态学的定义中较简洁、科学、内涵广泛的是哪几个？为什么？
2. 基础生态学按其研究层次可以分为哪几个分支学科？
3. 生态学的发展历史有哪几个阶段？
4. 生态学的研究方法有哪些？
5. 现代生态学的特点是什么？
6. 就生态学的特点来看，学习和研究生态学时要具备什么样的思维和观点？
7. 为什么从古人开始就关注生态学？或者说为什么生态学的萌芽起源较早？
8. 为什么生态学有多种定义？
9. 生态学与环境学的区别与联系是什么？
10. 生态学有什么特征？

# 第一部分　个体生态学

——生态因子对生物体的作用及规律

扫一扫看彩图

# 2

# 第二章　生物与环境关系的一般规律

生态学是研究生物与环境之间相互关系的学科。因此，环境的概念在生态学中极其重要。生态学中的环境（environment）是指特定生物主体周围的一切总和，包括栖息的平台、活动的空间、移动的地域，以及地域之内的气候、生物、营养等一切。需要注意的是，生态学中的环境，是指特定生物主体周围特定的一切，离开了主体，环境概念也就不存在了（图 2-1）。生物主体可以是个体，也可以是个体的集合——种群，或者是种群的组合——群落，以及更高层次的生态系统。

图 2-1　主体与环境的相对性

对植物来说，寄生于此的网蝽为寄生虫和天敌；而对网蝽而言，植物是食物。它们互为对方的环境因子

扫一扫看彩图

## 一、大环境和小环境

环境的范围可大可小。一般而言，我们把地球大气层内的环境称作大环境。由于地球的公转、自转及其与其他星球之间的相互作用，地球大环境内的一些条件是呈规律性变化的，如季风、四节变化、洋流、降水等；有些条件是恒久不变的，如地球的引力、磁场等。可以把大环境中的这些条件组合称为大气候。它影响了生物的生存和分布，如地球陆地生态系统中的热带雨林、常绿阔叶林、落叶林、针叶林、草原、荒漠及苔原等从赤道向两极有规律地分布。就特定的生物个体及其组合而言，它更多的是受到小环境内小气候的影响。

通常，小环境是指对生物发生直接影响的、与其直接邻接的环境，如接近植物体表面的大气状态或者根系附近的土壤条件、啮齿类动物、白蚁、蜜蜂等群居性动物洞穴内的小气候等（图 2-2）。当然，小环境主要受大环境（如气候带、土壤区域等）的控制，也受到生物的影响和作用，即植物与动物的生长发育与活动可形成独特的小环境。就生物的生长发育和在小范围内的分布格局而言，小环境具有十分重要的生态作用。例如，白蚁巢内的温度与外界温度相差往往较大；郁闭的林下可形成阴凉、湿润的小环境；森林的阻碍作用和呼吸、蒸腾等生理活动，能使周围大气的温度和气体成分、浓度发生局部变化。Calder（1973）发现蜂鸟总是将巢筑在一个突出的树枝下方，以受到遮护且减少不利气候的影响。高山寒冷地区的垫状植物内部温度可以比外界温度高出好几度且较稳定。在生态学研究和学习过程中，除了要注意大环境对生物的影响外，还要重视小环境及其生态作用，往往只有通过小环境生态作用的研究与分析，才能揭示出生物与环境间相互关系的实质与规律。

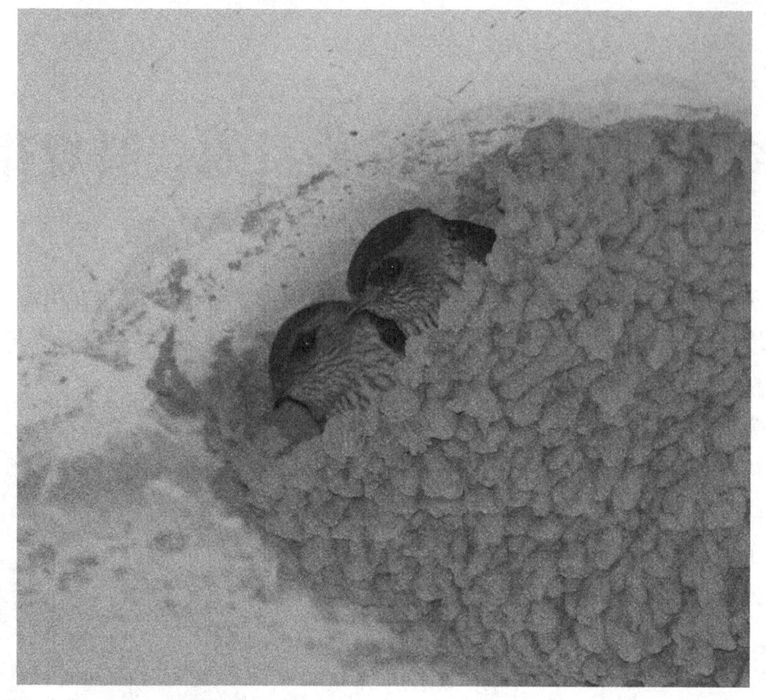

扫一扫看彩图

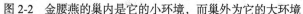

图 2-2　金腰燕的巢内是它的小环境，而巢外为它的大环境

## 二、生态因子

组成环境的所有因素中有些对生物主体有重要作用，如光、温、水、气、食物等能影响它们的分布、形态、生理、生存与繁殖等。如果没有这些要素，那么生物就无法生存。当然环境中也有一些因子对生物的影响不大，如微风、没有直接关系的生物（如草和水对牛是重要的，但与之生活在同一地域的吃鱼的鹭鸟对其几乎没有什么影响）及空间等。环境中的各要素又称为环境因子（environmental factor），那些影响生物主体生存与繁殖的环境因子又称为生态因子（ecological factor），特定生物生活范围之内的所有生态因子组成了这种生物的生境（habitat）。生态学研究的重要对象之一就是生态因子的生态作用。重要的生态因子有与生物有关的种间种内关系，与无机环境有关的光、温、水、气等。

生态因子多种多样。诸如光与温度等可以变动的生态因子可以称为变动因子，而如引力、地磁、太阳常数等基本不变的生态因子可以称为恒定因子。在变动因子中，有周期性变动因子，如四季变化和潮汐涨落等，也有非周期性变动因子，如风、降水、捕食等。

也可以从另外一些角度来看待生态因子。例如，有些生态因子是随某种种群密度的变化而变化的，如食物因子往往随着种群密度的增加而减少，它反过来又影响种群数量和密度的增加；而天敌数量的增加会对种群的密度有抑制作用。它们可以被称为密度制约因子，可以调节种群的密度和数量。而气候中的温度、降水等因子不会随生物种群密度的改变而改变，它们对所有个体或整个种群都有影响，可以被称为非密度制约因子（表 2-1）。

**表 2-1　生态因子分类**（引自 Ramade，1981）

<table>
<tr><td rowspan="4">无机生态因子</td><td>气候因子</td><td colspan="2">温度<br>日照量<br>湿度<br>降水<br>其他（风等）</td><td rowspan="3">非密度限制因子</td></tr>
<tr><td rowspan="2">非气候的物理化学因子</td><td>水生环境</td><td>水压<br>盐浓度<br>溶解氧浓度</td></tr>
<tr><td>土壤环境</td><td>颗粒大小<br>化学成分</td></tr>
<tr><td rowspan="2">营养因子</td><td colspan="2" rowspan="2">无机养分浓度<br>可能的食物供应</td><td rowspan="4">密度限制因子</td></tr>
<tr><td rowspan="3">有机生态因子</td></tr>
<tr><td rowspan="2">生物因子</td><td>种内相互作用</td><td rowspan="2">竞争<br>捕食<br>寄生等</td></tr>
<tr><td>种间相互作用</td></tr>
</table>

## 三、生态因子对生物的制约作用

由于生物生存需要依赖环境。因此，从总体上看，生物生活的各方面都受到生态因子的制约。在一些极为严苛的环境中，如沙漠腹地、咸湖、长期受水流剧烈冲刷的岩石表面等就完全没有生物生存。

生态因子对生物的制约作用特点有如下几点。

### （一）综合作用

特定生物环境中存在多种生态因子，它们之间并不是孤立的，而是相互影响、相互作用、相互制约的，任何一个生态因子的变化都会不同程度地引起其他因子的变化，因此它们的作用是综合的。例如，在水中，随着深度的增加，水压、温度、溶解氧浓度、光照强度等都会发生改变，它们会综合起来对水生生物起到制约作用。再如，某一地的气候（降水、温度、光照条件等）、营养供应、天敌和食物等都会对特定生物起到限制作用。

### （二）主导因子作用

对生物有作用的多种生态因子中，在特定的时间内，总会有一个或若干个主要的、起主导作用的因子，它的作用强度要大于其他因子。例如，在沙漠中，高温、剧烈温差、风沙及强风、降水稀少等都对植物的生存起作用，但它们当中水是主要的生态因子。哺乳动物的繁殖也受到食物、温度、光照、栖息地等的影响，但光照及其变化是引起它们发情和繁殖的主要因子。在小麦的春化阶段，低温是主要的生态因子。

严林（2001）比较了天敌、温度和湿度等因子对青海东部冬虫夏草主要寄主贵德蝠蛾 *Hepialus guidera* 不同虫态的作用，了解到影响贵德蝠蛾种群数量变动的主导因子是湿度，其次是天敌和温度。而鲁新（1993）提出主要天敌（如赤眼蜂、草蛉、瓢虫、真菌等）在控制亚洲玉米螟 *Ostrinia furnacalis* 种群数量中占主导地位。

### （三）不可替代性和补偿性作用

不同生态因子的作用虽有所不同，但所有生态因子对特定生物来说都是必需的，缺一不可且不能替代。例如，对植物而言，光合作用中水、阳光、二氧化碳、温度、叶绿素等都是必需的，相互不可替代。但在一定条件及范围之内，各种因子也可以起到一定补偿作用，即一种生态因子缺少或不足时，其生态作用可由另外的生态因子来补偿。例如，在光合作用中，当光线或温度不足时，二氧化碳浓度上升可部分补偿因它们不足所影响的光合作用强度。

### （四）阶段性作用

生物个体有其出生、生长发育、繁殖、衰老和死亡过程；很多生物种群在一年中也有育肥、冬眠、苏醒、生长、繁殖、迁移等不同阶段；植物种群有发芽、生长、开花、繁殖、结果、死亡等过程。在不同阶段，生态因子的作用是不同的，不同生态因子所起的作用强度也是不同的，因此生态因子有其阶段性作用。例如，在小麦的春化阶段，低温是必需的，而在其生长阶段，低温却是有害的。鳄鱼生活在水中，但水对它们的卵却是有害的。两栖类动物在幼期对水的依赖性极强，但长大以后对其的依赖就有所下降（图 2-3）。很多昆虫以卵越冬。

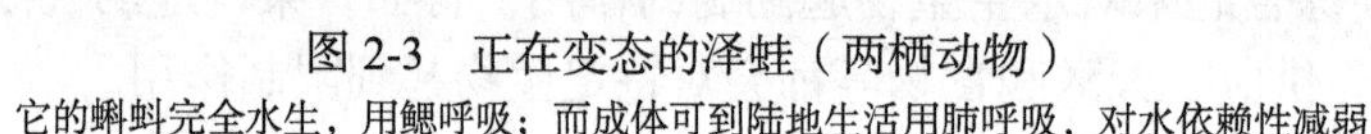

图 2-3　正在变态的泽蛙（两栖动物）

它的蝌蚪完全水生，用鳃呼吸；而成体可到陆地生活用肺呼吸，对水依赖性减弱

### （五）直接作用和间接作用

生态因子对生物的作用是多方面的，形式也是多样的。有些是直接作用于生物，如光照、温度、水分、天敌等。而有些是间接地作用，如山脉的坡向影响光照、温度、降水等因素从而影响生物。在山的迎风面，往往降水较多，而在山的背风面，降水较少，空气干冷，形成雨影（rain shadow），它们才直接影响生物的分布与生存状况（图 2-4）。再假定某地发生蝗灾，它们吃光了所有植物，而使其他食草动物无食物可用从而间接影响它们。与天敌比起来，它们的作用是间接的。

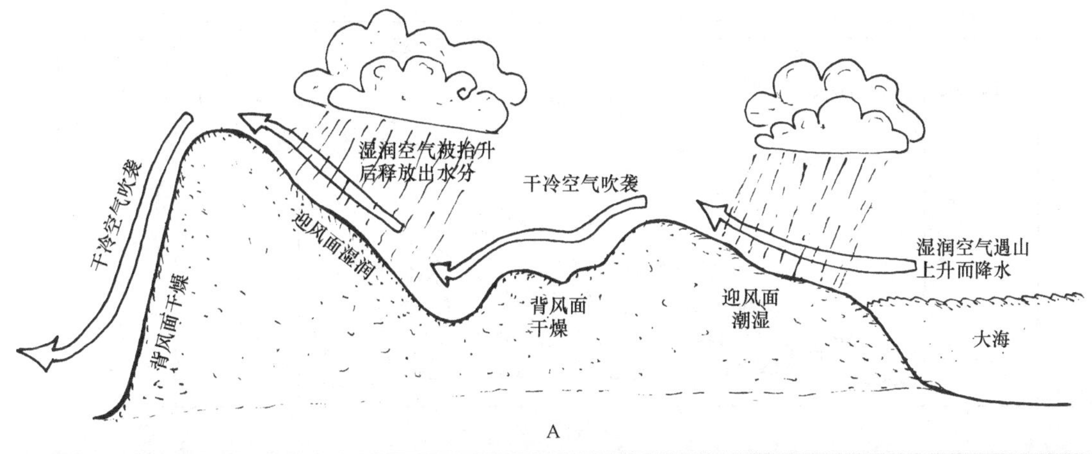


A

B

图 2-4　生态因子的直接作用和间接作用示例

A. 雨影形成过程；B. 实例

## 四、生态因子的作用规律

### （一）生态幅

每一种生物对每一种生态因子都有一个耐受范围，即有耐受限度上的高限与低限。两个限度之间的范围，就是特定生物对特定生态因子的生态幅（ecological amplitude）。生态幅是生物长期进化过程中在环境作用下形成的特性之一。理论上生态幅可以分为3个区域（图 2-5）。其中有一个最适区，即在这个区内生物生理状态最好、繁殖率最高、数量最多、密度最大。在其两边，各有一个区域是生物的生理抑制区，即在这两个范围之内，生物的活动和生理受到环境因子的影响而有所不适。如果生态因子的范围超过生物的生态幅，生物就不能生存。

在生态学中，一般将生态幅较小的生物称为狭生态幅的生物，而将与之相对的生物称为广生态幅的生物或广适性生物（图 2-6）。

### （二）最小因子定律

生态幅是以生物为主体而言的。如果换一个角度从生态因子对生物的限制方面着眼，就可以得到不同的看法。例如，生物受到各种生态因子的影响，它们之中有没有一个作用大小

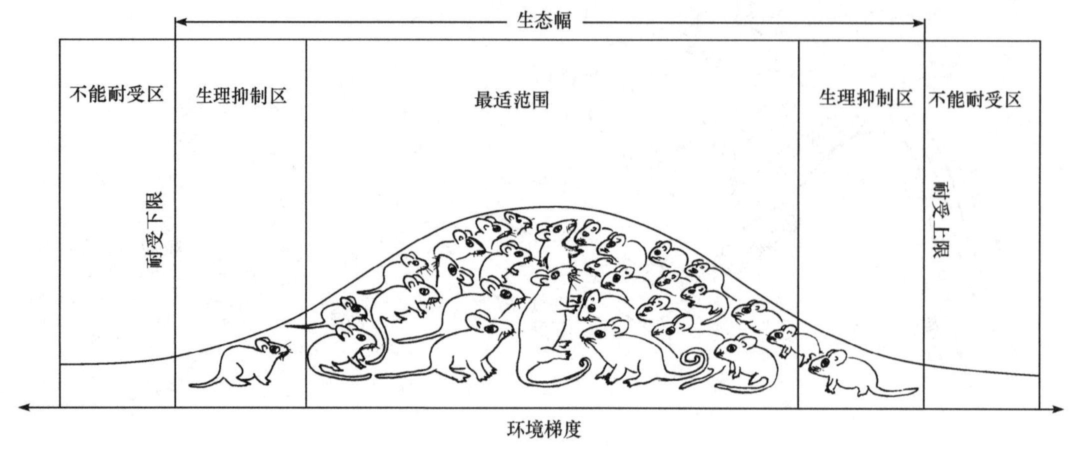


图 2-5　生态幅

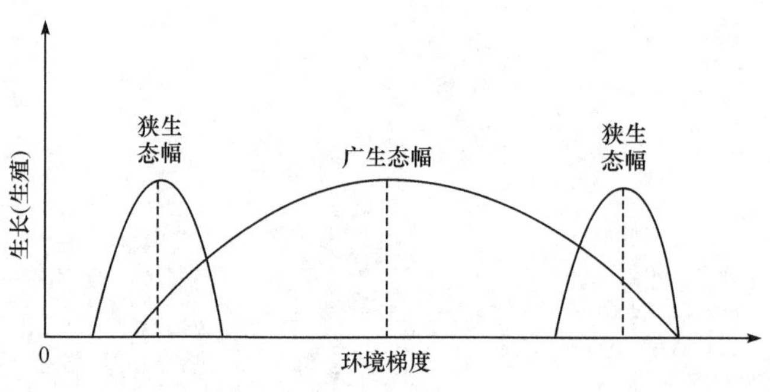


图 2-6　生态幅的不同宽度

的差别呢？德国的 Liebig（1840）通过各种生态因子对作物生长影响的研究，得到如下结论：植物生长取决于土壤中最小量状态的营养成分，如微量元素等。这是因为在一般情况下，土壤中的其他生态因子或营养成分（如水、钙、二氧化碳等）往往较多，不易缺乏，而微量元素（如硼、镁、铁、磷等）往往容易缺乏，虽然植物生长发育过程中对它们的需求量并不十分大，但缺乏它们却又不可，因此造成这种现象。人们称此为最小因子定律（Liebig's law of minimum）。这就如经济学中的木桶定律：一个木制水桶能够装多少水往往取决于它最短的那根木板而不是其他长木板（图 2-7）。

当然，最小因子定律只有在较稳定的环境中才能体现，而在环境变化十分剧烈的情况下，任何因子都可能稀缺，都可能成为限制因子。Blackman（1905）指出，光合作用受到 5 个因子的共同作用：叶绿体中叶绿素、二氧化碳、水的含量或浓度、温度及辐射能强度。在阳光充足、水分及温度均适宜的条件下，大气中二氧化碳量常为光合作用的限制因子，增加二氧化碳量就可以增加光合速率。也要考虑到生态因子之间的补偿作用，如当钙缺乏时，有些生物（如贝类）可以在一定程度和范围内以锶代替之。

### （三）限制因子定律

最小因子定律告诉我们，当某个或某类生态因子的量很小时，它们往往可能成为最重要的限制因素。那么当某个生态因子的量很大时对生物是否也有限制作用呢？研究发现，在众多环境因素中，任何超过或接近某种生物的耐受性极限而阻止其生存、生长、繁殖或扩散的因素，都可能成为限制因素，这就是限制因子定律（law of limiting factors）。最能体现限制因子定律的生态因子是温度。众所周知，当温度过低或过高时对任何生物的限制作用都是不可低估的。

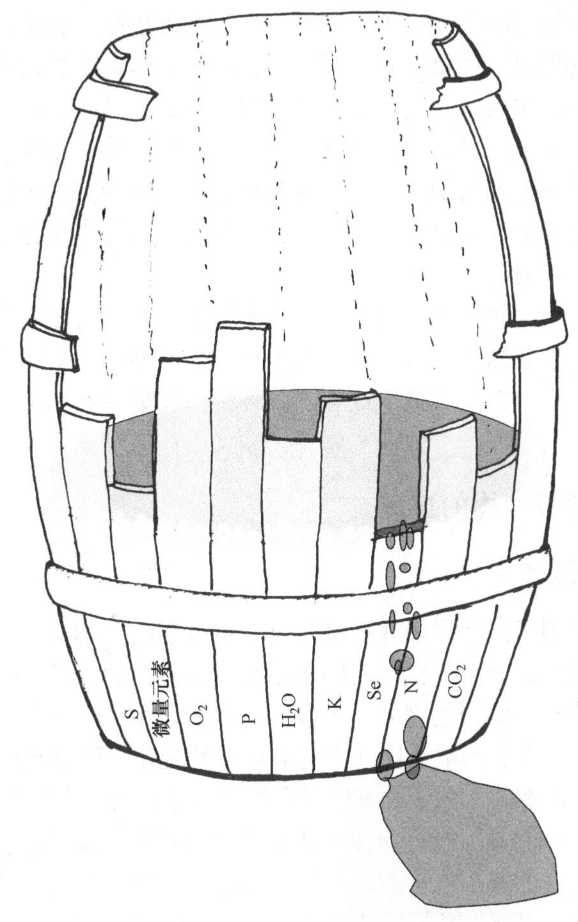


图 2-7　最小因子定律图示

### （四）耐受性定律

从生物一方来看，生物体对各种生态因子都有一定的耐受范围或生态幅；而从生态因子这一方来看，当任何一个生态因子过多过少时对生物都有限制作用。这两方面的内容可否结合到一起呢？Shelford（1931）就将生态因子的变化和生物耐受幅这两方面内容结合起来，提出“任何一个生态因子在数量上或质量上不足或过多，即当其接近或达到某种生物的耐受限度时，这种生物就会衰退或无法生存。”这就是耐受性定律（law of tolerance，图 2-5）。从内容上看，这一定律充分考虑到生态因子的变化和生物的耐受范围两个因素，因此，上述的生态幅、最小因子定律及限制因子定律都是耐受性定律的特殊形式或特例。

不同生物对同一生态因子的耐受范围可能存在巨大差异。例如，无脊椎动物对温度的耐受范围就比脊椎动物要大得多。洄游性的鱼类对氧气浓度的变化明显要比盐浓度的变化敏感。

特定生物对某种生态因子的耐受能力在整个生活史中并不是固定不变的。一般来说，处于活动期的动物对温度只有较狭小的生态幅，处于休眠期的动物的生态幅就宽广得多。而在生物的繁殖季节和妊娠期，对所有生态因子的耐受能力都有可能下降，如娇嫩的花朵对外界环境因子的耐受能力明显比植物的茎、叶等要低。

一种生物可能对某一生态因子的耐受性范围很宽，而对另一因子却很窄。无论是陆生动物还是水生动物，对氧气的变动都十分敏感，而对温度的变化抵抗能力相对而言要大得多。在夏天的傍晚，常常可以看到鱼浮到水面上来，这就是因为水温较高，水中的溶解氧相对稀少，而水的温度在不同水层中的变化往往很剧烈，在较深的水体中，底部的水温接近 4℃，而表面的温度接近于气温。当然，对多种生态因子具有宽生态幅的生物分布范围往往也广。

当一种生物对某一生态因子不处于最适合状态时，它对其他生态因子的耐受性限度可能下降。例如，冬天感冒的人相对较多就是因为在低温下人体抵抗微生物侵害的能力下降。在饥饿的状态下，人也容易感染疾病。

在自然界中，特定生物所生活的生境对其而言并不是所有生态因子都是最适宜的，而往往是较适宜的状态。这是因为在自然界中竞争是十分激烈的。对特定生物最适应的生境往往对其他生物也非常适宜，在长期竞争过程中，各种生物就释放出一些最适宜生活的区域和范围，以求大家共存。

## 五、生态幅的调整及生物的适应

### （一）生态幅的调整

特定生物对某种因子的生态幅并不是完全不可改变的。例如，在水温为 5℃的容器中养殖的螯虾，到 27℃时就会全部死亡；而养殖在 25℃水温中的一组，有 50%的个体能耐受 30℃的温度。这表明生物在一定的限度内，可以通过改变自身的耐受范围，使适宜生存范围的上下限发生移动，形成一个新的最适区，去适应环境的变化（图 2-8）。这种生态幅的移动可通过多种途径实现，如形态的（在冬天长出厚实的可以保温的毛发等）、生理的（代谢水平提高或下降以提高或降低体温等）及行为的（活动能力加强或减弱以避开极端温度等）等，但往往是生物通过调整自身的酶系统从而调节自身的生理过程来实现的。例如，在环境温度为 10℃时，已在 5℃中生活了相当长时间的蛙可比在 25℃中生活的蛙代谢速率提高一倍，所以 5℃的蛙更能耐受较低的温度。

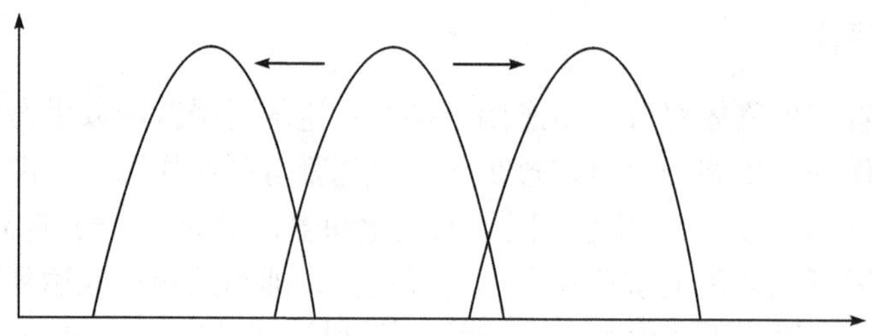

图 2-8 生态幅的移动

利用生物的这一特性，可对一些有重要价值的生物进行驯化，这在动植物引种中有重要作用。例如，经过锻炼后生物对温度的适应性可以改变。桦树幼苗在–20～–15℃下即会死亡，但经过一段时间的冷冻锻炼后，可以经受–35℃的低温。金鱼在 20℃水温中饲养时，致死温度为 34℃和 2.5℃，而在 30℃长期饲养后，其致死温度变为 38℃和 9℃。

一些生物可以通过调整或控制自身生理过程从而使体内环境保持在一个相对稳定状态，即内稳态，从而减少了对环境的依赖，扩大了其对生态因子的耐受范围。例如，无论四季如何变换，人类及很多的哺乳动物的体温一般都保持在37℃左右。

### （二）生物的适应

生物内稳态的保持是通过生理调整而实现的。而在生物的外在表现方面，由于特定生物长期生活于特定环境中，与环境之间形成了密切的联系并且共同进化，因而也表现出适应（adaption）或适应性，即特定生物的形态、生理及行为等方面与生活环境的协调一致。或者说在长期进化过程中，生物为在某一环境中生存繁衍，不断从形态、生理、行为等方面进行调整，以适应特定环境生态因子及其变化。

形态适应的例子十分常见：如生活在沙漠中的植物叶子都很小，以减少水分的散失；茎干往往较直，以减少吸收热辐射等。

生理适应的例子也很多：如沙漠中很多植物叶子的气孔在白天关闭而在晚上气温较低时开放；很多植物在秋冬季落叶以减少冬天的冷害等；骆驼通过代谢产生需要的水分等；恶劣环境下植物的休眠和动物的冬眠等。

行为适应的更多：如含羞草的叶子可以活动；动物可以上天入地来寻找食物或隐藏自身、迁徙等。

当然特定生物适应特定生活环境都不是局部的、部分的，并不局限于上述适应的某一个方面，所有对特定环境条件适应的特征会表现出彼此之间的相互关联性，这一整套协同的适应特征就是适应组合（adaptive suites）。例如，沙漠中的骆驼水分平衡的调节就是全方位的。形态上，身体表面有厚毛（作用如人类头部的头发）可以有效防止阳光的灼伤，鼻孔可以关闭以防风沙；生理上，可以通过代谢产生水，体内有丰富的脂肪以备代谢等；行为上，在水源处可大量饮水并储存在体内；白天休息时迎着太阳站立以减少接受辐射的身体面积等。再如，在形态上大熊猫是黑白相间的，以适应它生活的多雪的高山；前爪具有特殊的伪拇指以折握竹茎；牙齿及头骨宽大以咬食植物等；由于以竹为食，营养不足，因而生理上，咬肌发达、消化能力较强、产极弱仔等；行为上，行动缓慢、多数时间在寻找食物和进食等（图2-9）。

扫一扫看彩图

图2-9　适应组合示例

熊猫的形态、体色、生理和行为等都与生活习性及环境相适应

同种生物的不同种群，由于长期生存在不同的生态环境中或人工培育条件下，在各方面都可以表现出歧异性进而可能明显不同。在生态学上将这种经自然或人工选择而分化形成的在生态、形态、生理及行为上，甚至在部分基因上都有不同的种群叫做生态型（ecotype）。它比亚种分化程度更小，有点类似于“品种”，但往往是自然或半自然条件下形成的，而不同品种往往是在生产实践中完全由人工选育和选择造成的。当然不同生态型之间的区别是有限的，在生殖上是相融相通的。

根据引起生态型分化的主导因素，生态型可分为气候生态型（climatic ecotype）、生物生态型（biotic ecotype）和土壤生态型（edaphic ecotype），其中气候生态型主要是由于长期气候因素影响所形成的生态型；生物生态型是在生物因素（如生殖隔离、竞争等）作用下形成的生态型；土壤生态型则是由于土壤因子影响所形成的生态型（杨万勤等，2002）。气候生态型的经典例子是水稻可根据对气候条件的要求不同分为籼稻、粳稻和杂交稻等（张谊光，1983）。张永香等（2008）认为冬小麦有多个气候生态型。生物生态型是指在生物因子作用下形成的生态型。有的生物生态型是由于缺乏虫媒授粉昆虫，限制了种内基因的交换，从而导致植物种内分化为不同的生物生态类型。有的植物长期生活在不同植物群落中，由于植物竞争关系不同，也可分化为不同的生态型。例如，稗 *Echinochloa crugalli* 生长在稻田中的秆直立，常与水稻同高，差不多与水稻同时成熟；而生长在其他地方的则秆较矮，花期也迟早不同。它们就可以看做不同的生物生态型。杨万勤等（2002）提供了很多土壤生态型的例子。例如，牧草鸭茅 *Dactylis glomerata* 由于土壤水分不同而明显呈 2 个生态型，其生长于河洼地则植株旺盛、高大、叶厚、色绿和产量高，而生长在碎石堆上则植株矮小、叶小、色淡和产量低，二者在细胞液渗透压等生理方面亦有明显差异。腺毛委陵菜 *Potentilla glandulosa* 有 4 个生态型，分别生于海岸、旱坡、湿润草地及高山和亚高山生境，这 4 个生态型之间虽有形态（如株高、生长习性、叶面积和花序式样）和生理（如季节生长规律、开花时间和抗寒力）的差别，但亚种间多少有些过渡且遗传上基本连续。

一般说来，生态型的分化程度与种的地理分布幅度正相关，分布区广泛的种，产生的生态型也多，其适应不同环境条件的能力也更强。

在自然条件下，生态型往往是由气候、土壤、生物及人工选择等多种因素共同作用形成的。例如，水稻在长期自然选择和人工培育下，形成许多适应于不同地区、不同季节、不同土壤的生态型。

## 六、生物对环境反作用

一般而言，环境因子或生态因子对生物的作用具有决定作用，没有环境就没有生物，因为生物的生存要依赖于环境。因而生物首先必须适应环境，这是一切生物能够生存发展的前提。当然在一定范围内，生物对环境也是有反作用的。

生物对无机环境的反作用主要表现在改变生态因子的状况。例如，荒地上培育起树林，树林能吸收大量的太阳辐射，能保持水分、降低风速，形成新的小气候环境；树林的凋落物作为绝热层，可防止土壤冻结；动植物尸体分解后的元素进入大气和土壤，使环境发生了很大变化。土壤就是在长时间的地质历史中，大量有机物进入母岩后，又有大量生物入驻而形成的固体、液体和气体三相混合物。

动物对环境的反作用就更加明显。例如，经常有动物走动的地面就很少长出草来，因而在我国云南西双版纳的热带森林中有许多象道；过度放牧对草场的破坏等。人类过度开发或使用杀虫剂等有毒物质而使生态环境恶化的例子不胜枚举（图 2-10）。

扫一扫看彩图

图 2-10　生物和人类对环境的影响示例

人类养殖的家畜等给草场造成伤害，甚至出现沙漠化

生物对生物的作用就更多。例如，外来物种入侵导致本地很多物种大面积死亡就是生物对环境反作用的体现。在好的方面，如捕食者与猎物、寄生者与宿主之间相互影响和适应，在长期进化过程中，相互形成了一系列形态、生理和生态的适应性特征，称之为协同进化或共进化（co-evolution）。它指某一生物改变了的性状引起其他生物性状的相应改变和演化，如由蝴蝶和一些蝇类授粉的花往往成长筒状，因为它们的喙可以达到蜜腺（图 2-11）。

扫一扫看彩图

图 2-11　协同进化示例

蜂虻的长口器与管状花之间存在共同进化

生物界协同进化的例子比比皆是，如狮子与羚羊的奔跑速度之间就存在着协同进化，蜂鸟的喙与花的形状之间也存在着类似的关系。最引人注目的例子是昆虫与植物的协同进化关系，尤其是兰花与传粉动物之间的关系研究得最好（Dodson et al.，1969）。其经典例子为达尔文在《兰花的传粉》一书中描述的马达加斯加一种“令人惊骇”的兰花 *Angraecum sesquipedale*，其花管长达 29.2cm，花蜜位于花筒底部。他当时预测说，在马达加斯加肯定有一种长喙的昆虫（蛾子），不然兰花无法传粉。1903 年，为这种兰花传粉的长喙天蛾 *Xanthopan morganii praedicta* 终于被找到，喙长有 25cm。可见，花管长度与传粉动物喙的长度之间有明显的协同进化关系。

## 本章小结

生态学的研究内容就是生物与环境之间的相互关系，因而环境概念在生态学中极为重要。生态学中的环境是指特定研究主体或生物周围的一切总和。环境中的每一个因素又可称为环境因子或环境因素。它们当中有些对生物极其重要，影响生物的生长、发育、繁殖、行为等，又可称为生态因子，其他的对生物不太重要的因子可以是环境的一部分，但不能称为生态因子。特定生物的生态因子组成生物的生境。生态因子的分类有多种，但都是人为设定的。

生物生活于环境之中，受到环境因子和生态因子的制约。它们对生物作用的特点包括综合作用、主导因子作用、不可替代性和补偿性作用、阶段性作用、直接作用和间接作用。

人类在长期的生产实践中，总结出生态因子与生物之间相互作用的规律性，包括最小因子定律（植物或生物的生长或生活受到生态因子中处于最小量因子的制约）、限制因子定律（任何因子过多或过少都会影响或制约生物的生活，它们都可成为限制因素）。另外，从生物本身而言，它们对任何生态因子都有一个耐受的高限和低限，之间的范围就是耐受幅度或生态幅。不同生物对不同生态因子的耐受范围是不同的，对同一生态因子的耐受范围在不同时间也可能会改变。耐受性定律将生物的生态幅和生态因子对生物的作用结合到一起，认为任何一个生态因子在数量上或质量上不足或过多，即当其接近或达到某种生物的耐受限度时，这种生物就会衰退或无法生存。

生物对生态因子的适应多种多样，从各方面都可表现出来，如形态、生理和行为等。这些方面的适应是统一的、整体的和相互协作的，形成适应组合。生态型是生物适应的表现形式之一。

生物除被动适应环境或生态因子之外，在一定的范围之内，生物在一定程度上也可改变它们生活的环境。人类对环境的改造和影响极为深远深刻。

## 本章重点

环境概念是生态学中重要的概念之一。环境因子中的生态因子有多种分类方法，对生物的作用特点主要有 5 条（综合作用、主导因子作用、不可替代性和补偿性作用、阶段性作用、直接作用和间接作用）。生态因子与生物之间相互作用的规律（包含最小因子定律、限制因子定制、生态幅、耐受性定律）是人类长期生产生活实践的结晶，也是生态学的重要基础理论。适应组合和生态型的概念在理解上有很多困难，因为有很多主观规定因素，需要仔细分辨。人类需要在不断从自然环境索取的同时注意保护环境，因为我们的行为和活动会极大地改变环境，并注意将这一点应用于生产生活。

## 思考题

1. 生态学中环境的定义是什么？它与生态因子的区别与联系是什么？
2. 生态学中的环境概念与一般意义上的环境概念有什么异同？
3. 生态因子的作用特点有哪些？请各举一例说明。
4. 为什么生态因子的作用是综合的？
5. 为什么生态因子相互之间是不可替代的？
6. 耐受性定律包括了哪两方面的内容？
7. 适应组合如何理解？请举一例说明。
8. 生态型的定义为何？试举例说明。
9. 协同进化与一般意义上的进化有什么区别与联系？
10. “我们不要过分陶醉于我们人类对自然界的胜利。对于每一次这样的胜利，自然界都对我们进行了报复。”请用生态学的理论和观点谈谈对这句经典的认识和理解。

# 3

# 第三章　光的生态作用

生态因子多种多样。非生物性生态因子中的光、温、水、气、土、火等对生物的生存、发育、繁殖、分布、行为等各方面都具有极其重要的作用。了解它们与生物之间的相互关系，可以深入了解生物个体与环境之间相互作用的机制和方式。本章简要介绍光对生物的影响和生态作用。

## 一、地球上光的变化

地球上的光几乎全部来自于太阳。由于地球是围绕太阳公转的，且地球自转纵轴与公转平面不是垂直的，或者说地球的赤道平面与太阳光入射的方向及地球公转的椭圆平面不是平行的，两者之间有个夹角。这就使得地球相对于太阳光的入射角度是倾斜的。随着地球的公转，太阳光在一定时间内照射到北半球多一点，有时又照射到南半球多一些，因而使得地球表面特定地点或地区所接受的光在一年中呈现出规律性的变化。工地上挂在高处的强光灯投射到放在地面上和楼顶上同样姿态的西瓜就会产生不同的效果，原理类似。极端的例子是，如果用手电筒从我们的头顶（相当于北极）垂直照下来，你只会看到头顶；而如果从脚底照过来就只能看到脚底（相当于南极）；当然，如果从侧面（如前面）照过来就会看到前面半边身体，而背面半部分是暗的。因此，让一个人拿着手电筒照着你的同时围着你转，你就会发现你只有一个侧面被照亮，且被照亮的身体部分与暗的部分各为一半；而如果让光线上斜着照你时，你就会发现你的头顶就始终是暗的。

在春分日（每年的 3 月 21 日前后）和秋分日（每年的 9 月 23 日前后），这时地球公转到达的位置恰好使它的纵轴与公转的椭圆平面垂直，使得太阳光到达地球的方向与地球的纵轴垂直，从而使得地球上任何一点在这一天中白天与黑天的时间都为 12h。而在夏至日（每年的 6 月 22 日前后），由于地球公转到达的位置使得入射光线与赤道平面的夹角最大，北半球接受到光线最多，从而使得北半球白天的时间最长、夜晚最短，南半球情况相反。在冬至日（每年的 12 月 22 日前后），北半球白天最短而南半球白天最长。从夏至到冬至，北半球任何地方的白天时间都是逐渐变短的。而从冬至到夏至，北半球的白天时间由短逐渐变长（图 3-1）。

地球上不同地点一年四季中入射光多少的周期性变化决定了地球表面各地方春夏秋冬四季的规律变化，宏观上也决定了不同地区入射光线的多少（图 3-2）。

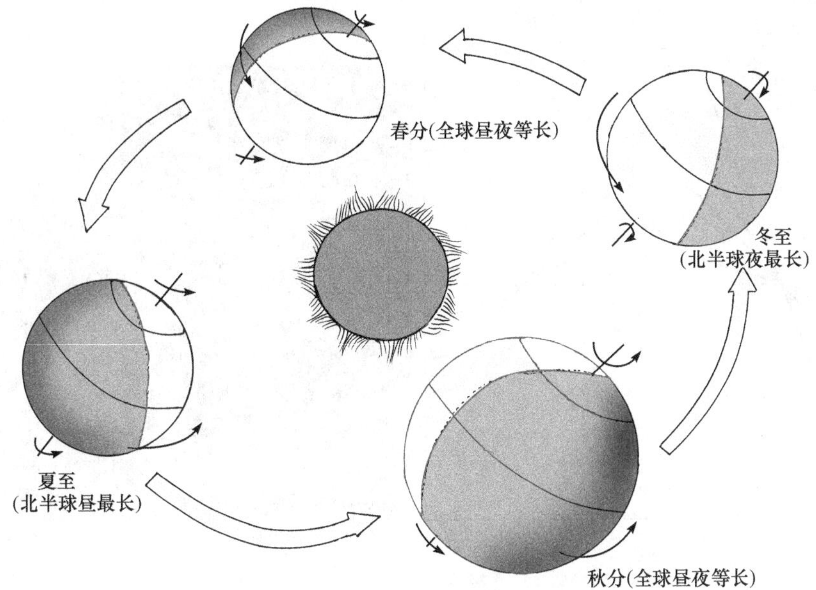


图 3-1　地球围绕太阳公转情况图示

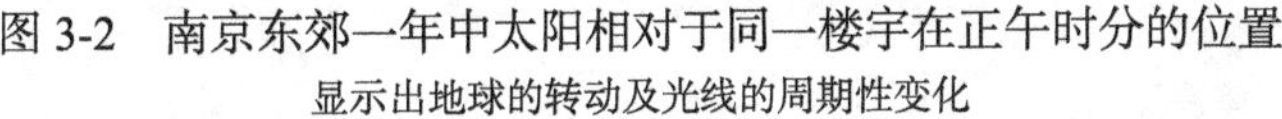
图 3-2　南京东郊一年中太阳相对于同一楼宇在正午时分的位置
显示出地球的转动及光线的周期性变化

在北半球高纬度地区，从夏至到冬至，白天的时间明显较低纬度地区要长，变化也就显得剧烈；而从冬至到夏至，是黑夜比白天要长，变化也较低纬度地区剧烈（图 3-3）。

特定地方入射光线的多少还受到其他因素的影响。光线在大气层中会被部分地反射、漫射和吸收，并且太阳辐射会随距离加长而衰减。所以光线在大气中穿越的距离越长，被吸收的就会更多，减少得也就更多。因此在特定时刻和其他条件相同的情况下，高海拔地区要比低海拔地区接受到更多的太阳辐射；中午时分接受到的辐射比早晚相对要多；高纬度地区比低纬度地区接受的太阳辐射相对要少。

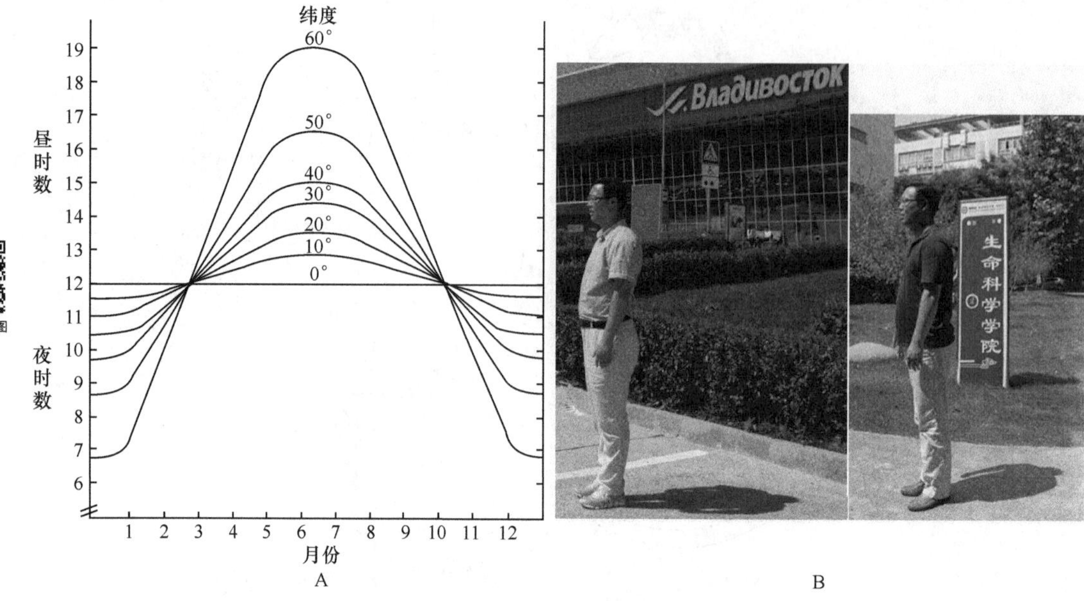


扫一扫看彩图

图 3-3　地球不同纬度日照时长不同图解及示例

A. 不同纬度地区一年中的日照时间长度变化；B. 同一个人在相对高纬度的俄罗斯海参崴比在我国南京几乎同一时间的身影相对较长

大气中具有很多微小的颗粒及气体，它们对光线还具有衍射、反射、漫射和吸收等作用，且这些作用对不同波长的光是不同的。相对于短波光，长波光更容易绕过颗粒和气体分子而传播方向不变（衍射作用），而短波光由于波长较短，较容易被偏折。我们看到的天空一般呈蓝色，就是因为有更多被偏折的蓝紫光进入我们的眼睛。早晚的太阳显得较红是因为光线中有较多的短波光被偏折而留下了较多的红橙光（图 3-4）。除了衍射之外，空气中较大的颗粒

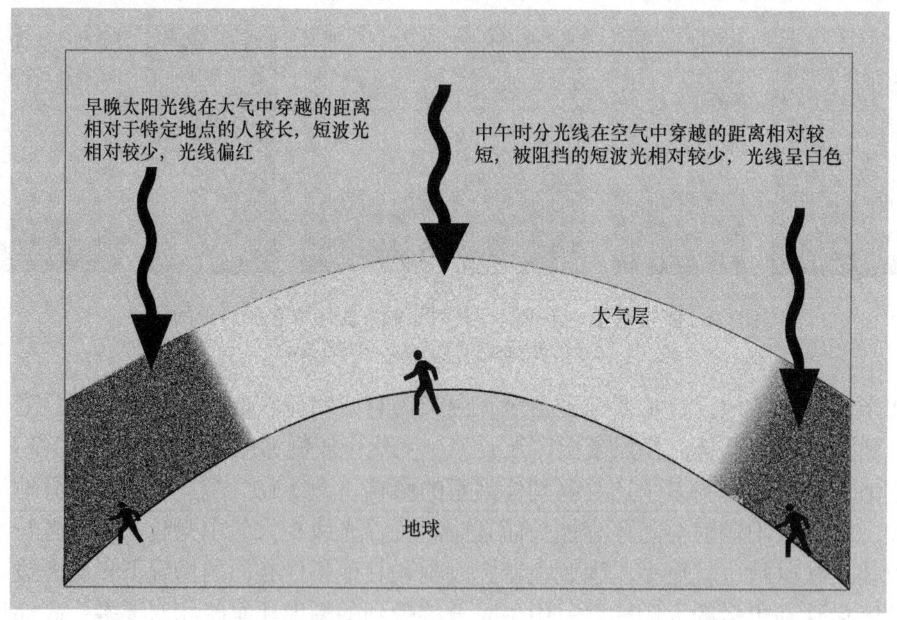


图 3-4　中午与早晚时分相比太阳光在人眼中呈现出不同的颜色示意

示光线在空气中所经过的距离不同而光质有所变化

还会反射和漫射太阳辐射。反射是沿一定的方向规律性地使光线发生偏折，而发生漫射时被偏折光线的方向是不确定的。在这些因素的作用下，太阳辐射通过水气层后其强度和能量下降得十分明显，尤其是短波光和紫外线被吸收很多。光线在大气中所经过的距离越长，效果越明显。因此在其他因素相同的情况下，低纬度地区的短波光相对较多，随纬度增加，长波光增加，随海拔升高，短波光增加；夏季短波光较多，冬季长波光较多；早晚长波光较多，中午短波光较多。大气层像一层保护膜，精心呵护着地球上的生命万物。

光线进入水体后发生的变化更加剧烈。水体对较长和较短波长的光具有强烈的吸收作用，如红外线与紫外线在水的上层就被完全吸收，红光在 4m 左右的水中其强度就下降到只有原先的 1%左右，只有波长在 500nm 左右的辐射能达到较深的水中，在 50～100m 的深水中还有其踪迹，使得深海呈现为幽蓝色。具有叶绿素（主要吸收利用红橙光和蓝紫光）的绿藻只分布在水的上层，而具有叶黄素的褐藻及具有藻红素和藻蓝素的红藻则能分布到深水中，因为这些生物能用所携带的色素吸收利用蓝绿光。

## 二、地球上光的作用

光是一种十分复杂而重要的生态因子，它对生物的作用主要在光照照度、光照时间、光谱成分（光的品质，光质）三方面表现出来，对生物有深刻影响。

### （一）光质与生物

太阳辐射谱包含了所有波长的电磁波。其中波长短于 380nm 的辐射称为短波，约占太阳辐射能量的 9%，当中就有紫外线；波长在 380～760nm 的太阳辐射是可见光，可被大多数的生物及人类感知和看见（图 3-5），这部分约占太阳总辐射的 45%。波长长于 760nm 的太阳辐射称为红外线，约占 46%。不同波长的光对不同生物具有不同的作用，在长期的进化过程中，生物对不同波长的光也具有不同的适应能力。

扫一扫看彩图

图 3-5　彩虹可以让我们看到可见光中的七彩颜色

1. 光质的生态作用

紫外线对生物有机体具有一定的杀伤作用，因而可用来灭菌；它还可引起人类皮肤产生红疹及皮肤癌，也能促进体内维生素 D 的合成；对昆虫具有强烈的吸收力和影响。可见光是包括人类在内的大多数脊椎动物可以利用的光线，对动物的繁殖、生存、生长、分布等各方面都具有重大影响。红外线能产热，对变温动物有重要作用。

植物需要利用太阳光来进行光合作用合成有机物。没有光就没有植物。植物的光合作用并没有利用光谱中所有波长的光，而只是利用了可见光区的一部分（400～710nm），这部分辐射通常称为生理有效辐射，占总辐射的 40%～50%。不同的光对光合作用的效率具有不同的影响。一般而言，红橙光下植物的光合作用速率最快，蓝紫光其次，绿光最差。因此绿光又称为生理无效光（图 3-6）。

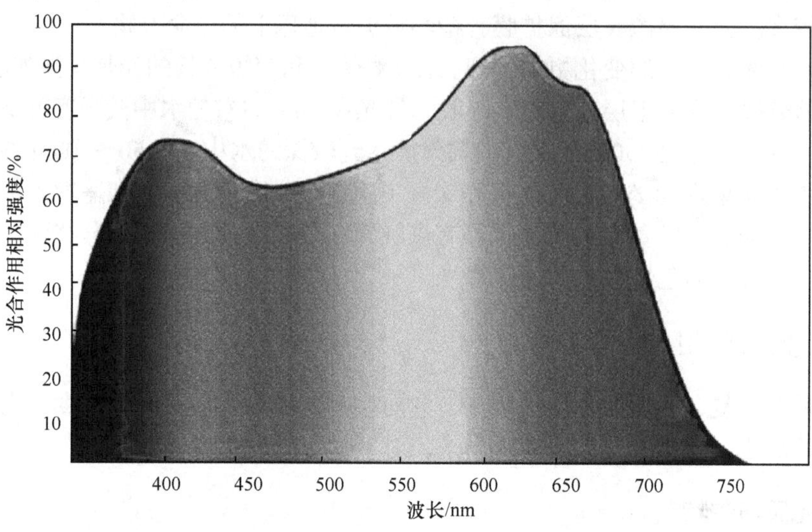


扫一扫看彩图

图 3-6　不同可见光的光合作用强度

长波光（红光）有促进植物茎叶延长生长的作用，短波光（蓝紫光、紫外线）有利于花青素的形成，并抑制茎的伸长。因而使得高山植物花色特别鲜艳而植株低矮。

2. 生物对光质的适应

在太阳辐射中，可见光部分的波长幅度并不大，但能量几乎占到了太阳辐射总能量的一半。大多数生物利用的光谱成分往往也恰好落在这个范围之内，即利用了光谱中能量最强的部分。

昆虫及很多节肢动物眼睛的构造与脊椎动物的不同，它们能利用光谱中的紫外线成分，因而很多昆虫及蝎子等都可以晚上活动，且对灯光敏感（图 3-7A）。花的颜色千差万别，但在只看得见紫外线的访花昆虫的眼里，不同颜色的花只会有形态和构造上的区别，这也就省却了它们很多麻烦，不至于给色彩迷花了眼。人们已利用昆虫的这一特性发明出紫外线灯或黑光灯等来诱杀农业害虫和生活害虫（如很多餐厅里就备有灭蝇灯）。大多数脊椎动物的眼睛都能看得见可见光，这大大加强了它们对外界的感知能力和反应速度。大多数动物都会在温度较低时晒太阳，以利用其中的红外线来升高体温，这对外温动物极为重要（图 3-7B）。

图 3-7　昆虫如蜉蝣对紫外线敏感（A），而爬行动物如蜥蜴可用红外线升高体温（B）

生活在不同环境中的植物含有不同的色素，可尽可能多地利用不同的光线。例如，绿藻只分布在水的上层，因为它具有叶绿素可吸收利用红橙光和蓝紫光；而具有叶黄素的褐藻及具有藻红素和藻蓝素的红藻可分布到深海，因为它们能吸收利用蓝绿光，而在深水中红光与橙光的能量是十分微弱的。高山上的植物茎叶中富含花青素，可避免紫外线损伤。高原上的植物和动物表面一般都备有密毛，也可在一定程度上减少紫外线的伤害。

徐师华等（2000）对生长在红色、绿色、黄色、蓝色聚氯乙烯薄膜（即普通的塑料薄膜）温室中的多种植物生长状况做过研究，发现由于薄膜的吸收和过滤作用，有色薄膜温室中的光质和光强都有变化（表 3-1）。其中生长在红膜、绿膜、黄膜中的黄瓜都增产，但蓝膜中的黄瓜却减产，这可能是由于后者对光辐射的透过率只有 30%而明显低于其他温室。生长在黄膜中的黄瓜品质最好且增产最多，这可能是黄膜温室中红橙光较多造成的；但黄膜中的黄瓜维生素 C 及还原糖的含量要低于其他有色温室的黄瓜，这可能是在黄膜大棚中短于 480nm 的短波光较少造成的。

**表 3-1　不同薄膜对可见光的透过率**（引自徐师华等，2000）

| 波段/nm | 薄膜类型及透光率/% | | | | | |
|---|---|---|---|---|---|---|
| | 蓝膜 | 红膜 | 绿膜 | 黄膜 | 白膜 | 室外（对照） |
| 300～380（紫外线） | 3.3 | 3.0 | 3.3 | 2.6 | 3.7 | |
| 400～440（紫光） | 13.3 | 11.1 | 12.0 | 6.5 | 11.7 | |
| 460～480（蓝光） | 10.1 | 3.1 | 4.4 | 5.7 | 11.5 | |
| 500～560（绿光） | 19.0 | 12.3 | 20.0 | 19.4 | 18.1 | |
| 580～620（黄光） | 11.4 | 13.9 | 13.5 | 16.3 | 14.0 | |
| 640～700（橙光） | 17.2 | 20.1 | 17.1 | 22.0 | 19.2 | |
| 720～800（红光） | 25.0 | 26.1 | 24.7 | 27.7 | 24.6 | |
| 400～480（蓝紫光） | 23.4 | 14.2 | 16.4 | 12.2 | 23.2 | |
| 600～700（红橙光） | 25.2 | 30.0 | 25.7 | 38.0 | 19.8 | |
| 400～700（有效辐射） | 96.7 | 97.9 | 96.7 | 97.4 | 96.3 | |
| 合计 | 30.0 | 42.3 | 48.6 | 46.5 | 46.2 | 100 |

### （二）光强与生物

光强就是太阳辐射的强度，也就是太阳辐射的多少，如 100W 的灯泡发出的光就比 40W 的强度大。地球上特定地点的光强受到地球公转与自转的影响。另外，由于大气对光的多种作用，如果太阳光在地球大气中所经过的距离长，被吸收和偏折相对就多，因而光强还受到纬度、海拔、坡向、坡度、季节、植被、光照时间、高度角等的影响。综合起来，在其他条件相同的情况下，高纬度、低海拔、冬天及早晚的光强相对较低，而低纬度、高海拔、夏天及中午的光强相对较大（图 3-8）。

1. 光强的生态作用

在光照不足或黑暗环境中生活的动物体色会变淡，如娃娃鱼；深海中的生物大多为透明无色的，如一些透明虾。光强对动物的生长发育也有一定的作用，如蛙卵、鲑鱼卵在有光时孵化快，生长发育得也较快。蚜虫在连续有光和连续无光条件下，产生的多为无翅个体；但

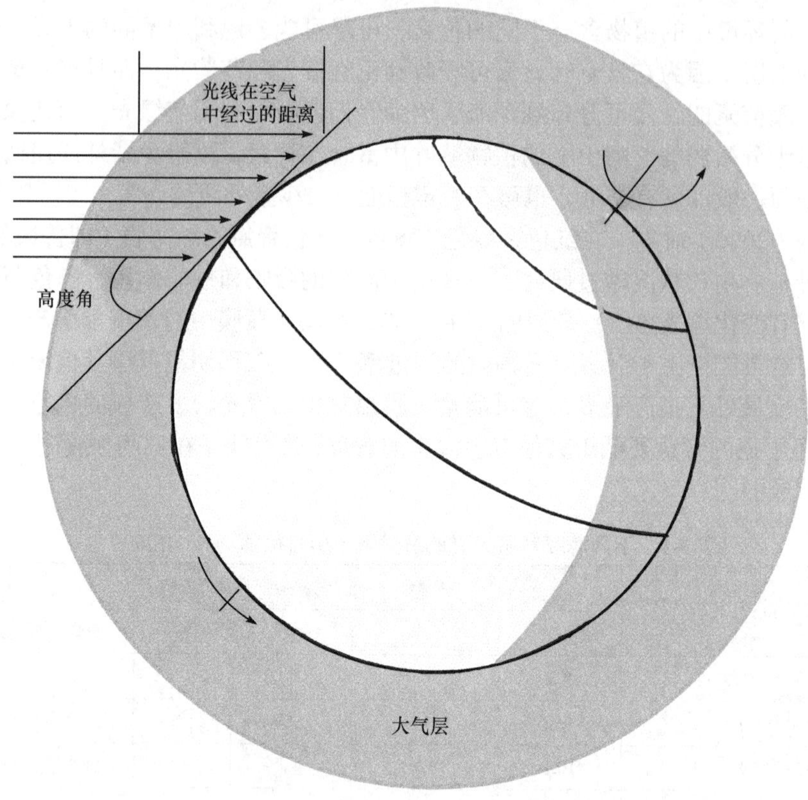


图 3-8　地球表面特定地点的光强决定因素

在光暗交替条件下则产生较多的有翅个体。

光强对植物细胞的增长和分化、体积的增大和重量的增加有重要作用；光还能促进组织和器官的分化，制约器官的生长发育速度，使植物各器官和组织保持发育上的正常比例。光强对植物的形态建成和生殖器官的发育影响很大。植物在完成光周期诱导和花芽开始分化的基础上，光照时间越长，强度越大，形成的有机物越多，越有利于花的发育（图 3-9）。

扫一扫看彩图

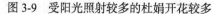

图 3-9　受阳光照射较多的杜娟开花较多

光强还有利于果实的成熟，对果实的品质有提高作用。在开花期与幼果期，光照减弱会引起结果不良或果实中途停止发育，甚至落果。

植物的叶绿素必须在一定光强下才能形成，而在黑暗条件下只能形成胡萝卜素导致叶子发黄，称为“黄化现象”（图 3-10）。

图 3-10　在黑暗条件下萌发的（右）与正常光线下的玉米幼苗（左）在颜色、高度、节间长度等方面有显著不同

植物的生长需要一定的光照强度。杨在娟等（2002）通过野外实验，对雷竹 *Phyllostachys praecox* cv. *prevernalis* 无性系在不同光照强度下的生长进行了对比分析。结果表明，随着光照强度的降低，雷竹无性系分株数、分株高度、分株基径、无性系根茎总长度、分株根茎长度显著降低，而间隔子长度不断增加；在不同光照条件下，根茎节间长度和分枝角度没有显著变化；随着光照强度的降低，无性系单位长度根茎生物量下降（图 3-11）。

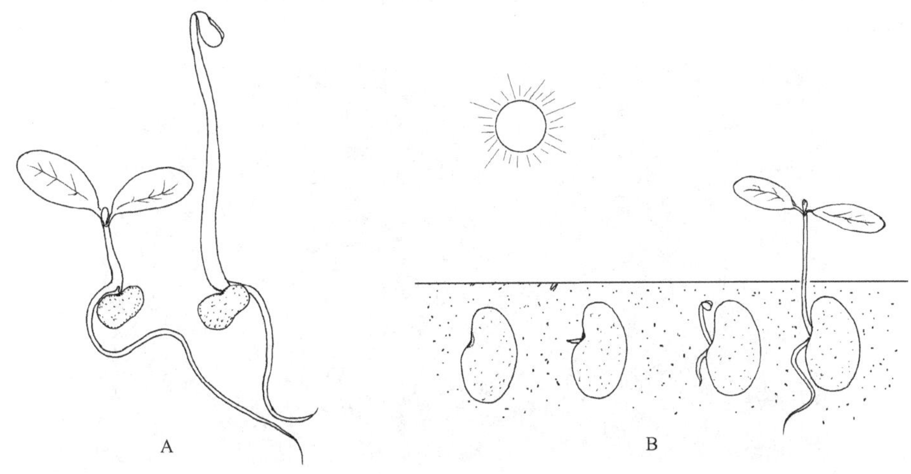


图 3-11　光强对植物生长的影响及植物的适应

A. 正常光线下萌发的种子（左）和黑暗下萌发的种子（右）形态对比；B. 种子在土壤中的萌发。光强可以促进茎的加粗生长，这对于种子在土壤中的萌发极为有利

当然太强的光照对植物也是有害的。丑敏霞等（2000）研究了光照强度对石斛 *Dendrobium nobile* 生长与代谢的影响。研究显示，在其他条件不改变的情况下，低光照强度有利于株高和可溶性蛋白质含量的增加，但增重少、繁殖率低、代谢较弱；随光照强度的提高，光合能力递增，但呼吸消耗也随之加大；强光照会破坏叶绿素的形成，叶绿素含量降低，可溶性蛋白质与总糖含量也显著下降，出现光抑制。

植物的不同发育阶段受光照强度的影响不同。林仲桂和雷玉兰（2003）就光照强度对马齿苋 *Portulaca oleracea* 生长的影响进行了初步研究。结果表明，光对马齿苋生长的影响因其发育阶段而异，其中对子叶和真叶的影响尤为深刻，决定子叶的展开、变绿、生长和真叶的发生及发育。在发芽期和营养生长期，马齿苋不耐荫，在强光照下才能正常生长，光照不足则生长停滞或延缓。进入生殖生长期，马齿苋对光照要求不严格，强光弱光下均能生长，但强光有利于生殖生长，弱光有利于营养生长，而夏季高温强日照易使其植株老化、开花、结籽。因此，早春栽培马齿苋应保证充足的光照，夏季栽培马齿苋应采取遮阴措施。

2. 生物对光强的适应

在长期的进化过程中，不同植物适应于不同的光照强度，因而不同的植物对光强的反应是不一样的。根据植物对光强适应的类型可将其分为阳性植物（sun plant）或喜光植物（heliophile 或 light plant）、阴性植物（shade plant）或喜阴植物（shade-requiring plant）和中性植物（neutral plant）（图 3-12）。在一定范围内，光合作用效率与光强成正比，达到一定强度后实现饱和，再增加光强，光合效率也不会提高，这时的光强称为光饱和点。当光合作用合成的有机物刚好与呼吸作用消耗相等时的光照强度称为光补偿点。阳性植物对光要求比较高，只有在足够光照条件下才能正常生长，其光饱和点、光补偿点都较高，如落叶落叶松、杉木、落羽杉、水杉、桦木、桉树、杨柳等。阴性植物对光的需求远较阳性植物低，光饱和点和光补偿点都较低。中性植物对光照具有较广的适应能力，对光的需要介于上述两者之间。阳性植物一般叶子排列稀疏，角质层较发达，在单位面积上气孔增多，叶脉密，机械组织发达。这类植物的光补偿点较高，光合作用的速率和代谢速率都比较高。在弱光下呼吸消耗大于光生产便不能生长。阴性植物枝叶茂盛，没有角质层或很薄，气孔与叶绿素比较少。这类植物的光补偿点较低，其光合速率和呼吸速率都比较低，如酢浆草、鹿蹄草、人参、细辛等。

扫一扫看彩图

图 3-12　阳性植物与阴性植物形态对比

A. 蒲公英；B. 人参

同一植物叶片在弱光下或强光下生长，形态也会发生改变。在弱光下，叶可能变得较大且薄、平整、边缘较完整，其内部的表皮角质层和栅栏组织不发达，而海绵组织比较发达；叶绿素含量往往也较多，外观上色更绿且深浓；单位面积的气孔数目少，气孔的开度小，含水量也略多，称为阴性叶或阴生叶（shade leaf）。树冠内部及向北避光下的叶易成为阴性叶。在强光下，情况就会不同。阳性叶或阳生叶（sun leaf）比阴生叶的光合能力、呼吸、补偿点、最大光合作用所需要的光强都比阴性叶大，通常栅栏组织发达变厚，叶绿素含量较少，外观上更黄嫩，形状上更小但厚、较不平整、边缘更凹凸不齐。树冠表面和向南向的叶易形成为阳性叶。在栎树中，阳生叶与阴生叶有时表现得较显著（图 3-13），但有些植物的叶不太分化，如桦属 *Betula*。

图 3-13 德州栎树的阳生叶（左）与阴生叶（右）形态比较

光照强度与很多动物的行为有着密切的关系。有些动物适应于在白天的强光下活动，如灵长类、有蹄类和蝴蝶等，称为昼行性动物；另一些动物则适应于在夜晚或早晨黄昏的弱光下活动，如蝙蝠、家鼠和蛾类等，称为夜行性动物或晨昏性动物；还有一些动物既能适应于弱光也能适应于强光，白天黑夜都能活动，如田鼠等。昼行性动物（夜行性动物）只有当光照强度上升到一定水平（下降到一定水平）时，才开始一天的活动，因此这些动物将随着每天日出日落时间的季节性变化而改变其开始活动的时间。

### （三）光照时间与生物

Garner 和 Allard（1920）发现有些烟草不像其他品种那样在夏季开花，而是在秋季移入温室内长到初冬才开花结果。倘若在夏季人为地缩短光照时间，这种烟草也能开花。另外，他们还发现，在 5～7 月份每隔 2 周播种一次大豆，尽管它们的生长时间或称为“年龄”不同，但它们几乎在秋季同时开花。深入研究后发现，这些烟草和大豆只有在光照时间短于一定程度时才开始开花。这说明，自然条件下光照时间的周期性变化对植物的生长、发育、结实等有重要作用。现在已经知道，地球的公转与自转带来了地球上日照长短的周期性变化，长期生活在这种昼夜变化环境中的动植物形成了自身所特有的对日照长度变化的反应方式，这就是生物的光周期现象（photoperiodism）。有些植物只有当昼短夜长时才能开花，凡具有这种特性的植物称为短日（性）植物（short day plant）（每日光照 8～12h），如菊花、棉花、水稻、玉米、高粱等（多为晚熟性作物）。另有些植物如小麦、甜菜、菠菜等，每天日照越长，开花越早（每日光照 14h 以上），称为长日（性）植物（long day plant）。还有一些中日（性）植物（intermediate-day plant），需要中等日照时间来形成花芽，如甘蔗等。另外，也存在着对日照长短不敏感的植物，四季均可开花，称为日中性植物（day-neutral plant），如番茄、黄瓜和辣椒等。许多动物的行为对日照长短也表现出周期性。鸟、兽、鱼、昆虫等的繁殖，鸟、鱼的迁移活动，都受光照长短的影响。例如，鹿、羊等秋季交配（短日照），而鼠、鼬和许多鸣禽春季交配（长日照）。现知动物的季节性迁徙、换羽、换毛、休眠、滞育等的启动，多与光周期有关。由于光照在一天及一年中有严格的周期性变化，比其他如温度、降水等外界因子更可靠，很多生物选择光（光周期）这个信号作为启动繁殖等生理机制的“触发器”（图 3-14）。

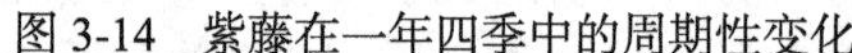
图 3-14　紫藤在一年四季中的周期性变化

生物对昼夜交替的周期性变化也有一定的适应反应，称为昼夜节律。

光周期对植物的地理分布有较大影响。短日照植物大多数原产地是日照时间短的热带、亚热带；长日照植物大多数原产于温带和寒带，在生长发育旺盛的夏季，一昼夜中光照时间长。如果把长日照植物栽培在热带，由于光照不足，就不会开花。同样，短日照植物栽培在温带和寒带也会因光照时间过长而不开花。这对植物的引种、育种工作有极为重要的意义。例如，黑鼬在 3～8 月繁殖，秋冬季停止。若在 10 月到次年 1 月，人工额外延长光照数小时，就能使其性腺发育，进行繁殖。鸟类生殖期间人为改变光周期可以控制鸟类的产卵量，人类采取在夜间给予人工光照的方式就能提高母鸡产蛋量。起源于北温带的植物大多属于长日性，突然引种到南方短日照条件下生长，常推迟或不能开花，只是在低温环境中，如高山上才能形成花芽。短日性植物向北方扩大栽培时，可能到深秋才开花，但很快被冻死。另外，长日性植物从原产地向北方、短日性植物向南方引种，都可能发生缩短生长期现象，甚至植株很矮便开花结实影响产量。同一种植物因其品种和原产地的不同，对光周期反应也不一样。例如，大豆为短日性植物，广州的品种（龙角豆）在北京要种植 168d 才开花，来自佳木斯的满仓金在北京只需 36d 便开花。前者来不及结籽就被冻死，后者没有长大就开花，收成也很差。

## 本章小结

光是最重要的生态因子之一。地球上的光几乎全部来自于太阳，因而太阳对于地球万物具有决定性的影响。由于地球的公转与自转，地球大气层对太阳辐射的吸收、反射、衍射等作用（这些作用对短波光的影响更大），地球表面特定地点所接受到的太阳辐射强度、质量具有周期性的变化，不同地方的变化差距也相当大。总体而言，低纬度地区的短波光相对较多，太阳辐射强度大；随纬度增加长波光增加，但辐射强度变少，随海拔升高短波光增加，辐射强度变大；夏季短波光较多，强度大，冬季长波光较多，但强度较小；早晚长波光较多，中午短波光较多。

光对生物的作用通过3个方面表现出来，即光质、光强和光照周期。在可见光的范围内，红橙光和蓝紫光对植物的光合作用影响较大，被吸收得也较多；相对而言，绿光的光合效率较低。

不同动物可利用光谱中不同波段的光。高等动物可利用大部分的可见光，红外辐射对外温动物的体温变化具有重要作用，很多无脊椎动物可利用紫外线。光照强度（光强）可影响生物的方方面面，如生长、繁殖、行为等。

在长期的进化过程中，无论是动物还是植物对周期性变化的光强和光周期都有不同程度的适应。根据植物对光强的适应特点，它们可分为阳性植物、阴性植物和中性植物；在对光照周期的适应性方面，植物又为分为短日性植物、长日性植物、中日性植物及日中性植物。兽类的繁殖行为也受到光照周期的影响，它们可分为长日照动物、短日照动物等。

## 本章重点

光的周期性变化和不同地点光照情况变化的特点；光质、光强及光照周期对生物的作用形式，以及生物对它们的适应模式及其特点；植物对光的适应特征，尤其是光合作用受光的影响模式。

## 思考题

1. 由春分到秋分，地球表面在一天中所接受到的太阳光照时间是先逐渐变长然后逐渐变短。此说法是对还是错?
2. 绿光在植物光合作用中所起到的作用较少，甚至是无作用的。此说法是对还是错?
3. 为什么我们看到的月亮常有月牙而太阳却没有?
4. 不同植物在不同季节开花是有其内在原因的，也避免了彼此之间的竞争。为什么?
5. 生活在黑暗中的动物往往眼睛较小、体色较浅。这是一种退化还是进化？为什么?
6. 豆芽要在避光条件下才能培养成功。为什么?
7. 韭菜与韭黄如何分别培养?
8. 要想让苹果表面都是红润的颜色，可以有哪些办法?
9. 有什么办法可以观察到太阳的运行轨迹?
10. 夜行性动物（如蛾类、壁虎等）的眼睛可能会有哪些特点?

# 4

# 第四章　温度与生物

太阳不仅向地球辐射电磁波，还辐射热能。地球表面本身及周围的大气层在太阳辐射下，温度会发生与光类似的周期性变化，包括日变化与年变化等。年变化取决于地球的公转，而日变化取决于地球的自转。特定地点的温度及其变化受很多因素的影响，如纬度、海拔、朝向、海陆位置、坡向等。总体而言，与光相比，温度更易受到这些因素的影响，变化也较大，春秋之际温度的剧烈变化非常明显地体现出它的易变性。热能或温度对生物的影响也非常大。

## 一、温度变化

### （一）大气温度

大气通过吸收太阳辐射及地球反射的热能而使温度发生变化。由于地表温度要吸收太阳辐射后才能上升，因此在时间上与太阳的辐射强度之间有一定的时间差。一般而言，一日内，太阳升起后 1h 地表温度开始上升，中午 1～2 点达到最高；随着太阳高度角的减小，温度递减，在日落后地表温度下降更快，在凌晨日出前温度最低。一年内，一般来说北半球大陆上最冷月是 1 月，最热月是 7 月（图 4-1）；因比热容不同，海洋上最冷月一般是 2 月，最热月是 8 月。

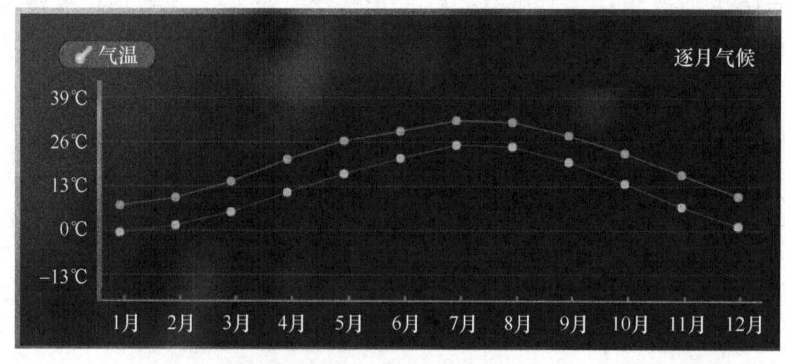


图 4-1　南京一年各月的平均最高气温与最低气温变化

不同地区由于相对太阳的距离远近不同，热辐射被高层大气吸收的比例及衰减的程度不同，造成不同地区温度相差很大（图 4-2）。高纬度地区温度低于低纬度地区，这在冬天显得更明显。例如，香港冬天的最高气温在冬天一般在 10℃以上，而哈尔滨的日最高气温常在–10℃之内，两地相差有 20℃以上；而在夏天，两地之间最高气温相差一般在 10℃之内，如都在 35℃左右。一般而言，纬度每增加 1°（相当于地面南北距离 100km 左右），温度会减少 0.5～

1℃。因此，从赤道到北极，形成了明显的热带、亚热带、北温带及寒带等温度区。

图 4-2 国槐 4 月底在南京（A）与呼和浩特（B）不同的生长情况显示出两地气温有较大差异

温度是通过分子运动来体现的。因此，在空气相对稀薄的地方，其温度会较低，如高海拔地区就比低海拔地区的温度要低很多。夏天海拔 2000m 左右的昆明气温要比沿海的杭州或福州的气温低很多。在垂直高度上，由于高处大气受到的地面热辐射相对较小，空气又相对稀薄，因此温度要低。一般说来，海拔每升高 100m，大气温度会下降 0.6～1℃。

当然，特定地点的温度还受到其他一些如地形、坡向、风向等因素的影响。重庆在夏天气温较高的一个重要原因是其山谷地形。新疆吐鲁番盆地的气温在夏天可以达到 47.8℃，是因为：①离海洋较远，②海拔较低，③位于盆地中。鼠兔在冬季躲进自己挖掘的洞穴内，可以抵御−10℃以下的严寒天气。因为仅在地下 10cm 深处，温度变化不超过 1～4℃。大白蚁自己筑的巢壁可厚达 50cm，当外界温度在 22～25℃时，巢内可维持 30±0.1℃的恒温和 98%的相对湿度。

### （二）土壤温度

土壤的比热容较小但热传递能力较弱，因而造成土壤温度变化有其独特性。例如，表层土壤的温度变化要远远大于较深层土壤，夏天柏油路常有被晒化的时候，而从井内取出的水则显得寒气逼人。在深度 1m 以下的土壤就没有昼夜变化了，一般在 25～30m 以下的土壤就表现不出季节变化。我国青藏铁路建设过程中，就在冻土层上打下了许多不短于 30m 的地桩而将铁路支撑起来，因为在这个深度以下，冻土层是不会融化变化的。

### （三）水体温度

与土壤相反，水的比热容较大并且有很强的热传递能力，因而水体温度的变化相对较小。又由于水在 4℃时密度最大，从而使得水体的温度尤其是深层水温度变化更小。例如，海洋水温昼夜变化不超过 4℃，随深度增加变化更小，15m 以下就表现不出昼夜变化，140m 以下则无任何变化。

在中纬度和高纬度较浅的池塘或湖泊中，水体温度变化有一定的规律性和季节性（图 4-3）。冬天时湖面为冰覆盖，冰下的水温是 0℃，随水深增加，水温逐渐增加到 4℃，直到水底。在这个时期由于较冷较轻的水位于上层，因而整个水体是相对较稳定的。当向春季过渡时，随着日照的增加、温度的上升，水面的冰层融化，水面温度也逐渐上升。当逐渐达到 4℃时，密度也逐渐增加并向深层流动。又由于春季一般风较大，使得湖水上下翻动更为明显，形成春季环流。环流使上下层的水得到交流，并把底层的营养物带到上层，又有较高的温度和光照，这时湖内的生物生产力较高。到夏季时，湖面表层的水温度较高，密度较小，水温较一致，称为上湖层（epilimnion）。在其之下，水温变化相对较剧烈，每加深 1m，水温可下降 1℃，这层水叫斜温层或梯温层（thermocline）。斜温层之下为下湖层（hypolimnion）。这层水的温度接近于 4℃，密度最大。水体在夏天的分层现象很明显，且各部分之间很难进行交流，下层的营养物质无法到达阳光充足的湖面，因而夏季的湖泊生产力并不大。随着秋季的来临，气温逐渐下降，表层较重的水逐渐下降到湖的深层，这时又形成不同水层之间水的流动，即秋季环流，使湖泊中温度与营养物质的分层现象消失。由于温度较低，秋季湖泊的生物生产力比春季低得多。

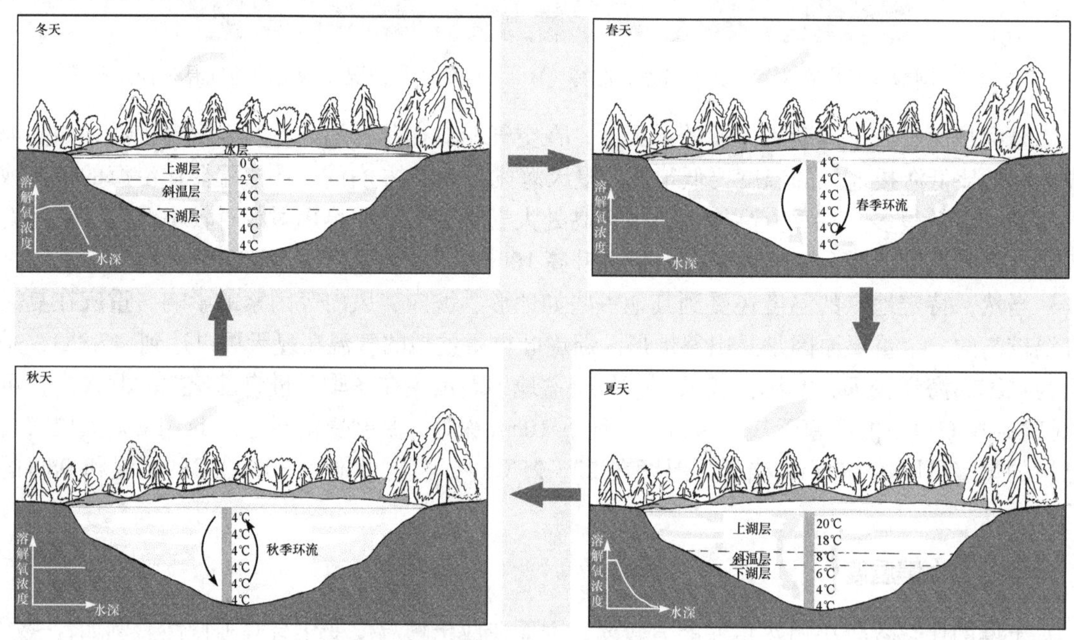


图 4-3　水体温度在一年四季中的变化及水的流动

在温度较高、水体深度较小或水体流动性很大的水体中，其水温变化就不太明显，如海洋和江河中。

### （四）生物体内温度

一切物体吸收太阳能后，温度都会上升。植物是变温的有机体，即它的温度始终与其周围的环境温度相一致，当它的体温低于气温时，要吸收大气中的热量或太阳辐射，以使温度增高；相反，则降温。植物的温度主要通过蒸腾蒸发作用（evapotranspiration）来调节的。植物体本身的温度变化与土壤有点类似，即因比热容较小，温度变化也较剧烈。叶片是植物体对温度最敏感的器官，白天在强烈的阳光下，叶温可高出气温 10℃以上，某些很厚的叶片，甚至可达 30℃，在平静的空气中，叶片温度也高于大气。夜间无风时，叶片温度，尤其是叶缘和叶尖的温度，明显地低于气温。叶片的颜色、质地、大小、厚薄、附属物等均影响植物的温度。

大部分动物与植物一样，身体温度也会随周围环境温度的改变而改变，且需要吸收环境中的热量来升高体温。一般可将它们称为外温动物（ectotherm），如爬行动物、两栖动物、昆虫等。外温动物调节自身体温的能力较弱，一般是通过奔跑、日光浴及躲藏等行为来升高或降低自身的温度。当环境温度降低后，外温动物的体温会迅速降低，因此它们有时又被称为冷血动物。由于它们的体温会发生剧烈的改变，自身调节的功能很弱，所以它们也被称为变温动物。

鸟类和大多数哺乳动物具有很强的调节体温的能力，它们的体温主要由自身代谢产生的热量来维持，而基本不依赖于环境温度，相反却时时向环境中释放热量。因此，它们常被称为内温动物（endotherm）或温血动物。它们的体温大多维持在一个相对稳定的温度值上或一个狭窄的范围之内，因此又被称为常温动物。内温动物的体温很少依赖于吸收环境中的热量，主是通过生理过程来产生热量或释放体内的热量来调节体温，如颤抖、出汗等，当然有时也可通过运动等方式来进行调节（图 4-4）。

扫一扫看彩图

图 4-4 内温动物（人）与外温动物（昆虫）示例（人手融化冻僵了昆虫的冰）

## 二、温度对生物的作用

### （一）温度的生态作用

热量是植物生命活动不可缺少的条件，它不仅决定着植物的各种生理活动和生长发育，而且制约着植物的分布和外部形态。任何生物都是在一定的温度范围内活动，温度是对生物影响最为明显的环境因素之一。生物正常的生命活动一般是在相对狭窄的温度范围内进行，大致在零下几度到 50℃左右。温度对生物的作用可分为最低温度、最适温度和最高温度，即生物的三基点温度。当环境温度在最低和最适温度之间时，生物体内的生理生化反应会随着温度的升高而加快，代谢活动加强，从而加快生长发育速度；当温度高于最适温度后，参与生理生化反应的酶系统受到影响，代谢活动受阻，势必影响到生物正常的生长发育。当环境温度低于最低温度或高于最高温度，生物将受到严重危害，甚至死亡。不同生物的三基点温度是不一样的，即使是同一生物不同的发育阶段所能忍受的温度范围也有很大差异。

温度对生物的生理活动有重要的影响，这主要是通过酶活性实现的。植物的生理活动都依赖于细胞内可利用液态水的状态，而只有细胞温度在 0℃之上时这才有可能。对于植物而言，因体内溶有有机物而使冰点下降，气温 0℃以下仍可生长。低于或高于温度限度，植物细胞内的功能活动不能进行，在最适温度下的功能活动最快。特殊情况下，一些藻类只有在 0℃以下的温度中才能完成生活史，温泉里的藻类可以在 77℃温度下维持生存。多数植物正常生长所需要的温度是 0～50℃，超过这个范围，生命活动将受到抑制。

当温度在一定范围内增加时，生物的生命活动会加速，这个特性可以用范托夫( Von't Hoff )规则来表示：

$$R_2/R_1 = r\,(T_2-T_1)/10$$

式中，$T$ 为温度，$R$ 为不同温度下生物的生化反应速率或代谢速率，$r$ 为反应速率常数（一般为 2～4），即温度每增加 10℃，生物生理活动速率为原先的 2～4 倍，此称为 $Q_{10}$ 定律。这个规则在生产实践中有广泛应用，如加热使垃圾腐败得更快，而低温贮藏可以使水果及蔬菜保鲜等。

植物的生长有时要求达到一定的温度并持续一定的时间，即必须温度积累到一定的数值才能生长。例如，全年的气温都是 2℃，植物不能生长；而气温即使达到 10℃，如果只有一天是这样，其余都为 0℃或以下，植物也不能生长。即植物和一些小型动物的生长需要一定的能量积累，这就是有效积温法则（law of effective temperature）。一年中温度超过生物学零度（有机体能进行生理活动的最低温度）的全年温度的总和，就是有效积温。用公式可表示如下：

$$K=n\,(T-C)$$

式中，$K$ 为有效积温；$n$ 为完成发育阶段或生活周期所需的天数；$T$ 为 $n$ 天的平均气温；$C$ 为生物学零度，林业上常常取值为 5℃或者 10℃。

有效积温法则不仅适用于植物，还可应用到昆虫和其他一些变温动物。在生产实践中，有效积温可作为农业规划、引种、作物布局和预测农时的重要依据，可以用来预测一个地区某种害虫可能发生的时期和世代数，以及害虫的分布区、危害猖獗区等。例如，南京小地老虎的 $K$ 为 504.7 日度，而该地区一年中接受到的热量有 2220.9 日度，那么可预测出一年中该地的小地老虎可发生 2220.9÷504.7=4.54 代。

### （二）极端温度对生物的影响

温度低于一定数值，生物便会受害，这个数值称为临界温度。在临界温度以下，温度越低生物受害越重。低温对生物的伤害可分为冷害和冻害两种。

冷害是指温度在 0℃以上对喜温生物造成的伤害。植物冷害的主要原因有蛋白质合成受阻、碳水化合物减少和代谢紊乱等。冻害是指 0℃以下的低温使生物体内（细胞内和细胞间）形成冰晶而造成的损害。植物在温度降至冰点以下时，会在细胞间隙形成冰晶，原生质因此而失水破损（图 4-5）。极端低温对动物的致死作用也主要因为此。昆虫等少数动物的体液能忍受 0℃以下的低温而不结冰，这种现象称为过冷却。过冷却是动物避免低温伤害的一种适应方式。

图 4-5　冻害示例

A. 正常的灰莉；B. 冻伤了的灰莉

温度超过生物适宜温区的上限后就会对生物产生有害影响，温度越高对生物的伤害作用越大。高温可减弱光合作用，增强呼吸作用，使植物的这两个重要过程失调；破坏植物的水分平衡，促使蛋白质凝固、脂类溶解，导致有害代谢产物在体内积累。高温对动物的有害影响主要是破坏酶的活性，使蛋白质凝固变性，造成缺氧、排泄功能失调和神经系统麻痹等。

## 三、生物对温度的适应

### （一）植物对低温的适应

植物对低温的形态适应表现为芽及叶片常有油脂类物质保护，芽具有鳞片，器官的表面有蜡粉和密毛，表皮有较发达的木栓组织，植株矮小，常呈匍匐、垫状或莲座状等。这些形态的特化可以使得低温很难直接侵蚀身体本身或最重要的器官如花芽等（如密毛、蜡粉及死亡了的叶片等可一定程度上隔绝空气等）。低矮植株将身体的大部分藏入地表以下，从而有效地躲避寒风等。

生理上，低温环境中的植物可以通过减少细胞中的水分和增加细胞中的糖类、脂肪和色素来降低冰点，增加抗寒能力。例如，鹿蹄草通过在叶细胞中大量贮存五碳糖、黏液来降低冰点，可使结冰温度下降到–31℃。休眠也是植物适应寒冷环境的重要方式，如一年生植物以种子度过冬天等。

少数植物还可以通过关闭叶子（如夜晚的含羞草和卷心菜）等“行为”来渡过低温环境。

### （二）植物对高温的适应

植物对高温的生态适应方式也主要体现在形态和生理两个方面。形态上，如密生绒毛和鳞片，过滤部分阳光；植物体呈白色、银白色，叶片革质发亮，反射部分阳光；叶片垂直排列使叶缘向光或在高温下叶片折叠，减少光的吸收面积；树干和根茎有很厚的木栓层，起绝热和保护作用。生理方面，主要有降低细胞含水量，增加糖或盐的浓度，以利于减缓代谢速率和增加原生质的抗凝能力；蒸腾作用旺盛，避免体内过热而受害；一些植物具有反射红外线的能力，且夏季反射的红外线比冬季多。

### （三）动物对低温的适应

动物对温度的形态适应表现为同类动物生长在较寒冷地区的比生长在温热地区的个体要

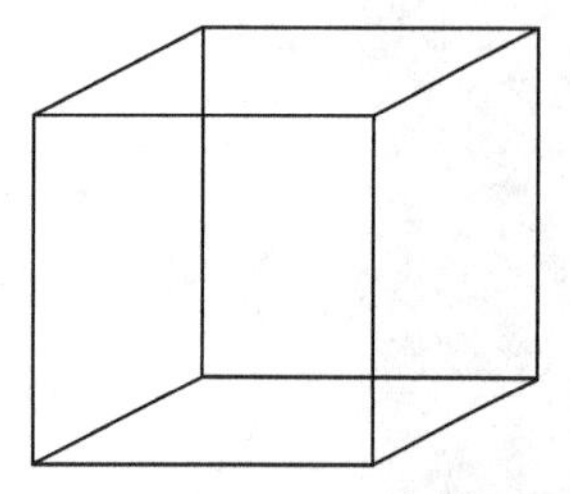
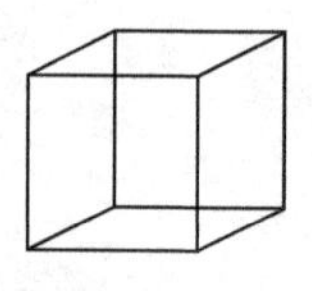

图 4-6 贝格曼定律原理图解
随着体积的增大，其与表面积之比值相应变小

大。中国南北方几种兽类颅骨长度的比较研究表明，生活在高纬度地区的恒温动物其身体往往比生活在低纬度地区的同类个体大。个体大有利于保温，个体小有利于散热，因为个体大的动物其单位体重散热量相对减少（贝格曼定律，Begman rule）（图 4-6 和图 4-7）。外温动物（如两栖动物）因在寒冷地区的生长期很短，往往表现出“南大北小”的相反特点。

扫一扫看彩图

图 4-7 北极熊（A）与棕熊（B）特征比较
生活在更寒冷地区的北极熊身体较大，耳廓较小

另外，恒温动物的突出部分，如四肢、尾巴和外耳等，在低温的环境中有变小变短的趋势，以减少散热的表面积（阿伦定律，Allen rule）（图 4-7 和图 4-8）。还有寒冷地区动物的皮毛、羽毛和脂肪都相对较厚和较多，以此提高身体的隔热和防寒保温的作用（图 4-7）。

扫一扫看彩图

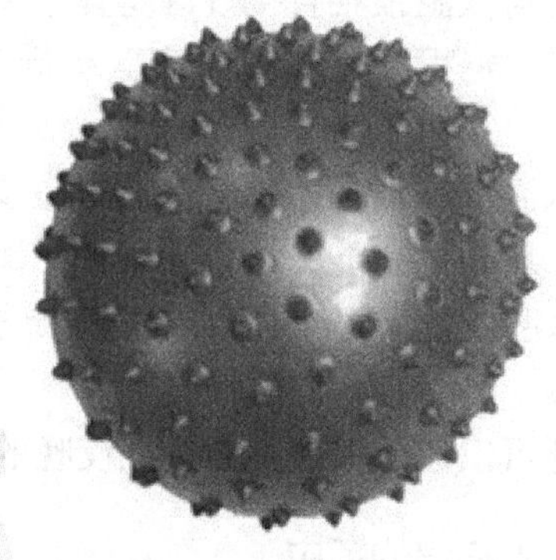

图 4-8 阿伦定律原理图解
在体积相差不大的情况下，其表面积越大散热越快

在生理上，动物对低温的适应主要表现在两方面：结冰存活机制和过冷机制。前者是指当一些动物暴露在低于其体液冰点的温度下时，其体内便开始结冰，但结冰并不损伤其组织，当温度回升后，这类动物仍能正常生活。例如，一种昆虫的体内有高浓度的甘油，从而起到有效地保护酶及降低冰点等作用。后者是指一些动物不能忍受体内结冰，但它们有一种过冷能力，即当它们暴露在低于其体液冰点以下的温度时并不结冰，从而避免了结冰对组织的损伤。例如，一些鱼及昆虫血液中含有大分子的抗冻剂，从而使体液的冰点下降。这些生理适应是通过酶系统的调整来实现的（陶云霞和严绍颐，1990）。

在低温环境下减少身体散热的另一种适应是大大降低身体终端部位的温度（异温性），以减少热散失。银鸥 *Larus argentatus* 体内温度为 38～41℃，而其爪部为 6～13℃，其站在冷水中时也可以有效地减少脚部散失热量。哺乳动物身体内的一些动脉与静脉是平行排列的。在寒冷环境时，表层血管收缩，而使表面的毛细血管得到的血液减少，以减小热量散失，并且使一部分动脉所具有的相对高的温度传递到静脉而一定程度上升高流回心脏的血液温度。

在极端情况下，一些动物还可以增加体内热量来增强御寒能力和保持恒定的体温，如人们所熟知的打寒战。颤抖有两种：非颤抖性产热（通过分解体内的褐色脂肪组织）和颤抖性产热（肌肉颤抖）。

动物生理上的另一重要适应方式是以麻痹的方式渡过寒冷季节，如冬眠和滞育等。外温动物的滞育是长期进化的产物，有其必需性和长期性。而内温动物的冬眠往往有触发机制，在其过程中如果环境条件转好动物会在短时间内苏醒过来。

动物行为上的适应有迁徙和集群等。例如，企鹅在繁殖季节往往成群聚集在一起，彼此紧靠以减少暴露面积等。动物迁徙的例子比比皆是，如鸟类和蝴蝶等，有时会形成壮观景象。

### （四）动物对高温的适应

生物对高温的适应能力普遍不强，大型动物尤其如此。形态上，生活在沙漠中的动物如骆驼的表面生有密而厚的毛发，可以起到阻隔热量的作用，且毛色较浅，有利于反射阳光。生理上，有些动物如骆驼可适当调高自身的体温，一是可以减少热量传递，二是可以减少因温差较大而蒸发过多水分，以保护重要脏器（图 4-9）。休眠是生理适应中的一个重要方面，它包括夏眠、日麻痹等，如蜂鸟在中午时停止活动。动物行为上的适应较多，如昼伏夜出、穴居等。

图 4-9　骆驼是典型的耐高温动物

### （五）生物对节律性变温的适应

由于地表太阳辐射的周期性变化，地球表面的温度也呈现有规律的变化。节律变温有昼夜和季节两种。温度的昼夜变化节律叫温周期，植物对温周期变化的反应称为温周期反应。

温度的季节变化叫物候，植物在一定的温度条件下，即随着季节的变化，表现出一定的外貌形态特征叫物候现象。树木春天发芽，夏季生长，秋季落叶，这就是物候。

许多生物适应了变温环境，多数生物在变温下比恒温下生长得更好。例如，大多数植物在变温下发芽较好，毛冬青在变温 20～30℃时发芽率为 70%～80%，恒温条件 25℃发芽率仅为 20%～30%，这是因为降温后，增加了氧气在细胞中的溶解度；温度交替变化提高了细胞膜的透性，从而促进萌发。

昼夜温度的变化也有利于干物质的积累。白天适当高温有利于光合作用，夜间适当低温使呼吸作用减弱，光合产物消耗减少，净积累增多。新疆的葡萄和山东的苹果其品质较好较甜部分原因就是这些地方的昼夜温差较大，新疆的一些地区常常是“围着火炉吃西瓜”。

## 四、生物分布与温度

由于温度能影响植物的生长发育，因而能制约植物的分布。影响植物分布的温度条件有：①年平均温度、最冷和最热月平均温度；②日平均温度的累积值；③极端温度（最高、最低温度）。当然温度并不是唯一限制植物分布的因素，在分析影响植物分布的因素时，要考虑温度、光照、土壤、水分等因子的综合作用。

人们根据积温的不同，按从高到低的积温等级分为几个气候带：赤道带、热带、亚热带、暖温带、温带、寒温带和寒带。每一种植物只能适宜于一定的气候带，即它的分布范围只能局限于此，超过这个温度带，它就要受到寒害或者热害。

极端温度是限制生物分布的最重要条件。高温限制生物分布的原因主要是破坏生物体内的代谢过程和光合呼吸平衡，其次是植物因得不到必要的低温刺激而不能完成发育阶段。由于高温所限，在自然条件下，白桦、云杉不能在我国华北平原生长，苹果（图 4-10A）、梨不能在热带地区栽培。气温 26℃为菜粉蝶分布的南界，尽管菜粉蝶在 26℃以下的秋、冬季可以生存，但在夏季超过 26℃时，它的卵和幼虫就会死亡。低温对生物分布的限制作用更为明显。对于植物和变温动物来说，一定的低温是决定其水平分布北界和垂直分布上限的主要生态因素。例如，橡胶分布的北界是北纬 24°30′（厦门）和海拔 640m（海南岛）。香蕉分布在南北纬度 30°以内的热带、亚热带地区。中国香蕉主要分布在广东、广西、福建、台湾、云南和海

扫一扫看彩图

图 4-10　呼和浩特的苹果（A）与西双版纳的香蕉（B）

南，贵州、四川、重庆也有少量栽培（图 4-10B）。温度对恒温动物分布的直接限制较小，常常是通过其他生态因子（如食物）而间接影响其分布。

在长期的生产实践中，人类得出了很多植物引种的经验：北种南移（或高海拔引种到低海拔）比南种北移（或低海拔引种到高海拔）容易成功；草本植物比木本植物容易引种成功；一年生植物比多年生植物容易引种成功；落叶植物比常绿植物容易引种成功。

## 五、火与生物

火是一种特殊的生态因子，它既可以是人为的，也可以是自然的（如雷电起火等）。在生态学上，以森林生态系统内发生的火为例，火可以分为两个主要类型：林冠火与地面火（图 4-11）。林冠火破坏性大，可以毁灭地面上的全部植被及其他生物群落，整个群落恢复需要很长时间。地面火发生在林下地面上，对林冠（或较高的树木）影响不大，其毁灭性和破坏性要小得多，仅容易烧死幼苗和抗火性差的物种，对抗火性强的植物反而有利，如厚皮的树木（如桉树）及休眠芽在地下的植物（如一些草本植物等）。

扫一扫看彩图

图 4-11　林冠火与地面火示例

A. 正在燃烧的林冠火；B. 地面火过后的林地

火有其有益的一面：将枯枝落叶烧成灰，使有机物变成无机物，加快了生态系统中物质的循环；将耐火性较差的生物毁灭，从而加快了群落的演替；火烧时的高温有利于一些植物的萌发和生长等。

火也有其有害的一面：破坏生态系统，一定程度和一定时期内打破了生态平衡。大火还可以毁灭植被和动物，尤其是草原上的大火等；大火燃烧时产生的浓烟对人类有重要影响。

龚固堂和刘淑琼（2007）对火与森林之间的关系有过综述。在不利的方面，森林火灾后，大片林地被毁，森林环境发生急剧变化，各种物质循环、能量流动和信息传递遭到破坏，导致森林生态系统失衡。在有利一面，火干扰可对植被产生多方面的影响，如启动演替，引起物种组成的改变、群落功能的变化，促进森林发育，维持生物多样性方面等。在很多地方，火干扰与森林群落长期共同演化，已经成为森林群落“正常气候”的一部分。松树和栎类能在世界很多森林中占据优势，主要是由林火造成的。

由于火具有两重性，对于火的管理要严格。同时，在一定范围内也可以利用火来加快生态系统的重建和更新，因为火本身也是自然的一部分。

### 本章小结

温度是热量的指示指标，但在生态学上常等同于热量。与光一样，地球上的热量来自于太阳辐射，因而其变化与光的变化类似，但更容易受到特定地点、特定环境的影响。

由于比热容和流动性的差异，空气、水体、土壤的温度变化和分布各具特点。总体而言，水体的温度变化范围较小，各层的温度差异也较小。土壤表层温度变化极大，但深层变化很小。

温度也是重要的生态因子。它可以影响反应或生长速率。范德霍夫规则认为“温度每增加10℃，生物生理活动速率增加2～4倍”。植物和一些小型动物的生长需要一定的能量积累，即有效积温，其公式为$K=n(T-C)$。极端温度（过低或过高温度）对生物具有伤害作用，低温危害还可分为冻害和冷害两种。

温度还可影响生物的分布，主要通过①年平均温度、最冷和最热月平均温度；②日平均温度的累积值；③极端温度（最高温度、最低温度）3个方面起作用。

生物对温度的适应形式多样，在形态、生理及行为上表现明显。尤其是动物，它们可表现出贝格曼定律和阿伦定律、休眠和迁徙等。

火的生态作用具有双重性。在有利方面，它可以加速物质循环、促进演替；在有害方面，它可破坏生态系统、危害生物等。

## 本章重点

空气、水体、土壤及生物体内温度变化特点及其规律或形式；范德霍夫规则和有效积温法则的概念及其运算；极端温度对生物的作用形式和特点；生物对温度适应性特点中的规律性现象及其解释；火的有利、有害作用。

## 思考题

1. 恒温动物（变温动物）、外温动物（内温动物）、冷血动物（温血动物）的分类方法都是不严格的。为什么？
2. 夏天时人们喜欢到水边或海边消暑。为什么？
3. 冷害与冻害的区别与联系是什么？
4. 烤火时离炉子越近越暖和，即使是在炉子的周围或下方而不是上方。为什么？冬天时香港比哈尔滨的气温高与此道理相同吗？
5. 内温动物在生长过程中不遵循有效积温法则。为什么？
6. 有人认为海水的相对恒定温度可能是其含有众多生物的原因之一。请解释之。
7. 为什么一年中最热的月份常是7月或8月而不是光照最强的6月？
8. 动物有哪些办法来躲避高温？
9. 寒冷地区的恒温动物往往体型更大。外温动物也是如此吗？可能的解释是什么？
10. 火是什么？有哪些生态作用？

# 5

# 第五章　水与生物

水对生物不可或缺。首先，水是生物体的重要组成成分，没有水就没有生命（图 5-1），一般生物体内的水分可占到体重的 60%～80%，水母体内 95%为水。再者，生物体内的代谢过程都是在水中进行的，水也是很多代谢过程的反应物。没有水或失水过多，将会导致生物生理过程的失调和停止。还有，水分是生物体内体外物质运输、转移和吸收的溶剂。水分对保持动植物的姿态也至关重要，它的张力、重力等对保持生物的形态、姿态等具有重要作用。总之，水分既是构成生物的必要成分，又是生物赖以生存的必要条件。

扫一扫看彩图

图 5-1　水的重要性示例

一个北方花坛中有水浇灌的地方才有植物生长

## 一、水的特性

水分子具有极性，即水分子的不同方向呈现出不同的电性，从而使水成为极好的溶剂，能溶解同样具有一定极性的生物大分子。水还具有高比热容，即在同样质量条件下，升高同样的温度，需要更多的热量。或者说水的温度不太容易发生剧烈波动。又由于水是液体，传递热量的能力很强。同时，水在固态（冰、雪）、液态（水）及气态（水蒸气）之间的转换相对比较容易（图 5-2），在相变的同时它又会吸收或释放大量能量。水的密度变化也与众不同，它在 4℃时密度最大，升高或降低其温度，水都会变得更轻。这就保证了冰能浮在水的上面，从而保证了水体不太容易或不会全部结冰。这些特征保证了水温变化的缓慢性。水具有的这些特征为生物提供了极为有利的生活环境和条件。

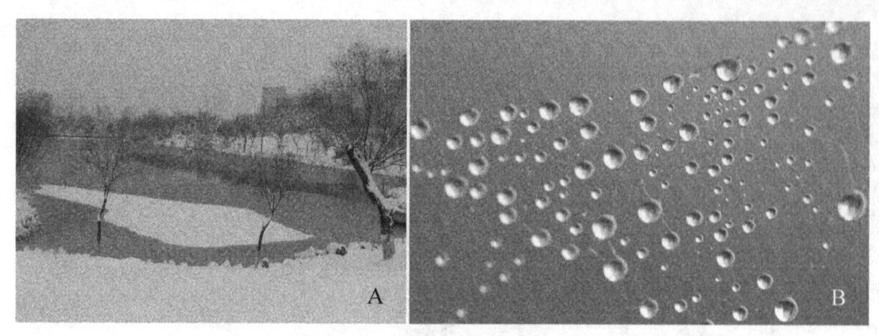


图 5-2　水的相变示例

A. 冬天的湖面上可以看到冰、雪、水和水蒸气；B. 蛛网的露珠

## 二、陆地上水的分布

“黄河之水天上来”。陆地上水的分布受各地降雨量的绝对影响。大气中的水来自于地球表面的蒸发。如果将大气层中的水看做 100 个单位的话，那么有 84 个单位的水来自于海洋，16 个单位来自于陆地上植物的蒸腾作用和江河湖海等的蒸发作用。云层中的水有 77 个单位都直接下到海洋中去，其余的 23 个单位落在陆地表面，即陆地上接受的水要多于它挥发出去的水，多余的水通过江河流回到海里。

地球表面各地区的降雨量相差很大。这主要受两个因素作用，其中最重要的是大气层在太阳作用下的运动模式。在赤道南北两侧 20°范围内，由于太阳辐射量极大，湿热空气会急剧上升，造成降雨量最大，年降雨量可达 1000～2000mm，成为低纬度湿润带，热带雨林和亚热带常绿阔叶林大多分布在这一范围之内。由此范围向南北扩展，纬度为 20°～40°的地带，由于高空降雨后的空气干冷，在下降过程中要吸收很多水分，使这一地带成为地球上降雨量最少的地带，一些主要的沙漠如撒哈拉沙漠就在这一地带中。由此再向南北 20°即纬度为 40°～60°，由于南北暖冷气团相交形成气旋雨，致使年降雨量超过 250mm，成为中纬度湿润带。极地地区降水很少，是干燥地区（图 5-3）。

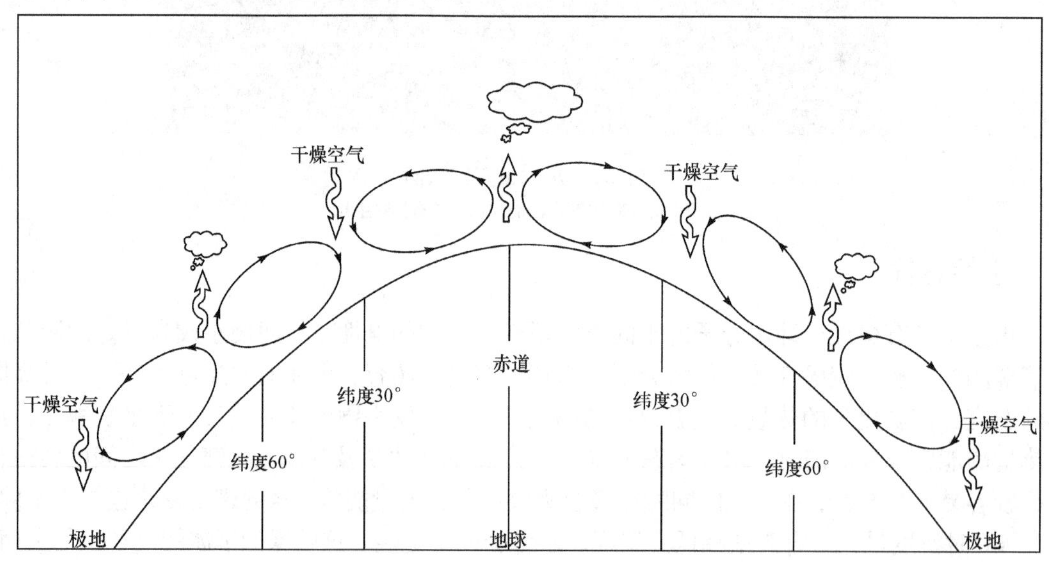


图 5-3　水在地球表面的分布不均及原因

降雨量的多少还受到海陆位置的影响。沿海地带的降雨量要明显大于内陆地区，如天津

的降雨量明显大于银川的降雨量。特定地区的降雨量还受到地形、坡向、季节等的影响。一般较大的山体面向海洋的一面是森林地带，而背向海洋的一面则无森林。例如，四川的二郎山东面为森林，西为草原。再如，大兴安岭北坡毗邻贝加尔湖，为针叶林，南坡为草原等。

## 三、干旱对植物的伤害

干旱对植物可以造成多方面的伤害（Levitt，1980；武维华，2008）（图 5-4）。

图 5-4 南瓜叶在强烈蒸发下而失水萎蔫

A. 正常的南瓜叶；B. 失水的同一南瓜叶

### （一）机械损伤

干旱对细胞产生的机械损伤是造成植物死亡的重要原因。当细胞失水或再吸水时，原生质体与细胞壁会收缩或膨胀。但由于两者收缩或膨胀的速率或程度不同，两者之间又贴合紧密，当细胞壁大幅度收缩或膨胀后就会损伤细胞膜及原生质体。

### （二）细胞膜及膜系统受损及其通透性改变

正常状态下膜内有一定的水分。当细胞失水达到一定程度时，膜内的磷脂分子排列就会出现紊乱，往往会形成孔隙，膜蛋白遭到破坏，其选择性丧失，膜中的脂类物质会大量释出。

### （三）植物体各部分水分重新分配

水分不足时，幼叶会从老叶、嫩叶甚至花蕾或果实中夺取水分，造成这些部位的水分不足，影响植物的光合作用、物质运输等功能。

### （四）生理过程受到抑制和破坏

1. 植物生长受到抑制

植物生长受抑制是干旱胁迫所产生的最明显的生理效应。干旱条件下细胞壁的硬化有效地限制了植物幼叶面积扩大，因而也就显著地降低了植株的蒸腾失水，使植株有可能长时间存活，据此可认为细胞壁这种硬化现象是一种植物对水分亏缺反应的主动适应性反馈机制（于景华等，2006）。

2. 对光合作用的伤害

干旱胁迫对植物光合作用的影响比较复杂，它不仅会使光合速率降低，而且还会抑制光合作用光反应中光能转换、电子传递、光合磷酸化和光合作用暗反应过程，最终导致光合作用下降。在干旱胁迫条件下，植物叶表面气孔关闭，从而阻止 $CO_2$ 进入体内，导致光合作用下降。同时，由于得不到外界 $CO_2$ 和光所形成的化学能，叶片就会发生光抑制作用，造成叶绿体超微结构持续的损害或不可逆的破坏。

3. 活性氧对植物的氧化伤害

在通常情况下，植物体内产生的活性氧（如 $H_2O_2$ 等）不足以使植物受到伤害，因为植物体内有一套行之有效的抗氧化系统。但是一旦植物遭受严重的干旱胁迫，活性氧的产生和抗氧化系统之间的平衡体系就被破坏，从而损伤膜的结构和抑制酶的活性，导致细胞因受氧化胁迫而伤害细胞。膜系统先受活性氧的袭击，对胁迫敏感的磷脂和脂肪酸先受损，导致生物膜中脂质的过氧化，使膜上的孔隙变大，通透性增加，离子大量泄漏，引起叶绿素蛋白质复合体结合松弛，叶绿素含量明显降低，严重时会导致植物死亡。

4. 物质代谢失调

水分亏缺引起细胞内溶物浓度增加，pH 改变，膜分隔的区域化结构减弱甚至破坏。细胞内环境的改变及活性氧都使多种水解酶活性提高。

## 四、生物对水分的适应

### （一）植物

植物的蒸腾作用对水的需求极大。植物每生产 1g 干物质约需 500g 水，一生中大约要散失掉自身重量 100 倍的水分。通常，陆生植物吸收的水约有 99%用于其蒸腾作用，而只有 1%贮存在体内。所以，外界环境中要有充足的水分供给才能保证陆生植物的正常生活。当然，不同类群的植物对水分的需求量是完全不同的。一般来说，光合效率高的植物（如 $C_4$ 植物）需水量偏低。

植物在得水（根吸水）和失水（叶蒸腾）之间保持平衡，才能维持其正常生活。生活在不同环境中的陆生植物由于水的供给情况和潮湿状态不同可分为四大类型：水生植物、湿生植物、中生植物与旱生植物，它们各自都形成了自身的适应特征。

1. 水生植物

水环境中，水显然是可随意利用的。然而，在淡水或咸淡水（如河流入海处）栖息地，水通过渗透作用从环境进入植物体内。而在海洋中，一般植物与海水环境是等渗的，因而不存在渗透压调节问题。然而也有些植物是低渗透性的，致使水从植物中出来进入环境，与陆地植物处于相似的状态。因而对很多水生植物来说，必须具备自动调节渗透压的能力，这经常是耗能的过程。盐度对沿海陆生植物分布也有重要影响。不同物种对盐度的敏感性差异很大，能耐受高盐度的植物，是由于它们的细胞质中有高浓度的适宜物质，如氨基酸、某些多糖类、一些甲基胺等。这些物质增加了渗透压，对细胞中酶系统不产生有害影响。生长在沿海沼泽地的红树林能耐受高盐浓度，是由于这类植物的根和叶子中有高浓度的脯氨酸、山梨醇、甘氨酸-甜菜苷，增加了它们的渗透压。除此之外，盐腺将盐分泌到叶子的外表面；很多红树林植物的根也能排出盐。红树林植物进一步降低盐负荷是通过降低叶子的蒸腾作用，以减少吸收。

生活在水里的植物常具有发达的通气系统、较强的柔韧性、较强的调节渗透压的能力及发达的无性繁殖和在弱光条件下进行光合作用等适应特点。水体中氧浓度大大低于空气的氧浓度，水生植物对缺氧环境的适应之一就是在根、茎、叶内形成一套互相连接的通气系统。例如，荷花，从叶片气孔进入的空气通过叶柄、茎而进入地下茎和根的气室，形成完整的开放型的通气组织，以保证地下各组织、器官对氧的需求。另一类植物具有封闭式的通气组织系统。例如，金鱼藻，它的通气系统不与大气直接相通，但能贮存由呼吸作用释放出的 $CO_2$ 供光合作用所需要，贮存由光合作用释放的氧气供呼吸需要。由于植物体内存在大量通气组织，使植物体重减轻，增加了漂浮能力。水生植物长期适应于水中弱光及缺氧，使叶片细而薄，大多数叶片表皮没有角质层和蜡质层，没有气孔和绒毛，因而没有蒸腾作用。有些植物能够生长在长期水淹的沼泽地。例如，落羽杉 *Taxodium distichum* 的地下侧根向地面上伸出通气根，这些根为地下根供应空气，并帮助树牢固地生长在沼泽地中。水生植物又可分为沉水植物（如苦草、金鱼藻、狐尾藻、黑藻等）、挺水植物（如芦、蒲草、荸荠、莲、水芹、茭白荀、荷花、香蒲）和浮水植物（如浮萍、凤眼莲和眼子菜等）（图 5-5）。

图 5-5 水生植物

在一个自然池塘边沉水植物、浮水植物、挺水植物都可见到

2. 湿生植物

湿生植物生长在水分饱和的潮湿土壤上，不能忍受长时间缺水，抗旱能力小但抗涝性很强，根部通过通气组织和茎叶的通气组织相连接，以保证根的供氧。属于这一类的植物有秋海棠、水稻、灯芯草等。大海芋生长在热带雨林下层隐蔽潮湿环境中，大气湿度大，植物蒸腾弱，容易保持水分，因此其根系极不发达。

3. 中生植物

中生植物适宜在水分条件适中的环境中生长，它们是种类最多、分布最广的陆生植物，绝大多数的栽培植物和森林树种均为中生植物。它们形成了一套保持水分平衡的结构与功能，如根系与输导组织比湿生植物发达，保证能吸收、供应更多的水分；叶片表面有角质层，栅栏组织较整齐，防止蒸腾能力比湿生植物高。

4. 旱生植物

旱生植物是能耐受较强和较长时间干旱的植物。植物适应旱生条件的主要方式有：①通过降低水势和扩大根系来改进从土壤中吸收水分的能力；②及时关闭气孔以减少水分的散失，利用角质层防止水分蒸发，同时缩小蒸腾面积；③在植物体内贮存水分并提高疏导能力。因此，旱生植物具有如下特征：渗透压高、根系发达和叶器官退化不发达。旱生植物就其形态而言，可分为少浆液植物和多浆液植物。少浆液植物叶面积缩小、卷曲，植物体含水量少，原生质渗透压高，根系发达。多浆液植物叶片大多数退化成鳞片状，而由绿色茎代行光合作用，植物体肉质体内具有发达的贮水组织（图 5-6）。以其抗干旱的能力来说，还可划分出广（典型）旱生植物，广泛分布在半干旱地区的草原植物，如大针茅、克氏针茅、糙隐子草、冷蒿等；强旱生植物，该类植物的抗旱能力稍强于广旱生植物，主要分布于草原区向更干旱的荒漠区的过渡地区，如石生针茅、戈壁针茅、无芒隐子草、兔唇花和旱蒿等；超旱生植物，集中分布在极干旱的荒漠区，是一些抗旱能力最强的旱生植物，它们大多是灌木或半灌林，如霸王、木本猪毛菜，红砂和骆驼刺等。

扫一扫看彩图

图 5-6　旱生植物示例

A. 仙人球；B. 在石子上生长的垂盆草在夏季干热情况下比其他植物生长正常

## （二）动物

动物与植物一样，必须保持体内的水平衡才能维持生存。水生动物保持体内的水平衡是依赖于水的渗透调节作用，陆生动物则依靠水分摄入与排出的动态平衡，从而形成了生理的、组织形态的及行为上的适应。

1. 鱼类的水平衡

当鱼体内溶质浓度高于环境中的时候，水将从环境中进入机体，溶质将从机体内出来进入水中，动物会“涨死”；当体内溶质浓度低于环境中时，水将从机体进入环境，盐将从环境进入机体，动物会出现“缺水”。解决这一问题的机制是渗透调节，渗透调节是有机体调节体内水平衡及溶质平衡的一种适应。

生活于淡水中的鱼类，体内的细胞因有盐分及有机物，其渗透压要大于水的渗透压，属于高渗性的，因而水可以不断地进入体内。淡水硬骨鱼的肾脏有发达的肾小球，滤过率较高，肾小管相对较短，因而可以排出大量多余的水分。当然在此过程中也会排出部分盐分和溶质，它们主要通过食物和鳃从周围环境中摄取补充（图 5-7A）。

扫一扫看彩图

图 5-7　淡水鱼（A）和海洋鱼（B）示例

A. 金鱼；B. 海马

海洋硬骨鱼类身体中的盐浓度要小于海水的浓度，因而是低渗的。体内的水分会不断渗透而丢失，同时盐分会不断进入体内。对于它们来说，需要不断地排出盐分和补充水分。它们的鳃可以排出盐分，并通过吞食海水来补充水分，同时排尿少，以减少失水。它们的肾小球较退化，因而滤过率很低，产生很少的尿。同时肾小管相对较长，可以对尿液中的水分进行重吸收（图 5-7B）。

海洋中还有一些软骨鱼类能将代谢产生的一些尿素、氧化三钾胺等溶于血液和细胞，再加上盐离子的存在，使得它们体内渗透压与外界环境的几乎相等，因而可以保持水分平衡。

洄游性鱼类来往于海水与淡水之间，它们调节渗透压的方式兼具海洋硬骨鱼及淡水硬骨鱼的特征，并且可以根据需要进行转换。

鱼类不仅需要保持水平衡，还需要适应水密度。水的密度大约是空气密度的 800 倍，因此水的浮力很大，对水生动物起了支撑作用，使水生鱼类可以发展成庞大的体型及失去陆地动物的四肢，它们利用水的密度推进自己身体前移，并且通过调节鳔内充气的程度来调节身体的沉浮。

2. 两栖类的水平衡

两栖类的肾功能与淡水鱼的相似，而皮肤像鱼的鳃一样，能够渗透水和主动摄取无机盐离子。在淡水中时，水渗入体内，皮肤摄取水中的盐，肾脏排泄稀尿。在陆地上时，蛙及蟾蜍的皮肤能直接从潮湿环境中吸取水分，但在干燥环境中，由于皮肤的透水会导致机体脱水，蛙通过膀胱的表皮细胞重吸收水来保持体液。盐水两栖的只有食蟹蛙，由于其体液中滞留高浓度尿素（达 480nmol/L），使其体液渗透压比海水稍高，可以渗透进体内少量水分。

3. 陆生动物的水平衡

有机体在陆地生存中面对的最严重问题之一是连续失水（皮肤蒸发失水、呼吸失水与排泄失水），使有机体有可能因失水而干死，因而陆生动物在进化过程中形成了各种减少失水或保持水分的机制。脊椎动物羊膜的产生就代表了一种机制，使脊椎动物在发育过程中能阻止水的丢失。

陆生动物要维持生存，必须使失水与得水达到动态平衡。得水的途径可通过直接饮水，或从食物中得到水。生活于荒漠中的骆驼、仙人掌在水收支平衡中有相似之处。当能得到水时，它们都能大量获取并贮存保持着（图 5-8）。

扫一扫看彩图

图 5-8　正在喝水的长颈鹿（A）和贮存了大量水的瓶子树（B）

动物减少失水的适应形式表现在很多方面。首先是减少蒸发失水。动物呼吸会失去大量水分。大多数陆生动物通过逆流交换而部分回收呼吸气体中的水分，即当吸气时，空气沿着呼吸道到达肺泡，使空气变成饱和水蒸气；而呼出气在通过气管与鼻腔时，随着外周体温的逐渐降低，呼出气中的水汽沿着呼吸道表面凝结成水，使水分有效地返回组织，减少呼吸水。因此，呼出气温度越低，机体失水越少。这对生活在荒漠中的鸟兽是一种重要的节水适应机制。

动物体内的水分主要是由体表面蒸发而丢失的，故如何将蒸发失水量降到最低限度是至关重要的。例如，节肢动物的体表具有一层几丁质外骨骼，有些种类在其表面附有蜡质层，以防止水分的蒸发。一些哺乳动物由于需要减少体表蒸发失水而身被厚毛，但这却增加了在高温下调节体温的困难，因此它们具有使体温在更大波动范围的生理机制。例如，黄鼠体温可以超过气温以解决散热问题，当体温达到最高时（42℃），黄鼠就躲避到洞穴中去降温（图 5-9）。生活在沙漠中的羚羊也有同样的适应性。长角羚羊的直肠温度可达 45℃，瞪羚可达 46.5℃，它们在白天所吸收的热量，在较凉爽的夜晚自然就会消耗。但是，对于大多数哺乳动物来说，一般体温超过 43℃，就会对大脑造成损伤。

扫一扫看彩图

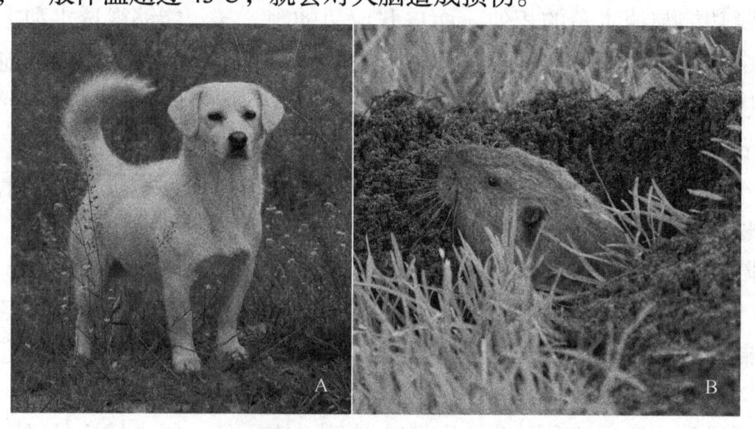

图 5-9　动物减少失水示例

A. 狗，有毛且无汗腺；B. 地鼠，可躲避于洞穴

哺乳动物可以通过肾脏浓缩尿以减少排泄失水。

陆生动物在蛋白质代谢产物的排泄上也表现出陆地适应性。例如，鱼类的蛋白质代谢产物主要以氨的形式排出，两栖类、兽类排泄尿素，爬行类、鸟类及昆虫排尿酸。排泄1g尿素与尿酸，需水量分别为50mL和10mL，而排1g氨需水300～500mL。

陆生动物还通过行为变化适应干旱炎热的环境，如荒漠地带的鼠类、蝉等昆虫，白天温度高而干燥时，它们待在潮湿的地洞中，夜间气温较为凉爽时才到地面活动觅食。在有季节性降雨的干热地区，动物会出现夏眠，如黄鼠、肺鱼，在夏眠时体温大约平均下降5℃，代谢率也大幅度下降，从而度过干热少雨时期。昆虫的滞育，也是对缺水环境的一种适应性表现。

## 本章小结

水既是组成生物体的成分，也是物质转移和交换的介质，并影响生物的存在和形态。因此，水对生物极为重要。然而由于地球陆地表面的水来自于降水，降雨量的分布不均造成地球上的不同地区水量差异极大。缺水可造成多方面的伤害，水涝也有害处。对生物而言，也就面临着如何获取水分、保持水分或如何适应水中生活的难题。

根据植物对水的需求程度，可将它们分为水生植物、湿生植物、中生植物和旱生植物。它们各自有自己的适应特点和机制。

真正的水生动物面临着如何调节渗透压的问题。生活于淡水中的鱼类是高渗的，生活于海水中的鱼类是低渗的，另外还有变渗的和等渗的动物。

陆生动物主要要解决保水问题。形态上，它们往往有保水的外壳和密毛等；生理上，主要通过排泄含水量不同的物质在一定程度防止水分的丧失；行为上，动物可以主动找水和喝水及取食富含水分的植物及其果实来解决。

## 本章重点

水的特点及分布不均的主要原因；水生植物、湿生植物、中生植物和旱生植物的分类依据及主要特点；水生鱼类的适应类型及特点；植物和动物对缺水或多水环境适应的机制和特点。

## 思考题

1. 谈谈沙漠植物和动物对水的适应组合特点。
2. 热带雨林中有很多植物的根系是沿地表生长的，请说说可能的原因。
3. 在一个池塘周围就可能看到水生植物、湿生植物、中生植物和旱生植物的代表种类。说说它们可能分布的区域和特点。
4. 中华鲟是洄游性鱼类。谈谈它们可能具有的对水的适应特点。
5. 很多蟹类是洄游性的。猜猜它们可能具有的适应机制。
6. 水母体内大部分为水。有什么优点与不利？
7. “没有水就没有生命”的说法可信吗？为什么？
8. 地球表面为什么有些地方水多而另一些却极度干旱？
9. 在海岛上进行农业生产（如培植蔬菜、花果）最重要的任务是找水。为什么？
10. 哺乳动物的呼吸要带走很多水分。有哪些办法可以减少水分损失？

# 6

# 第六章　大气与生物

植物的光合作用需要二氧化碳，并释放出氧气。生物的呼吸作用需要消耗氧气，并释放出二氧化碳。大气中的臭氧层可以阻挡紫外线，对生物有保护作用。另外，空气流动形成风，其对生物的作用也不可小视，尤其是飓风、龙卷风、台风等，有时甚至对景观和生物造成毁灭性的损害。因而，大气或空气是极为重要的生态因子。可以这样说，它们是如此重要，已经渗入生物生理、生存与繁殖的方方面面，再怎么强调都不过分。

## 大气层及其生态意义

地球被一层大气所包围，从地球表面到高空约 1200km 的范围内大气较浓厚，一般将这个范围的大气称为大气层，围绕地球的大气构成大气圈。大气层可分为 4 层（图 6-1）：最下是对流层，距离地表 15km 以下，对生物影响最大，各种天气现象如风云雨雾的形成等都发生在这一层；对流层的上方为平流层，距离地面 15～50km，臭氧层主要分布在这一层中；平流层之上是中层或称中间层，距离地表 50～80km；最外层为电离层或称热层，距离地面 80km 以上，极光等就发生在这一层。由于地球引力的作用，空气向上越来越稀薄，估计有 99%的空气集中在距地表 29km 范围内。大气对生物的作用主要发生在地球表面 30～50km 的大气层里。从地面向上 2km 以内，局部气流变化与更替最为剧烈，与有机体的关系也最为密切。

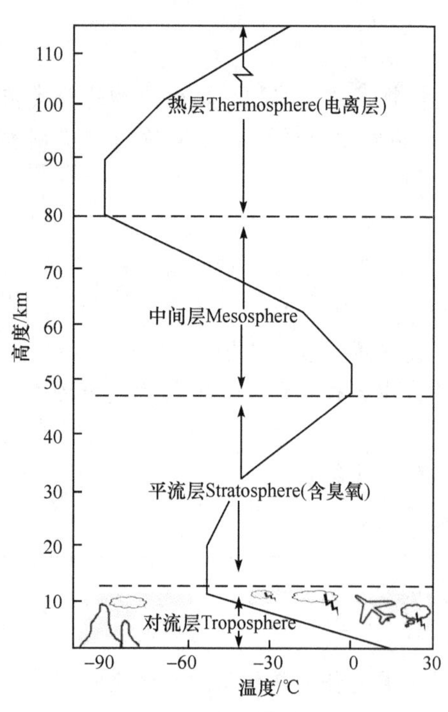

图 6-1　大气层的分层

### 大气的组成

大气圈中的空气是复杂的混合物，在没有严重的环境变迁和污染发生的地区，它的组成是一定的。一般为：氮占 78.08%，氧占 20.95%，氩占 0.29%，二氧化碳占 0.032%，其余为稀有气体如氢、氖、氦、臭氧、氪、氙，以及灰尘和花粉等。除了上述物质外，大气中还有水汽，即水蒸气，常占总体积的 0～4%。

空气是一切有机体所必需的物质，绿色植物要吸收大气中的 $CO_2$、$O_2$ 进行光合作用和呼吸作用；

动物和人类需要吸收 $O_2$；臭氧层可以吸收一部分紫外线，免去紫外线对人的危害；$CO_2$ 和水蒸气可以阻止地面热量的散失等。

1. 氧气

大气中的 $O_2$ 主要来源于植物的光合作用。有机体和人类生活在大气中，靠空气中的氧气生存（图 6-2）。大气与生命相连，一般成年人每天需呼吸 10～13$m^3$ 的空气，它相当于 1d 食物量的 10 倍，饮水量的 3 倍。一个健康人在 5 周内不吃食物或 5d 内不喝水都可能生存下来。但若 5min 不呼吸空气就会窒息死亡。由于大气直接参与人体的物质代谢和体温调节，空气对维持生命至关重要，清洁的空气也是健康的保证。植物如果没有氧气或者在缺氧时会出现无氧呼吸，产生乙醇，乙醇过多会出现酒精中毒现象。总之，没有氧气就不可能有生命。除了动物和植物外，$O_2$ 对微生物也有特殊意义。土壤中有两种微生物，一种是好氧性微生物，另一种是厌氧性微生物。如果微生物不活跃，分解缓慢，不利于养分循环。

扫一扫看彩图

图 6-2　动物的呼吸示例

斑海豹吸附出水面张开鼻孔呼吸空气

2. 二氧化碳

大气中的 $CO_2$ 浓度对植物影响很大，它不仅是植物有机物质生产的碳源，而且对于维持地表的相对稳定有极为重要的意义。在地球形成的早期，大气中 $CO_2$ 远远高于现在，绿色植物出现以后，不断吸收 $CO_2$，放出氧气，才使得 $CO_2$ 浓度下降，氧气浓度上升。约距今 6 亿年前，$CO_2$ 的量才减小到现在的水平。不过，由于人类活动的增加，环境污染的加剧，工业的发展，在过去的 100 年里 $CO_2$ 浓度在不断增加（图 6-3）。

在植物的干物质中，碳占总干重的 45%，氧占 42%，氢占 6.5%，氮占 1.5%，其他占 5%。据估计每年有 150 亿 t 的 $CO_2$ 转化为森林木材，占陆地总生产量的 50%～75%，可见 $CO_2$ 对森林发展具有十分重要的意义。

$CO_2$ 昼夜间在一片森林内的分布也有很大差别，一般越接近地表 $CO_2$ 浓度越大，白天 $CO_2$ 浓度在地表以上随高度变化差异不大，但是到了夜间，差异变大。白天由于光合作用，在树冠附近的 $CO_2$ 浓度低于大气 $CO_2$ 浓度，晚间由于光合作用停止，只有呼吸作用，树木呼出的 $CO_2$ 相对较多，所以，夜间的地面 $CO_2$ 浓度最高。

扫一扫看彩图

图 6-3　植物的光合作用

A. 冬季；B. 夏季。爬墙虎在夏季长出的新叶是光合作用合成的

温室气体能吸收地表的长波辐射，减少地球向太空的热辐射，保存热量，从而形成温室效应（greenhouse effect）。它对云的形成和大气层的光学性质产生直接或间接影响（图 6-4）。能产生温室效应的气体有多种，通常所说的温室气体主要包括二氧化碳（$CO_2$）、甲烷（$CH_4$）、一氧化氮（NO）、氮氧化物（$NO_x$）、一氧化二氮（NO）、氨气（NH）、二甲基硫（DMS）、硫氧化碳（COS）、二硫化碳（$CS_2$）、氟氯烃（CFCs）、臭氧（$O_3$）、一氧化碳（CO）、水蒸气及非甲烷有机化合物气体等。目前，全球温室气体排放量（以 C 排放量推算）前 5 名的国家分别为美国、俄罗斯、中国、印度和巴西，其排放量总和占全球温室气体总排放量的 50%以上。由于地球表面温室气体不断增加，温室现象日益加剧（图 6-4）。大气温度不断升高，会产生一系列严重后果，如作物减产、蒸发增加和水分减少、海平面上升、灾害性气候频发等。

3. 臭氧

臭氧（$O_3$）不同于人类和生物界所呼吸的氧气（$O_2$）。臭氧是平流层大气最关键的组分，绝大部分都集中在离地面 20～50km 的空中，如果把从地球表面到 60km 上空的所有臭氧集中在地球表面，也只能形成 3mm 厚的一层气体（其总质量约为 30 亿 t）。但可不要小瞧了这微不足道的气体，由于臭氧层能吸收 99%以上的紫外线，它就像一把无形的大伞，保护地球上的生命免受紫外线袭击。

臭氧始终处于形成与损耗的动态平衡之中。平流层中的氧气在紫外线的激发下会反应成为氧原子，而氧原子与氧气分子反应生成臭氧。臭氧与氧原子又可发生反应生成氧气分子，其总反应过程可表示如下：

$$O_3 + O \xrightarrow{\text{紫外线}} 2O_2$$

在反应过程中，还需要其他媒介的参与。只有这几者的浓度达到一定程度时才能顺利完成反应，消耗紫外线。可见大气中臭氧的存在对吸收紫外线意义极大。然而，由于人类活动产生的气体如氮氧化物、氟氯烃类等，它们可消耗臭氧，因而上述反应不能有效进行，大量紫外线就有可能到达地面。

A

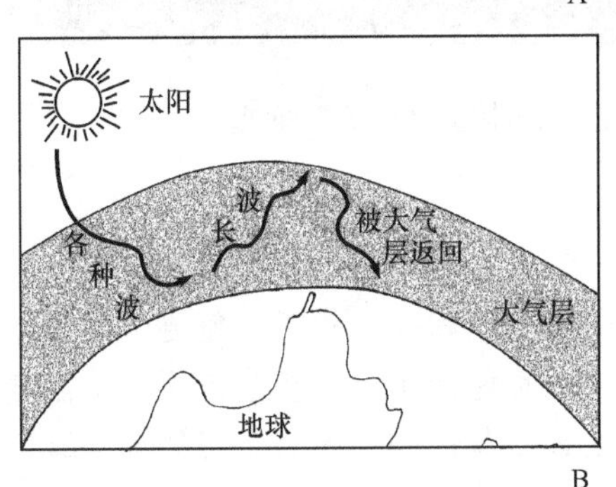


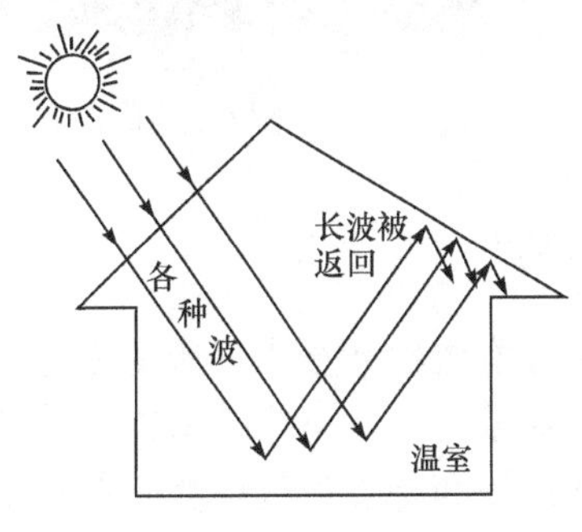


B

图 6-4　温室（A）及温室效应示意（B）

臭氧层被大量损耗后，吸收紫外辐射的能力大大减弱，导致到达地球表面的紫外线明显增加，给人类健康和生态环境带来多方面的危害，目前已受到人们普遍关注的主要有对人体健康、陆生植物、水生生态系统、生物化学循环、材料，以及对流层大气组成和空气质量等方面的影响。例如，阳光紫外线的增加潜在的危险包括引发和加剧眼部疾病、皮肤癌和传染性疾病（图 6-5）。对如皮肤癌等已有定量的评价，但其他影响目前仍存在很大的不确定性。实验证明，紫外线会损伤角膜和眼球晶体，如引起白内障、眼球晶体变形等。臭氧层损耗对植物的危害机制目前尚不如其对人体健康的影响清楚，但研究表明，在已经研究过的植物品种中，超过 50%的植物有来自紫外线的负影响，如豆类、瓜类等作物，另外某些作物如马铃薯、番茄、甜菜等的质量将会下降。世界上 30%以上的动物蛋白质来自海洋，满足人类的各种需求。对臭氧空洞范围内和臭氧空洞以外地区的浮游植物生产力进行比较的结果表明，浮游植物生产力下降与臭氧减少造成的紫外线辐射增加直接有关。一项研究表明，在冰川边缘地区的生产力下降了 6%～12%。由于浮游生物是海洋食物链的基础，浮游生物种类和数量的减少会影响鱼类和贝类生物的产量。阳光紫外线的增加会影响陆地和水体的生物地球化学循环，从而改变地球—大气这一系统中一些重要的物质循环过程。这些潜在的变化将对生物圈和大气圈之间的相互作用产生影响。因平流层臭氧损耗导致阳光紫外辐射的增加会加速建筑、喷涂、包装及电线电缆等所用材料，尤其是高分子材料的降解和老化变质。无论是人工聚合物还是天然聚合物及其他材料都会受到不良影响。特别是在高温和阳光充足的热带地区，这种破坏作用更为严重。由于这一破坏作用造成的损失估计全球每年达到数十亿美元。

扫一扫看彩图

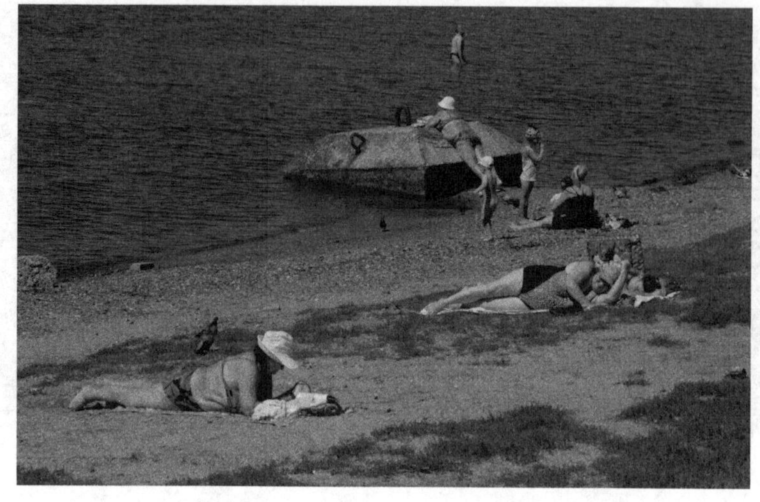

图 6-5　日光浴时人类皮肤可接受到很多紫外线

## 本章小结

空气中含有植物光合作用所需要的二氧化碳及生物呼吸作用所需要的氧气，因此空气对生物是不可或缺的。对全球生物而言，目前大气可能产生的主要生态问题是温室效应和臭氧缺失。大气成分和特性的微弱变化都可能产生极为深刻和广大的生态效应，进而直接影响人类正常生活和生存。

## 本章重点

温室效应及臭氧空洞产生的原因和机制及其效应。

## 思考题

1. 什么是温室效应？它是如何形成的？
2. 谈谈温室效应可能产生的有利或不利效应。
3. 臭氧层为什么会发生改变？
4. 紫外线对生物和人类有哪些有益作用和损伤效应？
5. 空气对生物为什么是必需的？
6. 水生生物（如鱼类）与陆生生物（如哺乳动物）的呼吸过程相同吗？
7. 水中含有大量气体。全球气温上升对它们有影响吗？
8. 空气是如何产生和保留在地球表面或周围的？
9. 目前全球温室气体的排放量还与日俱增，各国之间虽有共识要减少排放但缺乏实际行动。请说说可能的原因和认识误区。
10. 减少温室效应和臭氧空洞可能产生很多新型产业和赚钱行业。请谈谈你的观点。

# 7

# 第七章 土壤与生物

土壤是陆地生态系统的基础，它既为植物提供生活必需的矿质营养和水分，同时也为它们提供固着点，它更是土壤动物的栖息场所和所有陆生动物的活动平台（图 7-1）。因而无论是对植物还是对动物来说，土壤都是重要的生态因子。土壤的质地、结构和化学性质与土壤中的水分、空气和温度状况密切相关，而这些土壤条件作为生态因子直接或间接地影响着植物和土壤动物的生活及它们的地理分布。

图 7-1　土壤及土壤动植物（蚯蚓等）示例

## 一、土壤的构成和形成

土壤是由固体、液体和气体组成的复合系统（曹志平，2007）。土壤中的固体物质包括土壤矿物质、有机质和微生物等。液体物质主要指土壤水分。气体是存在于土壤孔隙中的空气。土壤中这三类物质构成统一体，它们互相联系、互相制约，为作物和土壤生物提供必需的生活条件，是土壤肥力的物质基础。在适宜植物生长的土壤中，这三者的组成为：固相物质占50%左右，液相占 25%～35%，气相占 15%～25%。如果气相低于 8%～5%，会妨碍土壤通气而抑制植物根系和好气微生物的活动（图 7-2）。

土壤是在多种因素的作用下逐渐形成的。除了必需的时间和地形外（有些地方如海边的岩石因风大生物无法着生），还受到母质、生物和气候的影响。土壤形成的一般过程可以总结

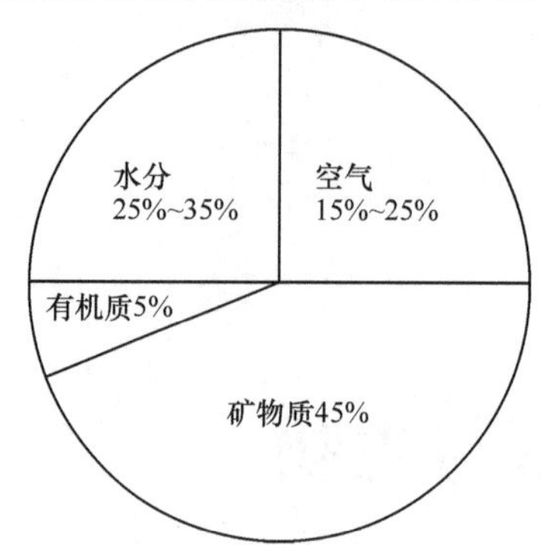


图 7-2　较理想土壤的固相、液相和气相的比例

为 4 个时期（图 7-3）：①开始时母质表面只有很少微生物着生；②先锋植物如地衣、苔藓开始着生，气候和生物开始破碎化母质表面，有机质逐渐积累；③草本植物和小型木本植物开始着生，土壤开始形成；④最后是高等植物着生和土壤逐渐定型。在土壤形成过程中，生物的作用是占主导的。

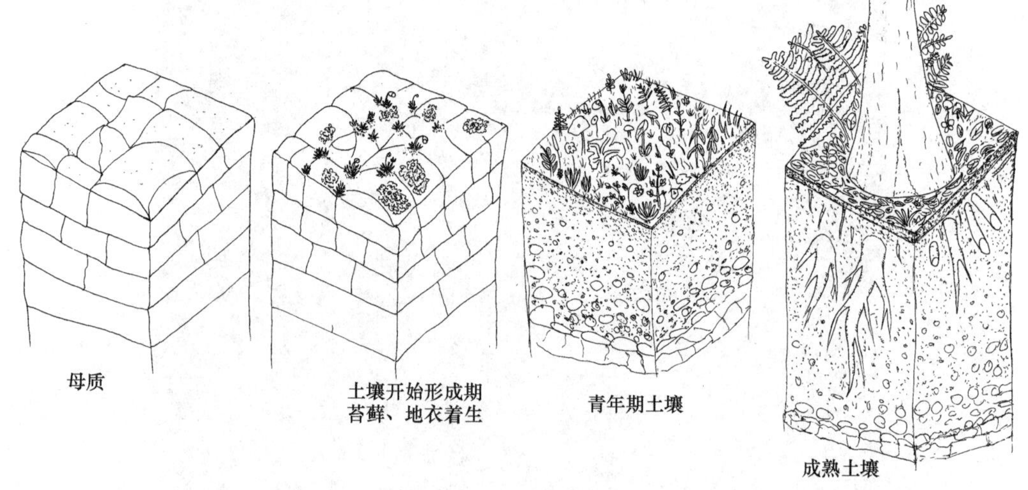


图 7-3　土壤形成的一般过程

成熟土壤的剖面可以分为 3 个基本层（图 7-4）：最上面的是有机质层，腐殖质在这里聚积；最下层是母质层；在两者之间的是淀积层或过渡层。不同地区的土壤这些层的厚度有明显区别，有些学者对土壤剖面的划分更细。

## 二、土壤的质地和结构

### （一）土壤质地

土壤颗粒（土粒）是构成土壤固相的基本颗粒。土粒可分为矿质土粒和有机质土粒两种。矿质土粒是土壤的“骨架”，而有机质是土壤的“肌肉”，两者紧密结合在一起。根据单个矿质土粒的大小和给人的感觉，可以将土壤分为砂土、壤土和黏土 3 类。土壤质地就是指土壤母质来源及土粒特征，对肥力也有影响，也就是指土壤是由上述 3 种矿质土粒中的哪一种组成的。

图 7-4　土壤剖面示例（青藏高原草原土壤）

### （二）土壤结构

土壤中的土粒不是单个存在的，很多的土粒会形成更高层次的、大小不同的复合体。土壤结构就是指土粒的排列、组合形式。按土壤土粒复合体的形态，土壤结构体可分为板状（片状）、柱状和棱柱状及块状（球状）。在块状或球状结构中，当土壤中的腐殖质将矿质土粒互相黏接成 0.25～10mm 的小团块，具有泡水不散的特性，是土壤最好的结构，即团粒结构（granular structure），是最适宜植物生长的土壤结构体类型（即土壤结构）。

团粒结构土壤大小孔隙兼备。团粒具有多级孔隙，总孔度大，即水、气总容量大，又在土粒及其复合体之间产生了不同大小的孔隙通道，蓄水与透水、通气可同时进行，土壤孔隙状况较为理想。

团粒结构土壤中水气通透性强。在这种土壤中，团粒与团粒之间是通气孔隙，可以透水通气，把大量雨水甚至暴雨迅速吸入土壤。土壤中的团粒内部又有大量毛细孔隙，可以保存水分。

团粒结构土壤的保肥与供肥能力平衡协调。在这种土壤中，生物活动强烈，生物活性强，土壤养分供应较多，有效肥力较高，土壤养分的保存与供应得到较好的协调。团粒的表面和空气接触，有好气性微生物活动，有机质迅速分解；而在团粒内部因有水分的存在而通气不良，只有厌气微生物活动，有利于养分的贮藏。

### （三）土壤有机质

自然土壤有机质通常来源于生长其上的植物残体和根系分泌物，人工耕作的土壤，其有机物质还包括作物根茬，各种有机肥料（绿肥、堆肥、沤肥等），工农业和生活废水、废渣、微生物制品、有机农药等有机物质。

有机质的含量在不同土壤中差异可能很大，高的可达 20%～30%或更高（如泥炭土和一些森林土壤），低的不足 0.5%（如一些荒漠土和砂质土壤）。土壤有机质的含量与气候、植被、地形、土壤类型和耕作措施等密切相关。

土壤有机质通常是指土壤腐殖质（humus）。它是指除未分解和半分解动物、植物残体及微生物体以外的有机物质的总称。土壤腐殖质由非腐殖物质和腐殖物质组成，通常占土壤有机质的 90%以上。非腐殖物质为有特定物理化学性质、结构已知的有机化合物，其中一些是经微生物改变的植物有机化合物，而另一些是微生物合成的有机化合物。非腐殖物质占土壤腐殖质的 20%～30%，其中主要是碳水化合物，另外还包括糖类、蛋白质和氨基酸、脂肪、蜡质、木质素、树脂、核酸、有机酸等。腐殖物质是经土壤微生物作用后，由多酚和多醌类物质聚合而成的含芳香环结构的、新形成的黄色至棕黑色的非晶形高分子有机化合物。它是土壤有机质的主体，也是土壤有机质中最难降解的组分，一般占土壤有机质的 60%～80%。

### （四）土壤无机物

土壤中的无机元素对于植物和动物的正常生长发育也是不可缺少的。通常属于大量元素的有氮、磷、钾、硫、钙、镁和铁等；微量元素有锰、锌、铜、钼、硼和氯等。植物生活中所需的这些无机元素，主要来自土壤中的矿物质和有机质的分解。因此，土壤中含有的无机元素一是种类多样为好，二是这些元素还需形成适当的比例，才能使植物生长发育良好。土壤中的无机元素，对于动物的数量与分布也有一定影响。例如，土壤中缺钴常常使一些反刍动物贫血，消瘦和食欲不振。若严重缺钴，还会引起死亡。石灰岩区的蜗牛数量明显高于花岗岩区；生活在石灰岩区的大蜗牛其壳重占到体重的 35%，而生活在低钙土壤中，其壳重仅占体重 20%。含氯化钠丰富的土壤和地区，往往能吸引大量草食有蹄动物，这是因为它们需要大量盐。

植物主要从土壤中吸收水分。因此，植物生长发育与土壤水分动态表现出一定的依存关系，土壤水分过多或太少都对植物不利，特别是土壤干旱对植物的影响尤为突出。再者，土壤水分状况还直接制约着土壤温度、土壤空气，以及调节土壤中营养物质的溶解、移动和水解与矿化状态，从而改善植物的营养状况。所以，植物除直接吸取土壤水分以完成机体内的一切生理过程外，还受到由水分所制约的土壤温度、土壤空气和土壤矿质营养等因子的变化影响。例如，内蒙古高原栗钙土水分动态与草地植物生长发育季节变化之间存在对应关系：①3 月下旬至 4 月初，土壤开始解冻而出现湿润状态，表层含水量达 8%～10%，植物开始萌发，进入返青期。②4 月上旬至 6 月中下旬，这时春旱加上大风、逐渐升高的气温，土壤蒸发剧烈而大量失水，尽管此时植物进入拔节和营养生长时期，但由于土壤水分迅速减少，干土层不断加厚，致使植物生长缓慢，甚至几乎停止生长而进入水临界期，植物叶片卷曲，甚至枯萎，呈现出严重缺水状态。假如这种状态延续的时间越长，植物整个生长发育和生产力的形成受水分影响越大。③6 月下旬至 8 月底，在这段时期正处于雨季，土壤水分得到了充分补给，为土壤增水期，不仅表层时常保持湿润，且土壤湿润层不断向下延伸，土壤含水量高达 20%上下。充足的水分条件为植物旺盛的生长和正常发育提供了良好的有利条件，致使草地植物群落生产力达到高峰时期。④9 月上中旬至 10 月中下旬土壤结冻前，这时雨季结束，土壤开始进入缓慢失水过程，土壤变旱直到结冻，加上气温逐渐降低，致使地上部分由绿变黄，直至干枯而过渡到整个植物体进入冬季的休眠状态。

土壤水分同样也影响着土壤动物的生存。例如，东亚飞蝗在土壤含水量为 8%～22%时产卵量最多，而卵的最适孵化湿度为土壤含水量 3%～16%，若超过 30%时，蝗卵就不能正常发育。再者，土壤湿度的垂直分布，从冬到夏和从夏到冬要发生两次逆转，这种变化规律对土壤动物在土层中的穴居行为具有较大影响。一般说来，土壤动物（尤其是无脊椎动物）在秋冬季节多向深层移动，而春夏季节则向表层移动，其移动距离多与土壤质地和松紧有密切关系。例如，沟金针虫每年有两次迁移到土壤表层进行活动。

土壤水分影响了土壤动物的分布。各种土壤动物对湿度有一定的要求。例如，白蚁需要相对湿度不低于 50%的土壤，叩头虫的幼虫要求土壤空气湿度不低于 92%。当湿度不能满足时，它们在地下进行垂直移动。当土壤湿度高时，叩头虫跑到土表活动；干旱时，将到 1m 深的土层中。因而它在春季对庄稼危害大，夏季危害小，雨季危害最大。土壤中水分过多时，可使土壤动物因缺氧而闷死。

## 三、土壤与生物相互作用

### （一）土壤生物

生活在土壤中的生物种类很多。土壤动物是最重要的土壤消费者和分解者，在土壤中种类很多，主要包括线虫、环节动物、软体动物、节肢动物和脊椎动物。土壤动物的生命活动影响了土壤肥力和植物的生长。土壤动物（以蚯蚓为例）在土壤中爬行、钻孔、掘土，能使土壤疏松，改善土壤空隙和通气性，同时使地表植物残体与土壤混合，加速了植物残体的腐烂（图 7-1）。土壤动物多种多样，有完全生活于土壤的（如蚯蚓），有周期性生活于土壤的（如蝉的幼虫生活于土壤中而成虫生活于空中），有暂时性生活于土壤的（如蝎子和蛇等）。从生活在土壤中的层次来看，有土居的、半土居的、地表的；从食性来看，有食根的、食腐的、食粪的、食菌的、食肉的和杂食性的等；从身体大小来看，有微型的原生动物、中型的跳虫及大型的蚯蚓和昆虫等。

高等植物的根是生长在土壤中的营养器官。它们的周围生活着根际微生物，并可能与微生物形成菌根和根瘤等特殊结构，从而影响植物的生长和土壤的成分。

土壤微生物是土壤中重要的分解者或还原者，在土壤形成过程中起重要作用。土壤微生物主要包括细菌、放线菌和真菌（图 7-5）。这些微生物直接参与土壤中的物质转化，分解动植物残体，使土壤中的有机质矿质化和腐殖质化。

土壤生物形成复杂的土壤碎屑食物网，并以整体的形式影响和改造着土壤及其上生长的植物。

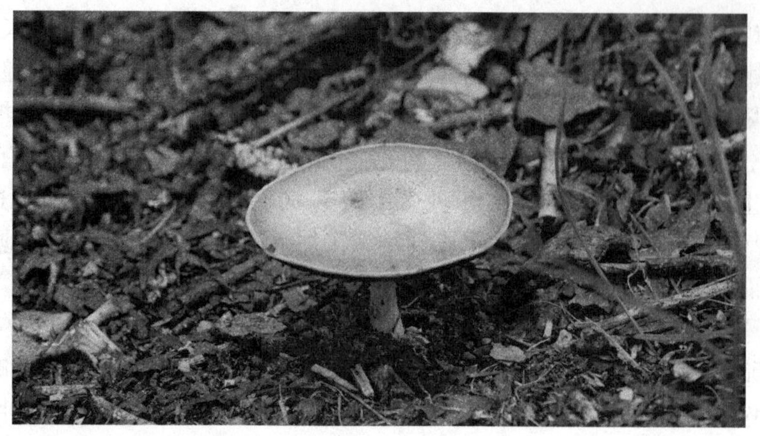

图 7-5　土壤生物示例（真菌）

### （二）土壤酸度及其对生物的影响

土壤酸度影响矿质盐分的溶解度，从而影响植物养分的有效性。在碱性土壤中，易发生 Fe、B、Cu、Mn、Zn 等的缺乏；在酸性土壤中，易产生 P、K、Ca、Mg 的缺乏。土壤酸度一般在 pH 为 6～7 时养分的有效性最高，对植物生长最有利。土壤酸度还通过影响微生物活动而影响养分的有效性和植物的生长。例如，细菌在酸性土壤中分解作用减弱；固氮菌、根瘤菌等只能生长在中性土壤中，不能在酸性土壤中生存，许多豆科植物的根瘤会在土壤酸性增加时死亡。大多数维管植物生活的土壤 pH 在 3.5～8.5，但最适生长的 pH 远比此范围窄。

土壤酸度影响土壤动物区系及其分布。例如，在酸性的森林灰化土和苔原沼泽中，土栖动物区系很贫乏，只有一些喜酸性的或喜弱酸性的大蚊科昆虫、金针虫和某些蚯蚓。金针虫在 pH 为 4.0～5.2 的土壤中数量最高。小麦吸浆虫的幼虫生活在 pH 为 7～11 的碱性土壤中，而不能生存在 pH 为 3～6 的土壤中。

### （三）生物对土壤的适应

长期生活在不同土壤上的植物，对该种土壤产生了一定的适应特征，形成了不同的植物生态类型。根据植物对土壤酸度的反应，可以把植物划分为 3 类：酸性土植物（pH<6.5）、中性土植物（pH6.5～7.5）和碱性土植物（pH>7.5）。根据植物与土壤中钙质的关系，植物可划分为钙质土植物和嫌钙植物。生活在盐碱土中的植物和风沙基质中的植物，分别归为盐碱土植物和沙生植物。

大多数植物和农作物适宜在中性土壤中生长，为中性土植物。酸性土植物只能生长在酸性或强酸性土壤中，它们在碱性土或钙质土上不能生长或生长不良，如水藓、茶树、石松等。钙质土植物生长在含有高量 $Ca^{2+}$、$Mg^{2+}$而缺乏 $H^{+}$的钙质土或石灰性土壤上，不能生长在酸性土中。

## 本章小结

土壤是由固体、液体和气体组成的系统。团粒结构土壤（土壤中的腐殖质将矿质土粒互相黏接成 0.25～10mm 的小团块，具有泡水不散的特性）具有多级孔隙，总孔度大，即水、气总容量大，又在土粒及其复合体之间产生了不同大小的孔隙通道，蓄水与透水、通气可同时进行，土壤孔隙状况较为理想，是适宜植物生长的结构体土壤类型。

土壤生物在土壤形成过程中占主导作用，它们的种类十分繁多，并形成了多种适应不同土壤的类型和机制。

## 本章重点

土壤定义、团粒结构定义及特点；土壤形成过程的主要阶段及主导因素；不同生物对不同土壤的适应类型和分类。

## 思考题

1. 如何理解“没有生物就没有土壤”。
2. 土壤母质与土壤有什么异同？
3. 土壤中为什么会有气体与水分？
4. “深耕细作”对土壤有什么作用？对植物生长有什么好处？
5. 很多生物在土壤中打洞生活。这些活动对土壤有什么益处或坏处？
6. “千里江堤溃于蚁穴!”这话有道理吗？
7. 谈谈蚯蚓对土壤的作用。
8. 浅析团粒结构的定义和优点。
9. 土壤质地对土壤有什么重要影响？
10. 举例谈谈土壤动物的种类与作用。

# 第二部分　种群生态学

——同种生物个体集合的特征及增长

扫一扫看彩图

# 8

# 第八章　种群的基本特征

种群（population）是指一定时期内占有一定空间的同种生物个体的集合。该定义表示种群是占有一定的领域、由同种个体通过种内关系组成的一个统一体或系统。种群可以由单体生物（unitary organism）或构件生物（modular organism）组成。在由单体生物组成的种群中，每一个体都是由一个受精卵直接发育而来，个体的形态和发育都可以预测，哺乳类、鸟类、两栖类和昆虫都是单体生物的例子。相反，由构件生物组成的种群，受精卵首先发育成一结构单位或构件，然后发育成更多的构件，其形成的分支结构、发育的形式和时间是不可预测的。大多数植物、海绵、水螅和珊瑚是构件生物。高等植物各部分之间的连接可能会死亡和腐烂，这样就形成了许多分离的个体，这些个体来自于同一个受精卵并且基因型相同，这样的个体被称为无性系分株。

种群的基本特征有三方面：遗传特征、空间分布特征及数量特征。

## 一、种群的遗传特征

### （一）物种定义

人类对于自然物种性质的认识经历了一个长期的、逐渐深化的过程，故对物种的定义有多个类别和版本。其中，Mayr（1942）提出的生物学物种定义（biological species concept）影响较大。其定义为：一个物种就是一个种群集合，它们因为地理或生态原因而间断，种群之间是逐渐过渡的且在接触过程中会杂交产生后代，而种群集合（物种）之间因为有地理或生态的隔障存在而不能杂交即使它们有此潜能。或简言之：物种是具有实际或潜在（交配）繁殖的自然群体，它们（同其他这样的群体）在生殖上是隔离的。

生物学物种概念强调了种内基因交流和个体生殖上的连续性和相通性，而不是指形态学上的相似性；另外又强调种间生殖的间断性和不连续性（如杂种不育）。即使两个种在形态上相似，如有生殖隔离，则成为不同的种。这一概念使物种作为一个客观实体存在于自然界中的事实变得较为清晰（图 8-1）。该定义中的前半段（可繁殖自然群体）强调了种群的内聚力，而后半段（生殖隔离）强调了物种的独立性。

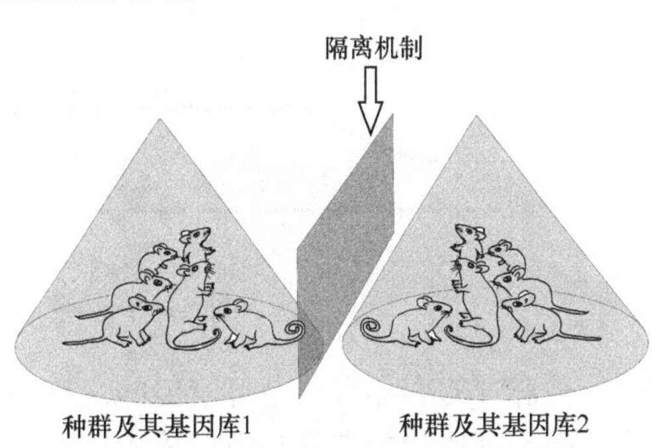


图 8-1　生物学物种概念示意

生物学物种概念强调物种是一个客观实体，

是一自然单元。它将生殖隔离作为唯一客观标准，而不是其他人为识别标准，因此可以这样理解物种：杂交后是否可育是确定其分类地位的标准，如不同群体之间交配产生可育的后代，它们必定属于同种；若后代不育，则其双亲属于不同物种。另外，生物学物种概念还强调“自然状况”，人工饲养异域分布的两个群体成员也可产生杂交可育后代，这还不是它们属于同种的凭据。真正的检验是它们在自然状态下的行为，即是否在自然条件下、野外生存环境中还能保持各自独立性。如果在自然条件下某些群体间基因交换很少（如由于地理隔离的影响），能保持其独立特性，并可遵循其独立的进化途径，按照生物学物种定义，尽管它们杂交可育，也可认为是独立的种。

生物学物种定义有许多优点，如其客观性、实用性、标准单一性等，但也有不足，如无性繁殖、孤雌生殖的生物不涉及双亲杂交或雌雄生殖配子的融合，谈不上生殖隔离，故此定义不能适用于它们。还有，此定义的重点在于不同种群或物种的生殖隔离上而不是种群本身，似乎也有不足。另外，从生态学的角度来看，此定义未能将环境、生态因子等要素包含在内，似乎其在生态学上适用度也很有限等。为此，Mayr（1982）将其定义作了修改。将其定义为：物种是在自然界中占有独特生态位且与其他群体在生殖上隔离的自然繁殖群体。

基础生态学研究的对象一般都是营有性繁殖的高等生物及其群体与环境之间的关系，因此生物学物种定义是可以接受的，尤其是 Mayr（1982）的定义。

### （二）种群中的遗传变异

生物种群中广泛存在着变异。典型例子有：人的长相千差万别，个头有高有低，指纹各不相同，声音各具特色。玫瑰花的颜色应有尽有，辣椒的形状多种多样，青菜品种数不胜数。另外，诸如性别之分、雌雄之别等多种事实表明，种群中的变异是确实存在的，是不争的事实。

生物种群是由许多个体组成，这些个体在表型上是有不同的，如高度、重量、产仔率、寿命等。总体来看，群体中较特别、极端、与众不同的个体总是少量的，大部分个体就某个性状而言是比较接近的。如果将具不同性状的个体按数量多少排列起来，就会发现表型呈现出两头小、中间大的正态分布（图 8-2）。

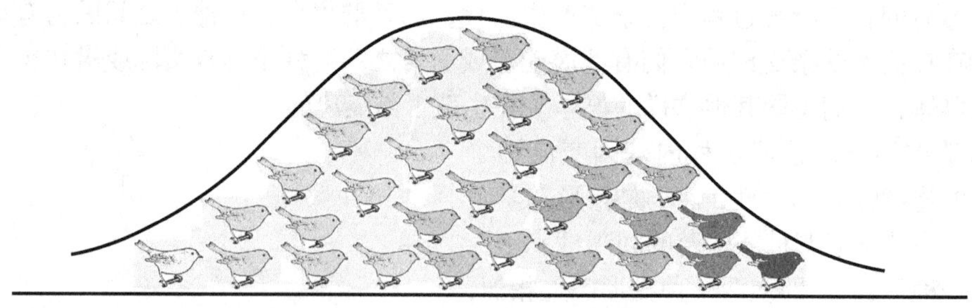

图 8-2　群体中性状的正态分布

如鸟种群中的不同个体的体色由浅及深所呈现的表型

种群中的变异有些是可遗传的，有些不可遗传。可遗传的变异是由遗传物质决定和控制的，而不可遗传的变异是由环境影响的。同一个人，夏天过后其皮肤变黑，这属于后者，但其出生时的肤色却是由其基因决定的，只有这样的性状才可以遗传。同样一块地的植物，在多施化肥的情况下，往往就会长得较粗壮，籽粒较饱满，但所有地块上植株高度的平均值往往是由基因控制的。这种由基因和环境共同决定的外在表现性状，称为表现型；控制它们的基因类别是基因型。只有可遗传的基因上的变异才有传递给下一代的可能。如果在传承后代时，不同的个体因其表现型的不同而影响它们各自的生存和繁殖能力，它们在传承基因的成功率上就有差别，从而影响下一代基因的频率，或者说是某一基因型在所有基因型中的比例或频率。

由减数分裂和配子结合的过程来看，如果一对等位基因是纯合的，则配子中所含的基因相同，结合后产生与亲代相似的基因型。如果是杂合的，也就是说一个座位上有两个不同的等位基因时，配子中这一座位上的基因就是不相同的，产生的后代基因型就可能与亲代不相同，从而造成可遗传的变异。

现在的凝胶电泳非常灵敏，有时可以区分只有一个核苷酸不同的 DNA 片段或一个氨基酸不同的蛋白质片段。用酶将特异性的 DNA 片段或蛋白质片段切割后进行电泳，纯合型的个体在电泳时只产生一条带，而杂合个体就有两条带。

这是一个位点的情况。我们还可以研究多个位点的变异程度。例如，研究 30 个基因位点，发现有 12 个上有变异，我们就可以说有 12÷30×100%=40%的位点是多态的。

再进一步，我们还可以研究更多同种群体的遗传变异情况。例如，以上 40%的变异度代表了一个群体的情况，我们再用同样的方法测定其他 3 个群体，发现分别有 16 个、14 个、14 个位点是多态的，我们就能计算这 4 个群体的平均多态程度（表 8-1）。

**表 8-1 种群中多态性的计算示例**

| 群体 | 多态性位点 | 全部位点数 | 多态性 |
|---|---|---|---|
| A | 12 | 30 | 12 ÷ 30=0.4 |
| B | 16 | 30 | 16 ÷ 30=0.53 |
| C | 14 | 30 | 14 ÷ 30=0.47 |
| D | 14 | 30 | 14 ÷ 30=0.47 |
| 合计 | 56 | 120 | 56 ÷ 120=0.47 |

另外一种计算遗传变异的方法是杂合率，也就是群体中杂合个体的频率或平均频率。首先我们可以在一个群体中取若干个个体进行试验，先测定一个位点。例如，总共测定了 12 个个体，发现有 3 个个体是杂合的，那么杂合子的频率就是 3 ÷ 12=0.25。同样的方法可以测定多个位点，再求得平均值，那么就是平均杂合率。如果测定多个群体，就可得不同群体的平均杂合率。已用这种方法测定了多种生物的杂合率。无脊椎动物平均杂合率是 13.4%，脊椎动物是 6.0%，人类是 6.7%，植物的遗传变异性要高得多（表 8-2）。

**表 8-2 一些生物类群自然种群的遗传变异度**（引自 Ayala & Valentine，1984）

| 类群 | 研究过的物种数 | 每物种研究过的位点平均数 | 各群体多态性位点的比例 | 各个体中杂合位点的比例 |
|---|---|---|---|---|
| 无脊椎动物 | | | | |
| 果蝇 | 28 | 24 | 0.529 | 0.150 |
| 黄蜂 | 6 | 15 | 0.243 | 0.062 |

续表

| 类群 | 研究过的物种数 | 每物种研究过的位点平均数 | 各群体多态性位点的比例 | 各个体中杂合位点的比例 |
|---|---|---|---|---|
| 其他昆虫 | 4 | 18 | 0.531 | 0.151 |
| 海洋无脊椎动物 | 14 | 23 | 0.439 | 0.124 |
| 陆生蜗牛 | 5 | 18 | 0.437 | 0.150 |
| 脊椎动物 | | | | |
| 鱼 | 14 | 21 | 0.306 | 0.078 |
| 两栖类 | 11 | 22 | 0.336 | 0.082 |
| 爬行类 | 9 | 21 | 0.231 | 0.047 |
| 鸟类 | 4 | 19 | 0.145 | 0.042 |
| 哺乳动物 | 30 | 28 | 0.206 | 0.051 |
| 平均值 | | | | |
| 无脊椎动物 | 57 | 21.8 | 0.469 | 0.134 |
| 脊椎动物 | 68 | 24.1 | 0.247 | 0.060 |
| 植物 | 8 | 8 | 0.464 | 0.170 |

### （三）遗传变异的来源

基因变异的来源有多种途径。例如，点突变：DNA 链上的 4 种核苷酸中的一种由于某种原因变成了其他 3 种的一种，原因可能是自发的，也可能是紫外线或其他辐射引起的。较大的突变包括一段染色体缺失、重复、倒位、易位等。更大的变异有染色体数目变化。染色体是由 DNA 与蛋白质组成的，染色体数目的变化意味着 DNA 数目的变化，这包含一个受精卵中有额外的或丢失了若干条染色体，也可能是染色体数目加倍。

最常见的可遗传的性状变异来自于基因重组。在有性生物，繁殖过程包含雌雄亲本生殖细胞的减数分裂和配子的融合。在减数分裂过程中，染色体的分配是随机的，雌雄配子的结合也是随机过程；而每个染色体上有成千上万条基因。在这种随机过程中，子代之间几乎不可能是基因型完全相同的，它们的生长过程又要受到外在和内在环境的影响，表现型则更加不可能相同。只有同卵双胞胎的基因型才是完全相同的。

### （四）集合种群

种群是特定地域内同种个体的集合体，它们往往是相对封闭独立的。如果一些种群之间也有一定数量但比例较少的个体和基因交流，这些种群也可看做一个集合，可称为或看做一个集合种群（metapopulation）。集合种群是指一相对独立地理区域内各个局域种群的集合，这些局域种群通过一定程度的个体迁移而联结在一起（张大勇等，1999）。

## 二、种群的空间分布特征

种群的空间分布是指组成种群的个体在其生活空间中的位置状态或布局，称为种群的分布（dispersion）或种群的内分布型（internal distribution pattern）。种群的分布一般可分为 3 种：随机型（random）、均匀型（uniform）和集群型（clumped）。

均匀分布在自然界少见，形成的原因主要是种群内个体间的竞争，如森林植物经过激烈竞争阳光和土壤中的营养物后形成的分布就接近于均匀分布。人工栽培经济作物或林木往往采用均匀分布的格局（图 8-3）。

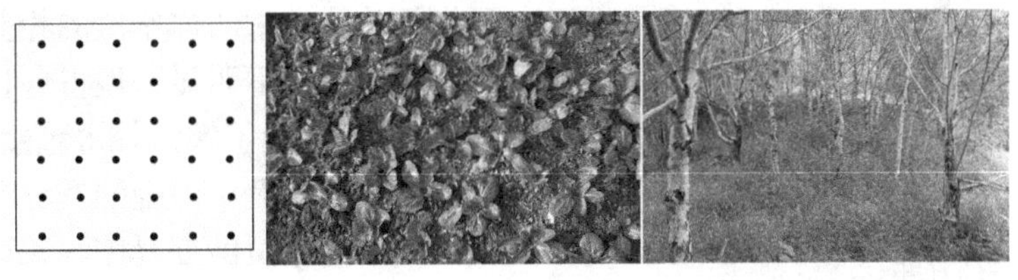

图 8-3　均匀分布示例（人工栽培植物和成熟林中会出现）

随机分布是指每一个体在种群领域中各个点上出现的机会相等，并且某一个体的存在不影响其他个体的分布，如面粉中黄粉虫的分布。随机分布在自然界较常出现，尤其是先锋植物在裸地或处女地上开始定居时往往就是随机分布的（图 8-4）。

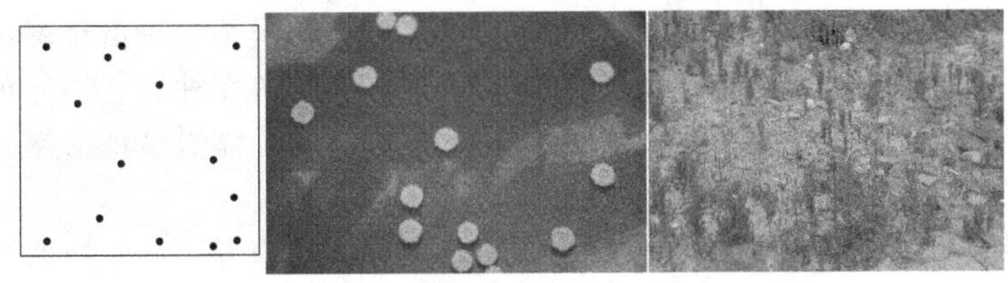

图 8-4　随机分布示例
先锋植物往往呈现该模式

集群分布是最常见的分布类型，人们常常可以观察到的鸟群、鱼群、兽群及大规模的害虫暴发等，其实就是集群分布。其形成的主要原因可能有资源分布不均匀、繁殖体以母株为扩散中心进行有限距离的传播及动物的集群行为等（图 8-5）。

图 8-5　集群分布示例

当然种群的内分布型并不是一成不变，在不同的时期或采用不同的统计方法或采用不同大小样方进行调查同一种群很可能显示出不同的分布格局（图 8-6）。

宗世祥等（2006）对我国辽宁省建平县内的沙棘木蠹蛾 *Holcocerus hippophaecolus* 的空间分布进行过调查和分析。该害虫的幼虫危害沙棘 *Hippophae rhamnoides* 的根部和干部。每株沙棘树周围蛹的数量为 0～4 个，有蛹株率为 24.3%。蛹在距离根基部周围 113m 的范围内均有分布，不同分布区间内蛹的数量变化没有一定的规律性，但 90%的蛹分布在距根基部 1m

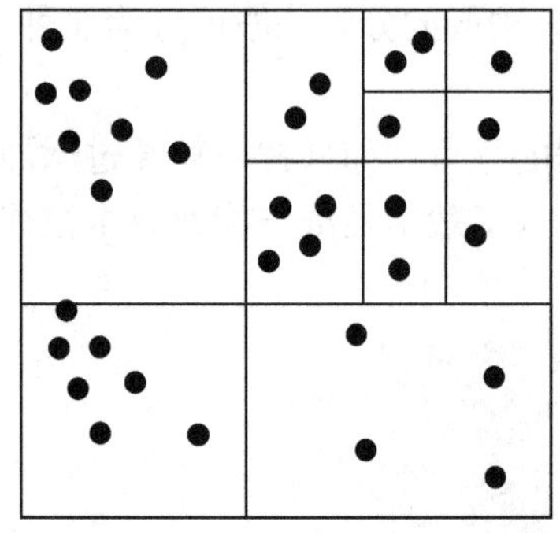

图 8-6 样方大小不同可以影响分布格局类型的判断

的范围内。显示沙棘木蠹蛾种群呈现较明显的聚集状态，在整个区域内有很多聚集点，呈现明显的斑块状。可见，蛹的这种分布格局明显与食物有关。上述研究还发现，要能够正确反映种群的空间结构，需要有合适的样方大小。样方面积太小时，样方间的数据差异较大，这种差异足以掩盖由于空间位置关系带来的样本值的相关性；当样方太大时，样方间的数据差异不明显，使得各样方的数据在空间形成均匀分布。为了准确了解沙棘木蠹蛾蛹的空间结构，作者分别比较了不同样方大小内蛹的变异参数，发现当样方长度为 5～7m 时，蛹数量的变异度与选取的样方大小无关。因此，结合实际情况，作者最终选取大小为 5m×5m 的样方来研究其种群的空间结构和变化规律。

牛丽丽等（2008）对北京松山自然保护区油松 *Pinus tabulaeformis* 种群的分布格局进行过调查，发现在小尺度上油松各龄期的个体趋于聚集分布，龄期间有较强的关联性；当空间尺度大于临界值时，油松各龄期趋于随机分布，龄期间的空间关联性减弱。杨慧等（2007）发现北京东灵山的白桦 *Betula platyphylla* 在种间竞争较小的情况下，种群呈聚集分布，而种间竞争激烈时种群分布趋于随机；生物因素和环境因素是影响白桦种群空间分布格局的两个主要原因，表现在不同的环境条件下，白桦种群不同年龄级的个体群呈现出集群分布或随机分布，处于不同发育阶段的个体空间分布格局是随时间变化的。

可以用数学或统计学工具来研究生物种群的分布格局。方差（$S^2$）是表示不同样方中种群数量离散程度的一个指标。如果不同样方中经统计后发现种群数量相差不大或大家都比较接近或类似，则方差值就相对较小，反之则大。如果样方中所有数据一样，没有变化，则方差为 0。另一个指标是平均数（$\overline{x}$）。当种群分布型为均匀分布时，方差值为 0，而平均数为任一样方中种群数量，这时 $S^2/\overline{x}=0$；当种群的分布型呈现为随机分布时，样方中数据的离散程度即方差值有各种可能，这时平均数也有各种可能，但从统计的角度来看两者是一致的，即 $S^2/\overline{x}=1$（符合统计学中的泊松分布期望）；当种群是成群分布时，样方中数据的离散程度即方差值（$S^2$）很大，而平均值却不会有太大的提升，因此这时 $S^2/\overline{x}>1$（符合统计学中的负二项式分布期望）。

平均数

$$\overline{x}=\frac{\sum_{i=1}^{n}x_i}{n}$$

方差

$$s^2=\frac{\sum_{i=1}^{n}(x_i-\overline{x})^2}{n-1}$$

方差均值比

$$C=\frac{\text{方差}}{\text{平均数}}=\frac{s^2}{\overline{x}}$$

李俊清（1986）对黑龙江凉水自然保护区中的红松 *Pinus koraiensis* 幼苗及成熟林木的空间分布做过调查（表 8-3），共设立了 423 个样点。检验 $S^2/\bar{x}$ 值后发现，幼苗的空间分布基本呈现出成群分布格局，而成熟林木则接近于随机分布。分析原因后可以发现，松鼠及星鸦是松子主要的传布者，其中松鼠更将它们聚集埋藏。这可能是幼苗成群分布的主要原因。但由于埋藏者及其他鼠类、鸟类不断采食，幼苗的成群分布并不是十分明显。由于在发育过程中不断受到侵害，以及林中多种环境因子如竞争的作用，幼苗长成林木的机会并不是很大，从而使得林木呈现出一定的随机分布特点。从趋势上看，在群落发育过程中，各种群的分布是逐渐均匀起来的，这可能主要是竞争的作用。

**表 8-3　红松幼苗及林木频数统计**（引自李俊清，1986）

| 每样方中植株数 | 0 | 1 | 2 | 3 | 4 | $S^2/\bar{x}$ |
|---|---|---|---|---|---|---|
| 幼苗/株 | 347 | 51 | 16 | 5 | 4 | 1.69994 |
| 成熟林木/株 | 222 | 74 | 14 | 3 | 1 | 1.1401 |

## 三、种群的数量特征

种群是个体的集合，因此它会表现出多个个体的数量特征，如种群的密度、出生率、死亡率等数量指标，这些是生物个体不具备的。

### （一）种群大小和密度

一个种群的大小，是指一定区域内种群个体的数量，也可以是生物量或能量。种群的密度是指单位空间内或单位面积上生物个体数量或其总和。集群生活的生物密度较大，如繁殖期间的企鹅、鱼群、蝴蝶等。而有些生物的种群密度较小，如独居的老虎、大熊猫等。

孔令军和梁青（2007）调查过山东临沂地区 5 种老鼠（褐家鼠 *Rattus norvegicus*、小家鼠 *Mus musculus*、黑线姬鼠 *Apodemus agrarius*、大仓鼠 *Cricetulus triton*、黑线仓鼠 *Cricetulus barabensis*）的密度及其变动情况。从表 8-4 中可以看出，不同种类老鼠的密度是不同的，后 3 种生活在野外的老鼠数量及密度明显要小得多。

**表 8-4　临沂市区 2004～2006 年鼠类种群构成及占百分比**（引自孔令军和梁青，2007）

| 年份 | 捕鼠数/只 | 褐家鼠 | | 小家鼠 | | 黑线姬鼠 | | 大仓鼠 | | 黑线仓鼠 | |
|---|---|---|---|---|---|---|---|---|---|---|---|
| | | 数量/只 | 比例/% | 数量/只 | 比例/% | 数量/只 | 比例/% | 数量/只 | 比例/% | 数量/只 | 比例/% |
| 2004 | 144 | 67 | 46.53 | 61 | 42.36 | 16 | 11.11 | 0 | 0 | 0 | 0 |
| 2005 | 151 | 72 | 47.68 | 57 | 37.75 | 16 | 10.60 | 3 | 1.99 | 3 | 1.99 |
| 2006 | 75 | 45 | 60.00 | 28 | 37.33 | 1 | 1.33 | 0 | 0 | 1 | 1.33 |
| 合计 | 370 | 184 | 49.73 | 146 | 39.46 | 33 | 8.92 | 3 | 0.81 | 4 | 1.08 |

### （二）影响生物数量变动的因素

影响生物数量变动或密度变化的因素有 4 个，分别为出生率、死亡率、迁出率和迁入率，它们的综合作用或相对大小会改变种群数量（图 8-7）。

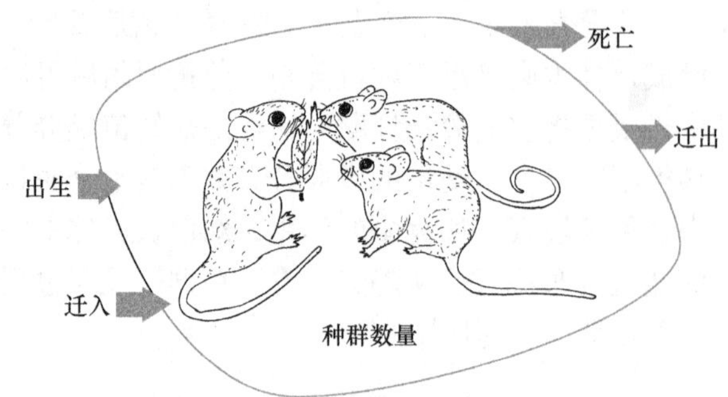


图 8-7 影响种群数量的 4 因素

出生率（natality）是一广义的术语，泛指任何生物产生新个体的能力，不论这些新个体是通过分裂、出芽、结籽、生产等任一种方式。常常区分为最大出生率和实际出生率。前者是指理想条件下（即无任何生态因子的限制作用，生殖只受生理因素所限制）的种群出生率，对某个特定种群，它是一个常数；后者是特定环境下种群实际的出生率。

死亡率（mortality）也可分为最低死亡率和实际死亡率。前者是种群在最适环境下，其个体由于年老而死亡，即都活到了其生理寿命；而后者则是在特定环境下的实际死亡率，即多数或部分个体死于捕食者、疾病、不良气候等因素。

刘芸和尤民生（2008）在实验室内对黄曲条跳甲 *Phyllotreta striolata* 实验种群进行过研究，发现在 29℃恒温条件下的瞬时出生率和死亡率分别为 0.2720 和 0.1700，世代增长率为 1.1074。都时昆和陈天乐（2008）引述俄罗斯当前的死亡率达到 16.5‰，远大于 6‰的出生率，老龄化和人口递减严重。

迁入（immigration）是有别的种群进入领地。迁出（emigration）是指种群内个体由于种种原因而离开种群的领地。

孙胜梅等（2004）利用人口普查资料对浙江省的人口迁入及迁出情况进行过统计，发现浙江省 1996～2000 年 5 年内迁入人口总量达 749.53 万人，占全省常住人口的 16.32%，其中省内迁入（从一个地区迁入到另一个地区）为 461.60 万，占 61.59%，省际迁入为 287.93 万，占 38.41%。与前一次人口普查资料相比，迁入人口的规模大幅增加，已从人口净迁出区转变为人口净迁入区。与此形成鲜明对比的是，我国西部地区的人口却流失严重（张善余等，2006）（表 8-5）。

**表 8-5 西部地区不同时期的净迁入人数和净迁入率**（引自张善余等，2006）

| 项目 | 1953～1964 年 | 1964～1982 年 | 1985～1990 年 | 1990～1995 年 | 1995～2000 年 |
|---|---|---|---|---|---|
| 迁入量（总）/万 | 430 | 50 | –153 | –150 | –674 |
| 年平均/万 | 39 | 3 | –30 | –31 | –135 |
| 迁入率/% | 2.28 | 0.19 | 0.43 | –0.45 | –1.94 |

### （三）测定种群数量的方法

种群数量统计的具体方法随动物种类和栖息地特征而不同。

种群密度（population density）通常以个体数目或生物量来表示。种群的绝对密度（absolute density）即单位面积或空间上的个体数目，往往以种群的相对密度（relative density），即表示动物数量多少的相对指标来替代。

1. 绝对密度测定

1）总量调查（total count）

计数某地段中全部生物的数量，如用航空摄影调查某块草原上的全部黄羊。

2）取样调查（sampling）

在一般情况下，总量调查比较困难，研究者可计数种群的一小部分，用以估计种群整体，这称为取样调查法。其又可分为以下 3 类。

（1）样方法（quadrat）：计数若干样方中的个体，然后用其平均数来估计种群整体。

（2）标记重捕法（mark-recapture method）：在调查地段中捕获一部分个体进行标志，然后放回，经一定期限后进行重捕。根据重捕中标记数的比例，估计该地段中个体的总数。计算公式为：

$$\frac{N}{M}=\frac{n}{m} \quad 则 \quad N=\frac{M\times n}{m}$$

式中，$M$ 为标记数；$N$ 为样地上个体总数；$m$ 为重捕标记数；$n$ 为重捕个体数。

（3）去除取样法（removal sampling）：去除取样法的原理是在一个封闭的种群里，随着连续的捕捉，种群数量逐渐减少，因而同样的捕捉力量所取得的收益（捕获数）就逐渐地降低。同时，随着连续捕捉，累积数就逐渐增大。因此，如果将逐次捕捉数/单位努力（作为 $Y$ 轴），对捕获累积数（作为 $X$ 轴）作图，就可以得到一个回归线。不难想象，当单位努力的捕捉数等于零时，捕获累积数就是种群数量的估计数；通过延长回归线，到达与 $X$ 轴相交的截距，截距所表示的值就是种群数量 $N$ 的估计值。

2. 相对密度测定

相对密度测定的不是单位空间中动物密度的绝对值，而只是表示种群数量多少的丰盛度或多度指数（indices of abundance）。相对密度指标分两类：①直接数量指标，以生物数量本身为测量对象；②间接数量指标，一般以动物的粪便、洞穴、鸣叫、毛皮收购量等来表示丰盛度的统计结果。测定相对密度的方法主要有：

（1）捕捉（trapping）：用捕鼠夹、黑光灯、陷阱、网等对动物（如鼠类、昆虫、原生动物、鱼类）或生物（如水生植物、浮游植物等）进行相对密度的计数和测量。

（2）粪堆计数（pellet count）：常用于调查兔、鹿等中大型动物，其方法包括计数样方或线路上的粪堆数目。

（3）鸣叫计数（call count）：主要适用于鸟类。

（4）毛皮收购记录（pelt records）：对毛皮公司的收购记录进行统计和计数。这方面的有些记录超过 100 年，这对了解长时间内的种群数量变动很有用处。

（5）单位渔捞生物量（catch per unit fishing effort）：用统一的捞网对鱼类数量进行统计和估测。这些方法在鱼类数量统计和预测预报模型中被广泛应用。

（6）计数动物活动所遗留的痕迹，如土丘、洞穴、足迹、巢穴等。

相对密度的调查方法还有很多。对于相对密度的调查，有几点要指出：①至今得到准确数量统计结果的只有极少数的动物种类，在许多情况下我们不得不用数量级变化的资料。②多种方法结合对于估计种群动态很有效果。③数量调查方法是多种多样的，要根据调查对象、地理条件、工作季节和工作目的进行选择。

## 四、种群的年龄结构

与出生率和死亡率密切相关的另一项种群数量指标是种群的年龄结构。种群的年龄结构是指不同年龄组的个体在种群内的比例或配置情况。一般说来，如果其他条件相等，种群中具有繁殖能力年龄的个体比例越大，种群的出生率就越高；而种群中缺乏繁殖能力的年老个体比例越大，种群的死亡率就越高。

为形象地反映种群的年龄结构及它对种群数量的影响，往往需要建立年龄金字塔（age pyramid），它对深入分析种群动态和进行预测预报具有重要价值。将种群内由幼到老不同年龄组的个体按数量多少或按比例大小以不同宽度的横柱代替，并从上到下配置，其形成的图即为年龄金字塔，也称年龄锥体。年龄组（群）可以是特定分类群，如年龄或月龄，也可以是生活史期，如卵、幼虫、蛹和龄期。

年龄锥体可划分为 3 个基本类型（图 8-8）。

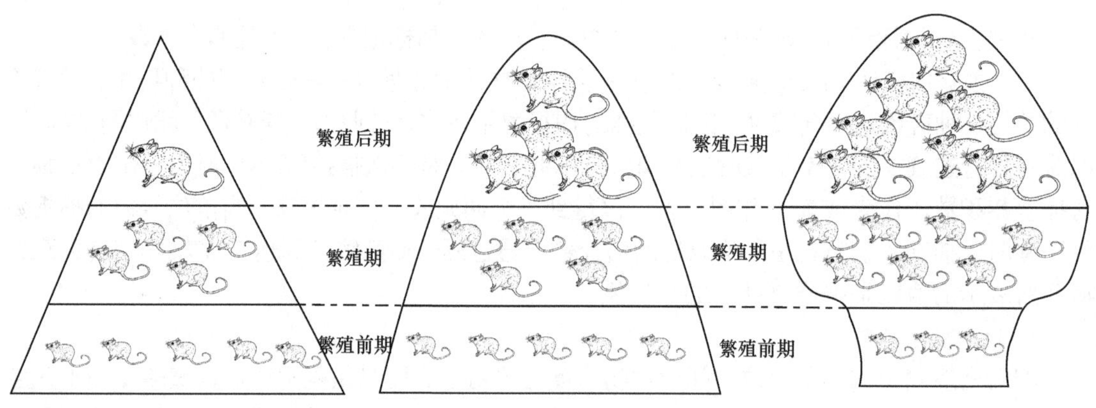


图 8-8　生物种群年龄锥体的三种基本类型

1. 增长型种群

年龄锥体呈典型金字塔形，基部宽、顶部狭，表示种群中有大量幼体，而老年个体较小。种群的出生率大于死亡率，是迅速增长的种群。

2. 稳定型种群

年龄锥体中老、中、幼比例彼此差别不大，锥体为钟形。这样的种群出生率与死亡率大致平衡，种群稳定。

3. 衰退型（下降型）种群

年龄锥体基部比较狭，而顶部比较宽。种群中幼体比例减少而老年个体比例增大，种群的死亡率大于出生率。

周立志和宋榆钧（1997）对吉林省长春市的花背蟾蜍 *Bufo raddei* 春夏季种群的生态进行过研究，发现其年龄锥体是下降型的（图 8-9A），而另有人报道该种蟾蜍的年龄锥体是增长型的（图 8-9B）。

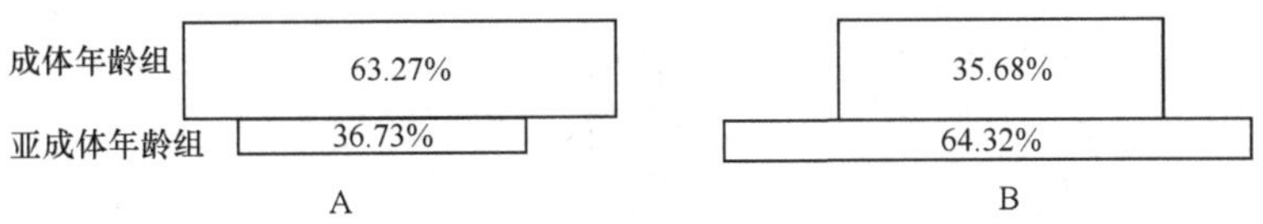


图 8-9　花背蟾蜍的年龄锥体（引自周立志和宋榆钧，1997）

A. 吉林长春花背蟾蜍年龄锥体；B. 辽宁北镇花背蟾蜍年龄锥体

刘仲健等（2008）报道，生长在我国云南省文山州麻栗坡县境内长瓣杓兰 *Cypripedium lentiginosum* 种群的年龄金字塔为钟型锥体。

年龄锥体在人口研究中应用也很广。一般而言，欧洲发达国家（包括日本及俄罗斯）人口的年龄锥体是下降型的，而发展中国家（如非洲的尼日利亚、亚洲的越南）等是增长型的。美国和澳大利亚虽是发达国家，但由于是移民国家，不断有外来人口涌入，其年龄锥体接近于稳定性。我国的人口结构 50 多年来变化较大，已逐渐从增长型转变为下降型（图 8-10）。

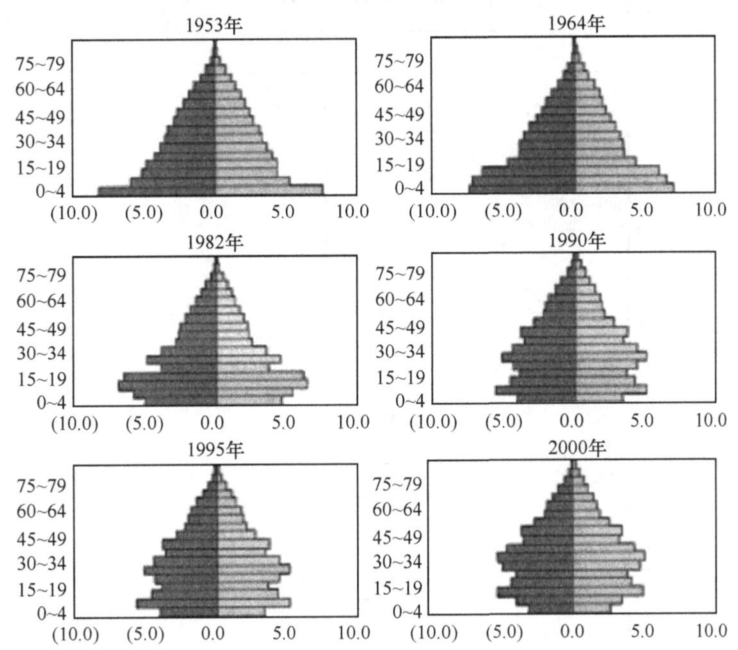


图 8-10　中国人口年龄金字塔（引自姚新武和尹华，2001）

以上所介绍的 3 种年龄锥体是最基本的典型类型。在自然种群中，年龄锥体的情况要复杂得多。罗世家等（1999）调查了黄山 5 处地点的黄山松 *Pinus hwangshanensis* 种群的数量特征，从年龄锥体来看，不同地点的不同种群有很大不同（图 8-11）。

## 五、性比

性比（sex ratio）就是种群中雌雄个体所占的比例。性比和种群的婚配制度对出生率有很大影响。人口统计中常将年龄锥体分成左右两半，分别表示男性和女性的年龄结构。大多数动物种群的性比接近 1∶1。营孤雌生殖的生物往往以具有生殖能力的雌性个体为主，如蚜虫、

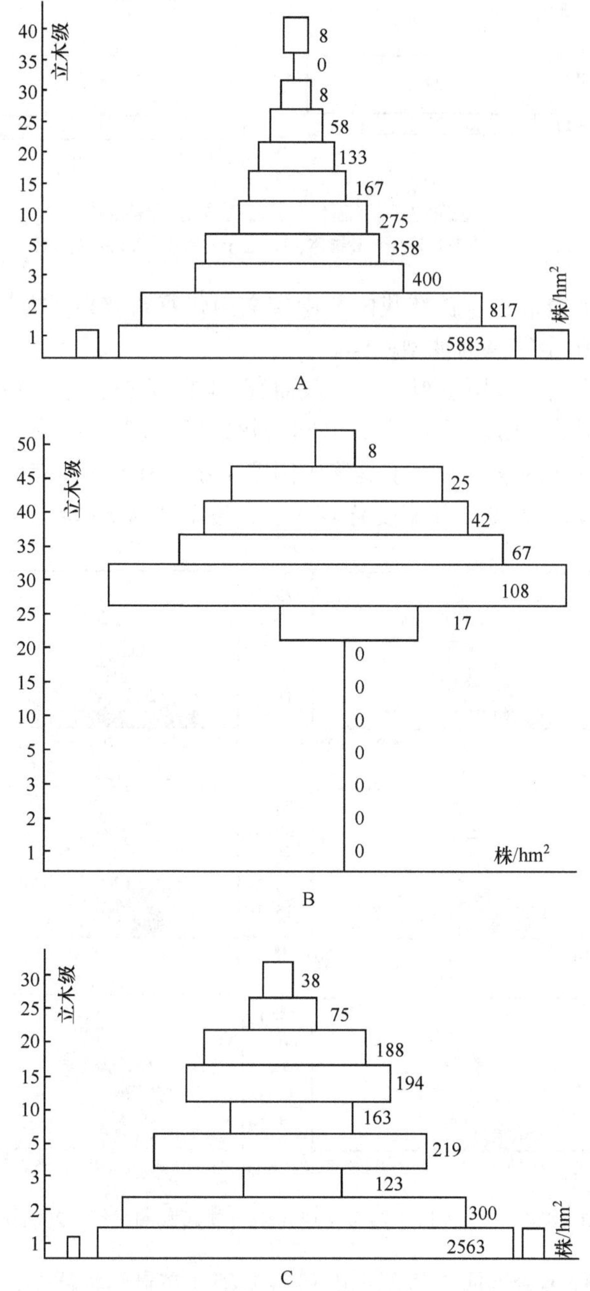


图 8-11　黄山三处地点的黄山松种群的年龄锥体（引自罗世家等，1999）

A. 北海样地黄山松种群基本呈增长型或金字塔型；B. 云谷寺样地黄山松种群缺乏幼苗；

C. 海心亭样地黄山松种群的不同年龄差别很大

轮虫、枝角类等。也有雄多于雌的情况，如白蚁。蜜蜂巢中只有一头生殖的雌蜂和几只雄蜂，工蜂虽是雌性但不生殖。同一种群中性比有可能随环境条件的改变而变化，如盐生钩虾 *Gammarus salinus* 在 5℃下后代中雄性为雌性的 5 倍，而在 23℃下后代中雌性为雄性的 13 倍。另外，有些动物的性别在发育过程中可以改变，如黄鳝 *Monopteras albus* 的幼体都是雌性，繁殖后多数转为雄性。

## 本章小结

种群是一定时期内占有一定空间的同种生物个体的集合。其基本特征有遗传特征、空间分布特征及数量特征。

种群的分布一般可分为随机分布、均匀分布和集群分布，集群分布是自然界最常见的分布类型。可以用方差与平均值的比值来分析种群的空间分布类型。

种群的数量或种群大小受到 4 个因素的影响：出生率、死亡率、迁入率和迁出率。单位面积上或空间内的种群数量就是种群的密度，有多种方法（它们可适用于不同生物类型）来测定种群密度。

种群是比个体更高层次的生物存在，有其自身的特点，如种群有性比、年龄结构等。种群的年龄结构是指不同年龄组的个体在种群内的比例或配置情况。典型的年龄维体有 3 种，分别为增长型、稳定型和衰退型。就人类社会而言，发展中国家往往呈现出增长型年龄结构，表明种群中个体的平均寿命较小、生育率较高；而发达国家往往呈现出衰退型，因为在这些国家，由于社会保险和医疗水平较高，人的平均寿命较高，绝大部分人都能达到平均寿命后才逐渐死亡，生育率较低。发达国家中的移民国家往往是稳定型的。自然生物种群的实际年龄结构更复杂多样。

## 本章重点

种群生态学是生态学的核心内容，因而种群基本特征的所有方面和概念都十分重要。只有在理解和掌握好种群特征的基础上，才能更好地理解和掌握种群增长模式等抽象内容甚至整个生态学。

## 思考题

1. 种群、集合种群和物种三者之间的关系是什么？
2. 生物学物种的定义是什么？
3. 种群在哪些方面是与个体不同的？
4. 种群的分布型、年龄锥体各有哪 3 种基本类型？分别对应什么样的生物？
5. 种群调查方法在生态学研究中运用极多。试举 5 种方法并谈谈它们的要点及使用对象。
6. 性比的定义是什么？研究性比有什么意义？
7. 年龄结构能反映什么？
8. 我国人口的年龄结构为什么变化较大？
9. 影响种群数量变动的主要因素是哪些？它们是如何共同起作用的？
10. 如何建立种群的年龄结构？

# 9

# 第九章　生　命　表

为了掌握种群数量变动的动态过程及影响因子，人们在研究种群时往往要制定生命表（life table，life form）。生命表是描述生物种群中不同年龄个体数量变动，甚至是它们从出生到死亡整个过程的有特定格式的表格。常见的生命表有静态生命表（static life table）、动态生命表（dynamic life table）及综合生命表（synthetic life form）3 类。静态生命表是根据调查某一特定时间种群年龄结构资料编制的。动态生命表是跟踪一组差不多同时出生的种群从出生到全部死亡的整个过程数据编制的。综合生命表还要包含某一种群的出生率或繁殖能力等内容或数据。

张立波等（2001）认为生命表是描述生物种群死亡过程的，最早出现于人寿保险行业，用以估计人的期望寿命。生命表最早用于分析动物种群是 Pearl 和 Parker（1921）用生命表分析果蝇种群。

## 生命表的内容

生命表是有固定格式和栏目内容的表格。下文以实例来说明常见生命表的编制和内容。表 9-1 为描述一群藤壶 *Balanus glandula*（图 9-1）从出生到死亡过程的动态生命表（Connell，1970）。

图 9-1　贝壳上的藤壶

表 9-1 中第一栏中的“时间（time）”代表从开始观察到研究种群全部死亡时它们的“生活时长（living time）”或“寿长（longevity）”，也可以认为是“年龄（age，指存活的时间）”或观察的“年份（year）”。在本例中，是从 1959 年开始对固着在一块干净石块上的藤壶种群进行逐年观察，它们到 1968 年全部死亡，前后总共 10 年（在不同的生命表中，年龄间隔可能有所不同，如以 1 天、1 个月、3 个月或半年为 1 个年龄间隔等）。那么第一栏中的“时间”代表观察的时间间隔，即“开始时（0）”、“一年后（1）”、“两年后（2）”等，或表示观察的年份，即“第一年（0）”、“第二年（1）”、“第三年（2）”等。也可以用实际的年份，如“1959（0）”、“1960（1）”、“1961（2）”等。

**表 9-1 藤壶动态生命表**（引自 Connell，1970）

| 时间/年 $x$ | 存活数 $n_x$ | 存活率 $l_x$ | 死亡数 $d_x$ | 死亡率 $q_x$ | 平均存活数 $L_x$ | 存活个体总年数 $T_x$ | 生命期望 $e_x$ |
|---|---|---|---|---|---|---|---|
| 0 | 142.0 | 1.000 | 80.0 | 0.563 | 102 | 224 | 1.58 |
| 1 | 62.0 | 0.437 | 28.0 | 0.452 | 48 | 122 | 1.97 |
| 2 | 34.0 | 0.239 | 14.0 | 0.412 | 27 | 74 | 2.18 |
| 3 | 20.0 | 0.141 | 4.5 | 0.225 | 17.75 | 47 | 2.35 |
| 4 | 15.5 | 0.109 | 4.5 | 0.290 | 13.25 | 29.25 | 1.89 |
| 5 | 11.0 | 0.077 | 4.5 | 0.409 | 8.75 | 16 | 1.45 |
| 6 | 6.5 | 0.046 | 4.5 | 0.692 | 4.25 | 7.25 | 1.12 |
| 7 | 2.0 | 0.014 | 0.0 | 0.000 | 2 | 3 | 1.50 |
| 8 | 2.0 | 0.014 | 2.0 | 1.000 | 1 | 1 | 0.50 |
| 9 | 0.0 | 0.000 | – | – | 0 | 0 | – |

第二栏“存活数（$n_x$）”数据是实际调查而得，即逐年观察和计数藤壶种群在各年的实际存活数量。数字中的小数表示有平均数存在，或是因为可能有看上去奄奄一息、半死不活的个体存在，这时就可能将它们计为半个个体等。

第三栏中“存活率（$l_x$）”及其他各栏中的数据都由计算而得。存活率（$l_x$）是指各年龄或各年种群存活数与初始种群数量之比，即存活率（$l_x$）=$n_x / n_0$。本栏也可用百分数表示。

第四栏“死亡数（$d_x$）”即各年死亡的个体数量，其数值等于前一年的种群个体数减去下一年个体数，即 $d_x=n_x-n_{x+1}$。

第五栏“死亡率（$q_x$）”是指每年种群死亡的个体数占各年总数的比例，即 $q_x=d_x/n_x$。

第六栏“平均存活数（$L_x$）”是指各年龄中平均又存活 1 个计数年（或计数时间间隔）的个体数。因为每年中都会有一部分个体死亡，但它们并不一定同时死亡，即它们的寿命是不一样的。为了表示存活的平均数量，设置此栏。例如，有 2 个个体都只活了半年，我们可以说“它们相当于 1 个个体存活了 1 年”；再如，有 10 个个体在 1 年中全部死亡，但它们活得长短不同，从 1 个月到 11 个月不等，这时可以取平均数，认为“它们相当于（或平均）有 5 个个体又活了 1 年”等。本栏数据具体的算法是：各年的平均存活数等于本年与下一年存活数之和的一半，即 $L_x=(n_x+n_{x+1})/2$。在本例中的开始年，总共有 142 个藤壶，过了 1 年后只存活下来 62 个，死亡 80 个。因此开始年的平均存活数（$L_x$）=（142+62）÷2=102。直观地看，因为在开始年只有 62 个个体实际又存活了 1 年，其他 80 个在 1 年中先后死亡，它们只相当于 40 个又存活了 1 年，因此 62+40=102，即在开始年平均又存活 1 年的个体为 102 个。再如，在第 9 年，总共只有 2 个个体，它们到第 10 年结束时全部死亡，那么它们相当于只有 1 个个体活了 1 年，或平均每个个体只活了半年。

第七栏“存活个体总年数（$T_x$）”是由第六栏“平均存活数（$L_x$）”换算得来的，是从不同角度对种群数量动态进行的考察。如果说第六栏“平均存活数（$L_x$）”是表示各年中平均有多少个体又平安度过一年的话，那么第七栏“存活个体总年数（$T_x$）”表示在各年中存活下来的全部个体数以后所存活的全部年数。它的具体数值等于从某计数年开始的全部“平均存活数($L_x$)”之和，即 $T_x=\sum L_x$。第 9 年中的 $T_8=L_9+L_8=0+1=1$，第 8 年中的 $T_7=L_9+L_8+L_7=0+1+2=3$，第 7 年中的 $T_6=L_9+L_8+L_7+L_6=0+1+2+3+4.25=7.25$，以此类推。如果将 1 个个体存活 1 年作为

1 个单位的话，那么“存活个体总年数”相当于在各年中所有个体所能存活的全部单位，也可以将其看作或换算成一个个体所存活的全部单位。

制作生命表的主要目的之一是想得到本表中的最后一栏“生命期望（$e_x$）”，它是表示各年中每个个体可以预期生活的年数，对于开始年中的每个个体来说，它变成了平均寿命。具体的算法是 $e_x = T_x / n_x$，即由各年的“存活个体总年数（$T_x$）”除以各年的“存活个体数（$n_x$）”，因为存活个体总年数（$T_x$）表示各年中所有个体所能存活的全部单位（1 个个体存活 1 年为 1 个单位），将其除以各年的个体存活数，就变成了 1 个个体所能存活的年数，即生命期望。一个直观的数据是第 9 年的 2 个个体在第 10 年中全部死亡，可以看出它们各自平均只活了半年，即在第 9 年时的每个个体的预期寿命是 0.5，它即为生命期望 $e_9$=0.5；在第 8 年中存活下来的 2 个个体到第 9 年时并未死亡，而是到第 10 年时才全部死亡，可以想象得到它们的预期寿命肯定大于 1 年但小于 2 年，平均是 1.5 年，它也与第 8 年的生命期望值（$e_8$=1.5）相同。

静态生命表又称“特定时间生命表”（time-specific life table），它的编制方法与动态生命表基本相同，但有两项不同。第一不同之处在于要将动态生命表第一栏的时间间隔“时间”或“年”换成某一特定时刻不同个体的实际“年龄”或它们的“存活寿命”，第二是要将动态生命表第二栏的“个体数”或“各年个体存活数”换成特定时刻不同年龄组的个体数量（表 9-2）。在木荷 *Schima superba* 的静态生命表中，第一栏“年龄”表示调查当时各个体的实际年龄或存活时长，第二栏“个体数（存活数）”表示调查时每一年龄段的个体数量。其他各栏与动态生命表中的相同。

**表 9-2　木荷种群静态生命表**（修改自胡喜生等，2007）

| 年龄 $x$ | 个体数（存活数）$n_x$ | 存活率 $l_x$ | 死亡数 $d_x$ | 死亡率 $q_x$ | 平均存活数 $L_x$ | 存活个体总年数 $T_x$ | 生命期望 $e_x$ |
|---|---|---|---|---|---|---|---|
| 1 | 1000 | 1.000 | 890.0 | 0.890 | 555 | 777 | 0.78 |
| 2 | 110 | 0.110 | 55.0 | 0.500 | 83 | 222 | 2.02 |
| 3 | 55 | 0.055 | 11.0 | 0.200 | 50 | 139.5 | 2.54 |
| 4 | 44 | 0.044 | 14.0 | 0.318 | 37 | 90 | 2.05 |
| 5 | 30 | 0.030 | 12.0 | 0.400 | 24 | 53 | 1.77 |
| 6 | 18 | 0.018 | 9.0 | 0.500 | 14 | 29 | 1.61 |
| 7 | 9 | 0.009 | 1.0 | 0.111 | 9 | 15.5 | 1.72 |
| 8 | 8 | 0.008 | 5.0 | 0.625 | 6 | 7 | 0.88 |
| 9 | 3 | 0.003 | 3.0 | 1.000 | 2 | 2 | 0.50 |
| 10 | 0 | 0.000 | 0.0 | | 0 | | |

综合生命表包含的内容比静态生命表和动态生命表要多，其中最重要的是出生率。表 9-3 表示的是褐色雏蝗 *Chorthippus brunneus* 种群的综合生命表。其中大部分内容与表 9-1 类似，也容易理解。其中，$F_x$ 代表此蝗虫种群所产生的全部卵数。由于要计量一代的全部卵数往往不易，因此在很多情况下可以测出每个个体产生的卵数，即 $m_x$。

同一批生长发育的蝗虫只到 6 龄时才产卵，且在产卵后就全部死亡了。为了表示这一种群的增长能力，可以计算出下一代的数量与上代数量之比值，即种群世代净增值率（$R_0$）。如果 $R_0$>1，则表示下一代的种群数量大于上代数量，可见种群是不断增长的；如果 $R_0$=1，则种群稳定；如果 $R_0$<1，则种群数量会不断下降。在本例中，褐色雏蝗的世代净增值率

$R_0$=22617÷44000=0.51。

**表 9-3　褐色雏蝗的综合生命表**（修改自孙儒泳等，2002）

| 年龄 $x$ | 存活数 $n_x$ | 存活率 $l_x$ | 死亡数 $d_x$ | 死亡率 $q_x$ | $\lg n_x$ | $k_x=\lg n_x-\lg n_{x+1}$ | 卵数 $F_x$ | 平均产卵数 $m_x$ | 净增殖率 $l_xm_x$ | 平均存活数 $L_x$ | 存活个体总年数 $T_x$ | 生命期望 $e_x$ |
|---|---|---|---|---|---|---|---|---|---|---|---|---|
| 0（卵） | 44000.0 | 1.000 | 40487.0 | 0.920 | 4.64 | 1.10 | | | | 23756.5 | 32725 | 0.74 |
| 1 | 3513.0 | 0.080 | 984.0 | 0.280 | 3.55 | 0.14 | | | | 3021 | 8968.5 | 2.55 |
| 2 | 2529.0 | 0.057 | 607.0 | 0.240 | 3.40 | 0.12 | | | | 2225.5 | 5947.5 | 2.35 |
| 3 | 1922.0 | 0.044 | 461.0 | 0.240 | 3.28 | 0.12 | | | | 1691.5 | 3722 | 1.94 |
| 4 | 1461.0 | 0.033 | 161.0 | 0.110 | 3.16 | 0.05 | | | | 1380.5 | 2030.5 | 1.39 |
| 5 | 1300.0 | 0.030 | | | 3.11 | | 22617 | 17 | 0.50227 | 650 | 650 | 0.50 |

由于对整个种群进行计数往往较困难，因此要想获知种群大小，可用每个个体产卵数乘以产卵个体数，即 $F_x=n_xm_x$。在本例中，$F_x=n_xm_x$=1300 × 17=22100。这时世代净增值率 $R_0$=（1300×17）÷44000=0.50。由于存活率 $l_x=n_x/n_0$，因此净增值率 $R_0$=（1300×17）÷44000=（1300÷44000）×17=$l_xm_x$=17×0.03=0.50。

褐色雏蝗雌体在生活史中只繁殖一次，而有很多生物在生活史中可以多次繁殖。这时世代净增值 $R_0=\sum l_xm_x$。在如表 9-4 设想的生命表中，$R_0=\sum l_xm_x=1.25+0.625=1.875=F_{n+1}/F_n=\sum n_xm_x/120=(150+75)\div 120=225\div 120=1.875$。

**表 9-4　假设的生命表**

| 年龄 $x$ | 存活数 $n_x$ | 存活率 $l_x$ | 平均产卵数 $m_x$ | 卵数 $F_x=n_xm_x$ | 净增殖率 $l_xm_x$ |
|---|---|---|---|---|---|
| 0 | 120 | 1.0 | 0 | | |
| 1 | 60 | 0.5 | 0 | | |
| 2 | 30 | 0.25 | 5 | 150 | 1.25 |
| 3 | 15 | 0.125 | 5 | 75 | 0.625 |
| 4 | 0 | 0 | 0 | | |
| | | | | $\sum n_xm_x=150+75=225$ | $\sum l_xm_x=1.25+0.625=1.875(R_0)$ |

世代净增值率（$R_0$）虽然是一项很有用的表示种群增长趋势的参数，然而不同生物的世代时间（$T$）并不相同，因此在应用上有一定的局限。如果世代时间较长，即使世代净增值率较高，种群数量也不可能增长很快。为了比较不同种群的增长能力，最好将世代净增值率与世代时间两项指标结合到一项参数中去。

对于世代不重叠的生物，种群的世代时间就是其一个世代的时间；对于世代重叠的种群，种群的世代时间指种群的子代从出生到产子的平均时间。在表 9-4 中，世代时间（$T$）=$\sum xl_xm_x/\sum l_xm_x=(2\times 1.25+3\times 0.625)\div(1.25+0.625)=2.33$。

独立空间中的种群在某一时刻的增长率是由其出生率（$b$）与死亡率（$d$）差值决定的，生态学上将其差值称为瞬时增长率，用 $r$ 来表示。那么种群的瞬时变动数量（$dN/dt$）可表示为：

$$dN/dt = (b-d)N$$

$$dN/dt = rN$$

将其积分后变成 $N_T=N_0e^{rT}$（e 为自然对数，其值为 2.718）。根据世代净增值率（$R_0$）的定义，其为不同世代之间数量的比值，即 $R_0=N_T/N_0=e^{rT}$，取对数后得瞬时增长率 $r=\ln R_0/T$。

从上式来看，种群的瞬时增长率与世代净增值率正相关，而与世代时间负相关。可见要想控制种群增长率，需要减少产仔率，同时也需要延长世代时间。这在计划生育政策中有重要意义，即要少生优生、晚婚晚育。

有时为了比较不同生物的生理增长极限，在实验条件下可为实验生物提供不受限制的条件和最大的空间，如最适的温度、湿度、光照、食物，排除天敌等情况下测定生物的增长率，这时的种群瞬时增长率称为内禀增长率（innaterae of increase，$r_m$）。当然在自然条件下，这种情况不太容易出现，生物一般只以实际增长率 $r$ 增长。

### （一）关键因子分析

从生命表不但可以看出种群的增长情况，还可以了解种群数量变动的关键时期和可能的因素，尤其是不同阶段种群剧烈变动的情况，此可称为关键因子分析（key factor analysis，*K* 因子分析）。例如，在表 9-3 中的 $k_x$ 栏可以看出，蝗虫从第 1 年到第 2 年的数量变动最大（对数相当于倍数），而其他时期数量减少不是十分剧烈，可见影响蝗虫种群数量的关键期是孵化期。

### （二）存活曲线

生命表中的数字往往不直观，有时甚至令人头痛。为了形象地表示种群数量变动情况，生态学上要用到存活曲线（survivorship curve）。有多种方法来画存活曲线，一般是以生命表中的 lg $n_x$ 栏对 $x$ 栏作图所得，当然也可以用 $n_x$ 或 $l_x$ 对 $x$ 栏进行作图，这要根据数据大小来定。

存活曲线有 3 种基本类型（宛新荣等，2000）（图 9-2）。

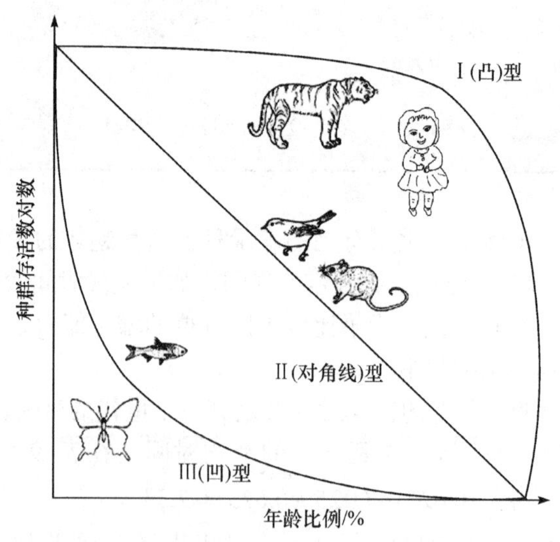


图 9-2　存活曲线的三种基本类型及典型生物

Ⅰ型：Ⅰ型存活曲线呈凸型，表示种群中幼体存活率很高，大部分的个体都在接近生理寿命时才死亡，大部分的大型哺乳动物如大象、人、犀牛等都属于这一类型。杨慧等（2007）对北京东灵山的白桦 *Betula platyphylla* 存活曲线进行了研究，提出白桦种群的存活曲线基本接近Ⅰ型（凸型），虽然幼苗存活率较低，但整体上白桦种群对环境具有较强的适应能力。

Ⅱ型：这一型的存活曲线呈对角线型，显示在整个生活史过程中的各个时期种群死亡率都较稳定，一些小型哺乳动物、鸟类等属于这一类型。

Ⅲ型：曲线呈凹型，显示种群的幼年个体死亡率很高，而一旦过了这一阶段后，死亡率却有显著下降，如产卵鱼类、蛙类、贝类、昆虫、树木等属于这一型。牛丽丽等（2008）发现北京松山自然保护区中的油松 *Pinus tabulaeformis* 种群的存活曲线基本接近凹型。

张立波等（2001）提出如果以他们研究的达乌尔黄鼠 *Spermophilus dauricus* 生命表中的种群数量对数为纵坐标、鼠龄为横坐标作图则其基本呈现为对角线型，如果纵坐标改为种群数量则生存曲线为凹型。

当然以上只是基本的存活曲线类型，在自然条件下，特定生物的存活曲线往往变化较大，也可能兼具上述不同类型的特点。

不同生物的寿命长短可能相差很大，如一年生的草和昆虫最多为一年，它们的存活曲线横坐标一般以月为单位，而大型哺乳动物的寿命一般以 10 年计，它们的存活曲线横坐标也需要以年或 10 年为单位。为比较不同生物的存活曲线，可以将它们的横坐标统一以年龄百分比来表示，这样就可以将不同生物的存活曲线统一到一个图中（图 9-2）。

### （三）生殖价

生殖价（reproduction value）是一个特定年龄的个体死亡以前可能产生的子代数目的量度，通常指一个体在死亡之前对下一代的相对贡献，其计算公式可表述为：

$$V_x = \sum_{t=x}^{w} \frac{l_t m_t}{l_x}$$

式中，$V_x$ 为 $x$ 龄雌体的生殖价；$x$ 为估计生殖价时雌体的年龄；$t$ 为 $x$ 龄以后的年龄；$w$ 为最后一次生殖的年龄。

从式中可以看出，生物的生殖可分为当前繁殖（current reproduction）和未来繁殖（future reproduction）。雌性个体可以将能量和精力分配给当前也可以分配给可预测的未来，调节生殖过程和对策，以求达到传递后代最大化且自身损耗最小化的目的。如果未来生命期望低，分配给当前繁殖的能量应该高，而如果剩下的预期寿命很长，分配给当前繁殖的能量应该较低（详见第 15 章）。

## 本章小结

生命表是考察特定种群动态过程的具有特定内容和格式的表格，一般可分为静态、动态和综合生命表 3 类。生命表在保险业和种群调查中广泛使用。

动态生命表跟踪记录和考察一个特定种群从出生到全部死亡的整个过程，利用它可计算分析每一过程中每个个体的死亡率、存活率、平均寿命、预期寿命等指标。如果数据翔实、样本足够，它对于种群的动态变化及每个个体的可能命运可以有较精确的预测和分析。静态生命表记录特定时刻种群中不同年龄个体的分布情况，相对于动态生命表，其操作较简单，在实际中有很多应用。综合生命表还包含种群的繁殖情况，内容更加翔实，还可以预测种群未来。

除可预测个体寿命外，生命表还能为我们提供更多的内容，如将生命表形象化的存活曲线（有凸型、凹型和对角线型3种典型类型）、影响种群数量变动的关键因素和时期（关键因子分析）、生殖价等。这些数据和指标对我们了解种群动态过程具有重要价值。

## 本章重点

静态、动态和综合生命表的区别与联系，它们各自具备的内容、栏目及其计算。生命表中预期寿命的计算、关键因子分析、生殖价及存活曲线的计算公式及建立等。

## 思考题

1. 生命表的作用是什么？为什么会有此作用？
2. 生命表有哪几种？分别有什么异同？
3. 静态生命表为什么相对容易构建？
4. 人口普查中应用的是什么类型的生命表？
5. 生命表中的（各期）生命期望及平均寿命是一回事吗？为什么？
6. 生命表中的存活率与死亡率有什么区别与联系？
7. 存活曲线有哪几种类型？各有什么典型生物？
8. 关键因子分析的意义与作用？
9. 生殖价是什么意思？有什么作用？
10. 保险业为什么要使用生命表？如果你是一名保险公司的主管，如何改进基本的生命表内容？

# 10 第十章 种群增长理论模型

种群增长是种群生态学的主要内容和核心理论。不同生物种群的增长类型不尽相同，有时差别极大。而人类试图认识世界、了解自然的欲望和心态是如此强烈，目前已对很多种群的增长情况进行过研究，无论是室内还是室外、自然条件下还是实验种群中。随着认识的深入，人们发现，生物种群增长虽千差万别，但仍有一些统一的模式可循，且有时用简单的数学模型就可拟合。它们为人类进一步了解种群增长提供了十分有用、有效、形象、精密的基本工具。

数学作为基础工具，可对纷乱复杂的世界进行规律地归纳和整合，从而得出规律性的结论并可对未来进行精确预测，还可以得出和修改参数，从而寻找影响因素。在研究生物种群增长的过程中，人类已逐渐可以将数学工具及其模型运用到实际应用和理论研究中，从而逐渐使生态学从描述性的科学转而成为归纳性和可预测性的科学。

## 一、种群的离散增长模型

种群的离散增长模型（discrete growth model）也可称为几何增长模型（geometric growth model）。微生物、单细胞的原生动物等往往进行连续性的分裂生殖。很多一生年的植物、一化性昆虫、甲壳动物等无脊椎动物、鱼类等在产卵或产子以后就死亡了，世代不重叠。且由于它们个体往往较小，所需资源及空间相对较少，因此彼此之间的影响也十分微弱，即它们的数量增长不受密度限制（图 10-1）。

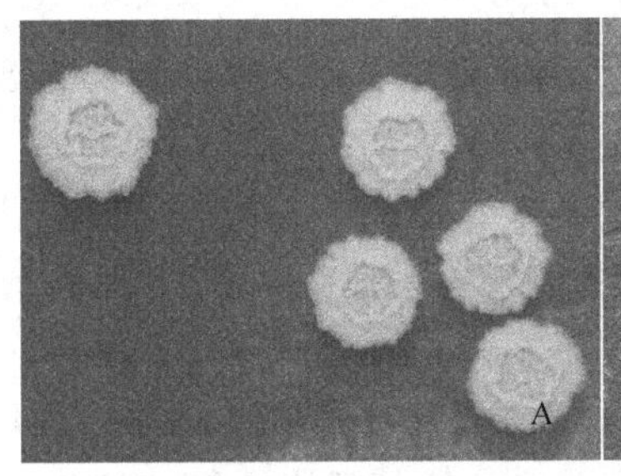

图 10-1　种群数量呈离散增长的生物示例

A. 细菌；B. 蓝藻

由此可见，这些生物种群以世代净增值率（$R_0$）为倍数进行增长。如果考察其连续过程，就可发现它们的种群数量是呈几何式增长的（图 10-2）。

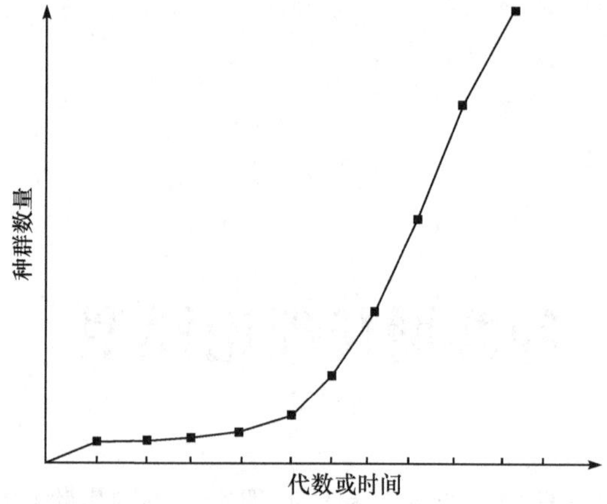


图 10-2　种群的离散增长模型中种群数量随代数或时间的关系曲线

由于世代之间不重叠，它们各代之间的增长模型可用下式来表示：

$$N_{t+1}=N_t R_0$$

式中，$N_{t+1}$ 为 $t+1$ 世代的种群大小；$N_t$ 为 $t$ 世代的种群大小；$R_0$ 为世代净增值率。

如果假设种群初始数量为 $N_0$，种群一直以世代净增值率（$R_0$）的速率增长，那么随着世代或时间的增加，各世代的数量可表示为：

$$N_1=N_0N_0;\ N_2= N_1R_0=N_0R_0^2;\ N_3=N_2R_0=N_0R_0^3;\ \cdots;\ N_t=N_0R_0^t$$

如果假设种群初始数量为 $N_1$，种群一直以世代净增值率（$R_0$）的速率增长，那么随着时间的推移，各世代的数量可表示为：

$$N_2=N_1R_0;\ N_3=N_2R_0=N_1R_0^2;\ N_4=N_3R_0=N_1R_0^3;\ \cdots;\ N_t=N_1R_0^{t-1}$$

如果从 1 个个体开始，1 年内（或 1 个世代之内）它将变成 2 个个体，2 年内有 4 个个体，3 年内 8 个，等等。这里 $N_t=N_0R_0^t=1\times2^t$（$N_0$ 为 1，$t$ 为整数），或 $N_t=N_1R_0^{t-1}=1\times2^{t-1}$（$N_1$ 为 1，$t$ 为大于 1 的整数）。

将 $N_t=N_0R_0^t$ 取对数后得：

$$\lg N_t= \lg N_0 +t\lg R_0$$

对于特定的生物种群，$N_0$ 和 $R_0$ 都是恒定的，因此可以看出，种群增长的倍数与时间呈线形关系。

世代净增值率在种群离散增长模型中占有主要地位，或者说种群增长主要受其影响。当 $R_0>1$ 时，种群不断增长；如果 $R_0=1$，种群稳定；如果 $R_0<1$，则种群数量不断下降。

**例 1**　设每个个体 1 年中只生产 1 个后代，那么如果 $N_0=15$ 和 $N_0=35$，4 年以后该种群将会分别有多少个体（假设没有个体死亡发生，且每个个体严格按每年繁殖一次计算）？

**解**　当 $N_0=15$ 时，$N_4=15\times2^4=240$；当 $N_0=35$ 时，$N_4=35\times2^4=560$

**例 2**　一种一年生植物种群初始有 10 株雌体，到第 2 年变成 200 株。那么第 5 年时它有多少株？

**解**　$N_0=10$，$R_0=200/10=20$，$N_4=10\times20^4=1\ 600\ 000$（株）

## 二、非密度制约种群的连续增长模型

在自然界，还存在着世代重叠的生物。它们在生活史中会持续不断地繁殖后代，且有时不同的世代都能在同一时间进行繁殖。对这类生物，假定它们的生长发育也不受密度制约时，其增长模型就可以用非密度制约连续增长模型（density-independent continuous growth model）或称指数增长模型（exponential growth model）、马尔萨斯增长模型（Malthusian growth model）来表示。一些小型昆虫（图 10-3）、人口的增长接近于该模型。

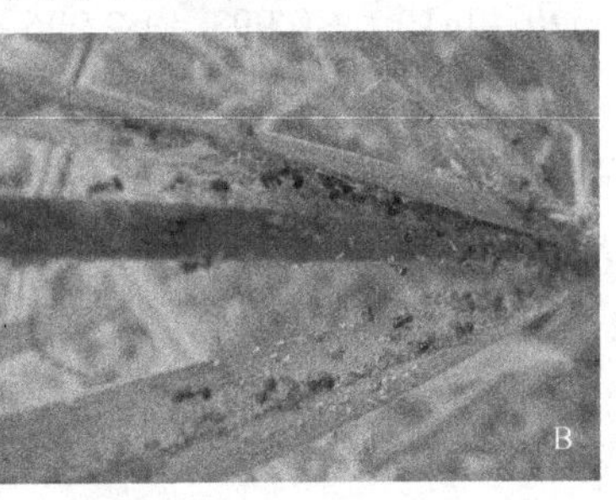

图 10-3　一定时期内大致符合连续增长模型的生物示例

A. 叶子背面的叶蝉；B. 植物上的蚜虫

由于种群持续增长，这时就不能以世代净增值率（$R_0$）来表示，而只能用瞬时增长率（$r$）来表示，其值为出生率（$b$）与死亡率（$d$）差值，即瞬时增长率 $r=b-d$。

假定在某一瞬间，种群的数量改变为 $\mathrm{d}N/\mathrm{d}t$，那么其值就可表示为：

$$\mathrm{d}N/\mathrm{d}t=(b-d)N \rightarrow \mathrm{d}N/\mathrm{d}t=rN$$

上式是微分式，其积分式为：$N_t=N_0\mathrm{e}^{rt}$（e 为自然对数底，其值约等于 2.718）。

如果以种群大小（$N_t$）对时间（$t$）作种群增长的曲线，可见其呈“J”型（图 10-4），曲线是陡是缓取决于 $r$ 值的大小。

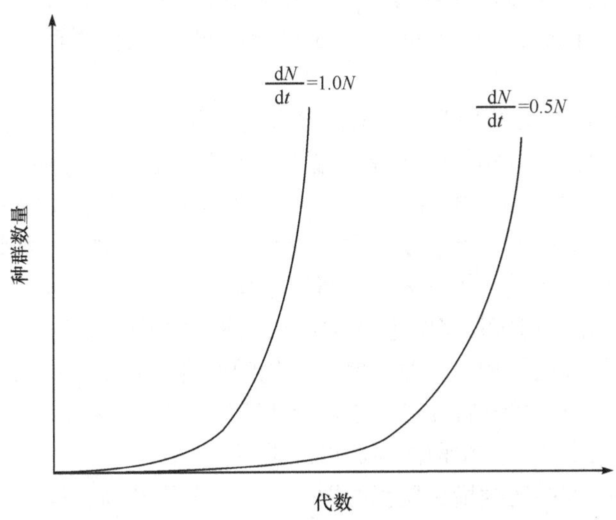


图 10-4　种群连续增长模型中的种群数量与代数的关系

将积分式取自然对数后得：

$$\ln N_t=\ln N_0+tr$$

同样，对于特定种群，其 $N_0$ 和 $r$ 都是恒定的，因此种群增长的倍数与时间也呈线形关系。

由于 $r=(b-d)$=出生率—死亡率，因此当 $r>0$ 时，种群上升（增长）；$r=0$ 时，种群稳定；$r<0$ 时，种群下降（衰退）；$r=-\infty$，种群灭亡。

**例 1** 如果 $r=0.993$，$N_0=10$，种群倍增（即种群数量增至原来的 2 倍）时间是多少？

**解** $N_t=N_0\,e^{rt}=10e^{0.993t}$，根据要求是求出当种群数量达到 20 时的时间，故：

$$t=(\ln 20-\ln 10)\div 0.993=(2.996-2.302)\div 0.993=0.698\text{（年或世代）}$$

**例 2** 假设初始种群数量为 100，$r$ 为 0.5，则以后 3 年的数量分别为多少？

**解** 由 $N_t=N_0e^{rt}$ 得，$N_1=N_0e^{1\times0.5}=100\times e^{0.5}=165$，$N_2=N_0e^{2\times0.5}=100\times e^{1}=272$，$N_3=N_0e^{3\times0.5}=100\times e^{1.5}=448$

**例 3** 我国人口在 1949 年时为 5.4 亿，到 1978 年时达到 9.5 亿。求在这 29 年中我国人口的增长率 $r$ 为多少？何时我国人口会达到 1949 年时的 2 倍？

**解** 由 $\ln N_t=\ln N_0+tr$ 得 $\ln 9.5=\ln 5.4+29r$，求得 $r$ 为 0.0195（每百人增加 1.95 人）。

由 $\ln N_t=\ln N_0+tr$，得 $\ln 10.8=\ln 5.4+t\times 0.0195$，求得 $t$ 为约 35 年，距离 1978 年还有 6 年。

## 三、与密度有关的种群连续增长模型

上述的两种种群增长模型都假定种群增长不受密度影响，即个体之间基本互不干扰，对资源和空间不存在竞争和抢夺。而在自然中，这些情况不太容易发生，个体之间或多或少都会有影响，即种群增长往往与密度有关。描述这种情况的最出色模型是与密度有关的种群连续增长模型（density-dependent continuous growth model），或称逻辑斯谛增长模型（Logistic growth model）。

为简便起见，与密度有关的种群连续增长模型假设有以下前提：①有一个环境容纳量（通常以 $K$ 表示），即环境对特定种群有一个容纳极限，当到达这一极限时，即当 $N_t=K$ 时，种群为零增长，$dN/dt=0$，种群数量不再增加。且这一环境容量对特定生物来讲始终是不变的，即不随季节或气候的改变而改变。②假定种群的密度影响是按比例的，即每增加一个个体就产生 $1/K$ 的抑制影响。换句话说，假设某一空间仅能容纳 $K$ 个个体，每一个体利用了 $1/K$ 的空间，$N$ 个个体利用了 $N/K$ 的空间，而可供种群继续增长的“剩余空间”，就只有（$1-N/K$）了。且这种影响对所有个体都起作用。③密度制约作用随种群内新个体的出生就立即产生，即密度制约没有时滞作用。④种群中的所有个体都能够繁殖后代，且在它们出生后就可立即繁殖。⑤种群没有迁入和迁出个体。其中前两项假设最重要。

描述与密度有关的种群连续增长模型的微分方程为逻辑斯谛方程（Logistic equation），其式为：

$$dN/dt=rN(1-N/K)$$

式中，$dN/dt$ 表示实际种群瞬间的数量或密度改变量（可以用 $C_n=C_{nature}$ 表示，与种群本身所具有的增长率（$r$）有所不同，后者是种群本身的特性，而前者是实际的效果）。在从开始增长到种群数量达到 $K$ 值过程中，由于系数 $N$ 在变大，但（$1-N/K$）一直在变小，所以在开始时，种群的数量或密度改变量或增加量是逐渐变大的；当 $N$ 达到或接近 $K/2$ 时，改变量达到最大；超过这一时期以后，由于（$1-N/K$）变得很小，种群数量改变就很小并越来越小；当 $N$ 达到 $K$ 时，种群数量不再改变。如果用种群瞬间的数量或密度改变量（$dN/dt$）对时间（$t$）作图就得到如图 10-5 所示的曲线。

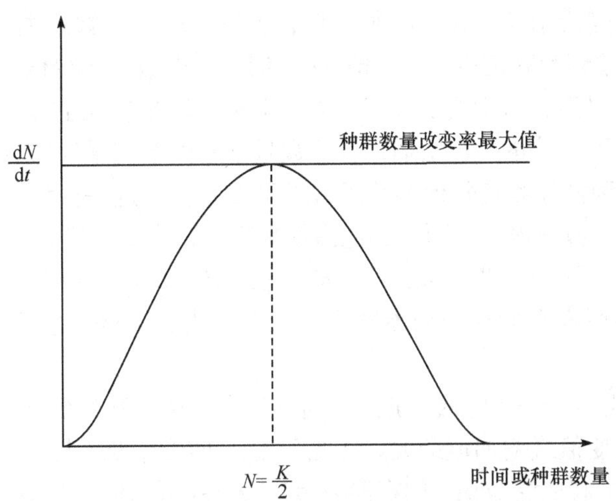


图 10-5　与密度有关的种群连续增长模型中的种群瞬间数量或密度改变量（$dN/dt$）随时间（$t$）的变化

将逻辑斯谛方程微分式变成积分式后，得到：

$$N_t=K/(1+e^{a-rt})$$

式中，$N_t$ 表示种群数量。以它对时间作图就得到“S”型曲线（图 10-6）。

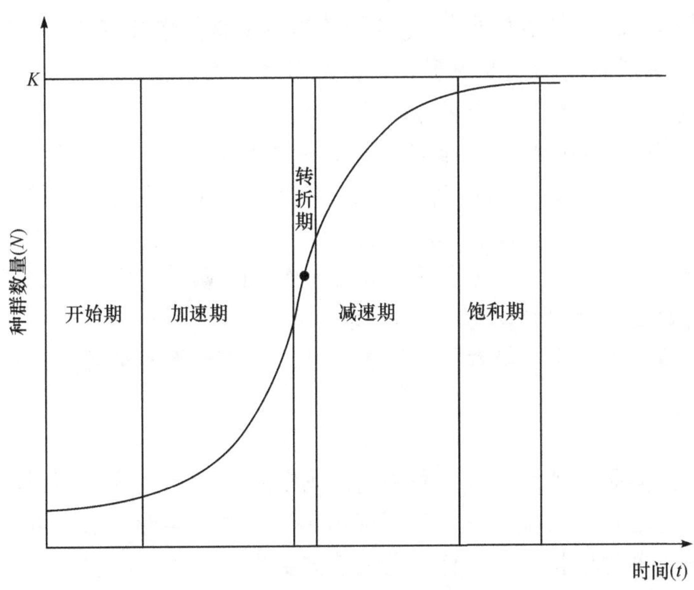


图 10-6　与密度有关的种群连续增长模型中的种群数量（$N_t$）随时间（$t$）变化的“S”型曲线及其不同时期

从曲线可以看出，在种群增长早期阶段，种群数量 $N$ 很小，$N/K$ 也很小，因此 $1-N/K$ 接近于 1，所以抑制效应可以忽略不计，种群增长实质上为 $rN$，呈几何增长，种群数量上升很快。然而，当 $N$ 变大时，抑制效应增加，直到当 $N=K$ 时，$1-(N/K)$ 变成了 $(1-K/K)=0$，这时种群的增长为零，种群达到了一个稳定的大小不变的平衡状态，种群数量不再改变。

逻辑斯谛种群增长曲线常划分为 5 个时期（图 10-6）：①开始期，也可称潜伏期，种群个体数很少，数量改变或增长缓慢；②加速期，种群中的个体数增加，密度增长逐渐加快；③转折期，当个体数达到饱和密度一半（即 $K/2$）时，种群数量改变值或增加值最大；④减速期，个体数超过 $K/2$ 以后，密度增长逐渐变慢，但种群数量仍在上升；⑤饱和期，种群个体数达到 $K$ 值而饱和，种群数量不再增加，种群数量或密度改变量为零。

从与密度有关的种群连续增长模型前提假设可以看出，这一模型对小型生物（细菌、单细胞动物如草履虫等）拟合很好，而对其他高等生物的拟合不一定完美。

逻辑斯谛方程中有两个重要参数：$r$ 与 $K$。它们都是特定生物自然属性的一部分。在自然条件下，不同生物所拥有的这两项参数可能相差极大，表现出它们对自然的适应方式截然不同。

从逻辑斯谛方程还可以看出，转折期中，当种群中的个体数达到其环境饱和度一半时（即 $K/2$ 时），种群数量改变值或增加值最大。在此阶段，种群增加最大，如果有损伤，最容易恢复。这一规律在生产中有广泛应用，如在渔业生产中，就可以使种群数量一直保持在 $K/2$，即获得最大的持续捕捞量 $d(K/2)/dt = rK/4$。

## 本章小结

在自然界中，任何生物都要不断繁殖后代、扩大种群、增加数量。其模式和过程除受生物本身的特点影响外，还受到环境条件如营养物质、空间大小等因素的制约。因而生物的增长模式呈现出多样的特点。然而，就其基本类型而言，主要有 3 种：离散增长模型（几何增长模型，不受密度制约，世代不重叠）、连续增长模型（指数增长模型，世代重叠，不受密度制约），与密度有关的种群连续增长模型（受密度制约，世代重叠）。

逻辑斯谛（Logistic）方程可以描述与密度有关的种群连续增长模型。它有以下前提假设：①环境对特定种群有一个容纳极限，即 $K$ 值；②种群的密度影响是按比例的，即每增加一个个体就产生 $1/K$ 的抑制影响；③密度制约作用没有时滞；④种群中的所有个体都能够繁殖后代，且在它们出生后就可立即繁殖；⑤种群没有迁入和迁出个体。其中前两项假设最重要。

逻辑斯谛微分方程和积分方程分别为：$dN/dt=rN(1-N/K)$，$N_t=K/(1+e^{a-rt})$。遵守逻辑斯谛增长模型的种群数量对时间作图得到“S”型曲线，它可分为 5 个时期：开始期、加速期、转折期、减速期和饱和期。当种群数量达到 $K/2$ 时，种群数量的瞬间增长量最大。

## 本章重点

种群增长模型尤其是与密度有关的种群连续增长模型及描述它的逻辑斯谛方程是生态学的最核心内容之一。它们的前提假设、适用范围、方程的数学形式及参数都极为重要。种群数量及种群数量变化率的增长模式、特点也是最重要的内容之一。

## 思考题

1. 说说用数学模型来拟合自然现象的优点和缺点。

2. 离散增长模型、连续增长模型、与密度有关的种群连续增长模型各自适用的范围及数学形式为何？各举一实例说明。

3. “S”型种群增长曲线可以分为哪几个时期，为什么？

4. “S”型种群增长曲线的转折点在何处？是什么原因？

5. 种群数量及种群数量变化率的区别与联系如何？

6. 逻辑斯谛方程中的 $K$ 代表什么？如何理解？

7. 在自然种群中，一般不会出现典型的逻辑斯谛增长模型式的数量变化，为什么？

8. 在自然种群增长时，其数量会否出现超过 $K$ 值的情况？为什么？

9. 如果要修改逻辑斯谛方程中的参数以使其适用于不受密度制约的连续增长模型，如何进行？

10. 如果要修改不受密度制约的连续增长模型以使其适用于周期性变动的自然种群数量变化模型，如何进行？引入什么参数？

## 附：逻辑斯谛（Logistic）积分方程的推导

由 $\dfrac{dN}{dt}=rN\left(\dfrac{K-N}{K}\right)$ 分离变量并积分得：

$$t=\int\frac{K}{rN(K-N)}dN=\int\frac{1}{r}\left(\frac{1}{N}+\frac{1}{K-N}\right)dN=\frac{1}{r}[\ln|N|-\ln|K-N|]+C$$

因为 $0<N<K$，于是：

$$t=\frac{1}{r}\ln\frac{N}{K-N}+C$$

由 $C$ 初始条件

$$N|_{t=0}=N_0$$

得

$$C=\frac{1}{r}\ln\frac{N_0}{K-N_0}$$

于是

$$t=\frac{1}{r}\ln\frac{N}{K-N}\frac{K-N_0}{N_0}$$

整理得

$$N=\frac{K}{1+\dfrac{K-N_0}{N_0}e^{-rt}}$$

转变后得

$$N_t=K/（1+e^{a-rt}）$$

# 11

# 第十一章　自然种群数量变动

在自然状况下，种群数量变动的实际情况是多种多样的。在增长模式上，不同生物的增长模式也是不一样的，可能兼具第 10 章中所述几种模型的特点。在一个稳定的环境中，种群往往是比较稳定的。在不稳定的环境中，种群数量可能会剧烈波动。如果环境持续恶化，受环境影响较大的生物就可能出现衰落甚至灭绝。在周期性变化的环境中，种群数量也可能表现出周期性变化。Davidson 和 Andrewartha( 1948a, 1948b )报道他们对一种蓟马 *Thrips imaginis* 的种群数量变动进行过长期观察。结果显示，在很多年份它们的数量增长模式比较符合逻辑斯谛方程的预测，但它们的数量变动受气候等环境因子影响极大，其增长模型可能兼具多种模型的特点。在环境条件较好的年份，其数量增加迅速，直到繁殖结束时增加突然停止，表现出“J”型增长；但在环境条件不好的年份则呈“S”型增长。对比各年增长曲线，可以见到许多中间过渡型。

## 一、自然种群的数量变动规律

自然种群的数量在一年之内随季节变动会发生与之相关的变动，这称为季节消长。自然种群在自然条件下长期内（很多年中）数量也会发生变动，这称为年间变动。

### （一）季节消长

不同生物种群数量在不同季节中可能表现出很大不同。对于一年生的植物和动物来说，这种变动显得十分明显。这方面的例子极多，如姚士桐等（2008）对黄曲条跳甲 *Phyllotreta striolata* 的自然种群进行过调查和观察，发现其随季节变动明显（图 11-1）。

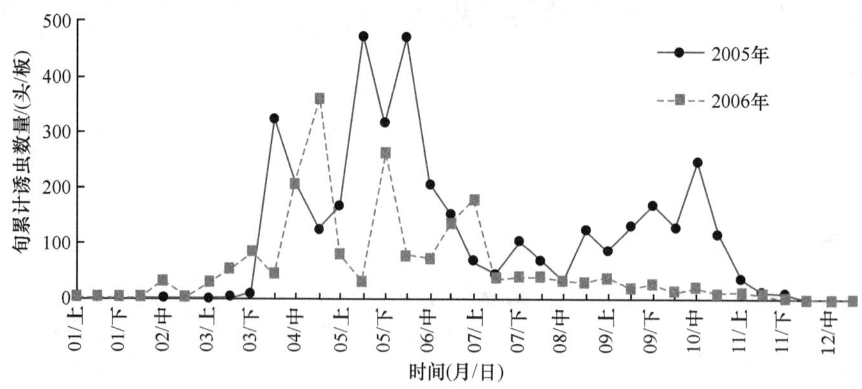


图 11-1　黄曲条跳甲成虫田间自然种群消长规律（引自姚士桐等，2008）

丁岩钦（1964）以陕西关中棉区的绿盲蝽 *Lygocoris lucorum*、苜蓿盲蝽 *Adelphocoris lineolatus*、三点盲蝽 *Adelphocoris fasiaticollis* 和中黑盲蝽 *Adelphocoris suturalis* 为对象，进行了 8 年的田间观察。结果显示，盲蝽混合种群的消长曲线是受蕾铃期间降水量与降水期的影响，根据降水量与降水期的不同，其曲线变动可分为 4 个波动型，即前峰型、中峰型、后峰型与双峰型。峰型不同即表示该年的旱涝分布与棉株受害程度与阶段的不同。前峰型属前涝后旱型，亦即蕾期为害型；后峰型属前旱后涝型，亦即铃期为害型；双峰型属涝年型，亦即蕾铃两期为害型；而中峰型则属旱年型，亦即蕾铃两期受害均轻型。

杨春文等（1996）对黑龙江省镜泊湖林区的棕背鼠 *Clethrionomys rufocanus* 数量在 1975～1990 年间的变化做过分析，结果表明，棕背鼠的季节性变化明显，春季数量最低，在原始针阔混交林中 7 月份达到全年数量高峰，在人工落叶松林中，9 月份才达到数量高峰。

### （二）年际变动

朱光峰和徐荣（2004）对宁波 3 种主要蚊虫中华按蚊 *Anopheles hyrcanus sinensis*、淡色库蚊 *Culex pipiens pallens* 和三带喙库蚊 *Culex tritaeniorhynchus* 的种群数量在 1999～2002 年间的变动进行过调查，结果表明它们在各年中随季节消长明显，但在各年中间变动不大。汪祖国等（2002）1992～2002 年间对上海地区小麦田中禾本科杂草和阔叶类杂草在自然条件下的发生量进行定田、定期系统观测。结果表明，麦田禾本科杂草和阔叶类杂草发生量年际变化趋势相反，1998 年前杂草种群的消长变化和杂草主要发生期与温度变化密切相关；1998 年以后，禾本科杂草成为优势种群，其发生量呈高位波动上升；阔叶类杂草发生量在低位小幅波动（图 11-2）。

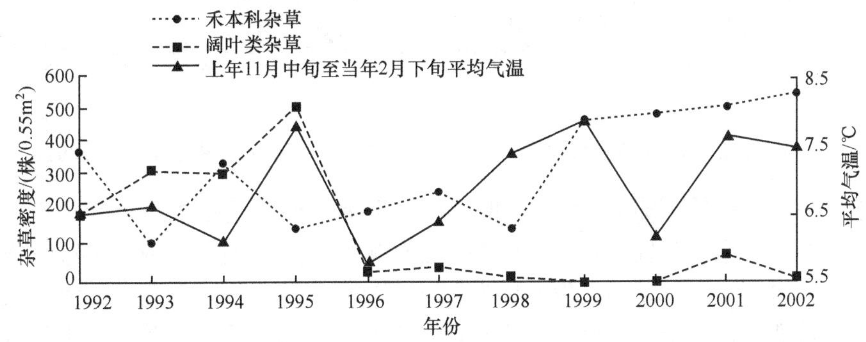


图 11-2　上海地区 1992～2002 年间麦田禾本科和阔叶类杂草发生量年际变化（引自汪祖国等，2002）

### （三）种群数量在不同年间的不规则波动

秦姣和施大钊（2008）依据 1983～2004 年对布氏田鼠 *Lasiopodomys brandti* 采取捕尽法或标志重捕法获得的调查资料，指出该鼠在植物生长期的种群波动特征为不同密度年度间增长幅度差异显著，其高密度年份的增长率为 137.39%，低于其他密度年份的 206.63%。

Getz（2005）总结了橙腹田鼠 *Microtus ochrogaster* 和草原田鼠 *Microtus pennsylvanicus* 25 年的种群统计学研究。结果显示两种田鼠的数量在不同年间的波动均具有不稳定性。两种田鼠存活数量的变化是由特定年份是否发生波动及波动峰值出现的时间决定。橙腹田鼠种群停止增长的原因是存活数量降低，而草原田鼠则是繁殖活动减少。据推测，与种群波动初始密度相关的种群死亡率的差异是由捕食者决定的，特定年份田鼠种群捕食压力的不确定性导致了橙腹田鼠和草原田鼠种群波动的不稳定性（图 11-3）。

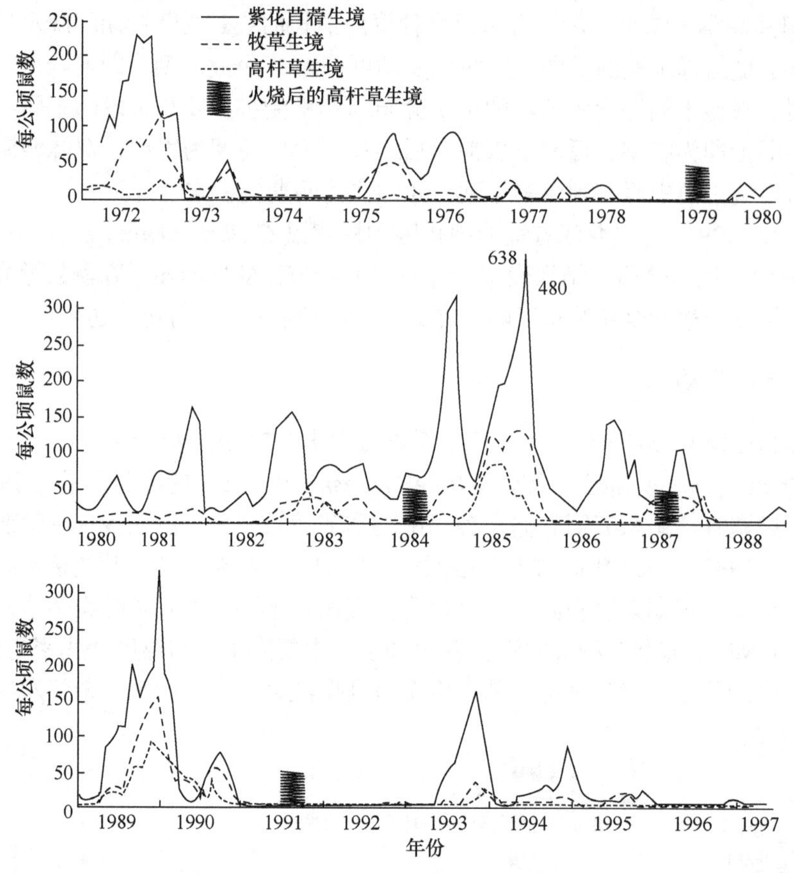


图 11-3　橙腹田鼠 1972～1997 年间在 4 种生境中的密度变化（引自 Getz，2005）

马世骏（1965）根据我国绵长而不间断的历史记录，探讨过大约 1000 年中有关东亚飞蝗危害和气象资料的关系，明确了东亚飞蝗在我国的大发生没有周期性现象（过去曾认为是有周期性的），同时还指出干旱是大发生的原因。通过分析还明确了黄河、淮河等大河三角洲的湿生草地，若遇到连年干旱，使土壤中蝗卵的存活率提高，是造成其大发生的原因。但旱涝灾害与飞蝗大发生之间的关系还因地而异，据此，他将我国蝗区分为 4 类，并分区提出预测大发生指标。

### （四）种群数量在不同年间的周期性波动

Boonstra 等（1998）总结分析了一些小型哺乳动物（如田鼠、旅鼠、雪兔等）种群数量的周期性波动情况。田鼠和旅鼠的波动周期为 3～5 年，而美洲兔 *Lepus americanus* 种群的数量变动周期为 9～11 年。美洲兔的天敌为加拿大猞猁 *Lynx canadensis*，它们之间的数量变动呈现相关性（King & Schaffer，2001）（图 13-8）。

杨春文等（1996）报道黑龙江省镜泊湖林区的棕背鼠 *Clethrionomys rufocanus* 数量在 1975～1990 的 15 年间曾出现过 5 次数量高峰年，表现出 3 年或 4 年出现一次数量高峰年的周期性变动规律。Hansen 等（1999）分析了芬兰的棕背鼠 44 年的资料，也认为它们的数量变动为周期性的（图 11-4）。

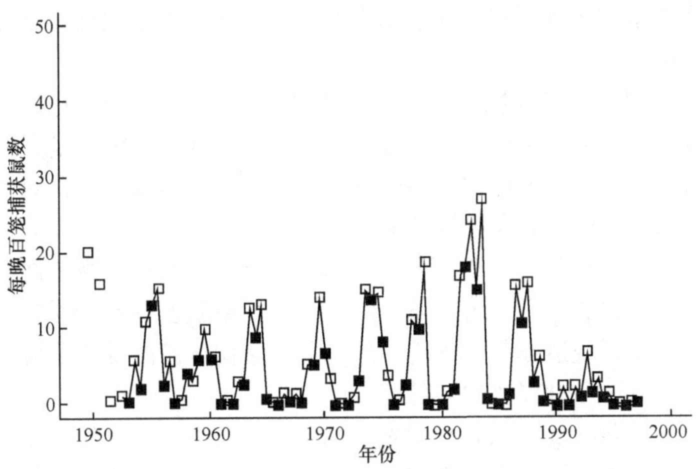


图 11-4　棕背鼠 44 年的数量变动状况（引自 Hansen 等，1999）

## 二、种群的暴发

具不规则或无周期性波动的生物都可能出现种群的暴发，即一些生物种群在相对短的时间内发展出极大的数量，并往往对环境造成危害和影响。这往往发生在个体小、繁殖快的物种及气候异常或环境单一的生态系统中。这方面最闻名的例子有害虫（如稻飞虱、蚜虫、蝗虫）和害鼠及有害植物等（表 11-1）。

**表 11-1　历史文献中关于蝗灾的记录举例**（引自张学珍等，2007）

| 年份 | 记录 | 出处 |
|---|---|---|
| 1593 | 飞蝗蔽天 | 利津县志卷十·杂记 |
| 1640 | 自春至秋无雨，蝗杀稼殆尽，人相食 | 福山县志卷一 |
| 1795 | 商河秋蝗伤稼 | 武定府志 |
| 1835 | 六月初五日，有飞蝗蔽野，食禾寿 | 张县志卷十 |
| 1928 | 夏五月，蝗蝻生，田禾食尽续修 | 曲阜县志卷二·灾祥 |
| 1512 | 武定飞蝗蔽天 | 武定府志 |
| 1636 | 秋，七月蝗，大饥，斗粟千钱，疫病大作 | 登州府志 |
| 1763 | 东昌府秋蝗 | 东昌府志 |
| 1759 | 夏，闰六月蝗 | 泰安府志卷二十九 |
| 1473 | 八月，山东旱蝗继水，民饥 | 齐河县志 |
| 1615 | 七月，山东蝗 | 无棣县志卷十六 |
| 1929 | 清平、金乡、恩县、陵县、武城、寿光、黄县、掖县、堂邑等 30 余县发生蝗灾 | |

2007 年 5 月 29 日开始，江苏省无锡市城区的自来水水质突然发生变化，伴有难闻气味，无法正常饮用。其主要原因就是太湖蓝藻暴发使水质恶化。此次事件的直接原因是连续高温

高热，导致太湖蓝藻在短期内积聚暴发，水源水质恶化，最终城区出现大范围自来水发臭现象。根本原因是太湖水质污染严重，导致湖水水质富营养化程度加剧，而这却恰恰促使了蓝藻大量繁殖（图 10-1B）。

赤潮（red tide）是在一定环境条件下，海洋中某些微生物（浮游植物、原生动物或细菌等）短时间内暴发性繁殖或高密度聚集，在单位水体中达到一定生物量且引起水色异常的一种现象。海洋如果发生污染，海洋中很多生物会受到极大影响或消亡，即如果吃食这些微生物的生物不复存在后，它们可能大规模暴发。

槐叶苹 *Salvinia molesta* 原产于巴西的东南部，后来发现在世界多个地方出现，美洲、大洋洲、亚洲及非洲都有它的踪影（图 11-5A）。由于繁殖迅速，能快速扩散，会对水路交通、灌溉和渔业及水生生态系统造成严重危害。后来科学家们从巴西找到和培养专食槐叶苹的象鼻虫 *Cyrtobagous salviniae* 来控制它的疯长。

水葫芦 *Eichhornia crassipes* 又称凤眼莲、凤眼兰（蓝）、假水仙、洋水仙、水（生）风信子、水荷花、布袋莲等，原产于巴西东北部，现广泛分布于北美、亚洲、大洋洲和非洲等地。大约于 1901 年，凤眼莲作为花卉从日本引入到中国台湾，20 世纪 50 年代作为畜禽饲料引入中国大陆，并作为观赏和净化水质植物推广种植，后逸为野生。现广泛分布于辽宁南部、华北、华东、华中和华南 19 个省（自治区、直辖市），在长江流域及其以南地区泛滥成灾（汪凤娣，2003）。近年来，内河内湖的营养化水体使其生长速度近乎疯狂，又因为长期无人打捞而腐败变臭污染了水质，成为一大公害（图 11-5B）。该草已在我国南方 17 个省份泛滥成灾，是目前世界上危害最严重的多年生水生杂草之一。它侵占水库、湖泊，堵塞河道、灌渠，为蚊蝇的滋生、繁殖提供良好的环境，严重危害农业发展、水上运输和人类健康。水葫芦导致生态破坏和生物污染：生长难以控制，对生态系统造成不可逆转的破坏，大量水生动植物死亡；导致生物多样性的丧失、生态灾害频发，给农业和林业造成严重的损失。著名的例子有：浙江省温州市的水葫芦发生面积达 2 万 $hm^2$ 以上，水域覆盖面积超过 2/3。1999 年温州市全市动员打捞水葫芦，总投入 1000 万元人民币；在云南滇池水葫芦的覆盖面积曾达 1000$hm^2$ 以上，为迎接世博会耗费了巨资治理滇池，但滇池外海的防治效果并不理想，仍有逐年扩大的趋势。昆明市政府每年投资 50 万～80 万元用于人工打捞滇池的水葫芦；福建省福州市于 1994 年曾经动用部队人工打捞水葫芦，但效果仍不理想。实践证明，人工打捞难以彻底清除水葫芦，而且容易造成二次污染。我国台湾水葫芦发生危害的河道和排水渠达 476 条，面积约 611$hm^2$（江洪涛和张红梅，2003）。从 1975 年至今，珠江水域水葫芦每十年就增长十倍，1975 年平均每天只捞到 0.5t 水葫芦，1985 年为 5t，1995 年为 50t，而 2003 年左右平均每天接近 500t！我国广东、云南、浙江、福建等地每年都要人工打捞水葫芦，仅浙江温州和福建

扫一扫看彩图

图 11-5　槐叶苹（A）和水葫芦（B）长满水面

莆田 1999 年的人工打捞费用就分别为 1000 万元和 5000 万元，全国总费用至少超亿元（李斌等，2003）。

## 三、种群平衡

种群数量变动取决于迁出率、迁入率、出生率及死亡率 4 个因素的变化。在自然条件下，由于多种因子（如气候、食物、天敌等）的综合作用，且在长期的进化过程中，不同的生物采取不同的适应策略和模式以有利于自身的发展和繁衍，并与环境协调一致，从数量上看，很多种群在长期内都保持一个动态的平衡状态。就是说，种群中的成员在不断更新之中，种群往往围绕着一个平均密度而存在。这种情况在一些大型动物及有花植物中更易见到，如非洲象、羚牛、非洲狮等。它们往往繁殖较少较大后代但幼体成活率较高。

## 四、种群的衰亡

在自然选择下不适应改变了的环境，生物种群数量会出现持久性下降，即种群衰落，甚至灭亡。在现代，往往由于人类对野生动植物的过度捕猎、采集或破坏其栖息地，很多生物已经或面临着种群衰亡或灭绝。例如，长江是我国第一大河，充足的水资源和优越的自然环境孕育了丰富的水生生物资源。有记载的长江水生生物有 1100 多种，其中鱼类 370 多种、底栖动物 220 多种和水生植物上百种。长江还拥有许多特有、珍稀鱼类和野生保护动物。我国淡水一级保护水生野生动物共有 6 种，其中 4 种都生活在长江。长江是我国重要的水生生物基因宝库和我国生物多样性最具典型性的生态河流之一。但因开发过度、利用过度、污染过度，长江水域生态环境受到破坏，长江水生生物链中上端、中端、下端的各物种资源正处于全面衰退之中。有“水中大熊猫”之称的白鳍豚处于极度濒危状态；“淡水鱼之王”白鲟已经难觅其踪；闻名遐迩的长江鲥鱼更是绝迹多年；“水中活化石”中华鲟的数量也急剧下降，并有继续减少的趋势；久负盛名的“四大家鱼”——青鱼、草鱼、鲢鱼、鳙鱼的鱼苗发生量也自 2003 年开始锐减，2004～2006 年的平均鱼苗发生量仅为 2003 年前的 10%。

### （一）物种灭绝

当我们看到如大熊猫、白鳍豚、朱鹮、老虎、麋鹿这些动物的时候，往往紧接着还会想到它们是如何珍稀、如何稀少。这说明它们都是十分濒危的动物，甚至有可能灭绝的生物。有记载以来，已确认灭绝的生物有很多。生物灭绝最可能的原因是竞争失败，或者说生物已不适应环境的变化而被淘汰。直接原因主要有生境片段化、种群数目太小、本身太特化等。

### （二）大灭绝

地质历史上曾发生若干次大灭绝事件，其中最大型的有 5 次（表 11-2）。其中以晚二叠纪的灭绝事件最宏大，差不多有一半的海洋生物科消失了，如以属或种来计，则更为严重，占总数 83%的属和 96%的种灭绝了。

关于大灭绝的原因，有多种假说，其中主要有星球碰撞说、周期性灾变说、突发性灾变说及环境改变说。其中，晚二叠纪的灭绝事件据认为很有可能是由小行星撞击地球造成的，撞击地点可能就是今天墨西哥尤坎坦半岛附近，而环境改变（如空气中氧气含量上升、二氧化碳含量下降）可能是长期性、决定性的因素。

表 11-2 地质历史记载的五次大灭绝事件（引自张昀，1998）

| 大灭绝事件 | 距今年代/百万年 | 绝灭的海洋动物科的比例/% |
|---|---|---|
| 晚奥陶纪 | 439～440 | 22 |
| 晚泥盆纪 | 360～380 | 21 |
| 晚二叠纪 | 220～230 | 50 |
| 晚三叠纪 | 175～190 | 20 |
| 晚白垩纪 | 60～65 | 15 |

## 五、生态入侵

由于人类有意识或无意识地把某种生物带入适宜其栖息和繁衍的地区，该生物种群不断扩大，分布区逐步稳定地扩展，这种过程称为生态入侵（ecological invasion）。

何丹军和严继宁（2007）对我国外来入侵生物的现状及其预防进行过综述。根据他们的报道，全球因生物入侵造成的经济损失高达数千亿美元。目前入侵我国的外来生物有 400 多种，其中危害较大的有 100 余种，在世界自然保护联盟公布的全球 100 种最具威胁的外来物种中，我国就有 50 余种，每年造成的经济损失至少有 1000 亿元人民币。最新研究表明，在全世界濒危物种名录的植物中，有 35%～46%是由外来生物入侵引起的。近十年来，新入侵我国的外来生物平均每年递增 1～2 种。我国已经成为遭受外来入侵生物危害最严重的国家之一。我国对外来入侵物种的调查始于 20 世纪 90 年代中期，2000 年调查发现，我国外来杂草有 108 种，隶属 23 科 76 属，其中被认为是全国性或是地区性的有 15 种。严重危害我国农业和林业的外来动物有 40 种左右，包括美国白蛾、松突圆蚧、湿地松粉蚧、稻象甲、斑潜蝇、松材线虫、蔗扁蛾、苹果棉蚜、葡萄根瘤蚜、二斑叶螨、马铃薯甲虫、橘小实蝇、白蚁、红脂大小蠹等昆虫，福寿螺和非洲大蜗牛等软体动物，原产于北美洲的麝鼠，原产于前苏联的松鼠、褐家鼠和黄胸鼠，原产南美洲的獭狸等脊椎动物。对农业危害较大的外来微生物有 11 种，包括水稻细菌性条斑病、玉米霜霉病、马铃薯癌肿病、大豆疫病、棉花黄萎病、柑橘黄龙病、柑橘溃疡病、木薯细菌性枯萎病、烟草环斑病毒病、番茄溃疡病和鳞球茎线虫。其中，最著名的入侵生物有：美国白蛾 *Hyphantria cunea*、松材线虫 *Bursaphelenchus xylophilus*、蔗扁蛾 *Opogona sacchari*、红棕象甲 *Rhynchophorus ferrugineus*、湿地松粉蚧 *Oracella acuta*、日本松干蚧 *Matsucoccus matsumurae*、加拿大一枝黄花 *Solidago canadensis*、紫茎泽兰 *Eupatoriu madenophorum*、飞机草 *Chromolaena odorata*、凤眼莲 *Eichhornia crassipes* 和互花米草 *Spartina alterniflora* 等（图 11-6）。

## 六、种群调节

在自然状况下，有些生物的种群数量会呈现出一定程度的有规律的周期性变动。Elton（1924）注意到，一些鸟类和哺乳动物的种群数量变动有一定的周期性，并提出了其主要是受气候因素的影响。然而，对于调节自然种群数量的因素或主要原因，各家却众说纷纭，莫衷一是，到目前为止，至少提出过 22 种假说来解释或说明种群的数量变动原因，如捕食假说（predation hypothesis）、自我调节假说（self-regulation hypothesis）、食物假说（food hypothesis）、复合因子假说（multi-factorial hypothesis）、多态行为假说（polymorphic behavior hypothesis）

图 11-6　4 种常见入侵生物
A. 非洲大蜗牛；B. 克氏螯虾；C. 加拿大一枝黄花；D. 紫茎泽兰

或 Chitty 假说（the chitty Hypothesis）、社会生物学假说（social biology hypothesis）、远交假说（out-breeding hypothesis）、衰老-母体效应假说（senescence-maternal effect hypothesis）、应激假说（stress hypothesis）、衰老假说（senescence hypothesis）、营养物恢复假说（nutrient recovery hypothesis）、行为假说（behavior hypothesis）等。张志强和王德华（2004）分析认为，这些理论的提出和发展大致经历了 3 个阶段。第 1 阶段从 19 世纪 20 年代到 20 世纪 50 年代，人们开始认识到种群数量变动具有周期性并试图解释之。这一阶段主要强调外部因素的作用，以对自然种群的宏观描述和直观分析为主，积累了一些鼠类数量周期性波动的例证。第 2 阶段从 20 世纪 50 年代初至 90 年代末，在此期间，实验种群的研究和实验方法的应用受到了学者的重视，提出了一系列解释种群数量变动规律的内因性假说，如内分泌调节学说、遗传调节学说及行为-领域学说等，学者们试图从个体的生理、生化和遗传结构的变化来探讨种群动态的调节机制。第 3 阶段从 20 世纪 90 年代开始到现在，由于新技术和新方法的大量应用及交叉学科和边缘学科的相互渗透，小型哺乳动物种群数量波动及调节机制研究进入了一个全新的历史时期，以田鼠类、旅鼠类动物和美洲兔 *Lepus americanus* 为研究对象，学者们从不同层次和角度对种群调节理论进行了探讨，既有通过对长期积累资料的统计分析、解释和模型化，以预测种群未来动态方面的研究，也有深入到个体生理生化和分子水平的研究，以探究种群调节的分子机制。

关于种群调节的多种假说可以按强调因素的不同而分为两大类：强调种群外部因素的外源性种群调节理论和强调种群内部因素的内源性种群自动调节理论。

### （一）外源性种群调节理论

在自然界中，很多外部环境因子都能对种群的数量波动产生影响，如食物、捕食者、气候、种间竞争和寄生等。在此方面的假说主要有食物假说、捕食假说和复合因子假说。

1. 食物假说

根据张志强和王德华（2004）的综述，食物假说检验的因子包括：食物数量、食物质量和植物次生化合物。食物数量假说认为，食物可利用性的变化能引起种群数量变化，添加食物能增加种群的数量，而食物匮乏则导致种群数量下降或崩溃。例如，在我国伊春地区，棕背鼠 *Clethrionomys rufosanus* 每 3 年大发生一次，据认为与红松 *Pinus koraiensis* 的 3 年丰欠周期有关。但也有实验表明，对西岸田鼠 *Microtus townsendii* 种群添加食物，虽然个体体重增加，种群内繁殖个体比例加大，密度增高，但仍不能阻止它们与未添加食物的种群同步崩溃。在美洲兔低数量期对其种群添加人工食物，结果也没有产生任何反应。

食物质量假说认为，尽管食物数量很丰富，但如果缺乏营养元素，如氮、磷、钠、钾会阻止种群繁殖，引起种群内个体的死亡。黄腹田鼠 *Microtus ochrogaster* 种群在栖息地覆盖度最大时密度最低（高草草原），此时高质量食物的可利用性最差。在几种不同的栖息地类型内，通过高质量食物的可利用性能很好地预测根田鼠 *Microtus oeconomus* 和歌田鼠 *Microtus miurus* 的相对密度。显然，可利用食物的质量能强烈地影响不同栖息地内鼠类的丰度，至少会影响旅鼠类和田鼠类中的某些种类的数量波动。啮齿类可能在食物可利用性较高和覆盖度较低的地方取食更多。

植物次生化合物对动物有 3 种作用，即有毒、阻碍消化、抑制或刺激繁殖。在食物匮乏时，取食植物次生化合物可能对种群数量有调节作用。在一些田鼠类和旅鼠类种群的高峰期，由于植物对高强度取食压力的反应及起防御作用的次生化合物的产生，高峰期后的低数量期可能与食物质量的恶化有关。有研究发现，高强度取食诱导的蛋白酶抑制物在植物中含量高时，它们可能在种群的高峰期和衰减期影响欧旅鼠 *Lemmus lemmus* 的存活和繁殖。与之相反，Klemola 等发现黑田鼠 *Microtus agrestis* 种群的循环相位（增长与衰减）与其胰脏和肝脏大小无关（此前预测，在衰减期对蛋白酶抑制物高水平消费的动物，这些器官较重）。当田鼠类种群被引入曾有过高密度、经过度取食后的食物补充量逐渐变好的地区，结果未发现食物质量对种群统计学有负效应。

2. 捕食假说

捕食假说认为捕食可能决定了鼠类波动的振幅和周期，捕食一方面阻止种群急速增长，另一方面加速种群下降及保持低数量期。捕食者除了存在直接捕获猎物的效应外，还存在间接的作用，即通过间接致死效应对种群的数量能产生长期的影响。通常特化捕食者会导致种群数量的周期性波动，泛化捕食者能保持种群数量的稳定。一般认为，食肉兽比猛禽的捕食作用更大。支持捕食者能直接调节种群密度的证据主要来自芬诺斯坎底亚（芬兰、瑞典和挪威）地区的研究成果。该地区具有周期性的田鼠种群，被认为由特化捕食者，特别是鼬类来调节。Heikkil 等认为一些啮齿动物的同步波动明显是由捕食引起的。20 世纪 80 年代中期，在芬兰拉普兰的大部分地区黑田鼠是周期性波动的主要田鼠类之一，由于未知的原因，现已很少观察到它的周期，好像已经停止了；而作为主要捕食者之一的伶鼬，也已经很难见到了。有人认为，鼬类的消失可以解释为什么会发生此类现象。

3. 复合因子假说

由于单因子假说需要其他条件等同的假设，这很少符合自然界的实际情况，只有复合因子假说才能充分阐明各种因子的相对重要性。自 Lidicker 提出复合因子调节种群动态的模型以来，复合因子假说又可分为两派：一派以捕食和食物因子为主，有时还有气候因子的作用；

另一派以食物、捕食和社会行为为主。社会行为可能与食物资源有关，但关键是它能否将种群密度控制在食物和天敌所决定的最大环境容纳量之下。Krebs 对美洲兔的研究结果表明，在周期的高峰期和衰减期，预防捕食者或附加食物使其密度分别增加了 2 倍和 3 倍，既预防捕食者又附加食物则使其密度增加了 11 倍。营养增强加速了植物生长，但美洲兔的种群密度并不增加，食物和捕食一起具有更强的累加效应，这表明 3 个营养级的交互作用产生了美洲兔的周期。捕食、饥饿及社群压力依次作用可能导致了旅鼠种群的崩溃。

上述 3 个假说各有侧重，食物假说可能只在生存环境严酷的少数小型哺乳动物种群中作为调节因子起作用，对于大多数小型哺乳动物而言，更可能成为限制因子。捕食假说可以解释芬诺斯坎底亚地区某些种群的周期性波动现象，尤其是捕食的间接效应已引起了许多学者的关注，但仍有很多争论。对于复合因子假说，尽管工作是困难和艰巨的，花费也是巨大的，但所得结果却极有价值，将为找出种群周期性波动的规律提供一个合理而有效的途径。

4. 气候假说

该假说认为种群数量变动受气候所调节，其从来就没有足够的时间增殖到生境负荷量所允许的最大数量水平，因而并不导致关于食物的竞争。此观点建立在有关蓟马 *Thrips imagines* 种群的资料上（1922～1946 年收集）。蓟马种群在 11～12 月最大密度的决定条件是天气，而与竞争等生物因子关系不大，蓟马能迅速繁殖的时间不长，只在春季和初夏（4～6 月）。虽然蓟马繁殖很快，但蓟马所能利用的玫瑰花也很快地生长，而且常在蓟马达到花的负荷量以前增长的有利期就结束了。因此，该假说认为有利于蓟马增长的天气不够长是限制其增长的主要限制因素。

### （二）内源性的自动调节理论

内源性的自动调节理论按其强调点不同分为社会性交互作用调节学说（社会生物学假说）、病理效应学说（应激假说）和遗传调节学说（遗传调节假说）三派（张维和罗新泽，2004）。

1. 社会生物学假说

一些生态学家在对动物的社群行为研究后认为，社群行为是一种调节种群密度的机制。社群等级、领域性等社群行为可能是一种传递有关种群数量的行为，尤其是关于资源与数量关系的信息。通过这种社群行为，可以限制生境中的动物数量，使食物供应和场所在种群内得到合理分配，把剩余个体从适宜生境排挤出去，使种群密度维持稳定。

2. 应激假说

在某些啮齿类大发生后又激烈下降的过程中，并没有发现大规模流行的病原体，但却发现死亡了的老鼠具有下列共同特征：低血糖、肝脏萎缩、脂肪沉积、肾上腺肥大、淋巴组织退化等。因此有学者认为，当种群数量上升时，种内个体受到的压力（与种内其他个体为争夺食物、配偶、空间的竞争）将明显增加，从而加强了对中枢神经系统的刺激（主要影响脑下垂体和肾上腺的功能），引起了内分泌代谢的紊乱。这种生理上的变化使个体抵抗疾病和外界不利环境的能力降低，最终导致种群的死亡率增加。种群增长由于这些生理上的反馈机制而得到调节。

3. 遗传调节假说

遗传调节学说首先由 Ford（1931）提出。他认为当种群密度增加时，自然选择压力将松弛下来，结果是种群内的变异增加，许多遗传型较弱的个体也能存活下来。当条件回到正常的时候，这些低质量的个体由于自然选择压力的增加而被淘汰，于是种群数量下降，同时也就降低了种群内部的变异性。

这些假说只是强调的重点不同，没有孰优孰劣的问题，可能也适用于解释不同的生物种群数量变动模式。

## 本章小结

自然种群的增长形式极为多样。在较短时间内（如10年以内），可能会出现季节消长、年际规律性或不规律性变动、种群暴发等。在较长时间内（如10年以上），种群可能表现出平衡、衰退、周期性变动或非周期性变动、灭绝等。在当今世界，受生态入侵、生境变化等因素的影响，种群暴发与衰退甚至灭绝现象日益频繁和剧烈。

对于自然种群出现的有规律的、周期性的循环式增长模式，很多研究者进行过分析，提出过多种假说和解释。综合起来看，一类主要关注种群外部因素，如气候、食物、捕食等，另一类关注种群本身因素，如遗传、应激、社会性等。自然种群增长模式可能受多种因素的影响，其规律性和周期性案例仍然较少。故目前仍未有统一解释。

## 本章重点

自然种群的增长情况与数学模型有时是对应的，有时是不对应的。它们之间的区别和联系是本章重点。自然种群的增长模式、类别及其可能的原因，尤其是生态入侵、周期性变动、种群暴发等概念和实例等。

## 思考题

1. 自然种群的增长模式为什么会很多?
2. 什么是生态入侵？有哪些案例？后果有哪些?
3. 生态入侵可以防范吗？有哪些办法?
4. 为什么入侵生物往往会出现种群暴发情况？举例说明。
5. 生物的种群增长往往受生态因子的影响较大。请举例说明。
6. 有些生物（如细菌、蚜虫等）暴发很常见？为什么?
7. 种群周期性数量变化可能的原因有哪些?
8. 种群季节消长的可能原因是什么?
9. 历史上出现过多次生物灭绝案例。这正常吗?
10. 生物灭绝可能引起的后果有哪些?

# 12

# 第十二章 种内关系

种内关系（intraspecific relationship）是指存在于各种生物种群内部个体与个体之间的关系。由于种群是由多个个体组成，它们生活于同一时间和空间中，不可避免地要产生各种各样的相互关系和作用。根据个体之间作用的机制和影响，主要的种内关系可分为性别关系、竞争、相残、合作、领域性和社会等级等。

## 一、性别关系

性别关系是最重要的种内关系，表现得也特别多彩有趣。比如为什么会有性？或者说为什么大多数生物要采取有性生殖的方式繁衍后代？为什么常是两性而不是多性？性别是如何产生的？性别产生以后对生物的影响如何？雌雄两性在婚姻中的地位与角色如何？它们选择配偶的标准是什么？

### （一）性的意义

在自然界中，大多数的生物都是通过两性分异和配子融合的方式来繁殖后代的，或者说是有性繁殖的。

性的意义在于它增加了变异，提供了大量的遗传变异素材，从而能够提高种群的适应能力，复杂环境下尤其如此。例如，草履虫在环境较好时进行分裂生殖（无性繁殖），而环境较差时进行接合生殖（有性生殖）。蚜虫 *Drepanosiphum platanoides* 在春夏季进行孤雌生殖，而在冬天来临之前完成有性生殖过程，以卵越冬。法国的麦长管蚜 *Macrosiphum avenae* 专性孤雌生殖的种群大都限制在法国南部，而产生有性世代的种群通常出现在北部（高雪和刘向东，2008），这表明在环境较好时它们主要营孤雌生殖，而在环境恶劣时采取有性繁殖方式。这就像参加抽奖，单性生殖只是买了一张彩票，然后把它复印了许多次，复印得再多也不能增加中奖概率，而有性生殖却是买了许多不同号码的彩票，显然更有可能中奖（图 12-1）。

有性繁殖之所以能够提供大量遗传变异，其主要原因是有性繁殖带来了基因重组，基因重组带来了无穷无尽的变异。

为什么要有遗传变异才能适应环境？因为环境是一直在改变的，尤其是环境中的生物都是在不断进化的，如果你不进化，就可能被淘汰。通过在每一代改变基因，有性物种能更好地躲避敌害（如寄生虫和捕食者）的追捕。也就是说，为了能够生存，必须不断地更新自己的表现型和基因型。当然，相应地，寄生虫和捕食者也必须不断地进化。如果像单性生殖那样一成不变，原地踏步，就会被敌害追上，最终导致灭亡。这种解释被称为“红皇后”假说（red queen hypothesis）（van Valen，1973）或“赛跑”假说（arms race hypothesis）（Dawkins &

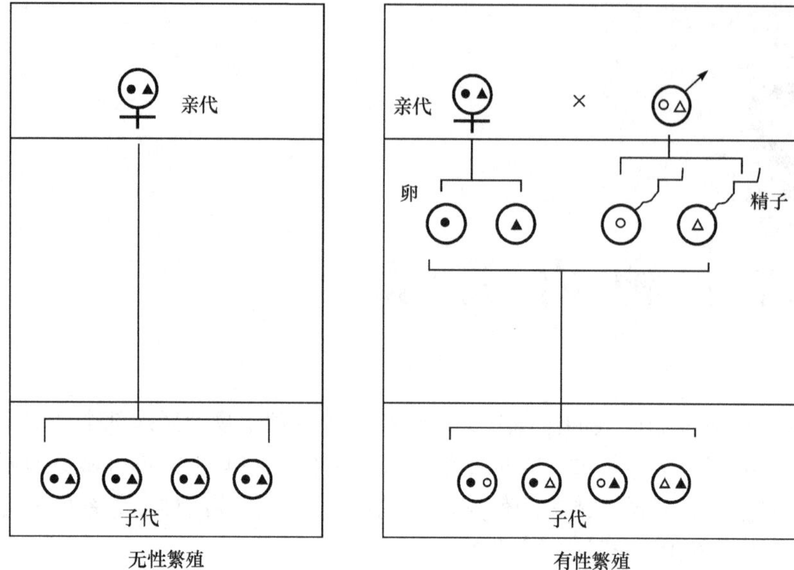


图 12-1　无性繁殖与有性繁殖的异同

无性繁殖只是无变化的复制，而有性繁殖可以产生更多的基因型

Krebs，1979)，源自于小说《镜子背后》中象棋红后 Red Queen 对 Alice 说的话："看，你拼命地奔跑也只能够停留在原地。" Hamilton 和 Orians（1965）对晚成鸟与巢内寄生虫之间关系的研究，Lively 等（1990）和 Moritz 等（1991）分别通过对有性生殖和无性生殖的鱼类和蜥蜴的研究，一定程度上证实了这个假说。他们都发现，有性生殖的后代要比无性生殖的后代更不容易感染寄生虫，而且变异越大越不容易感染。

当然，除了基因上的好处外，性的产生也带来了表型及生态上的好处，如异性个体可利用不同的生态位（如很多鸟类的雌雄个体可以生活在树木的不同高度；两种蝙蝠 *Myotis evotis* 和 *M. auriculus* 生活在不同地方时，各种的雌雄个体在食物上也有一定的分化）、雌雄分工并演化出多种哺育后代的方法（如企鹅父母轮流孵卵）、生活史复杂（如蜉蝣稚虫生活于水中而成虫到空中生活，从而减少了竞争；很多寄生虫的生活史中都有几个寄主）、竞争增加有利于减少极弱个体而使有害基因淘汰等。

性别的产生也给生物的生存带来一定的坏处和挑战，如性器官大而明显易暴露（如孔雀的尾巴、蛙的叫声、鹿的长角等在性选择时有利，但也容易被天敌发现）、求偶行为复杂耗能（如鸟类求偶炫耀中的舞蹈和欢叫、牛羊的打斗）、同性竞争激烈（争斗过程中对个体往往有伤害）、雌雄配子含遗传投资之半（而在无性繁殖过程中，母代能将自己的遗传物质百分之百地传承给后代）。

自然选择与性选择是共同作用的，一般认为性选择的方向（如雌性孔雀倾向于选择长尾的雄孔雀）与自然选择的方向往往是相反的（具长尾巴的孔雀适应度小）。由于有利大于不利，因而有性繁殖及性选择能够存在。生活在不同河流中的鳉鱼 *Poecilia reticulata* 受到的自然选择压力是不同的，但其中以敌害的捕食最重要。在河流上游，尤其是瀑布以上河段，水流较急，大鱼很少，只有小型的捕食鱼类。而河流下游的情况正好相反，这里的水流速度较慢，大型捕食鱼类较多。无论是室内实验还是野外实验都发现，捕食的选择压力促使雄性鳉鱼朝体色暗淡的方向的发展（因为明亮鲜艳的颜色容易暴露），而性选择的压力却促使雄鱼朝具鲜亮体色的方向发展（雌鱼喜欢这种体色的雄鱼）。在捕食性鱼类较少的地方，成熟的雄鱼往往体色较亮，而在捕食压力大的地方，成熟雄鱼的个体较小且体色相对较暗。

### （二）性别产生过程

为了生存必须改变，而改变的唯一出路就是改变自身的基因，而改变基因的最好方法就是与别人交换（突变率太低）。生物个体之间不可能交换基因，唯一可能的就是通过生殖细胞的融合。而它们又不可能原封不动地融合，如果那样就形成了多倍体而改变了物种性质，故双方就都贡献出一半基因。当然，即使只有百分之五十的基因得到传递，也要比什么都没能传下去好。

两个减数分裂后只含单倍基因的细胞融合时，细胞核中的基因恢复到原来的状况，但细胞质中的线粒体却各自都有多个，它们也都有基因组，因此它们不可能完全融合。在长期的选择作用下，一方抛弃了线粒体，而只保留细胞核的基因，这就成为了雄性生殖细胞；而另一方保留了细胞核和线粒体，便成为了雌性生殖细胞。两种性别由此诞生（Allen，1996）。

### （三）为什么大多数生物只有两性

生物界大多数生物都采取两性的繁殖方式，也有一些是孤雌生殖，也有多个性别的种类，如蘑菇有 36 000 种性别，黏菌大约有 13 种性别。在性别多样的情况下，简单地看，寻找配偶要容易得多，而为什么大多数生物却采取两性的方式呢？Hurst（1996）提出，性别的产生是因为雌雄配子线粒体不能融合造成的，如果多个性别（如 3 个性别）的配子都可以融合，那么细胞质的母性遗传不可能进行，必然引起线粒体之间的相互干扰，这就抵消了寻找配偶的付出。采取两种性别系统，核内基因可以配对而细胞质基因采取母系遗传是最具效率的方式，因而两种性别是最佳选择。

### （四）性选择

选择就是淘汰过程。在性别关系中，两性之间存在着性选择（sexual selection）。这是因为在有性繁殖过程中，雌雄两性的投资是不同的，往往是雌性投资较大，如卵子体积远大于精子、养育后代需要的能量及时间也往往由雌性承担（90%的哺乳动物由雌性抚育后代，雄几乎不参与），故雌性经受不起失误，所以雌的成功取决于她抚育后代的多少。雄则否，因为对雄性（精子）来说，相对较多易得，故获得性伴侣是雄的主要限制因素，雄性的成功取决于交配次数，所以对雄来说，性选择是重要力量，选择力量往往也较大。故多由雌性选择雄性，雄争夺雌，并由雄性来防卫、筑巢、领地建立等。当然也有例外的情况。总之，投资大的一方拥有较大的选择权。这个观点最早由 Bateman（1948）提出，Wade 和 Shuster（2005）对此进行了澄清和细分，类似观点达尔文就已提出。

Jones 等（2002）研究了蝾螈 *Taricha granulosa* 雌选择雄的情况。蝾螈的雌性在繁殖季节去到有许多雄性的池塘，交配后就离开，独自产卵；雄性为争夺配偶争斗。统计后发现，大部分雄性不交配，少数交配多次，不同雄性的交配次数差异极大；雌性至少交配一次。多数雄性没有后代，少数几个产生大部分的后代；雌性都生育。在这个例子中，因雌性要产卵和短期照顾后代，投资较大，因而由雌选择雄。

如果雄性投资大（如雄性要孵卵、抚育后代）则相反，这种情况在一些鱼（如海马）、鸟等出现。Jones 等（2000）研究了一种尖嘴鱼 *Syngnathus typhle*（一种与海马亲缘关系较近的鱼），这种生物由雌性将受精卵放在雄性的育儿袋中孵化。研究发现，在这种鱼中，是由雌性争夺雄性，且雄性交配成功率明显高于雌性。可见投资越大，选择权越大，投资少的一方竞争强。

### （五）性选择方式

性选择主要分为性内选择（intrasexual selection，同性间的竞争）和性间选择（intersexual selection，异性间的喜好）两种情况。选择的结果往往是失败的个体生殖较少或不生殖。在动物界中的多数种类一般是由最强壮的雄性留下较多的后代。当然，这两方面有时是共同作用的，同时对多种不同的与性别有关的性状进行选择。Loyau 等（2005）通过对雄性孔雀 *Pavo cristatus* 行为的研究显示，具长尾巴和长趾的个体更容易在中心位置建立较大的领地，也有更强的攻击性和行为。同时，那些有更多炫耀行为和尾巴具更多装饰的雄性也拥有更多的与雌性交配的次数。

1. 性内选择

性内选择的方式有多种（张建军和张知彬，2003a）。

1）竞争

在交配前，选择压力大的同性个体之间往往要通过竞争（combat）和打斗的方式确定胜负（图 12-2），由胜者享有优先交配权。这时候，不同个体在寻找配偶能力、领地和等级制度的建立与维护能力等方面会出现差异，从而造成选择过程。性内选择往往出现在雄性较大较强且能控制雌性的生物中。

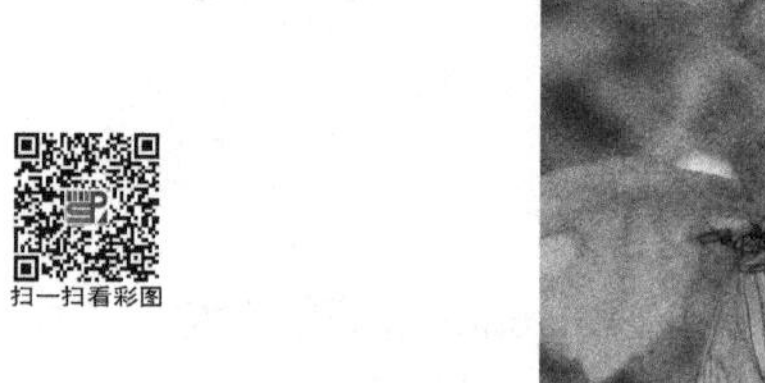

图 12-2　性内选择中的争斗示例

A. 苎麻珍蝶；B. 公鸡

争斗在许多哺乳动物和鸟类中都存在，如鹿、羊、牛、鸡等。Le Boeuf（1974）研究了加尼弗尼亚象海豹的种群，发现只有不到 1/3 的雄性能够交配，其中的少数几只占据了绝对的统治地位。Fabiani 等（2004）报道在 Falkland 岛上的象海豹种群中，只有少数个体处于垄断地位，具有较多的交配次数。平均只有 28.2%的雄性象海豹能找到伴侣，而其中有 89.6%是拥有领地和妻妾的个体。可见雄性之间争夺的激烈程度。

2）精子竞争

在交配后，雄性之间也具有竞争关系。如果一个雌性与多个雄性交配，那么由谁的精子成功受精就显得十分重要。这种情况下就会出现精子竞争（sperm competition），即来自 2 个或 2 个以上雄性个体的精子为争夺对卵的授精权而展开竞争。

一只雌性动物与 2 个或 2 个以上的雄性进行交配在动物界是很常见的现象，从昆虫、蜘蛛到哺乳动物都可见到。Parker（1970）认为精子竞争对雄性来说，需要能够优先占有雌性贮存精液器官，还要防止自己的精子以后被其他雄性个体的取代。因而，精子竞争的方式有多种（长有德和康乐，2002；滕兆乾和张青文，2006）。

雄蜻蜓的阴茎不与生殖器的主体关联，而是第二交配器官的一部分，其与雄性移除雌性先前储存的精子相适应。复杂的生殖器可以使交配雄性刺激雌性的生殖道释放已经存储的精子，并用自己的精子稀释或冲洗走先前的精子。雄蟋蟀 *Truljalia hibinonis* 在交配时用阳茎将雌性贮精器官直接排空，并取食被排出的精液，这样不但提高了自身的父权偏向，而且得到了营养补充。

蝇类和蝗虫的精包在雌性生殖道内起着交配栓的作用，一些雄蚊在交配前期传输自由活动的精子，随后则传输一些硬质的物质，相当于"交配栓"，延缓或减少雌性的再交配，以避免精子竞争。交配栓只是在相对较短的时间内起到阻塞作用，如果阻塞时间过长，则雌性不能产下受精卵，因而对两性都是不利的。飞蝗精苞只在雌性的一个产卵周期内起到阻塞作用，雌蝗在产卵前将精包管排出体外，产卵后再行交配。

雄性昆虫精液成分对雌性繁殖的影响目前至少已在直翅目 Orthoptera、蟑螂目 Blattoidea、半翅目 Hemiptera、长翅目 Mecoptera、双翅目 Diptera、鞘翅目 Coleoptera 和鳞翅目 Lepidoptera 的许多种类中得到证实。

为提高成功率，雄性之间的竞争结果还可以提高产精率。Gage（1991）将雄性地中海果蝇 *Ceratitis capitata* 单独或成双饲养后，发现有竞争情况下的雄性产精率是单独饲养果蝇的 2.5 倍。

有些动物可以通过延长交配时程与交配后对雌性进行看护的行为来确保自己的精子与卵子受精。交配时程在不同昆虫中变化很大，从蚊虫的仅几秒钟到蝶类的数天不等。少数种类在个体间也存在很大差异，如某种蝽类的不同个体从 10min 到 11d 不等。还有一些雄性昆虫在交配后会释放激素以降低雌的性吸引力。

君主斑蝶 *Danaus plexippus* 的雌性常在傍晚传输雄性精包以使卵子受精，次日早上产卵，雄性在向雌性传输自身精包之前仍保持交配状态长达好几小时，从而有效地阻止雌性与其他雄性再次交配，显著提高自身精子的受精率。雄性蜻蜓在交配后仍然用尾部的尾铗抓住雌性，直至雌性产卵，甚至在雌性产卵过程中，雄性还会在空中不断飞翔看护。一些蜘蛛也存在这种现象。

抱对行为在许多昆虫中能观察到，如直翅目的长额负蝗 *Atractomorpha lata*、半翅目的一种猎蝽 *Triatom aphyllosoma*、鞘翅目的柳沙天牛 *Semanotus japonicus*、小翅稻蝗 *Oxyayezoensis shiraki* 等，以防止在一段时间内雌性多次交配（朱道弘，2004）。

3）杀婴

对雌性来说，繁殖成功率才是最重要的，因此，如果雌性已经有子女，它们往往将全部精力用于抚育后代，不再对性感兴趣。然而，对于后来的雄性来说，更多的交配就意味着更加成功。在这种情况下，有时会出现杀婴（infanticide），就是后来者将前任者已有的子女杀死，以便自己有更多的机会。Trumbo（2005）以一种埋葬甲 *Nicrophorus orbicollis* 为材料进行试验，发现后来者确实存在杀婴行为，并且能在其中得到繁殖上的好处。杀婴行为在许多鱼类，鸟类，哺乳动物中的啮齿类、犬科、猫科、野马、灵长类都有报道（陈金良等，2007）。燕子 *Hirundo rustica* 中也存在杀婴行为（Banbura & Zielinski，1995）。

于晓东和房继明（2003）研究了布氏田鼠 *Microtus brandti* 的杀婴行为后发现，亲缘近的个体间杀婴行为较少，推测这种行为可能与不同个体间的熟悉程度有关。

杀婴的典型事例在狮群中出现（Packer & Pusey，1983）。在新的雄狮加入狮群后，幼狮的死亡率明显上升，并且在随后的几个月中雌狮的受孕机会下降，但交配积极性和次数却明显上升。这可能与雌狮和幼狮需要雄狮近两年的保护有关。

距翅水雉 *Jacana spinosa* 的雌性较强壮，体重比雄性大 70%，由它看护领地，并且往往有几个雄性为它孵卵。当雌性不在（如死亡）的情况下，雄性就会变得很紧张。这种情况如果被其他的雌性个体发现，它们就会将雄性正在孵的卵毁掉，以使雄性与自己交配以便产生后代（Stephens，1982，1984）。

雄性的杀婴行为对雌性来说无疑是不利的，因为将来不确定的繁殖成功率比不上已经成功的繁殖事实和投资。这时，雌性可以采取两种方式保护自己的子女：①直接与雄性搏斗保护幼崽，但这种方式往往不能成功，因为它们太弱小；②拒绝与后来的雄性繁殖后代，如拒绝交配或流产等。

2. 性间选择

性间选择主要是异性相吸，往往发生在雌雄个体相差不大、彼此不能相互控制的种群中。这时繁殖成功率由异性间的吸引力决定，往往是由雌性根据雄性的外貌、表演、叫声或体型等来评价，考察过若干雄性个体之后选择最优者。

Møller（1988）以燕子 *Hirundo rustica* 为材料进行试验。将雄性燕子分成 4 组，一组燕子不作任何处理，将第 2 组燕子的尾巴剪短，第 3 组燕子的尾巴也部分剪去但用胶将其黏合后与不作处理的差异不大，人为地将第 4 组燕子的尾巴加长。结果发现，尾巴加长后的雄性燕子明显比其他组的雄燕有更多的交配次数，且它们的配偶发生婚外情的情况也少得多。

Klump 和 Gerhardt（1987）及 Gerhardt 等（1996）研究了灰树蛙 *Hyla versicolor* 的叫声。这种蛙的雄性个体以叫声来吸引雌性，不同雄性个体之间的叫声长短有不同。将它们的叫声录下来后，让雌蛙在长叫声、中等长度叫声和短叫声中进行选择。结果发现，超过 75%的雌蛙毫无例外地都喜欢相对较长的叫声，72%的雌蛙甚至对短叫声置之不理。

Petrie 和 Halliday（1994）以孔雀 *Pavo cristatus* 为研究对象进行实验，发现尾巴上眼斑多的雄性个体对雌性有较强的吸引力（图 12-3）。

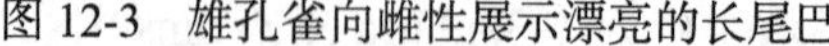

图 12-3　雄孔雀向雌性展示漂亮的长尾巴

雌性也可能为了资源而选择殷勤的雄性。Thornhill（1977）研究过昆虫纲长翅目 Mecoptera 蝎蛉 *Bittacus apicalis* 的行为。雄蝎蛉在捕获一只猎物后就释放性外激素吸引雌性，待雌性接受礼物后进食时，雄性就与之交配。献给雌性的当做礼物的昆虫越大，雌性进食的时间就会越长，雄性就会将更多的精子传递给雌性。平均在 20min 左右，雄性可以最大限度地传递精子；但当时间短于 5min 时，雄性就不能传递任何精子；短于 20min 时，雌性会中断交配。然而，当食物足够大，雌性进食多于 20min 时，雄性也会在 20min 左右时主动中断交配而抢回礼物去献给更多的雌性。雌性蝎蛉需要礼物的理由可能有两个：①可以有更多的营养供给自身和下一代；②减少寻找食物的危险。

Vahed（1998）对雌雄昆虫这种在交配时奉献礼物的现象有很好的综述。雄性贡献的礼物有捕获的猎物、雄性身体的一部分或整个身体、腺体分泌物如唾液腺和体表腺体、精球等，当然可以混合使用。礼物的作用可能有两个：①作为亲代投资的一部分（提高后代的适合度）；②作为追求异性的一部分（吸引异性、方便交配、提高精子传输量等），可能后者较明确。

### （六）雌雄角色的多样性

性选择之所以出现和存在，是因为雌雄对繁殖和后代的投资不一样。投资多的一方选择投资少的一方。在大多数生物，往往是由雌选择雄，因雌性要产卵、抚育和保护后代等。在这些情况下，往往是雄性个体相对较大、较强壮或更漂亮。

也有一些生物是由雄性来孵育后代的，相比之下，雄性的投资反而较多，这种情况下就是由雄性来选择雌性，雌性个体也会相对较大。这种情况在水雉、雷鸟、鹬、鹬、水黾、纺织娘中存在。Berglund 等（1989）报道两种尖嘴鱼的雌雄角色调换的情况。在尖嘴鱼 *Nerophis ophidion* 中，雌鱼比雄鱼大且具有较大的皮褶。在实验中，雌鱼对配偶的身体大小并不在意，而雄鱼偏好身体较大和皮褶较多的雌鱼。另一种尖嘴鱼 *Siphonostoma typhle* 的雌雄差别不大，但雌体会改变身体的颜色而使表面看起来有 Z 字形斑纹，并以之来竞争和吸引雄性。与雄鱼相比，雌鱼主动性较强、交配更频繁。雄鱼具有选择权，它偏好斑纹较少的雌鱼，因为有寄生虫的个体往往斑纹较多。

由雄性来选择雌性也有额外的一些优点：雄性对后代的管护更好，拥有更大的领地等。

### （七）动物的婚配制度

婚配制度（mating system）指动物种群中个体为获得配偶而采取的一种普遍行为对策。它包括 4 个方面含义：①获得配偶的数量；②得到配偶的方式；③是否存在配偶之间的联结和联结方式；④两性在双亲投资上的形式。婚配制度可分为单配制（monogamy）和多配制（polygamy），后者包括一雄多雌制（polygyny）、一雌多雄制（polyandry）和混交制（promiscuity）（张建军和张知彬，2003b，表 12-1）。

1. 单配制

雌雄结合成一种社会性配偶关系，并排除其他配偶。这种结合终身维持或维持一个或几个繁殖季节，或仅仅只在一次交配过程中维持。单配制一般需要雌雄共同照顾后代。91.6%的鸟类和 3%的兽类是这种婚配制度，如草原田鼠 *Microtus ochrogaster*、松田鼠 *M. pinetorum* 和棕色田鼠 *M. mandarinus* 表现单配制特征。北美鼠兔 *Ochotona princeps* 营独居，生活于裸岩环境，栖息条件贫瘠，种群数量又很低，这些因素限制了雄鼠独占多只雌鼠，只能行一夫一妻制。200种灵长类中37种（约18%）具有这种制度（如旧大陆中的长臂猿类和叶猴中的门岛叶猴及新大陆猴中的伶猴类、夜猴类和绢毛猴类，表12-1），灵长类存在单配制的原因可能与雌性的空间分布有关。鱼类单配制相对不常见。海马被认为是单配制鱼类，其分布于珊瑚礁周围或马尾藻类海草中，雄性密度很低，雌性寻找并保护雄性。大部分鸟类营单配制。

**表12-1 灵长类的婚配制度（人除外）**（引自黄乘明等，1996）

| 种 | 名 | 种数 | 独栖 | 单雌型 | 多雌型 | 不确定 |
|---|---|---|---|---|---|---|
| 原猴类 | prosimians | 38 | 21 | 3 | 5 | 4 |
| 狐猴科 | lemuridae | 7 | 0 | 3 | 4 | 0 |
| 大狐猴科 | indriidae | 4 | 0 | 3 | 1 | 0 |
| 指猴科 | daubentoniidae | 1 | 1 | 0 | 0 | 0 |
| 懒猴亚科 | lorisinae | 5 | 5 | 0 | 0 | 0 |
| 丛猴亚科 | galaginae | 8 | 8 | 0 | 0 | 0 |
| 跗猴科 | tarsiinae | 3 | 1 | 1 | 0 | 1 |
| 鼬狐猴科 | lepilemuridae | 3 | 1 | 1 | 0 | 1 |
| 新大陆猴 | new world monkey | 47 | 0 | 16 | 17 | 14 |
| 卷尾猴科 | cebidae | 6 | 0 | 0 | 6 | 0 |
| 狐尾猴亚科 | pitheciinae | 12 | 0 | 8 | 4 | 0 |
| 孔猴亚科 | alouattinae | 6 | 0 | 0 | 4 | 0 |
| 蛛猴亚科 | atelinae | 7 | 0 | 0 | 2 | 5 |
| 狨科 | callitridae | 15 | 0 | 8 | 0 | 7 |
| 跳猴科 | callimiconidae | 1 | 0 | 0 | 1 | 0 |
| 旧大陆猴 | old world mondey | 68 | 0 | 4 | 76 | 8 |
| 猕猴亚科 | cercopithecinae | 41 | 0 | 3 | 34 | 4 |
| 疣猴亚科 | colobinae | 27 | 0 | 1 | 22 | 4 |
| 猿 | apes | 13 | 1 | 9 | 1 | 2 |
| 长臂猿科 | hylobatidae | 9 | 0 | 9 | 0 | 0 |
| 猩猩科 | pongidae | 4 | 1 | 0 | 1 | 2 |
| 总数 | | 166 | 22 | 37 | 79 | 28 |
| 占比/% | | | 13 | 22 | 47 | 17 |

2. 一雄多雌制

这是动物界最常见的婚配制度，通常与雌性的育幼方式有关，雄性很少提供育幼，其大部分时间用于保护领域不受其他雄性的侵犯或者通过直接的争斗来获得雌性。2%的鸟类和94%的兽类具备这种婚配制度，如黑斑羚 *Aepyceros melampus*、树蜥 *Urosaurus ornatus*、黄腹旱獭 *Marmota flaviventris*、白须侏儒鸟 *Manacus manacus*、锤头果蝠 *Hypsignathus monstrosus*、多纹黄鼠 *Spermophilus tridecemlineatus* 等。

3. 一雌多雄制

一雌多雄在动物界最稀少，通常是雄性育幼。鸟类中该制度比其他种类多，但也只有 0.4% 的鸟类实行该制度，而且主要集中在鹤形目和鹬形目鸟类，其中研究最多的是水雉类，如矶鹬 *Actitis macularia*、红颈瓣蹼鹬 *Phalaropus lobatus* 和产于南美洲的几种走禽具有该制度。灵长类中一些绢毛猴和柽柳猴兼具这种婚配制度，这可能与它们的繁殖生物学有关：因为后代往往是双胞胎且幼猴出生后个体较大，雌性无力照顾，所以需要交给雄性或以前的后代来照顾。美洲驼 *Vicugna pacos* 和鼹鼠 *Heterocephalus glaber* 也是一雌多雄制的。

4. 混交制

不加选择的性关系，雌雄个体不形成固定的配对关系，即使形成，持续时间也很短，双亲抚育缺失或只有雌性提供双亲照顾，雄性很少具有抚育特征。大约 6% 的鸟类是该婚配制度，兽类如分布在苏格兰东北部的里氏田鼠 *Microtus richardsoni* 和一些灵长类如猩猩也营该婚配制度，对于雄性而言可能是为了减少彼此之间的进攻性，对于雌性而言则可能是为了保证繁殖成功或防止雄性杀婴。

鸟类的婚配制度研究得较透彻，可根据它们的生态细分为 5 种类型，即一雄一雌制、一雄多雌制、一雌多雄制、快速多窝型多配制和社群繁殖制，各种类型又有若干亚型。一雄一雌制包括合作型一雄一雌制、临界型一雄一雌制和保卫雌性型一雄一雌制；一雄多雌制包括保卫资源型一雄多雌制、保卫雌群型一雄多雌制、雄性优势型一雄多雌制和多领域型一雄多雌制；一雌多雄制包括保卫资源型一雌多雄制、雌性控制型一雌多雄制和合作型一雌多雄制（倪喜军等，2001）。

动物采取什么婚配制度取决于两个因素，资源和动物利用或控制资源的能力。在资源方面，包括资源的分布型和资源的丰富度。如果资源集中分布，但又不是高度集中，那么一个雄性足够保护该资源获得多个配偶，即可形成资源保卫型一雄多雌制；如果资源高度集中，则竞争强烈，动物就难以保护该资源；如果资源平均分布，一个雄性只能占有得到一个雌性的资源，即形成单配制；如果资源高度分散，则该资源同样难以被保护，形成雄性优势型一雄多雌制。如果食物丰富，则双亲中的一员（通常是雌性）就可能提供全部双亲照顾，雄性就可以从中解放出来，形成一雄多雌制；如果食物不丰富，或者食物难以获取和处理，则双亲必需，有时还需帮助者的存在，易形成单配制。Verner 和 Willson（1996）对北美 278 种雀形目鸟类的研究发现只有 14 种为一雄多雌制，其中 13 种生活于沼泽和草地这种资源极为平均分散的环境中。在动物利用或控制资源的能力方面，如果两性个体一方可以从后代抚育中解脱出来，那么，它就可以在资源的利用或控制上投入更多的时间和精力，从而更容易形成多配制；如果两性个体都要积极参与后代的抚育工作，则很难再花费更多的时间去利用这些资源，也就更容易形成单配制，很多鸟类就是如此（倪喜军等，2001；张建军和张知彬，2003b）。

## （八）植物的性系统

与动物不同，植物的性系统相当复杂，至今没有统一的理论，可能与植物不能移动有关（寻找配偶的不易性）。

Cox（1982）曾做过一个经典实验。藤露兜树 *Freycinetia reineckei* 多数是雌雄异株的，只有含单性花的穗状花序，但偶然也出现雌雄同株的植株，具含雌雄两性花的花序。藤露兜树的传粉动物是沙蒙狐蝠 *Pteropus samoensis* 和铜绿辉椋鸟 *Aplonis atrifuscus*，它们在采食有甜味的肉质苞片时，对雄花和两性花的危害比雌花大（由于雌花结构上与雄花不同），雄花序、两性花序和雌花序受破坏的百分数分别为96%、69%和6%。当狐蝠在雌雄异体植株上采食时，雄花序虽然受了破坏，但花粉粘着在狐蝠面部，再转到雌花序采食就使后者受粉，同时对雌花序危害不大。相反，当狐蝠在雌雄同株的两性花序上采食时，通常破坏大部分或所有雌小花。因为两性花序中的雌小花存活率不高，所以产生两性花序的雌雄同株个体在进化选择上处于劣势，而雌雄异株个体将成为适者而生存下来，藤露兜树沿雌雄异株方向而进化。

在被子植物中，两性花植物的比率约为72%，雌雄异花同株的比率为5%，而雌雄异株的比率为4%，雌花-两性花同株的比率为3%，雌花-两性花异株的比率为7%，其他的比率为9%。从以上数据可知，开两性花的植物是很普遍的，像拟南芥、金鱼草、矮牵牛等模式植物都属两性花的植物。尽管单性花所占比例较小，但它大跨度地分布于被子植物各个不同的类群中。以雌雄异花同株植物为例，单性花既存在于单子叶植物（如玉米）又存在于双子叶植物（如黄瓜）中，既存在于野慈姑等草本植物中又存在于白桦等木本植物中。科、属的系统分类也是如此。尤其是雌雄异株的植物，不仅少有而且也零散地分布于各个类群中，如英国有54种雌雄异株植物分布在18科26属中。雌雄异株现象在75%的科中都存在，但仅有5%的属具有雌雄异株的物种，可见雌雄异株是独立进化的。雌雄异株现象有时发生在种的水平，有时也发生在亚属或属的水平，但也有杨柳科这样为数极少的科，都是雌雄异株的物种。坛罐花科Siparunaceae有些物种的性别比较一致，其坛罐花属 *Siparuna* 在新热带地区（Neotropics）的65种都开单性花，其中15种为雌雄同株，50种为雌雄异株。在大戟属 *Euphorbia* 的大多数种（88.2%）中都存在一种功能性的雄性两性同株现象；而对于番木瓜属来说，其他种都是严格的雌雄异株，只有番木瓜在自然状态下是杂性的（polygamous）（李同华等，2004）。

裸子植物的雌雄异株种类较普遍，而且系统分类层次较高。例如，苏铁目Cycadales、银杏目Ginkgoales都是雌雄异株的种类。松科、杉科的物种都是雌雄同株的种类，而在柏科中有以侧柏为代表的雌雄同株物种，也有以圆柏为代表的雌雄异株物种（李同华等，2004）。

植物的性别也可改变。从个体和群体的角度来看，植物的性别尤其是被子植物各个物种之间的差别非常大，有一些是极为保守的，如有些属于严格的雌雄异株种类，而另一些则具有很大的弹性。虽然裸子植物的性别在每个层次都非常稳定，但也并非一成不变。据记载，日本有老银杏树叶子上结种子的现象。也有报道称，中国江苏无锡的银杏发生“性反转”的现象，雌雄异株的银杏竟然单株结果，并有一株萌发出幼苗（李同华等，2004）。

由于植物性系统的复杂性，对植物的性选择研究不深。Queller（1983）报道一种雌雄同株的植物中性选择原理与动物类似，也遵守 Bateman（1948）提出的亲代投资假说。性选择也是植物进化的主要力量之一（Skogsmyr & Lankinen，2002）。Vaughton 和 Ramsey（1998）对雌雄异体的香草 *Wurmbea dioica* 花和传粉动物之间的关系进行了研究，发现雄花较雌花大，雄树能吸引更多的蝴蝶和蜜蜂，但对蝇类好像没有区别。晴天时，较大的花更能吸引昆虫。雄花开放3d以内，较大雄花上的花粉移除更快。可见，较大的雄花有较快的花粉移除率，适合度也相应较高。

### （九）性选择的结果

性选择的结果在形态上最明显的表现是增加了雌雄之间的差异。我们人类男女之间的差异是十分明显的，如人类男性的体重、身高、骨骼明显比女性大。对于雌雄性别的分化现象，在动物界数不胜数，如雄性蜉蝣的复眼较大、前足更长，雄鹿具长角，雄鸟具漂亮羽毛（图 12-3）等，不一而足。

在海豹中，雄性个体“妻妾”的多少与雌雄个体差异密切相关。斑海豹 *Phoca vitulina* 的雌雄大小相差不大，相应地雄海豹的“妻妾”较少；象海豹 *Mirounga angustirostris* 雌雄差别很大，雄象海豹的“妻妾”也较多（Lindenfors et al.，2002）。

加拉帕戈斯群岛上的海鬣蜥 *Amblyrhynchus cristatus* 以吃海草为生，理论上中等体重的易活下来，因为身体太大会因食物不足而适应力低。而实际情况却是最大的雄性个体体重常超过预期，而雌性却不。仔细研究后发现，雌鬣蜥一年交配一次，产一窝卵，约占其体重的 20%，可见雌性亲代投资极大。因而雄性之间为争夺雌性的竞争是十分惨烈的。竞争的主要方式是雄性占有领地，以供给雌性晒太阳，而占有领地的雄性对雌性有强烈吸引力，雄性的繁殖成功取决于其占有及保护领地。性选择对雄海鬣蜥作用极大，因而使它们的体重明显加大（Wikelski & Trillmich，1997；Wikelski，2005）。

当然，生物界也有雌雄差异不大的例子，如加拿大雁 *Branta canadensis*、红脊长蝽 *Tropidothorax elegans* 等很多昆虫（图 12-4）。

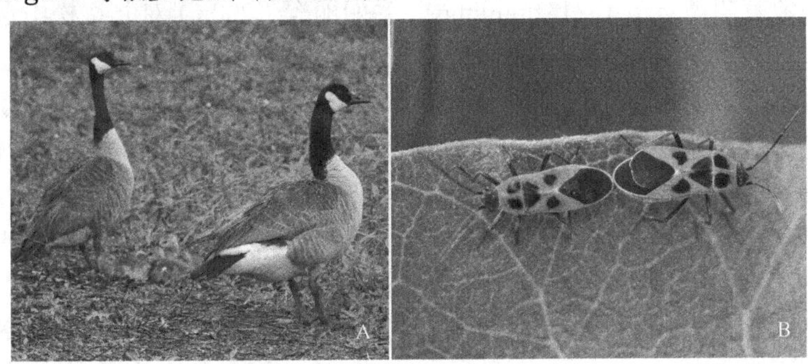


扫一扫看彩图

图 12-4 雌雄差异不大的动物示例

A. 加拿大雁；B. 红脊长蝽

## 二、竞争

种群内部的竞争（competition）主要是指因对资源的争夺利用而引起的不同个体之间的相互对抗、争夺状况和行为。

### （一）植物个体之间的竞争

1. 密度效应

植物的生长需要阳光和土壤中的各种营养元素。不同个体在生长的过程中，会因争夺这些资源而展开竞争。明显的例证有在密植的情况下，植物往往细而高，而在稀植的情况下则粗大和枝繁叶茂。朱志红（1995）发现，在 4 个播种密度（200 苗/m$^2$、400 苗/m$^2$、800 苗/m$^2$、1600 苗/m$^2$）处理后，老芒麦 *Elymus sibiricus* 单株穗数、单株分蘖数在播种当年存在显著差异，并随密度的增加而减少，在播种第 2 年差异消失；单株叶片数和单株地上生物量在 2 年中均存在显著差异，并随密度的增加而减少。植物的密度效应（density effect）有两种现象。

2. 最后产量衡值法则

Donald（1951）报道，通过在 1947 年和 1948 年分别对地三叶草 *Trifolium subterraneum*、

黑麦草 *Lolium loliaceum* 及救荒雀麦 *Bromus unioloides* 的实验结果表明，不管初始播种的植物密度如何，在一定范围内，当条件相同时，植物的最后产量差不多是一样的，这就是最后产量衡值法则（law of constant final yield）（图 12-5）。

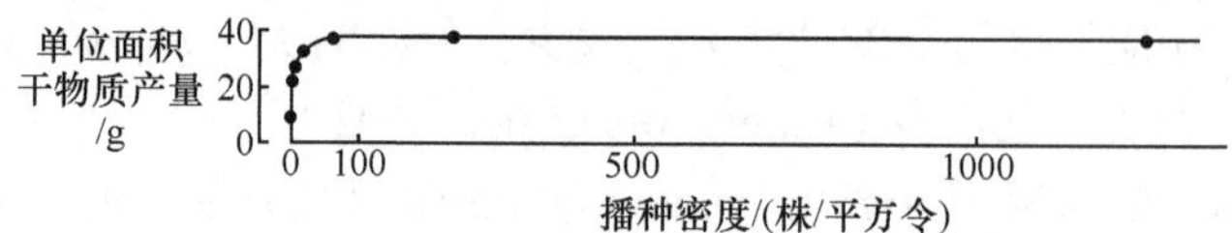


图 12-5　最后产量衡值法则图示（引自 Donald，1951）

1 令约为 20.12cm

朱志红（1995）也发现，在 4 个播种密度（200 苗/$m^2$、400 苗/$m^2$、800 苗/$m^2$、1600 苗/$m^2$）处理老芒麦后，单位面积（0.04$m^2$）上的同龄种群的地上生物量、植株高度、分蘖数、叶片数及穗数均无显著差异。

3. 自疏法则

如果植物密度过大，种内竞争就会影响到植株的存活率，即在高密度的情况下，有些植株死亡，这种现象就叫做自疏（self-thinning）。牛丽丽等（2008）对北京松山自然保护区油松 *Pinus tabulaeformis* 种群进行过调查和研究，发现种群中的小树和大树都很少，中等粗的树占到 93%以上，认为松山油松种群中，中龄林比例最大，幼树和成龄林比例都较小。其原因是群落中大量的个体都集中在同一林分下，由于空间限制，造成种群内竞争激烈，为了争夺空间与阳光，随着种群个体的生长，大部分小树将会被淘汰，种群内较大的树数量会明显增加。

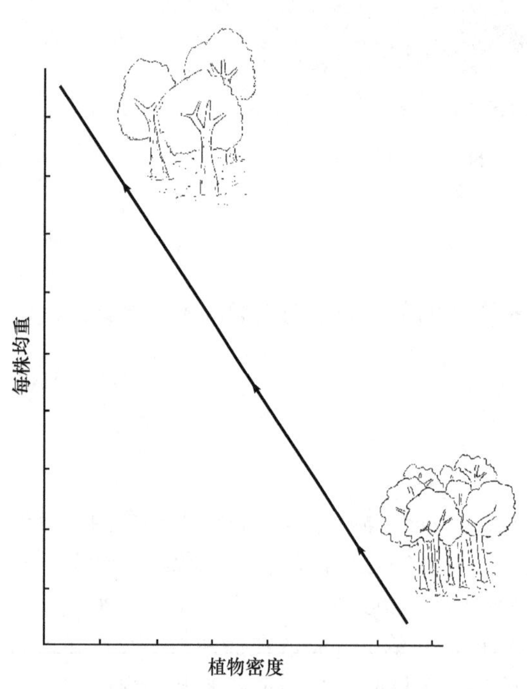


图 12-6　自疏法则图示

Yoda 等（1963）首先提出–3/2 方自疏法则（the –3/2 thinning law），其后陆续有很多此方面的研究，至今已有丰富的室内及野外实验数据证实了它的存在及其在植物种群中的普适性。在 20 世纪 80 年代，已发表了至少几十组数据，研究对象涉及苔藓、蕨类、裸子植物、单子叶植物、双子叶植物等，结果表明，由这些植物的自疏过程所收集的数据都基本符合–3/2 方自疏法则（吴冬秀等，2002）。

自疏法则的表达式为：$W=c\times d^{-3/2}$，取对数后变成：$\lg W=\lg c-3/2\lg d$

式中，$W$ 为植株平均质量；$c$ 为常数；$d$ 为植株密度。从表达式可以看出，植株质量与其密度之间呈现线型负相关，斜率为–3/2（图 12-6）。

吴冬秀等（2002）详细讨论了自疏法则的普适性，并用春小麦 *Triticum aestivum* 对其进行了拟合，结果发现其基本符合–3/2 方自疏法则（图 12-7）。

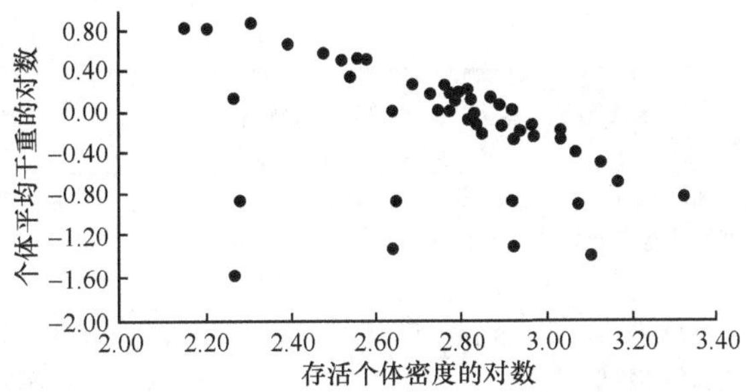


图 12-7　春小麦种群中个体均重（$W$）与存活个体密度（$d$）的对数关系（修改自吴冬秀等，2002）
自疏回归线的斜率为−1.51，可见春小麦种群符合自疏法则

4. 植物的化感作用

生物体能合成多种化合物，它们中的一部分能对其他生物或个体产生影响，如青霉素、抗生素等。植物体所含有的一些挥发性化合物也能对其他植物或动物产生影响，如引诱昆虫来传粉、躲避取食昆虫、抑制其他植株的生长和发育等以利于自身，从而在竞争中取得优势。生态学上一般将一种植物所产生的化学有毒物质进入环境，被另一植物所吸收，从而对另一植物产生有害作用，称为化感作用或他感作用（allelopathy）。

人类很早就认识到化感作用，如公元前 285 年 Theophrastus 就在书中写到“鹰嘴豆不像其他豆科作物那样能够使地力恢复，而是消耗地力。此外，它还能消灭各种杂草，尤其是能迅速消灭蒺藜。”我国西晋时期的杨泉在《物理论》已有“芝麻之于草木，犹铅锡之于五金也，性可制耳”的记载。《齐民要术》则主张把芝麻安排在“白地”，即在休闲地或开荒地上种植。这正是利用了芝麻能够抑制杂草生长的特性。化感作用的概念是由 Molisch （1937）提出的（申继忠，1992）。

能起化感作用的化合物很多，如生物碱、萜类和甾类化合物、单宁、类黄酮、喹啉、有毒气体、芳香酸、有机酸和醛类等（宋君，1990）。化感物质进入环境的途径主要有挥发、淋溶、根系分泌物和植物残体分解后释放 4 种。

我国农田的主要杂草及其化感作用见表 12-2。

**表 12-2　我国具有植物化感潜势的农田主要杂草的分布、受体植物及化感表现**（引自马永清等，1991）

| 杂草名称 | 在我国的分布 | 受体植物 | 化感表现 | 释放的化感化合物 |
|---|---|---|---|---|
| 反枝苋、西风谷 *Amaranthus retroflexus* | 分布于东北、华北和西北，为北方地区及常见的旱地杂草 | 玉米、大豆、烟草 | 降低玉米干物重（6%～20%）、大豆干物重（2%～20%），抑制烟草生长 | |
| 野燕麦 *Avena fatua* | 分布于我国南北各地，以甘肃、宁夏、青海、新疆、内蒙古和黑龙江等省区的麦类作物受其危害最为严重 | 春小麦 | 根分泌物抑制春小麦生长 | 7-羟-6-甲氧香豆素香子兰酸 |
| 青葙、野鸡冠花 *Celosia argentea* | 分布于全国各地,尤以长江以北地区更为普遍,生于荒地及多种旱作地 | 根瘤菌 | 其生长在 50%～75d 时根浸提物抑制根瘤菌的增殖 | |
| 灰条菜 *Chenopodium album* | 遍布全国各地,尤以长江以北地区更为普遍,生于荒地及多种旱作地 | 玉米、大豆 | 降低玉米干物重（6%～20%），降低大豆干物重（2%～20%） | |

续表

| 杂草名称 | 在我国的分布 | 受体植物 | 化感表现 | 释放的化感化合物 |
|---|---|---|---|---|
| 狗牙根 *Cynodon dactylon* | 分布于我国黄河以南各省区，水稻田边及旱作物地上常见 | 苜蓿、菟丝子 *Cuscuta chinensis* | 其水提取物抑制受体植物生长 | 7-羟-6-甲氧香豆素阿魏酸 |
| 香附子、回头青 *Cyperus rotundus* | 全国都有分布,常生长于稻田边及旱作物地 | 水稻 | 在其高密度与水稻共生时,水稻减产高达 38%，加入氮肥减产比例更大 | |
| 曼陀罗 *Datura stramonium* | 全国都有分布，为旱地杂草，荒地及路边亦常见 | 向日葵 | 影响向日葵细胞的淀粉积累和早期生长 | 莨菪胺 |
| 稗草 *Echinochloa crusgalli* | 全国各地均有分布 | 西红柿 | 影响西红柿地上部分生殖生长期生长、产果及单果重 | 天仙子胺 |
| 地肤扫帚菜 *Kochia scoparia* | 分布于全国,以北部地区更普遍 | 高粱、大豆 | 地肤残体水浸液抑制高粱、大豆的幼苗生长 | |
| 北美独行菜 *Lepidium virginicum* | 分布于内蒙古、吉林、辽宁、江苏、浙江、福建、湖北，为旱地作物杂草 | 多变小冠花 *Coronilla varia* | 其水提取物在浓度为 1∶150（*m/V*）时及其残体埋入土壤抑制多变小冠花种子萌发 | |
| 萹蓄、乌蓼 *Polygonum aviculare* | 全国各省都要分布，而以华北、东北一带最为普遍 | 棉花、高粱、灰条菜 *Cheno-podium album*、狗牙根 | 其水提取物抑制受体植物生长 | |
| 红蓼、东方蓼 *P. orientale* | 分布于全国各地,以中部和北部地区较多 | 芥子 *Brassica juncea*、萝卜、大豆、豌豆 | 叶和茎水提取物抑制测试植物的种子发芽,生长抑制主要是由叶片水提取物所致 | 木樨草素、芹菜糖苷配基 |
| 马齿苋、马齿菜 *Protulaca oleracea* | 遍布全国各地 | 米达小麦 | 水提取物影响米达小麦的种子发芽 | |
| 皱叶酸模、羊蹄叶 *Rumex crispus* | 分布于吉林、辽宁、内蒙古、河北、陕西、青海、四川、广东、福建和台湾 | 大豆、高粱 | 其残体埋在土中抑制大豆、高粱的生长 | |
| 金色狗尾草 *Setaria glauca* | 分布于我国南北各地,在石灰性土壤的旱作物地常成片生长 | 玉米、大豆 | 其水浸提物增加玉米对钾的吸收，降低玉米干物重（6%～20%）、大豆干物重（2%～20%） | |
| 狗尾草、谷莠子 *Setaria viridis* | 全国都有分布,旱地作物杂草 | 大豆 | 其低浓度的植株水浸提物刺激大豆节的生长和伸长 | |
| 小飞蓬、小白酒草 *Erigeron canadensis* | 广布于黑龙江、吉林、辽宁、陕西、山西、河南、山东、浙江、台湾、江西、湖北、四川 | 水稻、豚草 *Ambrosia artemisiifolia* | 其甲醇提取液浓度高于 5 时,抑制豚草种子萌发和水稻幼苗生长 | 顺式和反式母菊酯 |
| 野蒿、一年蓬 *Erigeron annuus* | 广布于吉林、河北、河南、山东、江苏、安徽、江西、福建、湖北、湖南、四川，生于旱作物地 | | 证明化感活性物质主要在其根部发生 | |
| 白茅 *Imperata cylindrical* Var. Major | 我国南北均有分布 | | 影响被测试植物生长 | 7-羟-6-甲氧香豆素 |
| 李氏禾、游草 *Leersia hexandra* | 广布于广东、福建、台湾等省，影响水稻生长 | 水稻 | 影响水稻分蘖数、种子萌发和幼苗生长 | |

植物的化感作用有好有坏（表 12-3 和表 12-4）。

**表 12-3　常见园林植物的化感促进作用**（引自吴爽等，2008）

| 科名 | 植物名称 | 相生园林植物名称 | 化感促进作用 |
|---|---|---|---|
| 松科 Pinaceae | 油松 *Pinus tabulaeformis*<br>马尾松 *Pinus massoniana*<br>赤松 *Pinus densiflora* | 板栗<br>杉木<br>桔梗、结缕草 | 促进作用<br>木荷叶片中某些化感物质对杉<br>木种子具有促进作用<br>促进作用 |
| 胡桃科 Juglandaceae | 山核桃属 *Carya* | 山楂 | 促进作用 |
| 槭树科 Aceraceae | 鞑靼槭 *Acer tatarica*<br>白腊槭 *Acer negundo* | 黄栌<br>红瑞木 | 有相互促进作用<br>有相互促进作用 |
| 榆科 Ulmaceae | 榆树 *Ulmus pumila* | 林下植被 | 林下植被生长良好 |
| 樟科 Lauraceae | 檫木 *Sassafras tzumu* | 杉树 | 促进作用 |
| 山茶科 Theaceae | 木荷 *Schima superba* | 杉木<br>檵木 | 木荷叶片中某些化感物质对杉<br>木种子具有促进作用<br>很强的正相关性 |
| 芸香科 Rutaceae | 七里香 *Elaeagnus angustifolia* | 皂荚、白蜡槭 | 有相互促进作用 |
| 忍冬科 Caprifoliaceae | 黑果接骨木 *Sambucus melanocarpa* | 云杉 | 对云杉根系分布扩展有利 |
| 芍药科 Paeoniaceae | 芍药 *Paeonia lactiflora* | 牡丹 | 较强的促进作用 |
| 禾本科 Gramineae | 毛竹 *Phyllostachys pubescens* | 苦槠、山毛榉科 | 促进作用 |

**表 12-4　常见园林植物的化感抑制作用**（引自吴爽等，2008）

| 科名 | 植物名称 | 相克园林植物名称 | 化感抑制作用 |
|---|---|---|---|
| 松科 Pinaceae | 松 *Pinus massoniana*<br>赤松 *Pinus densiflora*<br>落叶松 *Larix gmelinii*<br>油松 *Pinus tabulaeformis* | 云杉、白桦<br>苋、狗尾草、缘毛紫苑<br>水曲柳<br>松树 | 抑制作用<br>抑制作用<br>抑制作用<br>抑制松树种子发芽势<br>及幼苗生长 |
| 桦木科 Betulaceae | 白桦 *Betula platyphylla* | 松树 | 抑制松树种子发芽势<br>及幼苗生长 |
| 胡桃科 Juglandaceae | 黑胡桃 *Juglans nigra*<br><br><br>胡桃 *Juglans mandshurica* | 大部分植物<br><br><br>苹果<br>草本植物 | 显著抑制，当胡桃醌的浓度为<br>20μg/mL 时就能抑制其他植物<br>种子的发芽<br>抑制<br>树下难生草 |
| 榆科 Lauraceae | 榆树 *Ulmus pumila*<br>朴树 *Celtis sinensis* | 栎属、白桦<br>葡萄<br>林下植被 | 抑制<br>根系枯萎，叶果脱落<br>林下植被生长不良 |
| 槭树科 Aceraceae | 糖槭 *Acer saccharum* | 一枝黄花 | 抑制作用 |
| 山茶科 Theaceae | 山茶科 Theaceae | 山毛榉科、红花檵木 | 较强的抑制作用 |
| 蔷薇科 Rosales | 桃 *Prunus persica* | 茶树 | 抑制作用 |
| 樟科 Lauraceae | 檫木 *Sassafras tzumu*<br>樟树 *Cinnamomum camphora* | 油茶<br>大部分植物 | 负协调性<br>强烈抑制 |

续表

| 科名 | 植物名称 | 相克园林植物名称 | 化感抑制作用 |
| --- | --- | --- | --- |
| 悬铃木科 Platanaceae | 美国梧桐 *Platanus occidentalis* | 草本 | 显著抑制 |
| 葡萄科 Vitaceae | 葡萄 *Vitis vinifera* | 小叶榆 | 抑制作用 |
| 木樨科 Oleaceae | 丁香 *Syzygium aromaticum* | 铃兰、紫罗 | 抑制作用 |
| | 月桂 *Laurus nobilis* | 兰水仙 | 显著抑制 |
| | | 大部分植物 | 显著抑制 |
| 金缕梅科 Hamamelidaceae | 檵木 *Loropetalum chinense* | 檫木、油茶 | 负协调性 |
| 苦木科 Simaroubaceae | 臭椿 *Ailanthus altissima* | 大部分植物 | 强烈抑制 |
| 忍冬科 Caprifoliaceae | 接骨木 *Sambucus williamsii* | 大叶钻天杨 | 抑制作用 |
| | | 松树 | 显著抑制 |
| 禾本科 Gramineae | 高羊毛 *Festuca elata* | 狗牙根 | 显著抑制 |
| | 扁穗牛鞭草 *Hemarthria compressa* | 白三叶 | 显著抑制 |
| | 狗牙根 *Cynodon dactylon* | | |
| | 芦苇 *Phragmites communis* | 早熟禾、多花黑麦草 | 有影响 |
| | 香茅 *Cymbopogon citrates* | 藻类 | 显著抑制 |
| | 竹类 *Bamboo* | 草本植物 | 抑制 |
| | | 所有植物 | 强烈抑制 |
| 菊科 Compositae | 紫苑 *Aster tataricus* | 枫香 | 显著抑制 |
| | 高茎一枝黄花 *Solidago altissima* | 草本植物 | 显著抑制 |
| | 万寿菊 *Tagetes erecta* | 草本植物 | 显著抑制 |
| | 蟛蜞菊 *Wedelia chinensis* | 草本植物 | 显著抑制 |
| 豆科 Leguminosae | 刺槐 *Robinia pseudoacacia* | 多种草本 | 树皮分泌的挥发性物质强烈抑制其他植物的生长 |
| | 红三叶 *Trifolium pretense* | 草本植物 | 强烈抑制 |
| | 白三叶 *Trifolium repens* | 黑麦草等草坪植物 | 较强的抑制作用 |
| | 银合欢 *Leucaena glauca* | 茶树、竹类 | 抑制作用 |
| 唇形科 Labiatae | 鼠尾草属 *Salvia* | 一年生植物 | 抑制性影响 |
| | 银叶鼠尾草 *Salvia leucophylla* | 大部分植物 | 1～2m 宽的裸带 |
| | 薄荷 *Mentha haplocalyx* | 银杏 | 明显影响 |
| 茄科 Solanaceae | 茄科 Solanaceae | 十字花科、蔷薇科 | 抑制 |
| 百合科 Liliaceae | 风信子 *Hyacinthus orientalis* | 蔷薇科 | 显著抑制 |
| 天南星科 Araceae | 石菖蒲 *Acorus gramineus* | 藻类 | 显著抑制 |
| 香蒲科 Typhaceae | 香蒲 *Typhae latifolia* | 藻类 | 显著抑制 |
| 莎草科 Cyperaceae | 水葱 *Scirpus tabernaemontani* | 藻类 | 显著抑制 |
| 睡莲科 Nymphaeaceae | 睡莲科 Nymphaeaceae | 藻类 | 显著抑制 |
| 龙胆科 Gentianaceae | 荇菜 *Nymphoides peltatum* | 藻类 | 显著抑制 |
| 雨久花科 Pontederiaceae | 水葫芦 *Eichhornia crassipes* | 藻类 | 克制藻类繁生 |
| 蕨类植物 Pteridophyte | 蕨类植物 Pteridophyte | 大部分植物 | 很强的化感作用 |

## （二）动物之间的竞争

动物种群内部的竞争要比植物之间的竞争更加明显、多样和形象，如性别关系中的雄性之间为了争夺异性而展开的激烈争斗等。另外，不同个体也会因生活环境空间、食物和其他生活资源而发生争夺。这在过度拥挤的种群中尤其明显，如非洲草原中食草动物迁移时因自相践踏而死亡的远远超过被捕食的数量。当然，种群数量太少太稀对种群也不利，因为这会导致如个体寻找配偶的难度增加、出生率下降等。

1. 阿利氏效应

Allee 等在 1931 年就提出，种群的数量或密度不能太低但也不能太高，Allee 等（1949）对此作了较详细阐述，指出：群聚有利于种群的增长和存活，但过分稀疏和过分拥挤都可阻止生长，并对生殖发生负作用，每种生物都有自己的最适密度。这就是所谓的阿利氏效应（Allee's effect）（王瑶等，2007）。即对任何生物而言，种群密度过低和过密对种群的生存与发展都是不利的，每一种生物种群都有自己的最适密度（图 12-8）。

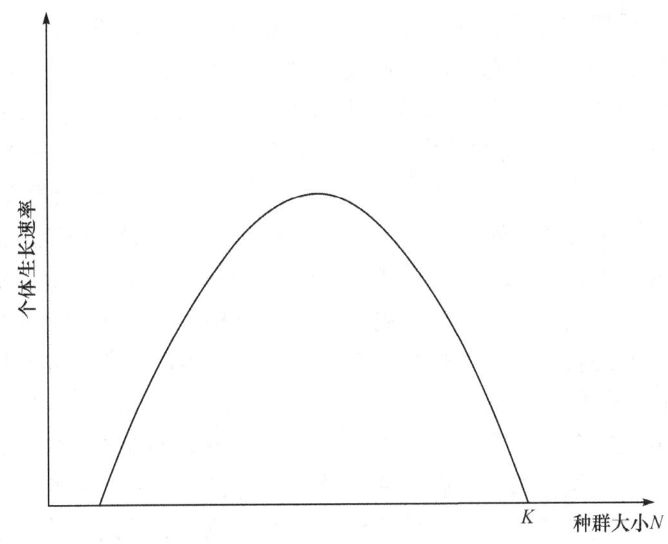


图 12-8 阿利氏效应图解（修改自 Courchamp 等，1999）
示种群中的每个个体在一个适度的密度生长最快，密度过低或过高其生长速率都变慢

此观点在保护珍稀动物和城市规划中有一定的指导作用，如将动物引种到其他地区需保证其种群有一定密度，城市人口密度要适宜，过疏、过密都会产生不良后果。Courchamp 等（1999）提出和图示了几种阿利氏效应的实例，如无花果树 *Ficus* sp. 因太稀疏只能吸引很少的传粉者；对于喜欢群居的生物（如金枪鱼 *Thunnus thynnus* ）更加重要，过度捕捞会导致种群崩溃。昆虫种群数量往往较大，如果蝇 *Anastrepha ludens* 可危害多种农作物，为降低其数量可以人工释放一些不育的雄性个体或天敌。大鹦鹉 *Strigops habroptilus* 只有 54 只，对于它们来说，寻找配偶极其困难。几乎所有濒危生物都存在这个问题。非洲野犬 *Lycaon pictus* 营集体生活，个体之间相互哺喂，因此一定种群数量对它们极其重要，如果低于一定数值，种群（如一个家族）很可能灭绝。

2. 同胞相残

在许多情况下，同一家族的兄弟姐妹之间也会因争夺资源而战，这就是同胞相残（siblicide）。其结果往往是最年轻的个体失败。在有些生物种类，往往是最年长的个体杀死其弟妹，如先出壳的个体会杀死后出壳的个体。Kitowski（2005）对波兰 13 巢乌灰鹞 *Circus pygargus* 进行过研究，发现早出鸟比晚出鸟明显占优。如果一对父母只能养活一个子女的话，那么残杀可以说是一种义务（Gargget，1977）。那为什么它们每次还要产两个蛋呢？可以这样解释：后出壳的子女只是一种保险备份，只有在其他个体没有成功出壳的情况下才有可能存活。在牛背鹭 *Bubulcus ibis* 种群中有严格的等级系统，按等级分配食物，年幼的个体往往要挨饿，但当食物充足时它们也能长大。年景好时，兄弟相残在牛背鹭并不一定发生，但在黑鹰一定发生，因为两只或更多共同成长的机会不存在；年长的个体只有在杀死弟妹的前提下才能存活（Creighton & Schnell，1996）。

## 三、合作和利他

自然选择往往是通过个体的生死存亡来实现的。因此对于特定的个体来说，为了将自身的基因成功传承，就必须进行残酷的生存斗争，就像在性选择和竞争中所看到的那样，通过争斗、驱逐、残杀等手段和方式，充分彻底地战胜对手、赢得胜利、有利自我。从这个角度来说，自私是必然的，每个个体都必须将自我的生存建立在别人死亡的基础之上。

然而，在自然种群中，我们都可以看到生物体之间的合作或互利（reciprocity），如报警（猴、鸟）、分食（狗）、照顾别人的后代（猴）、哺育及抚养后代（鸟、人）、托儿及诱拐现象（鸵鸟）。在动物中，个别情况下，也可发生在非亲个体之间。这种现象常发生在集群动物中，个体间关系密切，这种现象可以解释为是一种对未来的投资或回报。Wilkinson （1984，1990）研究了吸血蝙蝠 *Desmodus rotundus* 分享食物的行为。这种动物群居栖息，那些吃到食物的个体往往反刍给饥饿个体。当冬天来临或食物减少时，苏格兰雷鸟就会把多余的雷鸟赶走，这些鸟不久就会死去。驱逐行为是“礼仪性”的，并没有激烈的斗争。离开群体的雷鸟与其说是被赶走的，不如说是接到“请走”的信号而自愿离开的（Veuille，1988）。再如绅士般的争斗：为了争夺资源（如食物、配偶），一个物种的成员彼此之间要进行争斗，但很多情况下这种争斗是仪式性的，并不发生真正的打斗和残杀。在这种争斗中，那些能凶狠地攻击、杀死对手的个体似乎更有生存优势，但是为什么同一物种的成员之间的争斗经常只是一种装模作样的仪式，靠虚张声势就决出了胜负，而不是你死我活的？最不可思议的互惠作用是有时甚至完全是牺牲自我而利于他人的利他行为（altruism）。当狮子或猎豹接近时，往往会有一只汤姆逊瞪羚 *Gazella thomsoni* 在原地不停地跳跃，且发生在最早发现危险的汤姆逊瞪羚身上。按照一般的行为原则，最早发现危险应该最早逃跑才是最佳生存策略。但汤姆逊瞪羚却使自己暴露在捕食者面前，并以此为代价向同伴们发出警报。汤姆逊瞪羚所保护的并非它的子女或亲属，对它来说是只赔不赚的买卖，是完全意义上的利他行为。

在一些群体生活的动物中，如蚂蚁、蜜蜂等，种群的不同个体分化为不同的品系，其中只有蚁后或蜂王才能繁殖，其他的品系只负责照顾繁殖体和群体而根本不繁殖后代。这种放弃生殖的行为也可以认为是完全的利他行为。

## 四、动物的社会性

所谓社会性（eusociality），是指动物种群中出现世代重叠、群体共同抚育后代、群体中有特化的非生殖个体的现象。目前已发现在昆虫纲膜翅目、等翅目、同翅目、鞘翅目、甲壳纲中的虾及哺乳纲鼹鼠中有社会性的种类（表 12-5）（Thorne，1997），其典型代表是昆虫纲膜翅目中的蜂和蚁及等翅目中的白蚁。社会性动物中的非繁殖个体体现了利他行为的极端（图 12-9）。

图 12-9　社会性动物示例（马蜂）

**表 12-5　社会性动物主要门类及社会性起源发生的次数**（引自 Thorne，1997）

| 社会性动物门类 | 社会性起源次数 |
|---|---|
| 膜翅目 Hymenoptera | 11 |
| 等翅目 Isoptera | 1 |
| 同翅目 Homoptera | 1 |
| 鞘翅目 Coleoptera | 1 |
| 缨翅目 Thysanoptera | 1 |
| 虾 *Snapping shrimp* | 1 |
| 鼹鼠 *Naked mole rat* | 1 |
| 合计 | 17 |

## 五、动物的领域性

领域（territory）是指生物个体、家族或其他社群（social group）单位所占据的，并积极保卫不让其他成员入侵的空间。保护领域的目的主要是保护资源、营巢地，从而获得配偶和养育后代。当然也可以宽泛地理解领域，即个体或群体之间所间隔的距离大于随机状态下它们间隔的距离，就可以认为它们占有领域（尚玉昌，1986）。

领域对动物的作用和好处是很多的，也是显而易见的。例如，领域对动物获取食物是有好处的：在食物资源多或质量高的区域，动物的领域就相对较小；以花和果实为食物的灵长类的领域要比以叶子为主要食物的灵长类要大，这是因为花果较分散。一般认为，动物所占有领域足够养活其占有者。保护好领域对寻找或占有配偶当然也有好处，可以防止其他的竞争者来抢夺异性。这在一些动物如鸟类在繁殖季节才占有领域就可以看出端倪。领域存在的第三个好处是在一定程度上也减小了种群密度，从而减少了竞争强度和传染疾病的机会。再者，保护领域需要消耗大量的能量，从而间接地淘汰了种群中弱小的个体，对种群是有利的。

保护领域也要付出代价，如直接的打斗会造成死亡和伤残，至少要消耗大量能量和时间等。有实验表明，如果将一个领域的生物移除，其占有的领域就会被其他的生物所占有，可见领域需要维护和看护。只有在从领域中获得的好处或利益大于保护领域所付出的代价或成本时占有领域行为才存在。为减少代价，保卫的方式除直接进攻驱赶入侵者外，还可通过鸣叫、气味标志或特异的姿势向入侵者宣告其领域范围并威胁其离开等。

由此可见，领域在对食物资源和配偶的占有上具有重要意义，但也要付出极大代价。因而可以预测：对资源需求量大的生物（如较大较重的个体或较大的群体）其领域往往较大；代价较大时，如食肉动物追击和捕杀猎物要消耗极大能量，其领域面积要比食草动物要大得多，另外动物比植物分布得较分散也有关；领域面积和保护领域的行为在生活史中不是一成不变的，而是常常改变的，尤其是繁殖季节动物如鸟类在营巢期保护领域行为表现得最强烈，面积也大。

Schoener（1968）分析了陆生鸟类领域大小与其他一些因素的相关性。他发现，占有者的体重与领域之间有很强的正相关性，即身体较重的个体其领域往往也较大；体重接近的捕食性鸟类的领域要比杂食性或植物性鸟类的领域大，这可能与它们的食物较稀缺有关；生活在两个地区的猛禽其领域大小与猎物的密度密切相关，而生活于同一地区的猛禽其领域与其体重相关。

Duca 等（2006）发现 3 种食蚁鸟 *Dysithamnus mentalis*、*Pyriglena leucoptera*、*Thamnophilus caerulescens*（蚁鵙科 Thamnophilidae）繁殖期的领域要比平时大，并且无论在什么时候，体重大的鸟其领域也大（图 12-10）。

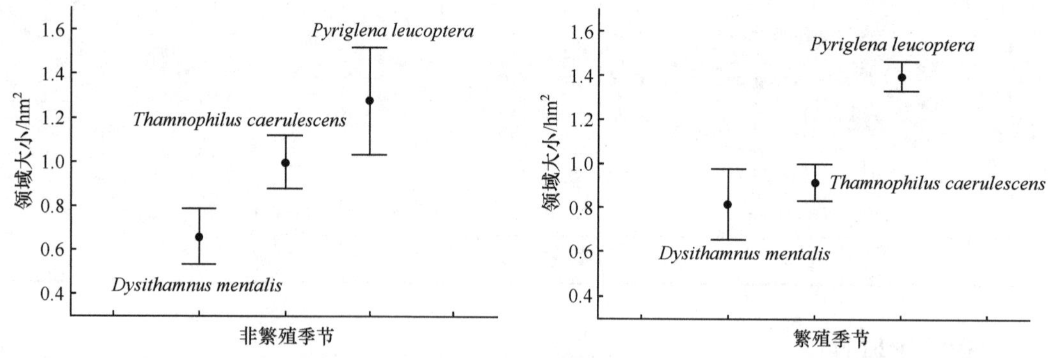


图 12-10　三种食蚁鸟在繁殖期和非繁殖期领域大小（引自 Duca 等，2006）

3 种鸟由左往右体重逐渐增加

Chan 和 Augusteyn（2003）研究了细尾鹩莺属 *Malurus* 3 种鸟的群体大小与领域大小的关系，发现只在一种鸟中二者有较强的相关性。

## 本章小结

种内关系是指存在于各种生物种群内部个体与个体之间的关系。主要的种内关系可分为性别关系、竞争、相残、合作、领域性和社会等级等。

性别关系是最重要的种内关系，表现得也十分有趣和多样。有性繁殖可以极大地提高遗传的多样性，以使生物更好地应对自然选择。性选择的方式多种多样，力量十分强大，其结果就造成性别差异越来越大。

无论是植物还是动物种群内，竞争都普遍存在。在植物，它主要表现为密度效应、化感作用、自疏法则、最后产量恒定法则等。动物之间的竞争就更加明显，甚至出现相残现象。宏观地看，这些都是自然选择的一部分。

生物种群中也存在合作、互惠甚至利他现象，动物的社会性和领域性也有其生态学基础。

## 本章重点

种内关系的表现形式；性的产生及性选择的理论基础和方式等；竞争、社会性及领域性产生的生态学原因。

## 思考题

1. 谈谈性选择与自然选择的关系。
2. 植物最后产量恒定法则的终极原因是什么？
3. 什么是密度效应？
4. 自疏现象有什么规律？
5. 什么是社会性动物？它们有什么特征？
6. 蜜蜂与白蚁都是社会性昆虫吗？它们有什么异同？
7. 动物种内竞争有什么表现？
8. 化感作用是什么？有哪些表现？
9. 领域性有什么好处？
10. 互惠与利他行为有什么区别与联系？

# 13 第十三章　种间关系

同一物种或种群内的不同个体之间的相互关系是种内关系（intraspecific relationship）。生活于同一生境中的不同物种种群之间也会发生各种各样的关系，这就是种间关系（interspecific relationship）。种间关系的形式很多，如竞争、捕食、互利共生等（表 13-1）。

表 13-1　种间关系类型

| 相互作用形式 \ 物种 | 对种群 A | 对种群 B | 描述 |
|---|---|---|---|
| 中性作用 | 0 | 0 | 两种群共存，相互之间没有影响 |
| 竞争 | – | – | 两种群竞争，彼此互相抑制 |
| 捕食 | + | – | 种群 A 杀死或吃掉种群 B 一些个体，前者获利，后者减少 |
| 寄生 | + | – | 种群 A 寄生于种群 B，并有害于后者 |
| 偏害 | 0 | – | 对种群 B 有害，对种群 A 无利害 |
| 偏利 | 0 | + | 对种群 B 有利，对种群 A 无利害 |
| 专性共生 | + | + | 彼此互相有利 |
| 共栖（互惠） | + | + | 彼此互相有利，兼性 |

注："+" 代表正相互作用；"–" 代表负相互作用；"0" 代表没有作用

## 一、种间竞争

种间竞争（competition）是指两物种或更多物种共同利用同样的有限资源时产生的竞争作用。种间竞争的结果常是不对称的，即一方取得优势，而另一方被抑制甚至被消灭。竞争的能力取决于种的生态习性、生活型和生态幅度等（图 13-1）。

Gause（1934，1935）用双小核草履虫 *Paramecium aurelia*、大草履虫 *Paramecium caudatum* 及绿草履虫 *Paramecium bursaria* 来研究利用性竞争的结果。他发现，当将 3 种草履虫分别培养在装有相同培养液的培养瓶中培养时，它们的种群增长都呈典型的 Logistic 增长曲线，即 "S" 型曲线。然而，当将双小核草履虫与大草履虫、大草履虫与绿草履虫分别培养在同一培养瓶中一段时间后，发现在前一组的培养瓶中只有双小核草履虫，而在后一组的培养瓶中，两种草履虫都存在。仔细分析后显示，双小核草履虫与大草履虫都吃培养液上层的细菌，而绿草履虫吃培养液下层的细菌。

图 13-1 生活于同一环境中的鹭类存在竞争关系

在此基础上，Gause 提出竞争排除原理（competitive exclusive principle）或称为高斯假说（Gause's hypothesis）：两个或多个对同一资源产生竞争的种，不能长期在一起共存，最后要导致一个种占优势，另外的种被淘汰，或完全的竞争者不能共存，也即生态位相同的物种不能共存。Park（1948，1954）混养杂拟谷盗 *Tribolium confusum* 和赤拟谷盗 *Tribolium castaneum* 也发现它们不能共存。Nevo 等（1972）发现两种蜥蜴 *Lacerta sicula* 和 *L. Melisellensis* 生活在不同岛上。当把它们分别引入到有对方存在的岛上时，土著种往往排斥掉引入种，但结果也有可能相反。

Tilman 等（1981）用淡水硅藻 *Asterionella formosa* 和针杆藻 *Synedra ulna* 在不同的温度下培养，发现低于 20℃时前者取代后者，高于或等于 20℃时后者完全取代前者，无论初始种群数量或密度如何。

那么不同物种竞争后的结果到底有多少种情况？或者竞争的一般模式如何？Lotka（1925）和 Volterra（1926）分别给出了回答，他们的贡献主要体现为 Lotka-Volterra 竞争模型（Lotka-Volterra competition model）。

我们知道，世代重叠的、与密度有关的单一种群数量增长遵守 Logistic 增长模型。如果假设有两种生物种群，当它们单独增长时，种群数量变化率变化分别为：

$$dN_1/dt = r_1 N_1 (K_1 - N_1) / K_1$$

$$dN_2/dt = r_2 N_2 (K_2 - N_2) / K_2$$

种群的数量变化为“S”型曲线。当种群数量小于 $K$ 值时，种群数量将继续增长；当种群实际数量接近 $K$ 值时，种群将停止增长，保持数量的平衡；当种群数量大于 $K$ 值（如实验开始时就在培养皿中放入大量个体）时，种群数量将变少，或称种群数量将萎缩（图 13-2）。种群数量之所以呈现由快到慢的增长变化甚至减少是因为种群中的不同个体要相互竞争从而淘汰了部分个体。

当两个种群生活在一起，即使其中一个种群的数量未达到其资源允许的最大数值 $K$，但由于有另一个种群存在，它也会占用大量资源，这实际竞争消耗了其资源量，变相地减少了各自的 $K$ 值。这时就会出现由于不同种群的竞争能力不同而产生的不同结果。或者说，不同种群中的个体不仅要相互竞争，它们还要与不同种群的个体进行竞争。如果两者竞争能力相当，那么不同种群的个体就相当于同一种群的个体，当两者的数量之和达到任何一个种群的 $K$ 值时，种群就会停止增长或达到平衡。

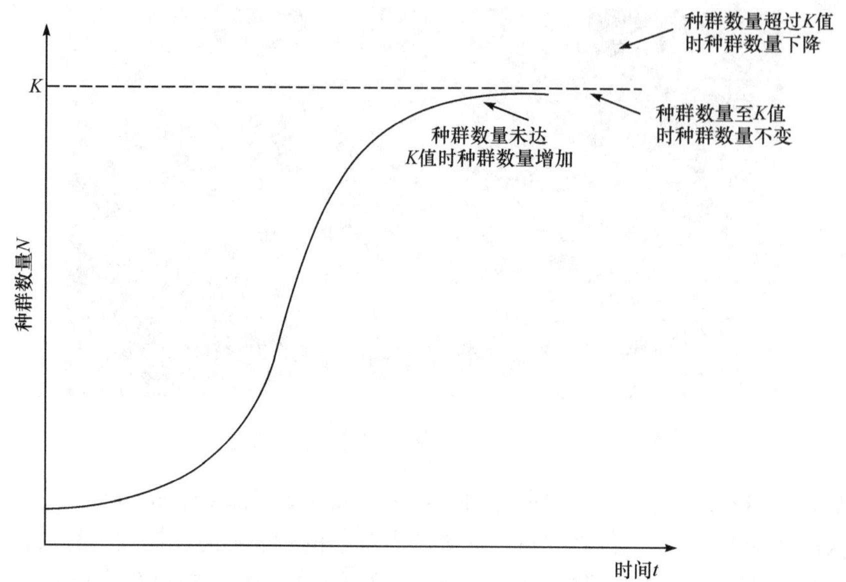


图 13-2 遵守 Logistic 增长模型的生物种群数量变动情况图示

然而实际情况要复杂得多，因为不同种群对应于其他种群的竞争能力是不同的。例如，消耗同一块草场的老鼠与另一种老鼠、或老鼠与兔子之间的竞争能力和效果肯定不同，它们分别竞争之后的结果也不尽相同，如有时是一种老鼠失败而有时可能是另一种老鼠失败。

假设有种群 1 和种群 2 生活在一起，那么表达它们竞争过程中种群数量增长率的数学公式分别为：

$$\text{种群 1 的数量变化率 } dN_1/dt = r_1N_1(K_1-N_1-\alpha N_2)/K_1 \tag{13-1}$$

$$\text{种群 2 的数量变化率 } dN_2/dt = r_2N_2(K_2-N_2-\beta N_1)/K_2 \tag{13-2}$$

直观地看，式 13-1 中的$\alpha N_2$意味着 $N_2$个种 2 所相当的种 1 个体数；同样，式 13-2 中的$\beta N_1$意味着 $N_1$个种 1 所相当的种 2 个体数。或者说，在物种 1 的环境中，每存在一个物种 2 的个体对物种 1 的效应值为$\alpha$；在物种 2 的环境中，每存在一个物种 1 的个体对物种 2 种群的效应值为$\beta$。即种 2 对种 1 的竞争系数为$\alpha$，而种 1 对种 2 的竞争系数为$\beta$。假如一个种 2 相当于 3 个种 1，或者说种 2 对种 1 的竞争系数为 3，那么$\alpha$即为 3。

现在假设当种群 1 数量达到平衡时，用公式表示为 $dN_1/dt=0$，即 $r_1N_1(K_1-N_1-\alpha N_2)/K_1=0$，可推导出 $K_1=N_1+\alpha N_2$。如果只存在种 1 而无种 2，则 $N_1$的值达到 $K_1$时其平衡；如果再考虑另一种极端情况，即种群 1 全部为种 2 排斥掉，那么相当于 $K_1$个种 1 的种 2 数量为 $K_1=\alpha N_2$，则 $N_2=K_1/\alpha$；如果两种数量之和也相当于 $K_1$，即 $N_1+\alpha N_2=K_1$，这时种 1 也不再增长（图 13-3A）。同样，也可以得到类似的种 2 的情况（图 13-3B）。

而实际情况是，当两种生活于一起时，即使其中任何一个已达到平衡或种群数量已不再增长，另一物种的数量却仍可能变动，从而影响两种数量变动。换言之，当两种的竞争系数不同时，竞争的可能结果有 4 种（图 13-4）。

当种 2 对种 1 的竞争能力小（即竞争系数$\alpha$小于 1），或者说种 1 对种 2 的竞争能力强（即竞争系数$\beta$大于 1），同时种 1 个体对同种个体的竞争能力小于对种 2 的竞争能力（即种 1 内部较容忍、团结，一个个体对同种个体的相对竞争效应为 $1/K_1$，一个种 2 个体对同种的竞争

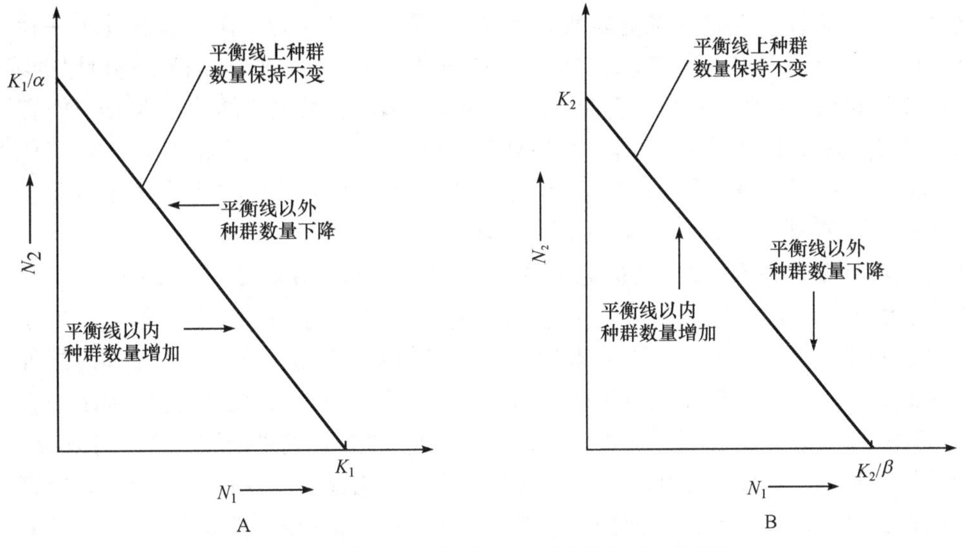


图 13-3 竞争时两种群分别呈现平衡状态条件图示

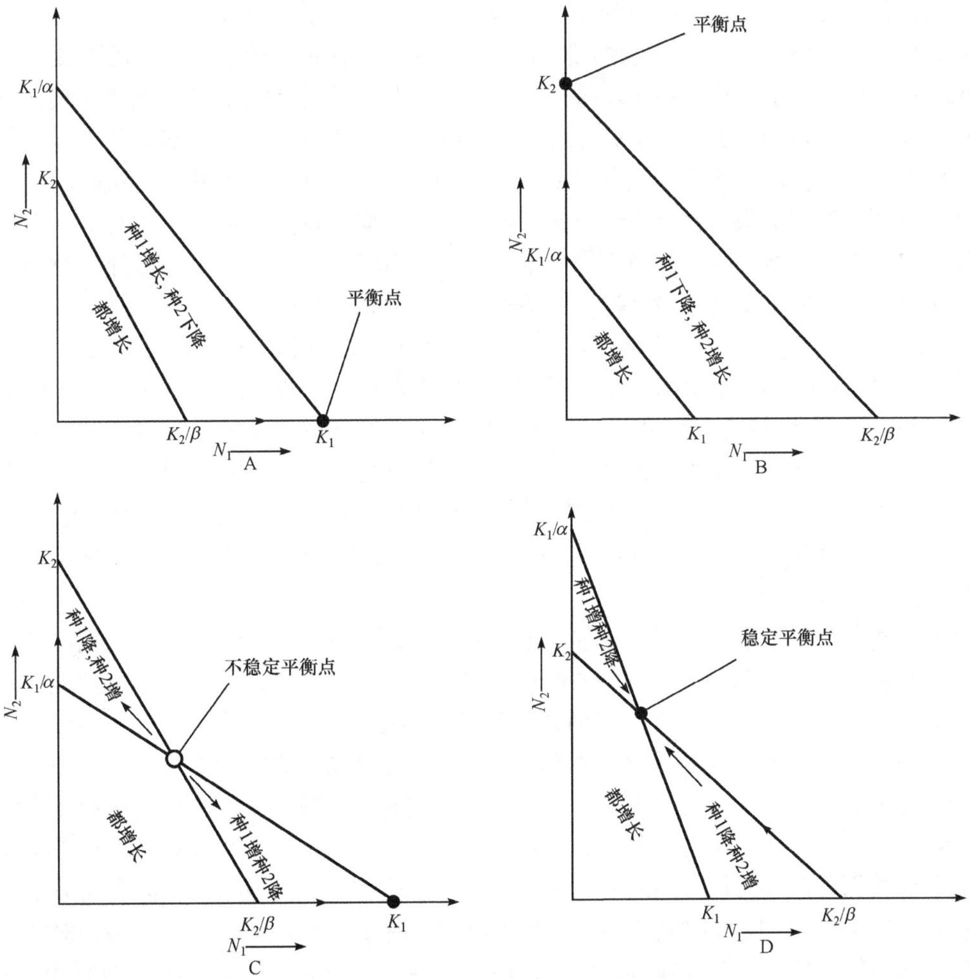

图 13-4 两种群竞争可能的四种结果图示

A. 种 1 获胜；B. 种 2 获胜；C. 不稳定平衡；D. 稳定平衡

效应为 $1/K_2$，一个种 1 对种 2 的竞争效应为$\beta/K_2$，因为竞争系数为$\beta$），这时种 1 获胜。直观地从图 13-4A 中可以看出，当 $K_1> K_2/\beta$、$K_2<K_1/\alpha$时，种 2 达到平衡后种 1 还可以继续增长，从而最终排斥种 2。这种情况常发生在某空间或某生境能容纳较多的种 1 但却只能容纳较少的种 2（即 $K_1>K_2$）、同时种 1 竞争能力较强时（即$\beta>\alpha$）。如一块草地能容纳 100 只兔子（种 1）而只能容纳 50 只老鼠（种 2，假设老鼠只取食很嫩的草），同时 1 只兔子可竞争过 3 只老鼠，如果将它们同时放养于此草地，那么显然兔子最终获胜。

当种 1 对种 2 的竞争能力小（即竞争系数$\beta$小于 1），或者说种 2 对种 1 的竞争能力强（即竞争系数$\alpha$大于 1），同时种 2 个体对同种个体的竞争能力小于对种 1 的竞争能力（即种 2 内部较容忍、团结，一个个体对同种个体的相对竞争效应为 $1/K_2$，一个种 1 个体对同种的竞争效应为 $1/K_1$，一个种 2 对种 1 的竞争效应为$\alpha/K_1$，因为竞争系数为$\alpha$），这时种 1 获胜。直观地从图 13-4B 中可以看出，当 $K_2> K_1/\alpha$、$K_1<K_2/\beta$时，种 1 达到平衡后种 2 还可以继续增长，从而最终排斥种 1。这种情况常发生在某空间或某生境能容纳较多的种 2 但却只能容纳较少的种 1（即 $K_2>K_1$）、同时种 2 竞争能力较强时（即$\alpha>\beta$）。如一块草地能容纳 50 头野猪（种 1）而能容纳 100 头鹿（种 2，假设野猪较不易与其他个体共存），同时一头鹿可竞争过 2 头野猪（假设因有角），如果将它们同时放养于此草地，那么显然鹿最终获胜。

刘金燕等（2008）综述了 B 型烟粉虱 *Bemisia tabaci* 在很多国家竞争取代非 B 型烟粉虱的现象。在美国，B 型烟粉虱在很短时间内取代了土著 A 型烟粉虱，在墨西哥、澳大利亚、巴西和我国浙江的杭州、温州、宁波等地，也相继发现 B 型烟粉虱取代本地非 B 型烟粉虱的现象。同时，研究还表明 B 型烟粉虱能竞争取代其他植食性害虫如叶蝉、蚜虫等。

胡玲玲等（2004）报道桃蚜 *Myzus persicae* 和萝卜蚜 *Lipaphis erysimi* 共存时，单头产蚜量均比单独饲养时显著下降，种间竞争作用明显。在 10 头/株、15 头/株密度下，桃蚜的竞争作用大于萝卜蚜，萝卜蚜的寿命和单头产蚜量都极显著低于桃蚜。

金波和陈集双（2005）通过体外转录方法，将大小分别为 369nt 和 385nt 的 2 个黄瓜花叶病毒的卫星 RNA-Yi 和卫星 RNA-Yns 共同与不含卫星 RNA 的辅助病毒株 CMV-CNa 进行假重组后接种心叶烟。结果表明在接种 5d 的接种叶上同时检测到卫星 RNA-Yi 和卫星 RNA-Yns，10d 后亦可同时检测到 2 株卫星 RNA，但接种 15d 后在叶组织中只检测到前者。再将接种 5d 的接种叶扩大接种到几种不同的指示植物后，经检测也只获得 1 条与卫星 RNA-Yi 大小相符的条带。结果显示卫星 RNA-Yns 对卫星 RNA-Yi 表现出明显的竞争优势，它们在辅助病毒中不能形成稳定的共存关系。

当种 1 和种 2 的竞争能力都较强时（即竞争系数$\alpha$和$\beta$都大于 1），或者说它们内部竞争能力都小于对别种的竞争能力（即种群内部较容忍、团结，而对别的物种都拼命竞争且能力较强）时，即 $1/K_2<\alpha/K_1$、$1/K_1<\beta/K_2$，这时两种达到不稳定的平衡。直观地从图 13-4C 中可以看出，当 $K_1>K_2/\beta$、$K_2> K_1/\alpha$时，两条平衡线有一个交点。但如果此交点稍有移动，那么其就位于一个种群平衡线之下而在另一种群平衡线之上，这时前者数量就可能再次增加并迫使另一种群数量持续减少，即如果起始种群数量存在变动、个体情况有变化或环境中有干扰时，其平衡就会打破而可能朝任何方向发展。这种情况常发生在某空间或某生境能容纳数量相当的种 1 或种 2（即 $K_2=K_1$）、同时竞争能力也相当但较大时（即$\alpha=\beta>1$），即两个物种对资源的消耗情况差不多但竞争能力都较强时，结果就很难预料。如一块草地能容纳 50 只野兔（种 1）或 50 只家兔（种 2），同时 1 只野兔拼命挣扎时平均可竞争过 2 只家兔（因较强壮）、1 只家兔玩命时也可竞争过 2 只野兔（因个体较大），如果将它们同时放养于此草地，那么它们可能共存，也可能是任何一种获胜。同时，在此过程中，如果人为地移走部分家兔或野兔，那么结果就很难预测。不稳定共存的情况在自然界很难发现。

刘军和和贺达汉（2008）通过单独饲养和混合饲养，研究了种间竞争对七星瓢虫 *Coccinella septempunctata* 与异色瓢虫 *Harmonia axyridis*（都是桃蚜 *Myzus persicae* 的重要捕食性天敌）种群数量增长的影响。结果表明混合饲养时，七星瓢虫的种群增长数量在猎物相对充足时大于异色瓢虫，而猎物相对不足时，七星瓢虫的种群增长数量小于异色瓢虫。

当种 1 和种 2 的竞争能力都较弱时（即竞争系数$\alpha$和$\beta$都小于 1），或者说它们内部竞争能力都大于对别种的竞争能力（即种群内部不能容忍、不团结，而对别的物种时竞争能力都较弱）时，即 $1/K_2>\alpha/K_1$、$1/K_1>\beta/K_2$，这时两种达到稳定的平衡。直观地从图 13-4D 中可以看出，当 $K_1<K_2/\beta$、$K_2< K_1/\alpha$时，两条平衡线有一个交点。如果此平衡点有移动，就会位于一种的平衡线之下而在另一种的平衡线之上，这时必然引起一种数量增加而另一种数量减少从而使平衡点重新回到初始平衡处。即无论种群数量如何变动、个体情况如何变化或环境如何干扰时，其平衡总会存在。这种情况常发生在某空间或某生境能容纳数量相当的种 1 或种 2（即 $K_2=K_1$）、同时竞争能力也相当但较小时（即$\alpha=\beta<1$），即两个物种对资源的消耗情况差不多但竞争能力都较弱时，结果是它们两种共存。如一块草地能容纳 50 只野猪（种 1）或 50 只家猪（种 2），因胆小它们各自平均 1 个个体只相当于 0.5 个另一种个体。如果将它们同时放养于此草地，那么最终它们必然共存，无论它们受到何种干扰。

张嘉生（2005）通过对有钩栲 *Castanopsis tibetana*、石栎 *Lithocarpus glaber*、栲树 *Castanopsis fargesii*、东南栲 *Castanopsis jucunda*、深山含笑 *Michelia maudiae*、香叶树 *Lindera camunis* 等为优势种的 10 个阔叶林样地进行调查结果表明：中性偏阴的钩栲和东南栲种群将取代喜光的石栎种群；东南栲种群与钩栲种群随时间推移达到共存的竞争结果。

Lotka-Volterra 竞争模型是针对多种生物对同一资源竞争结果的预测和拟合，基本也只涉及种群的密度和增长率，对物种之间的竞争系数也不能预测。或者说，Lotka-Volterra 竞争模型针对的是稳定状态。如果两种或两种以上生物对两种或两种以上不稳定供应的资源展开竞争，情况则复杂得多。

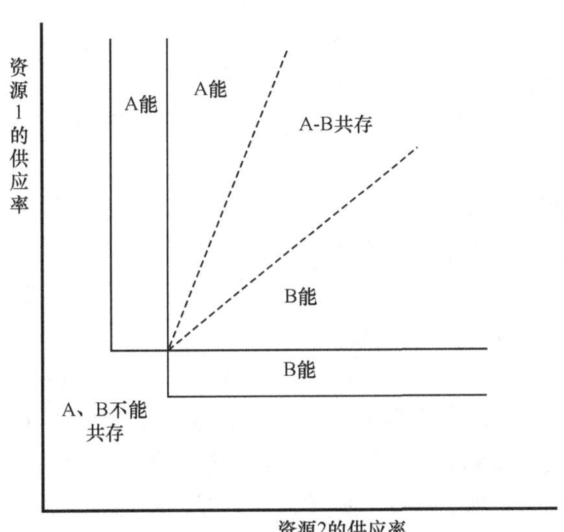


图 13-5 两种生物对两种资源的竞争结果图解（修改自南春容和董双林，2003）

Tilman（1977）用美丽星杆藻 *Asterionella formosa* 和小环藻 *Cyclotella meneghiniana* 做了76种不同组合的实验。结果发现，当磷酸盐对两种藻生长需求都不足时美丽星杆藻在竞争中占优势，而当硅酸盐对两种藻生长需求都缺乏时小环藻占优势。如果它们生长在一起各自受到一种资源供应量的限制时，它们可以共存（图 13-5），即任何一种生物都不可能在任何情况下都完全竞争获胜。由此可以解释自然条件下不同湖水中两种藻浓度的不同。

如果多个物种对多种资源展开竞争则结局和模式组合则更多更复杂。

## 二、捕食作用

捕食（predation）指一种生物摄取其他种生物个体的全部或部分，前者称为捕食者或掠食者，后者称为猎物或被捕食者（图 13-6）。

图 13-6　捕食作用示例

A. 正在吃鱼的池鹭；B. 捕虫植物瓶子草

捕食者与猎物种群数量增长率的变化也可以用 Lotka-Volterra 捕食模型来描述。如果捕食者与猎物之间是一一对应的关系，即捕食者只捕食这一种猎物，这时可以推想到假设没有捕食者，那么猎物的增长是指数式的，即种群数量变化率 $dN/dt = r_1 N$；对于捕食者来说，如果没有猎物它就不会存在，即它的种群数量变化率 $dP/dt = -r_2 P$。式中 $N$ 和 $P$ 分别为猎物和捕食者的密度；$r_1$、$r_2$ 分别为猎物和捕食者的种群增长率。

当两者共同生活于同一生境中时，捕食成功率还依赖于两者相遇的概率和捕食者的捕食效率，所以：

① 猎物种群的数量变化率 $dN/dt = r_1 N - \varepsilon PN$。式中，$\varepsilon$是猎物的被捕食效率，一般是常数；$PN$ 是两者密度之积，表示两者相遇的概率。

② 捕食者种群数量变化率 $dP/dt = -r_2 P + \theta PN$。式中，$\theta$是捕食者的捕食效率（为常数）；$PN$ 是两者密度之积，表示两者相遇的概率。

从式中可以看到，当猎物种群的数量变化率为零时，即 $dN/dt = r_1 N - \varepsilon PN = 0$ 时，可以推导出 $P = r_1/\varepsilon$；当捕食者种群数量变化率为零时，即 $dP/dt = -r_2 P + \theta PN = 0$ 时，可以推导出 $N = r_2/\theta$。对于特定的生物，$r_1$、$r_2$、$\varepsilon$和$\theta$都为常数，所以无论是猎物还是捕食者，当它们的种群数量不再变化时，其种群密度为一定值，如果作图其为一直线（图 13-7A、B）。将图 13-7A 和图 13-7B 结合到一个图中并以种群数量变化率对它们的密度作图，就可得到图 13-7C。可见无论是猎

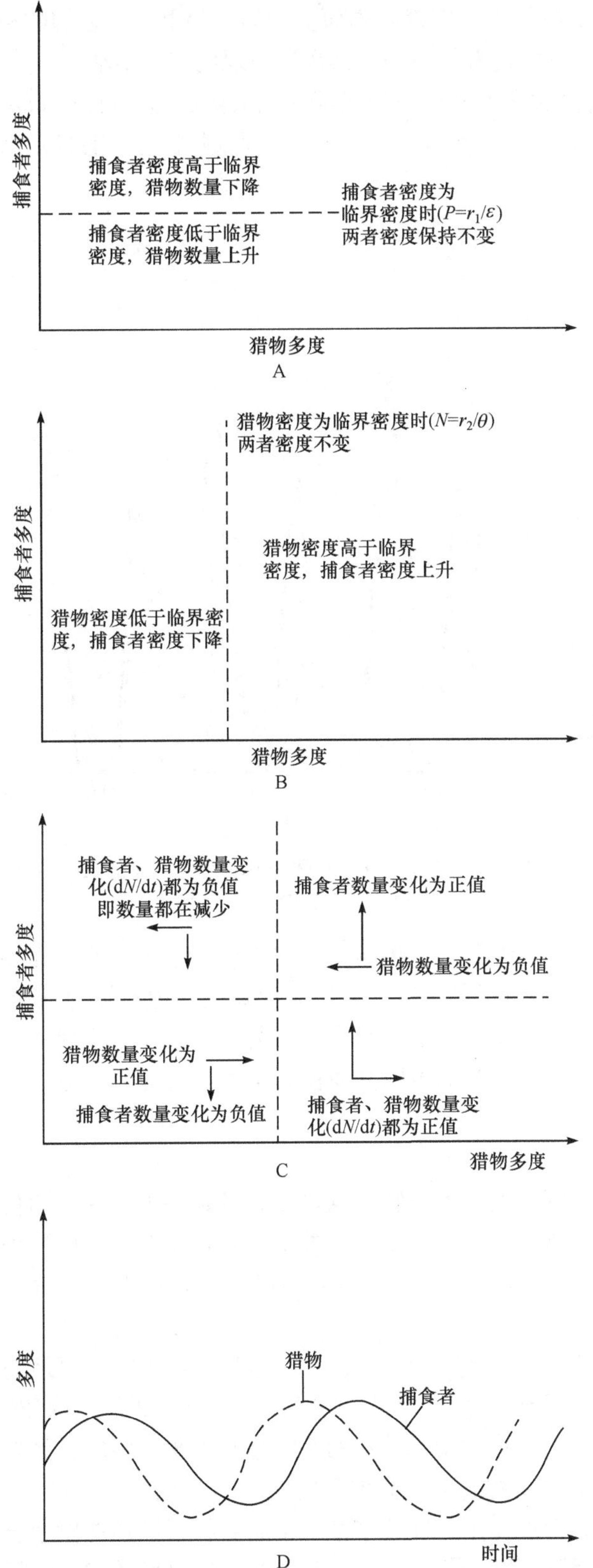


图 13-7 捕食作用过程中猎物与捕食者密度和数量变动情况

物还是捕食者，其种群数量变化率都是周而复始的。如果再以它们的种群数量对时间作图，就可得到图 13-7D。可见捕食者与猎物种群数量呈现周期性变动。

关于捕食-猎物之间关系的实际例证较经典的为美洲兔 *Lepus americanus* 与加拿大猞猁 *Lynx canadensis* 之间的关系，它们的种群数量变动呈现密切的相关性（King & Schaffer，2001，图 13-8）。

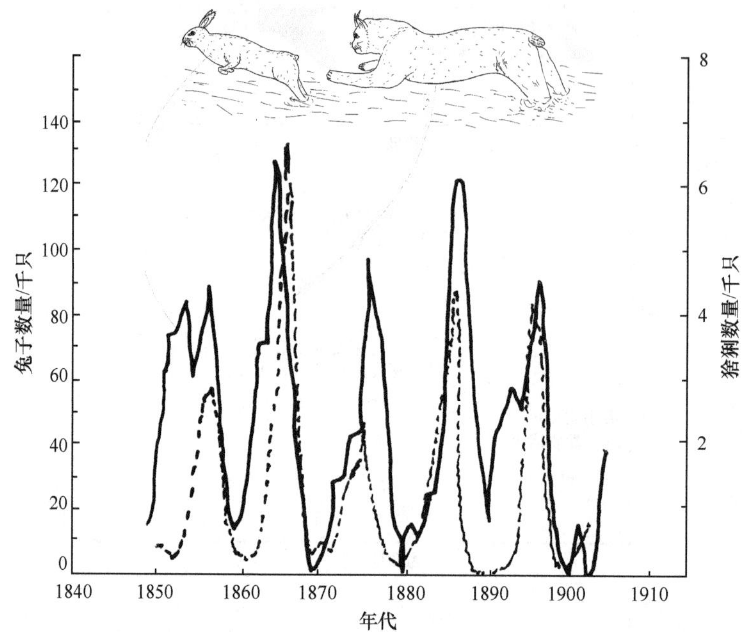


图 13-8 美洲兔与加拿大猞猁在 1850～1905 年间的变动情况（根据 King & Schaffer，2001 绘制）
种群数量根据毛皮收购量统计而得

植物也会捕食。世界上常见的食虫植物约有 500 种，大多数分布在东半球的热带地方。我国有 30 多种，猪笼草、瓶子草（图 13-6B）、茅藁菜和狸藻是常见种类。

在自然界，猎物与捕食者之间的关系实际要复杂得多。因为捕食者食谱往往较多样，专食性种类并不多，而且随着季节的不同其捕食对象也可能发生改变。

## 三、食草作用

食草（grazing）是指动物吃食植物，这可以看做是一种特殊的捕食作用，但也有其自身特点，如植物不能逃避被食，而动物对植物的危害只是使部分机体受损害，留下的部分能够再生（图 13-9）。描述食草作用的数学模型与捕食作用相同，种群动态和植物生物量也可能呈现周期性的变化。

动物对植物的采食作用（或称为广义的放牧过程）对植物或草地的影响是多方面的（侯扶江和杨中艺，2006），影响植物的生长、种群的组成、群落的结构和生态系统的能量流动。就动态上看，一定强度的放牧作用对草场的影响是有刺激作用的，而如果强度过大，就会损害草场。Hilbert 等（1981）综合多种数据后建立了一个模型（图 13-10），其显示一定程度的放牧对草地的生物量有促进作用，即牧草被取食后有补偿和超补偿生长，但超过一定强度后草场就会退化，严重时则不能恢复。一定程度的放牧对草场的刺激作用可能的原因有：草场冠层微气候和土壤性状的改善、提高植物的光合能力和呼吸作用。

图 13-9　食草作用示例（正在吃树叶的羊驼）

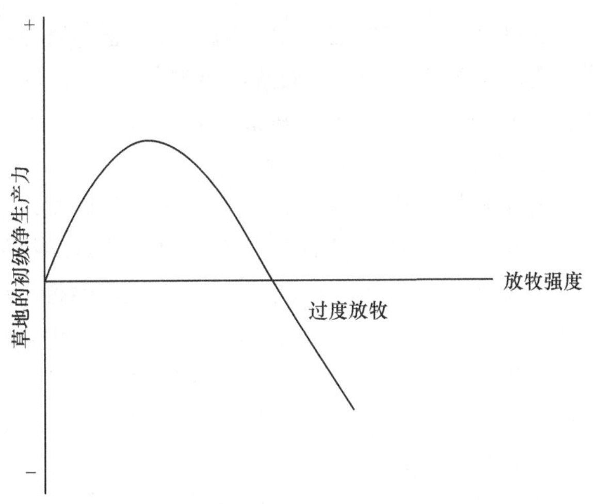


图 13-10　食草作用对草场的作用模型（引自 Hilbert 等，1981）

## 四、寄生

寄生（parasitism）是指一个种（寄生物、寄生虫）寄居于另一个种（寄主）的体内或体表、靠寄主体液、组织或已消化物质获取营养而生存。寄生物和寄主多种多样，如哺乳动物的寄生物从病毒、细菌到动物都存在，较常见的有感冒病毒、血吸虫、蛔虫、蚊子、螨、虱子、跳蚤、线虫（图 13-11A）等。世界上的寄生植物约有 3000 种，分属 16 科，占种子植物的 1%。寄生植物已分布全球，它们通过吸器吸取寄主植物营养而生存，常见的寄生植物有列当属 *Orobanche* 和菟丝子属 *Cuscuta*（图 13-11B）的植物。

扫一扫看彩图

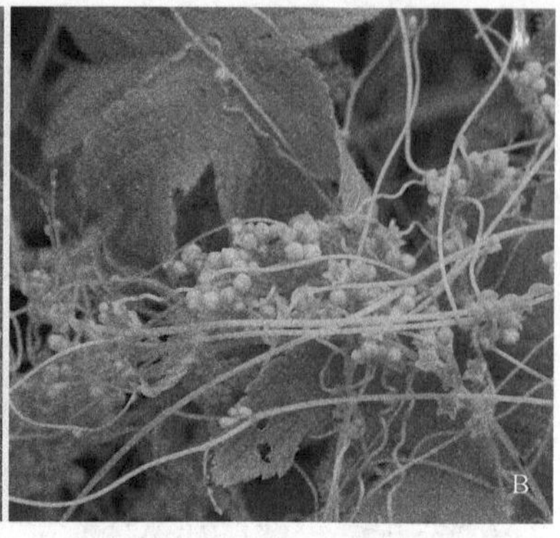

图 13-11 寄生示例

A. 寄生于甲虫体内的线虫；B. 菟丝子

寄生的方式也多种多样，如体外寄生（寄生在寄主体表）与体内寄生（寄生在寄主体内）。描述寄生的数学模型也与捕食作用相同。

一般意义上的寄生是指寄生物自身寄居于另一种。在自然界尤其是昆虫中（如寄生蜂和寄生蝇）有一类较特别的寄生现象：它们将卵产于别的昆虫（如蛾或蝴蝶幼虫）体内，任其发育，并最终将寄主吃光杀死，而其本身并不直接寄生于别的生物。有时把这种现象叫做拟寄生（parasitoidism）。

一些寄育性的鸟类会将卵产于别种鸟的巢中，由于其形态与寄主的卵很相似，且小鸟孵出后也极似寄主的雏鸟，使寄主无法分辨，进而抚养这些冒牌的幼鸟。这可称为窝寄生（nest parasitism）。这方面的典型例子是布谷鸟（如 *Cuculus* 属）。有些美国黑鸭 *Fulica americana* 将卵产于别的同类巢中，让其替自己孵（Lyon，2003）。

面临着竞争、捕食、寄生和取食的多重压力，动植物都已进化出多种机制来抵御伤害。例如，植物可合成次生有毒化合物而使自己有毒或不可口、营养缺损而迫使动物取食更多的植物种类，以及机械防卫如有刺等。在植物中已发现成千上万种有毒次生化合物，根据植物次生化合物防卫动物觅食的性质，可将其分为有毒的质量性防卫化合物及限制觅食、抑制消化的数量性防卫化合物。氰类及生物碱类为质量性防卫化合物，易被动物吸收，在剂量很低时，即能对动物产生潜在的生理影响。数量性防卫化合物包括酚类和萜类化合物，可影响植食性动物的食物选择和食物利用效率。

植物次生化合物对动物采食有多重影响。植物以其派生的次生化合物抑制动物的摄食，进而影响其消化、代谢及生长等生理生态特征。所有的植物都含有毒素，而动物对毒素的摄食量取决于饲草中营养元素和毒素的种类及数量。研究表明，植物性口粮中次生化合物浓度增加，动物采食量呈指数下降。芳香环上的乙醛基可能是决定某类化合物是否具有阻止动物采食作用及程度的主要因子（王元素等，2007）。

营养缺损的情况在谷物中较常见，如稻谷和麦子中缺赖氨酸（lysine）和苏氨酸（threonine），而豆类中无甲硫氨酸（methionine），而它们都是动物生长发育必需的氨基酸。因此取食多种植物或者说广谱性取食对动物是必要的，而对特定的植物而言，这显然是有利的。

动物的防卫机制就更加多样，如有毒、机械防卫（如穿山甲和犰狳的厚甲、刺猬和豪猪的尖刺等）、逃跑、反击、保护色、拟态以及进化出免疫系统等。

## 五、偏利共生

当两个或多个不同物种的个体生活于同一生境中时，对一方有利而对其他影响不大的情况就是偏利共生（commensalism）。如附着在树干上的地衣、苔藓与树之间的关系就可称为偏利共生，因为树为它们提供了附着点，并且在高处可获得更多的光照、雨水和空间等。而它们对树几乎没有什么影响（图 13-12）。陈祖宸等（1985）报道，在福建沿海捕到青环海蛇 *Hydrophis cyanocinctus*、长吻海蛇 *Pelamydrus platurus* 和黑头海蛇 *Hydrophis melanocephalus* 合计 3113 条。其中 24 条海蛇身体上附着数量不同（1～28 个）的细板条茗荷 *Chochadermavirgatum hunteri*。茗荷随着海蛇的到处游移而扩大了分布范围并易于获得丰富的食物和氧气以及保护。被茗荷附着的海蛇个体生长发育一般正常，如若附着数量较多，则见附着局部皮肤肌肉有些萎缩。它们之间是偏利共生关系。海洋中有几种高度特化的鲫鱼，头顶的前背鳍转化为由横叶叠成的卵形吸盘，借以牢固地吸附在鲨鱼和其他大型鱼类身上，借以移动并获取食物，也是偏利共生的典型例子。

图 13-12　偏利共生示例

A. 长在植物枝干中的蕨类对树的影响很微弱；B. 喜鹊将巢建在树上，对树的影响很小

假设有两个物种偏利共生。描述它们各自种群数量变化率的数学公式为：

种群 1 的数量变化率 $dN_1/dt = r_1N_1[1-N_1/(K_1+\alpha N_2)]$

种群 2 的数量变化率 $dN_2/dt = r_2N_2(K_2-N_2)/K_2$

对种 2 来说，因种 1 对其没有什么影响，那么它的种群数量变化率遵循 Logistic 方程；而对种 1 来说，由于种 2 的存在对其有利，简单或直观地可以理解为它可以扩大种 1 的资源容纳量，即环境原先只可容纳 $K_1$ 个种 1 个体，而现在扩大成 $K_1+\alpha N_2$，$\alpha$为种 2 对种 1 的有利效应或系数。

## 六、偏害共生

偏害共生（amensalism）在植物的化感作用中较明显，即一些植物通过分泌或挥发出一些化学物质而抑制其他植物的生长（图 13-13）。另一个明显的例子是一些微生物如青霉菌等可产生一些抗生素来抑制其他微生物的生长。在热带雨林中，常有一些植物生长在其他植物的叶子表面。

图 13-13　偏害共生示例（密植的草阻止了周围其他植物的生长）

假设有两个物种偏害共生。描述它们各自种群数量变化率的数学公式为：

种群 1 的数量变化率 $dN_1/dt = r_1 N_1 (K_1 - N_1 - \alpha N_2) / K_1$

种群 2 的数量变化率 $dN_2/dt = r_2 N_2 (K_2 - N_2) / K_2$

对种 2 来说，因种 1 对其没有什么影响，那么它的种群数量变化率也遵循 Logistic 方程；而对种 1 来说，由于种 2 的存在对其有害，类似于受到捕食等的作用。$\alpha$为种 2 对种 1 的有害效应或系数。

## 七、互利共生

互利共生（mutualism）是指不同种个体生活在一起，彼此对对方都有利，即一种互惠关系，可增加双方的适合度和适应性。如果双方分开，彼此都不能生存。地衣是真菌与藻类的共生体，真菌为藻类提供附着点和生活空间，而藻类提供菌丝光合作用所合成的有机物（图 13-14）。与此类似，珊瑚由珊瑚虫和甲藻共生在一起，前者为后者提供附着点而后者为前者提供糖分。有些有花植物与传粉动物之间也形成特定的共生关系：植物为动物提供食物，而动物为植物传粉。如果其中任何一种消失，那么与其对应的物种也必将消失。如桑科榕属 *Ficus* 植物与榕小蜂之间的关系。马炜梁和吴翔（1989）首次在我国大陆发现薜荔榕小蜂 *Blastophaga pumilae* 与薜荔 *Ficus pumila* 之间严格的共生关系。薜荔花序中的雄花在雌花开过一年后才成熟。前一年被母亲产于雌花并寄生于薜荔花子房内的薜荔榕小蜂在每年的 5 月上旬发育成成虫，在子房壁打洞逃出后在花朵内交尾。雄虫交尾后就死亡了，雌虫爬出隐头花序的开口。在此过程中，身上沾满成熟的花粉。雌虫去另一朵成熟的雌花产卵过程中帮植物传粉，而此花的雄花这时还未发育，要到第二年小蜂羽化时才成熟。动物肠道内的细菌可以帮助分解动物不能分解的一些纤维等也是一种共生。小蠹科 Scolytidae 材小蠹属 *Xyleborus* 昆虫与多种真菌形成共生关系：材小蠹不能独立繁殖，必须依赖真菌提供营养而繁殖；幼虫不能单独生活，必须有母虫指引和控制真菌的生长，并由母虫喂食；雄虫短命、退化，成为单纯的授精者，在生活中不起作用；共生真菌生长被动，成为作物形式，以被动方式传播和扩散，放弃选择寄主的权利，失去有性繁殖的利益（殷蕙芬，1983）。

假设有两个物种互利共生。描述它们各自种群数量变化率的数学公式为：

种群 1 的数量变化率 $dN_1/dt = r_1 N_1[1-N_1/(K_1+\alpha N_2)]$

种群 2 的数量变化率 $dN_2/dt = r_2 N_2[1-N_2/(K_2+\beta N_1)]$

简单或直观地可以理解为它们的存在为各自扩大了环境容纳量，如环境原先只可容纳 $K_1$ 个种 1 个体，而现在扩大成 $K_1+\alpha N_2$；$\alpha$为种 2 对种 1 的有利效应或系数，$\beta$为种 1 对种 2 的有利效应或系数。

图 13-14 互利共生示例（地衣是藻类与真菌共生形成的）

## 八、共栖

共栖（symbiosis）又称为原始协作或兼性互利共生。共生的双方分开后都能生存但状况远较共生时要差。菌根真菌即丛枝菌根真菌（arbuscular mycorrhizal fungi）与植物互惠共生的关系遍及整个植物界，包括被子植物、裸子植物、蕨类植物和一些苔藓植物。在被子植物中至少有 80%以上的种群能形成菌根真菌共生体，只有少数科如十字花科、石竹科、藜科、蓼科和莎草科等例外。丛枝菌根可以扩大寄主植物根吸收面积、提高植物根系间矿质养分的循环、增强寄主植物光合作用及水分循环运转，提高植物群落的多样性。同时，共生体可以帮助植物抵御不良环境胁迫及病虫害，从而使植物健康生长，真菌从植物处获得营养（刘炜和冯虎元，2006）。海洋中的有许多鱼类和虾类与其他的一些鱼类形成紧密的类似“清洁工”与“顾客”之间的关系。“清洁”鱼或“清洁”虾帮助“顾客”鱼从身上剔除寄生物或死亡的皮肤，而“顾客”为它们提供食物。豆类（如豌豆）和根瘤菌 *Rhizobium* 之间也可形成共栖关系：豆类为菌提供食物，而菌为豆类提供合成的氮肥。蚂蚁和树、蚂蚁与蚜虫之间也可形成共栖关系。树或蚜虫为蚂蚁提供食物（如蜜汁或香腺），蚂蚁为蚜虫或树提供保护等。牛背鹭与食草动物之间也有一定的互利作用：食草动物在取食的过程中会惊起很多昆虫，这为鹭鸟等提供了食物；而鸟为食草动物提供了预警（图 13-15）。

描述共栖的数学模型与共生相同。

图 13-15 共栖示例（牛背鹭与牛）

## 九、中性作用

中性作用（neutralism）指两种或更多的物种生活在一起，但彼此互不影响。Getz 等（2007）对美国伊利诺伊州中东部的蓝草和高草牧场共生的橙腹田鼠 *Microtus ochrogaster* 和草原田鼠 *Microtus pennsylvanicus* 开放种群进行了去除实验，以测定潜在的种间竞争。在蓝草草原，橙腹田鼠和草原田鼠的种群密度不因另一种的存在而受抑制；同时，在另一种存在的情况下，相互间对月存活率、青年鼠持久性生殖或迁入鼠数量没有负面影响，尽管在高草草原，草原田鼠似乎对橙腹田鼠的种群密度有强烈影响，并限制了迁入鼠的数量，但是雌橙腹田鼠的存活率、青年鼠的持久性和生殖活动的比例不因草原田鼠的存在而受影响。总之，在此研究地点，种间关系没有对橙腹田鼠和草原田鼠共存种群的动态起到驱动作用。

描述中性作用关系的数学模型与其单独生长时一致。

## 本章小结

种间关系是指生活于同一生境中的不同物种种群之间发生的各种各样的关系，其形式有竞争、捕食、互利共生、共栖（兼性互利共生）、偏利共生、偏害共生、中性作用、寄生、食草作用等。对每一种形式都有相应的数学模型进行拟合和归纳，而逻辑斯谛（Logistic）方程是所有数学模型的基础。

高斯假说（即竞争排除原理）指出两个或多个对同一资源产生竞争的种，不能长期在一起共存，最后要导致一个种占优势，另外的种被淘汰，或完全的竞争者不能共存，也即生态位相同的物种不能共存。Lotka-Volterra 竞争模型对种间竞争的结果有公式描述。当只有两个种时，其公式分别为：

种群 1 的数量变化率 $dN_1/dt = r_1 N_1 (K_1 - N_1 - \alpha N_2)/K_1$

种群 2 的数量变化率 $dN_2/dt = r_2 N_2 (K_2 - N_2 - \beta N_1)/K_2$

竞争的结果有 4 种，分别为稳定共存、不稳定共存或一种获胜。如果参加竞争的物种其竞争能力在不同时期发生改变，资源的供应量也会发生改变，则竞争的情况就更复杂。

捕食作用可用 Lotka-Volterra 捕食模型来归纳，其公式为：

猎物种群的数量变化率 $dN/dt = r_1 N - \varepsilon PN$

捕食者种群数量变化率 $dP/dt = -r_2 P + \theta PN$

寄生、食草作用的公式与捕食类似。

## 本章重点

竞争排除原理、Lotka-Volterra 竞争模型和捕食模型、竞争的 4 种结果及其原因；各种种间关系的实例。

## 思考题

1. 为什么会存在种间关系？
2. 种间关系有哪些类型？
3. 为什么会产生竞争排除现象？
4. 为什么竞争有可能产生 4 种结果，其数学基础为何？
5. Lotka-Volterra 竞争模型中的各参数意义为何？有无实际作用？
6. Lotka-Volterra 捕食模型中的各参数意义为何？
7. 为什么捕食者与猎物的数量在一定条件下会呈现周期性变动？这种现象普遍吗？为什么？
8. 中性作用有哪些实例？
9. 共生与共栖的区别与联系为何？
10. 共生有哪些现象与实例？

# 14

# 第十四章　生　态　位

生态位（niche）是生态学中的一个重要概念和核心内容，也是较难理解和掌握的概念。历史上不同的研究人员提出过多个版本的定义。为形象地表现生态位，人类发明了多种图形和维度来图示和表示它。由于自然生物之间的相互作用，尤其是竞争、捕食等关系的存在，在群落中不同的生物都具有不同的生态位，尽管有时它们可能有部分重叠。群落物种多样性与各物种的生态位大小和宽度、它们之间的重叠性等有密切的关系。

## 一、生态位的概念及其演进

生态位的概念与定义经历过很长的演进和发展（朱春全，1993；张光明和谢寿昌，1997；王凤等，2006）。Streere（1894）对不同鸟类分离而居于菲律宾各岛很感兴趣，似乎已注意到"生态位"。1910 年 Johnson 提出并使用了"生态位"一词，他认为"同一地区不同物种可以占据环境中不同的生态位"，但他没有给生态位下定义。Grinnell（1917，1924，1928）在研究长尾鸣禽的关系时，首先运用了微生境、非生物因子、资源和被捕食者等环境中的限制性因子来定义生态位，即"恰被一个物种或亚种所占据的最终的生态单元"，在这个最终的生态单元中，每个物种的生态位因其结构和功能上的界限而得以保持，即在同一动物区系中定居的 2 个物种不可能具有完全相同的生态位。这个定义强调的是物种空间分布的意义，因此被称为"空间生态位"（spatial niche）。Elton（1927）把生态位定义为"一种动物的生态位表明它在生活环境中的地位及其与食物和天敌的关系"。他将动物的种群大小和取食习性视为其生态位的主要成分，同时还建议生态位的研究应聚集在一个物种在群落中的"角色"（role）或"作用"（function）上。由于他定义生态位的重点在于功能关系，故后人称其为"功能生态位"（functional niche）或"营养生态位"（trophic niche）。Hutchinson（1957）引入数学理论，把生态位描述为一个生物单位生存条件的总集合体，并且根据生物的忍受法则，用坐标表示影响物种的环境变量，建立了多维超体积生态位（*n*-dimensional hypervolume niche），它不仅包括了原来的物理分布空间，而且还包括温度、湿度、pH 等指标。在此基础上，Hutchinson 还提出基础生态位（fundamental niche）和实际生态位（realized niche）概念。他指出，基础生态位即在生物群落中能够为某一物种所栖息的理论上的最大空间，实际生态位为一个物种实际占有的生态位空间，即将种间竞争作为生态位的特殊环境参数。他认为一种动物的潜在生态位在某一特定时刻是很难完全占有的。在生态位描述中，Hutchinson 强调的已不单单是生态位的生境含义，而且包括了生物的适应性及生物与环境相互作用的各种方式。多维超体积生态位偏重的是生物对环境资源的需求，未明确地把生物对环境的影响作为生态位的成分，但其比空间生态位、功能生态位更能反映生态位的本质含义，因此普遍被生态学界所接受，并为现代生态位理论研究奠定了基础。

MacArthur 等（1967）提出，生态位等同于资源利用谱；Whittaker（1967）定义物种的生态位为“物种与群落内其他物种、环境和空间及季节和昼夜活动时间有关的特殊方式”。

Whittaker 等（1973）将以前的生态位理论划分为 3 类：①物种在群落中所起的功能位置或角色（功能概念）；②物种在群落中的分布关系（生境概念）；③上述两者的结合，生态位反映群落内和群落间的因子关系（生境和生态位概念）。Kroes（1977）将生态位定义为“生态系统的生物部分，包括它们的结构、功能等，而一物种的生态位就是基本的生态系统构件，包括一物种种群”。Grubb（1977）则把“植物与其环境，包括物理化学的和生物的总关系”视为植物的生态位。

Odum（1983）认为生态学生态位不仅包括生物占有的物理空间，还包括它在生物群落中的功能地位及它在温度、pH、土壤和其他生存条件和环境的位置。

王刚等（1984）提出“物种的生态位是表征环境属性特征的向量集到表征物种的属性特征的数集上的映射关系”。换言之，物种的生态位是该物种在生态学上的特殊性，即该物种与群落中其他物种及生境之间的特殊关系。

刘建国和马世骏（1990）提出了“扩展生态位理论”，根据生态位的存在与非存在形式，以及生态位的实际和潜在被利用状态可将生态位分为存在生态位（包括实际生态位和潜在生态位）和非存在生态位。他们认为生态位是在生态因子变化范围内，能够被生态单元实际和潜在占据、利用或适应的部分，拓展了生态位的研究范围。张光明和谢寿昌（1997）认为生态位所描述的主体对象实际上应该是种群，生态位本质上是指物种在特定尺度下、特定生态环境中的职能地位，包括物种对环境的要求和影响两个方面及其规律；离开尺度去谈生态位没有真正价值。他们认为物种在生态环境中的生态位是指该物种在一定生态环境里的入侵、定居、繁衍、发展以至衰退、消亡等每个时段上的全部生态学过程中所具有的功能地位。

生态位不同于生境，生境可理解为物种生活的场所，而生态位是指物种在这个场所里面做什么，起什么作用。

综合各家观点可以看到，生态位实际指物种在生物群落或生态系统中的地位和角色，即一个种群在时间、空间上的位置及其与相关种群之间的功能关系（图 14-1）。

生态位如同社会意义上的“人”。在社会生活中，我们指某人一般不指他（她）的物理存在（即身体和活动空间、吃的食物、具体工作等），而是指他（她）的社会地位、在生活中所扮演的角度和地位，即社会赋予他（她）的一切关系总和。

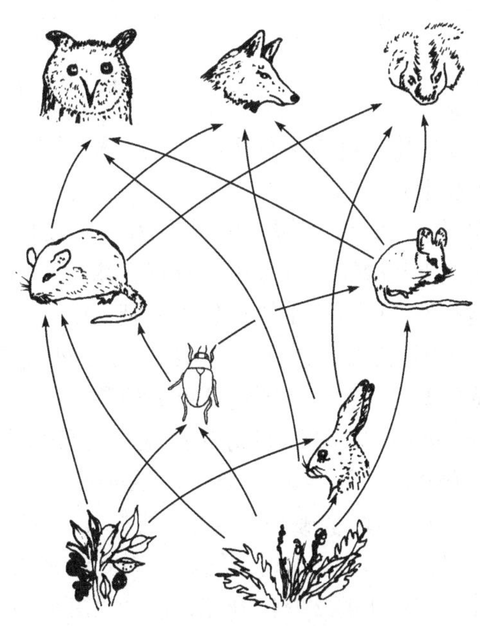

图 14-1　生态位示意（生物在群落中扮演的角色和功能）

## 二、生态位的维度

生态位本身是一个虚的概念，并不对应任何实体，但它包含了多种实际的环境因子，如某物种所占据的温度范围、活动空间、生活周期长短、营养物质状况等。同时，必须看到，生态位更强调物种在群落或生态系统中的功能关系，即它在与其他物种相互作用过程中所扮演的角色和所处的地位，即物种在群落中所发挥的作用和在各种生存条件的环境梯度上所处的位置。如果将环境梯度中的一个因子看做一个维度，在此轴或维度上，可以定义出物种的一个范围。假如同时考虑多个、一系列或所有的这样的轴或维度，就可定义出生态位。

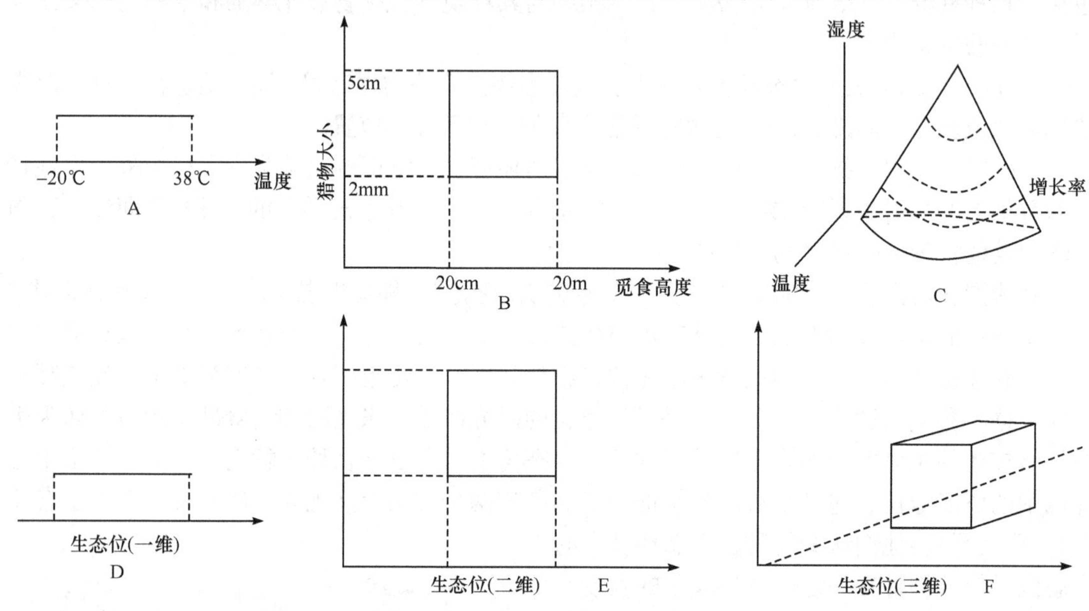


图 14-2　生态位可以有不同维度的表现

假定两种或多种生物只在一种环境因子上所有区别，那么就可以说它们只在一个生态位维度上是不同的（图 14-2A、D）。马杰等（2004a）研究过 4 种共栖蝙蝠的回声定位信号和食性，发现大足鼠耳蝠 *Myotis ricketti* 主要以 3 种鱼为食，马铁菊头蝠 *Rhinolophus ferrumequinum* 的主食是鳞翅目昆虫（占所有食物的 73%），中华鼠耳蝠 *Myotis chinensis* 主要以鞘翅目步甲类和埋葬甲类为主要食物（占到 65.4%），白腹管鼻蝠 *Murina leucogaster* 捕食花萤总科和瓢虫科等鞘翅目昆虫（占 90%）。可见同地共栖的 4 种蝙蝠采用不同的捕食策略，导致取食生态位分离是 4 种蝙蝠同地共栖的原因。Connell（1961）研究了两种藤壶 *Chthamalus stellatus* 和 *Balanus balanoides* 的分布位置。它们生活在一起时，前者位于潮间带的上半部分，而后者位于潮间带的下半部分。日本瓢虫 *Epilachna nipponica* 生活于大蓟上，而另一种瓢虫 *E. yasutomii* 以荨麻为食。按蚊 *Anopheles* 有好几种，它们生活在不同的水体中，有些在污水，有些在流水，有些在静水等。加利福尼亚的辐射松 *Pinus radiata* 和加州沼松 *Pinus muricata* 分布区重叠，但前者在每年的 2 月份开花，而后者在 4 月份。瑞典的兰花 *Platanthera bifolia* 主要靠天蛾传粉，花粉粘在蛾子喙的底部；而另一种兰花 *P.chlorantha* 主要由身体较小的夜蛾传粉，它们的花管较宽，花粉粘在蛾子的眼部；传粉动物被它们散发的不同的气味所吸引。类似的情况在鼠尾草 *Salvia apiana* 和 *S.mellifera* 中也发现：前者由身体较大的木蜂等传粉，而后者由身体较小的蜜蜂等十几种蜂类传粉。

假定两种或多种生物在两种环境因子上所有区别，那么就可以说它们在两个生态位维度所构建的生态位是不同的（图 14-2B、E）。马宗仁等（2004）研究了亚热带高尔夫球场不同功能区优势种——铜绿丽金龟 *Anomala corpulenta*、大绿金龟（*Anomala cupripes*、华南大黑鳃金龟 *Holotrichia sauteri* 和浅棕鳃金龟 *Holotrichia vata* 幼虫蛴螬种群空间分布及时间和空间的生态位。结果表明，球场 4 种优势草地蛴螬时间生态位宽度和垂直空间生态位相似性都较高。Root（1967）曾详细研究过灰蓝蚋莺 *Polioptila caerulea* 的生物学特性，它在橡树林中觅食的高度和猎物大小的生态位可表示为典型的二维生态位图。

如果考虑三维的情况，就可以得到立体的空间状况（图 14-2C、F）。上官小霞等（2002）对棉田 7 种主要蜘蛛的生态位进行了分析，从时间、水平空间、垂直空间一维生态位及时-空（水平和垂直）三维生态位进行宽度值和重叠值的定量估计。研究结果表明三维生态位宽度值为草间小黑蛛 *Erigondium graminicola* 最大，重叠值较大的为草间小黑蛛和温室球腹蛛 *Neoscona doenitzi*，以下依次为彭妮红螯蛛 *Chiracanthium japonicum* 和芦苇卷叶蛛 *Dictyna arundinacea*、草间小黑蛛和彭妮红螯蛛。Park（1948，1954）混养杂拟谷盗 *Tribolium confusum* 和赤拟谷盗 *Tribolium castaneum*，发现它们不能共存，双方都可能排斥对方，但控制温度和湿度后可以精确控制谁胜谁负。表明两者在生长速度、对温度和湿度的要求这 3 项上是不同的，但有重叠。

如果考虑多维，情况就更加复杂。张晋东等（2006）研究了若尔盖湿地国家级自然保护区的高原林蛙 *Rana kukunoris*、倭蛙 *Nanorana pleskei* 和岷山蟾蜍 *Bufo minshanicus* 的成体和亚成体在 7 个生境因子（牧场性质、牛粪数量、植被高度、植被盖度、距水塘距离、地表温度和地表湿度）上的生态位宽度。发现它们对不同生境因子的要求是不一样的，3 种两栖类在不同生长阶段（成体、亚成体）利用资源的策略也不同，即生态位不同。

特定生物的生态位是可以改变的。理论上不同生物都有一个基础生态位（潜在生态位）：当没有其他种竞争时它所占有的最大生态位，如在实验条件下单独饲养时所表现出来的生态位。但实际上基础生态位很难测定。在自然条件下，每个物种所实际占有的生态位为实际生态位，它是由不同物种间各种相互关系作用下所产生的现实生态位。与基础生态位相比，实际生态位当然要窄（图 14-3）。这种生态位缩小或变窄的情况叫做生态位释放（niche release）。例如，两种藤壶 *Chthamalus stellatus* 和 *Balanus balanoides* 单独分布时，都能布满整个潮间带，而当两者共存时，前者位于潮间带的上半部分，而后者位于潮间带的下半部分。从它们自身的角度来看，双方各自都释放出了一些生态位。Husar（1976）通过分析两种蝙蝠 *Myotis evotis* 和 *M. auriculus* 肠内容物的成分，发现当它们生活在不同地方的时候，食物是差不多的；而当它们同域时，前者专食甲虫，而后者既吃甲虫又吃蛾子。研究还发现，在没有其他竞争物种的情况下，各种的雌雄个体在食物上也有一定的分化。宏观上看，由于它们的生态位变窄使各自对双方有所区别，从而表现出生态位的分化（图 14-3 和图 14-4）。

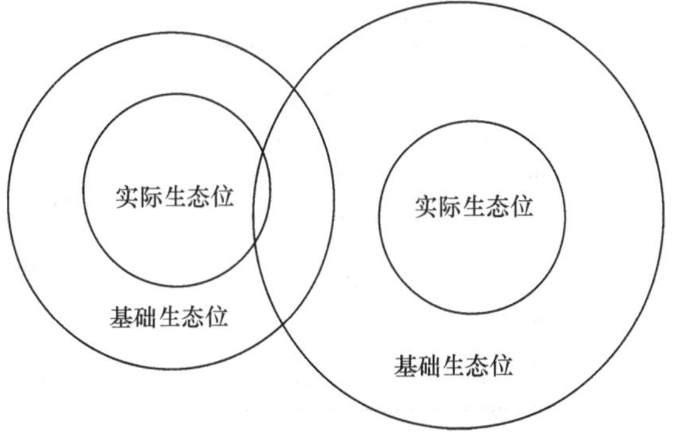


图 14-3　生态位的释放示意

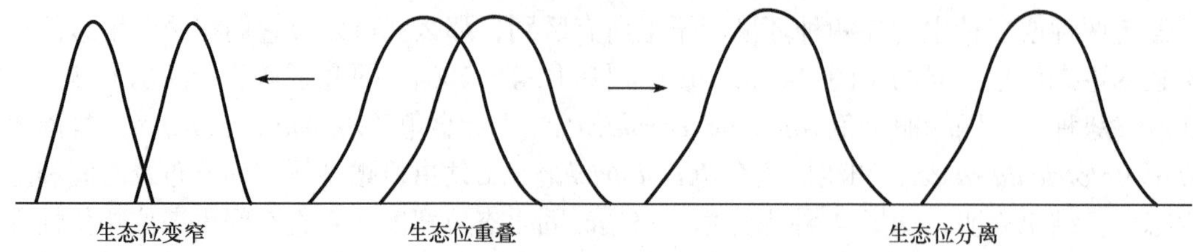


图 14-4　生态位的分化示意

为简明起见，一般将特定物种的生态位表示为一个正态分布的曲线；其宽度就代表生态位范围或简称生态位宽度，即一个物种在环境梯度上所能忍耐的范围；它们之间重叠的部分就是重叠生态位（图 14-4），即两物种所占据的相似的环境梯度。

性状替换现象是生态位分化的外在表现，它也表明了竞争的存在和作用。性状替换（character displacement）就是随着生态位的分化，生物在形态上所发生的变化。Grant（1972）发现加拉帕戈斯群岛上的达尔文雀 *Geospiza fortis* 和 *G. fuliginosa* 单独存在时，它们具有相似的喙，而当它们共同存在于一岛时，后者的喙要比前者窄小得多。Grant 和 Grant（2006）及 Pennisi（2006）也都报道了该群岛上的达尔文雀 *G. fortis* 与 *G. magnirostris* 特征替换的现象。Albert 等（2007）发现不同种群的雄性刺鱼 *Gasterosteus aculeatus* 体色也存在性状替代现象：它们单独存在时的体色处在两个类型同时存在时的中间状况。当卡拉哈里沙漠中的石龙子 *Typhlosaurus lineatus* 在沙脊处与另一种石龙子 *T. gariepensis* 共存时，它的头部及身体都明显变大，似乎也倾向于吃食较大的白蚁（Huey et al., 1974；Huey & Pianka，1974）。Adams（2004）也发现美国的两种蝾螈 *Plethodo jordani* 和 *P. teyahalee* 的形态（如头部的形状）同域时与异域分布时明显不同。两种锄足蟾 *Spea bombifrons* 和 *S. multiplicata* 形态上都分杂食型（身体小而圆，颚肌不发达，取食有机碎屑）和捕食型（身体大而扁，颚肌较发达，取食甲壳动物）。当分布在不同地方时，两种蟾蜍种群内都存在两种类型的个体，但共存时，前者只有捕食型个体，而后者只有杂食型个体（Pfennig & Murphy，2003）。

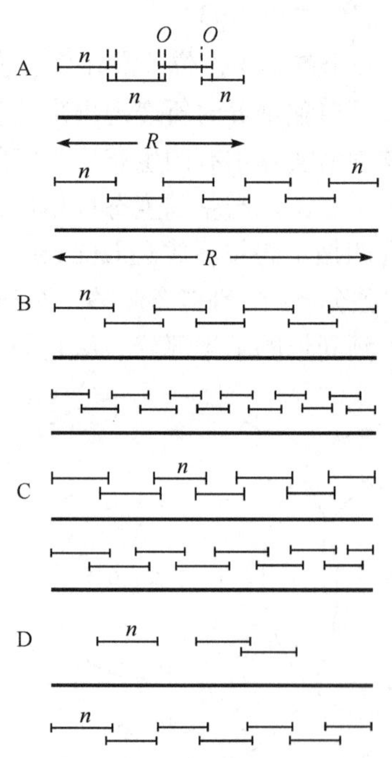


图 14-5　物种丰富度与其生态位的关系模型图解

## 三、群落物种丰富度与其生态位的关系模型

如果群落中各种生物的生态位宽度（$N$）是一定值，则群落越大它所拥有的物种就越多，因为随着群落变大，它提供的生态位更多，可以容纳更多的物种。这相当于大的空间可以容纳较多的人员。面积越大的湖泊中鱼类往往也越多；森林群落要比草原和荒漠提供更多的食物和庇护所，也拥有更多的物种（图 14-5A）。

如果群落大小是一定值，那么群落中各种生物的生态位宽度越小则群落中物种多样性越大。这相当于相同的空间可以容纳的小孩要比大人要多。任何一个地方的昆虫数量都要比哺乳动物的数量要多，其原因就是它们的生态位较小，对资源的需求也少（图 14-5B）。

如果群落大小是一定值，群落中各种生物的生态位宽度也是一定值，那么它们生态位重叠得越多，群落中物种多样性越大。这相当于如果大家都相互忍让、紧密团结，则同样的空间也可容纳下较多的人员，这在公共汽车上经常看到。如果一种性情较温驯的鸟允许另一种鸟将巢建在它的领域之内，同样的地方可容纳两种鸟（图 14-5C）。

如果群落中各种生物的生态位宽度（$N$）是一定值，群落大小也是一定值，则群落资源被利用得越充分它所拥有的物种就越多（图 14-5D）。如果将火车上的卧铺改为座位，则同样的空间可以容纳更多的人员；如果将公共汽车上的座位拆除，则可站下更多的人。在森林中，有许多很特化的生物，如专吃木头中害虫的啄木鸟，也有吃树叶上害虫的其他鸟类等，它们可以共存于一片树林中。

## 本章小结

生态位指物种在生物群落或生态系统中的地位和角色，即一个种群在时间、空间上的位置及其与相关种群之间的功能关系。它重点强调种群的功能关系而非空间、时间等具体“位置”关系，是多维度的集合。

生态学上常用正态曲线来形象地表示生态位。当没有其他种竞争时一种种群所占有的最大生态位就是它的基础生态位；在自然条件下，每个物种所实际占有的生态位为实际生态位。与基础生态位相比，实际生态位当然要窄。这种生态位缩小或变窄的情况叫做生态位释放。性状替换现象是生态位分化的外在表现。

一个群落或生态系统中物种丰富度（即包含生物物种的多少）与其资源及各物种的生态位大小有关。

## 本章重点

生态位定义及其历史沿革；生态位的表示方法；实际生态位、基础生态位、性状替换的概念。

## 思考题

1. 生态位是什么？它是有形的还是无形的？
2. 什么可以来对应、对比于生态位？
3. 如果用图表示，生态位可以表示成什么？
4. 如果一个物种或种群消亡了，其生态位还存在吗？
5. 生态位是如何形成的？
6. 生态位完全相同的生物不能共存。这与竞争排斥原理有哪些异同？
7. 生态位有哪些维度？
8. 生态位的基础是什么？
9. 为什么要提出生态位概念？
10. 请举例说明生物具有不同的生态位。

# 15

# 第十五章　生活史对策

生活史（life history）或称生活周期（life cycle），是一个生物个体从出生到死亡所经历的全部过程和阶段，也指动植物在一生中所经历的以细胞分裂、细胞增殖、细胞分化为特征，最终产生与亲代基本相同子代的生殖、生长和发育的循环过程（图 15-1）。

图 15-1　麝凤蝶的生活史

生活史对策（life history strategies）就是生物在生存斗争中获得的生存对策，即每种生物的生长、分化与繁殖格局。宏观地看，生活史对策是要研究、探讨和解释生物界纷繁复杂的生活史产生的原因或其存在的意义，如为什么大象那么高大而老鼠却很小？为什么老鼠的繁殖能力比大象强很多？为什么有些植物产生有限数量的种子而有些植物产生的种子却很小很多？为什么植物可分为多年生的大树和一年生的杂草？如此等等。

## 一、复杂而多样生活史的缘由

对生物来讲，它的成功与否体现在繁殖后代的多少，或使其种群数量达到的程度。为使种群数量最大化，理论上生物应尽可能多地繁殖后代，这就需要生物体成活率高（有更多的个体参加繁殖）、生长迅速（尽可能早成熟、早繁殖）、性成熟早（在生活史的早期就可以开始繁殖）、体型大（产生的后代可能大而多）、产仔率高（种群增长率大）、寿命长（繁殖期长）等。然而，由于生物生存和繁殖面临一系列挑战和矛盾，实际上要使这几方面都达到最优最大是不可能的，所以生物要对所采取的生活史模式进行权衡（trade-off），不同的生物可能只拥有以上几方面的一至若干方面，从而进化出不同的生存和繁殖模式，进而形成丰富多彩的生活史对策和生物界。

### （一）生存与繁殖的矛盾

繁殖过程要耗费大量时间、精力和能量，这往往对生物的生存造成不利影响。例如，雄性动物可能会在争夺配偶过程中丧命、受伤，雌性动物因怀孕而较脆弱等。花旗松 *Pseudotsuga menziesii* 的年轮大小与结实率有负相关性，结实率高的年份年轮小，而结实率低的年份年轮却大。山毛榉 *Nothofagus truncata* 也有类似的现象（Monks & Kelly，2006）。这表明在植物中生长与繁殖有时是矛盾的。Knops 等（2007）对橡树的研究也表明生长与繁殖是负相关的，但也提出它们之间可能并不存在直接影响，这种呈现出来的负相关性可能是由于雨水量引起的。在蛇和蜥蜴中性成熟年龄越早其死亡率就越高（Shine & Charnov，1992）。Clutton-Brock 等（1982）对马鹿 *Cervus elaphus* 进行观察，结果显示不繁殖的雌性个体要比繁殖的雌性个体在体重、肾脏脂肪含量、臀部脂肪含量及死亡率上都占优。可见在动物中，繁殖与营养生长也是有矛盾的。葛雅丽和席贻龙（2006）报道萼花臂尾轮虫 *Brachionus calyciflorus* 在饥饿前的产卵量越大，饥饿状态下的存活时间将越短，表明轮虫的生殖消耗和存活时间之间存在着相互对立的关系。

### （二）能量分配的矛盾

对植物而言，单位面积上吸收的太阳能量是一定的。因此能量分配就存在一定的选择性，如果将大量能量用于繁殖则生长发育受损，反之亦然。同样，由于能量的限制作用，单位面积产生的生物量往往是有其极限的。很多植物（如草、橡树等）产生的种子重量与数量之间有一定的负相关关系，即当产生的种子较少时每粒种子相对较大，而产生的种子多时每粒种子就相对较小较轻（图 15-2）。动物中一些鱼和爬行动物产生的卵大小与卵粒数之间也存在着一定的负相关关系，但不同种类情况可能有所不同。

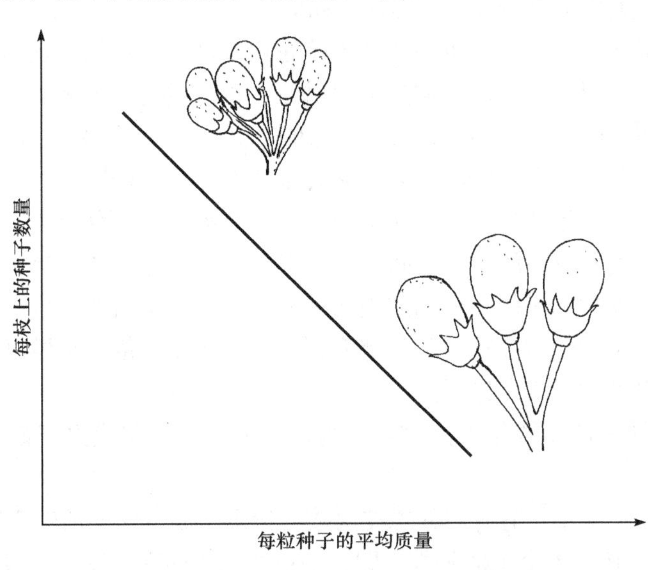


图 15-2　种子质量大小与数量之间存在负相关性

### （三）体型大小与种群增长率之间的矛盾

既想长得大又想生得多往往是不现实的。种群增长率取决于繁殖能力和世代周期。在自然界中，往往大型个体产生较少较大的个体，其繁殖周期也长，而体型小的个体其产生的后代往往较多，世代周期要短（图 15-3）。同样的能量分配，只能生产许多小型后代或者少量较大型的后代。

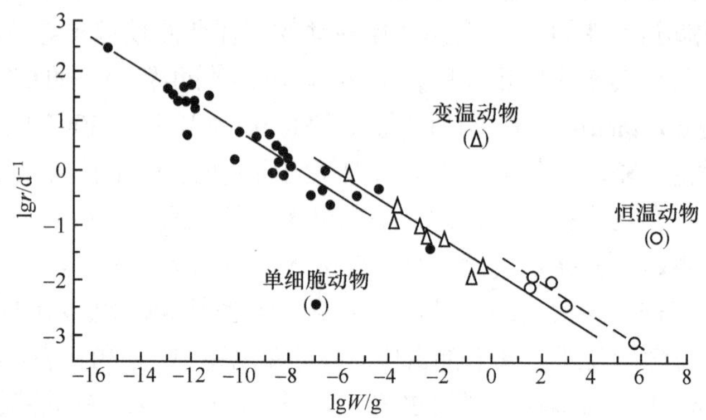


图 15-3　生物个体质量大小与种群内禀增长率之间存在负相关关系（对数数值，修改自郑师章等，1994）

### （四）当前繁殖与未来繁殖的矛盾

对于特定的生物，其生殖价（reproductive value）是较稳定的。即雌性个体马上要生产的后代数量（当前繁殖输出）加上那些在以后的生命过程中要生产的后代数量（未来繁殖输出）往往是有极限的。在不同环境中，如稳定或不稳定的环境中，生物需要合理“分配”繁殖能力和模式，以求后代有最大限度的生存率。例如，生物可以将资源分配给一次性大量繁殖——单次生殖，或更均匀地随时间分开分配——多次生殖。

葛雅丽和席贻龙（2006）研究饥饿萼花臂尾轮虫发现，在食物不足的情况下萼花臂尾轮虫就呈现减少生殖量、延长存活时间的生活史对策，这显然是对未来的期待和预期。有研究表明，褶皱臂尾轮虫 *Brachionus plicatilis* 在食物缺乏的情况下能够通过改变其生殖率、生殖期历时和寿命来稳定种群动态。食物不足时轮虫的生殖率下降（少于食物充足时的 2/5），而生殖期和寿命均延长（长于食物充足时的 2 倍多）。生殖率的下降可以减少用于生殖所消耗的能量，有利于生殖期和寿命的延长，而寿命的相对延长是为了将来食物充足时的繁殖。

面临着一系列的矛盾和挑战，不同的生物采取了不同的生活史对策，以求最大限度地适应环境和繁殖后代，从而使生活史对策千差万别。一个典型的例子是昆虫变态过程的起源和演化。昆虫生长发育类型很多，如下。

不变态昆虫：幼虫从卵孵化后其生活环境、外部形态等与成虫类似，成虫也可能不断蜕皮。

不完全变态：生活史中只有有限的蜕皮次数，幼虫与成虫形态及生活环境类似。

原变态：生活史中有 4 个生活阶段：卵、幼虫（经历多次蜕皮，幼虫与成虫相差很多，生活环境也不同，如水生与陆生等）、亚成虫（与成虫极像）、成虫。

完全变态：生活史中有 4 个生活阶段：卵、幼虫（与成虫相差很多，生活环境也不同，如地下生活与地上生活等）、蛹、成虫。

过渐变态：生活史有 5 个阶段：卵、幼虫（与成虫相差极大）、预蛹（有较弱的活动能力）、蛹、成虫。

复变态：生活史有 5 个阶段：卵、蛴螬型幼虫（活动能力较弱，与成虫相差极大，生活环境也不同，如地下生活与地面生活等）、自由生活型幼虫（活动能力较强）、蛹、成虫。

根据最新的假说，这些变态类型都起源于类似不变态类型的原始模式，即幼虫与成虫相差较大，它们之间要经历相当多的龄期才能发育成成虫，各龄期之间昆虫相差不大，发育过程是逐渐的、缓慢的。然而，蜕皮过程对昆虫来说极其危险，昆虫应尽可能地压缩和减少蜕皮次数；而翅的出现又要求昆虫经历相当长的发育过程才能成熟。在解决此矛盾的过程中，不同的昆虫采取了不同的生活史策略和发育模式，从而造成多样变态类型：将多次幼期的发育过程压缩到从卵到一龄幼虫的发育类型，不变态类型就变成了不完全变态；将幼虫与成虫之间的多个龄期压缩到最后一次幼虫蜕皮过程只保留一个类似于成虫的虫期就变成了原变态；将幼虫与成虫之间的多个龄期压缩到一次蛹或几次类似蛹的发育过程就变成了完全变态、过渐变态或复变态类型（周长发等，2015）。

## 二、生活史生活史对策

### （一）体型效应

体型大小是生物体最明显的表型之一，是生物的遗传特征，它强烈影响生物的生活史对策。一般来说，物种个体体型大小与其寿命有很强的正相关关系，并与内禀增长率有同样强的负相关关系（图 15-3 和图 15-4）。Southwood（1976）提出一种可能的解释，认为随着生

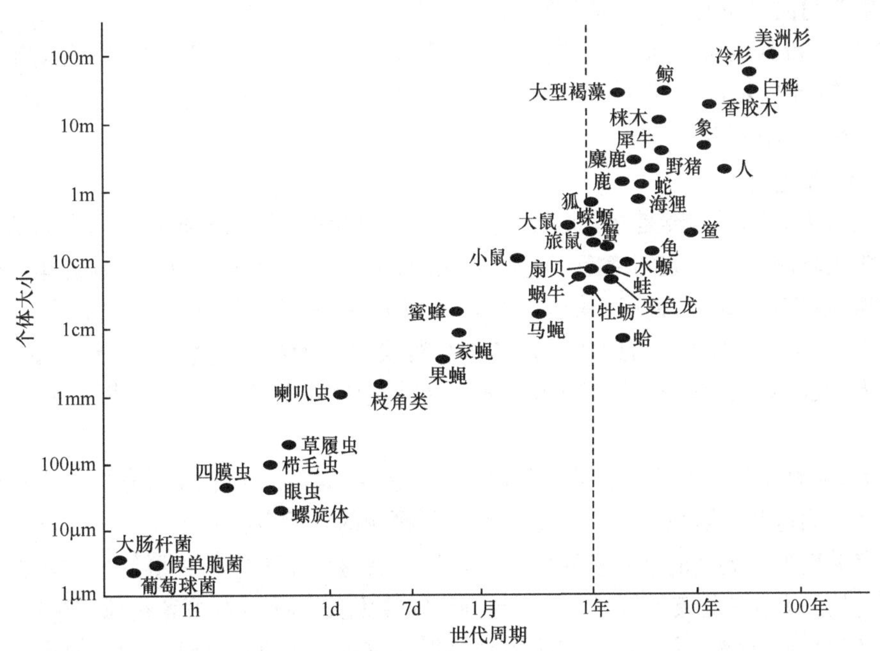


图 15-4　生物个体大小与世代周期之间存在负相关关系（修改自郑师章等，1994）

物个体体型变小，其单位重量的代谢率升高，能耗大，所以寿命缩短。从分子水平看，体型小的生物 DNA 的替换率可能要大（Martin & Palumbi，1993）。反过来生命周期的缩短，必将导致生殖时期的不足，从而只有提高内禀增长率来加以补偿。当然，这种解释不能包括所有情况。另外，从生存角度看，体型大、寿命长的个体在异质环境中更有可能保持它的调节功能不变，种内和种间竞争力会更强。而小个体物种由于寿命短，世代更新快，可产生更多的遗传异质性后代，增大生态适应幅度，使进化速度更快。

小种子具有较强的拓殖能力，而大种子产生出较大的幼苗，对资源（光和营养）缺少和面临的各种危害（干旱和部分损伤）具有潜在的忍受力，因此在竞争中占优势。王桔红等（2007）报道，在所研究的 42 种中生植物的萌发率与种子大小有极显著的负相关关系，萌发速率与种子大小为不显著的负相关关系，萌发持续的时间与种子大小为极显著的正相关关系，萌发开始时间与种子大小几乎没有关系，即种子大小对种子的萌发能力有显著的影响，小种子有较高的萌发率和较快的萌发速率，并能在较短的时间内完成萌发。所研究的 22 种旱生植物的萌发率、萌发速率、萌发开始时间、萌发持续时间与种子大小均为不显著负相关关系，即萌发能力与种子大小几乎无关。正是由于种子数量和幼苗存活之间存在这种权衡，使得小种子的物种和大种子的物种具有不同的生活史对策。

在同一种群中，体型大的个体往往繁殖能力较强，如产生较多卵等。

### （二）气候与生殖对策

为适应不同的气候，生物的生殖对策是不同的。Lack（1954）提出：每一种鸟的产卵数有以保证其幼鸟存活率最大为目标的倾向。成体大小相似的物种，如果产小型卵，其生育力就高，但由此导致的高能量消费必然会降低其对保护和关怀幼鸟的投资。也就是说，在进化过程中，动物面临着两种相反的可供选择的进化对策：①低生育力的，亲体有良好的育幼行为；②高生育力的，没有亲体关怀的行为。

MacArthur 和 Wilson（1967）推进了 Lack 的思想，将生物按栖息环境和进化对策分为 *r*-对策者和 *K*-对策者两大类，Pianka（1970）又把 *r*/*K* 对策思想进行了更详细、深入的表达，统称为 *r*-选择和 *K*-选择理论。

***r*-选择和 *K*-选择**

该理论认为 *r*-选择种类是在不稳定气候环境中进化的，因而使种群增长率最大。*K*-选择种类是在接近环境容纳量 *K* 的稳定环境中进化的，因而适应竞争。这样，*r*-选择种类具有所有使种群增长率最大化的特征：快速发育，小型成体，数量多而个体小的后代，高的繁殖能量分配和短的世代周期。与此相反，*K*-选择种类具有使种群竞争能力最大化的特征：慢速发育，大型成体，数量少但体型大的后代，低繁殖能量分配和长的世代周期（表 15-1 和图 15-5）。

*r*-对策者是新生境的开拓者，但存活和发展常常要靠机会，也就是说它们善于利用小的和暂时的生境，而这些生境往往是不稳定的和不可预测的。所以在一定意义上，它们是机会主义者，很容易出现“突然的暴发和猛烈的破产”。在这些生境中，种群的死亡率主要是由环境的变化引起的（常常是灾难性的），而与种群密度无关。而 *K*-对策者是稳定环境的维护者，在一定意义上它们是保守主义者，但生存环境发生灾难时很难迅速恢复，如果再有竞争者抑制，就可能趋向灭绝（张景光等，2005）。

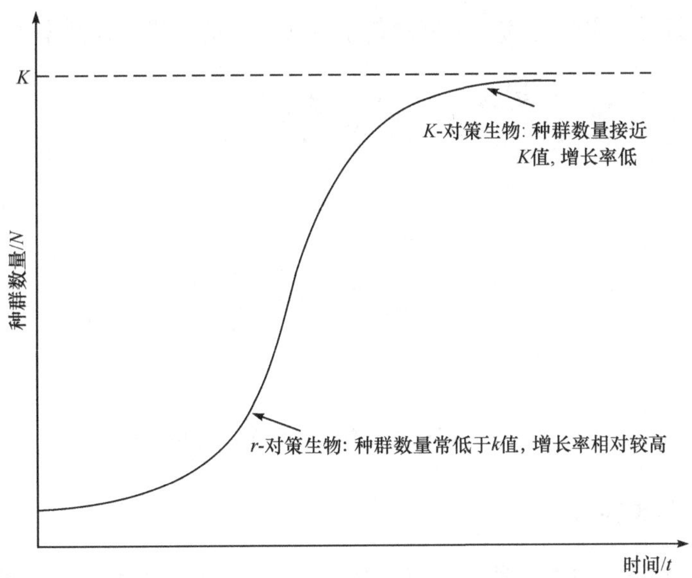


图 15-5 *r/K* 生活史对策名称由来及主要特征

**表 15-1 *r*-选择和 *K*-选择的某些相关特征**（引自张景光等，2005）

| 项目 | *r*-选择 | *K*-选择 |
| --- | --- | --- |
| 气候 | 多变、难以预测和不确定 | 稳定、可预测，较确定 |
| 死亡率 | 常是灾难性的，无一定规律性，非密度制约的 | 比较具有规律性，密度制约的 |
| 存活曲线 | C 型，幼体存活率很低 | A 型、B 型，幼体存活率高 |
| 种群大小 | 时间上变动大，不稳定，通常低于环境容纳量 *K* 值，不饱和，生态上真空，每年有再移植 | 时间上稳定，种群平衡，密度在 *K* 值临近，处于饱和状态，没有移植必要性 |
| 种内种间斗争 | 变动性大 | 经常保持紧张 |
| 选择有利于 | ①快速发育；②高 $r_m$ 值；③提早生育；④体型小；⑤单次生殖 | ①缓慢发育；②高竞争力；③生殖开始迟；④体型大；⑤多次生殖 |
| 寿命 | 短，通常小于 1 年 | 长，通常大于 1 年 |
| 导致 | 高生育力 | 高存活率 |

张景光等（2001）分析了一年生草本植物小画眉草 *Eragrostis poaeoides* 的生活史对策，发现小画眉草的数量动态完全依赖降水，具有很强的随机性和不确定性。沙坡头地区的降水主要是小雨和中雨，又多集中在 6～9 月，就固定沙丘来说，一般只能浸湿表层，这对浅根性草本植物的繁衍和生长极为有利。这些一年生植物的生长发育很快，可以利用短暂的雨水期完成其生活周期。只要有合适的降雨（约 5mm），一年生草本就大量萌发和生长，而得不到雨水的补充后又大量死亡，这在幼苗时期表现得尤为明显。小画眉草的萌发和生长，以及数量动态对于降水的强烈依赖使得草本植物的萌发具有成批性，即降雨后就萌发。其存活曲线属于 C 型，早期具有很高的死亡率，寿命短，高出生率，其生活史对策明显地表现为 *r*-对策。

$r/K$ 生活史对策的结果都是为了更好地传承后代，保证后代的存活率（图 15-6）。

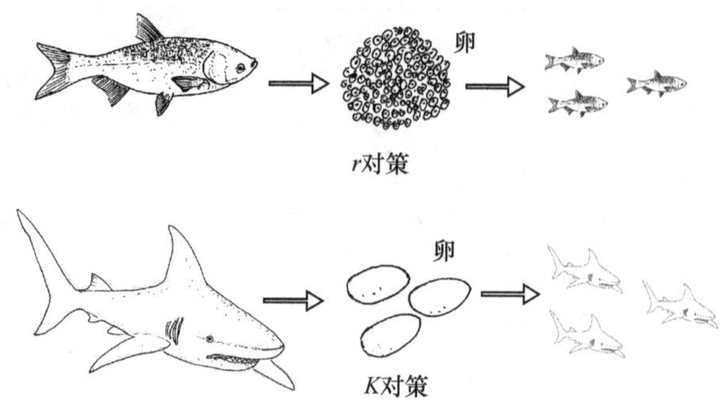


图 15-6　$r/K$ 生活史对策主要特征及其效应

## （三）环境与生殖对策

除了气候因子的稳定与否，种群内部也存在对资源和空间的竞争等多种因素，这些因素会综合起来对生活史起限制作用。如果说 $r$-选择和 $K$-选择是生物对气候这一个维度所做出的权衡，那么在自然界中还有多个或一系列的环境因子影响着生物，它们必须对更多的维度进行权衡。在二维情况下，生物的生活史对策要更复杂一些。

Johannesson（1986）分析了岩栖滨螺 *Littorina saxatilis* 的形态，发现一种类型的螺生活于石块表面，环境相对不稳定（经常有浪冲刷、捕食者较多），它表现出 $r$-对策模式，如生殖较多较小的个体、多个后代保证存活率等，但同时其也有 $K$-对策特点，如个体大（因空间大）、壳厚（小易死）、多分配能量给生长等。另一种类型的螺生活于石缝中，环境相对较稳定，它表现出一些 $K$-对策模式特点，如生殖较少较大的个体（因此处竞争强、较大的后代易活），但也有 $r$-对策特点，如个体小、壳薄（空间小）、多分配能量给生殖。无论如何，它们都是为了提高存活率或生殖价而采取的不同策略。可见将环境稳定、竞争等因素考虑在内，生活史对策将更加复杂多样。

将环境的严酷程度和稳定程度两个因素考虑在内，植物也表现出不同的生活史对策。Grime（1979）将植物的生活史分为 3 类：在资源丰富的临时生境中的杂草型对策（ruderal strategy，*R*）；在资源丰富的可预测生境中的竞争型对策（competitive strategy，*C*）；在资源胁迫生境中的胁迫忍耐型对策（stress-tolerant strategy，*S*）。另外，在极端严酷、极端不稳定环境中一般没有植物生存（图 15-7）。这种划分有两个维度，一个代表生境干扰度（或稳定性），另一个代表生境的严峻度。这 3 种生活史式样与 3 种可能的资源分配方式相一致，*R*-选择主要分配给生殖，*C*-选择主要分配给生长，*S*-选择主要分配给维持。

（1）竞争者适应生长在低胁迫+低干扰生境，能大量吸收资源，营养物质较多用于营养结构的生长，个体高大，具强竞争力。

（2）耐胁迫者能适应高胁迫+低干扰的生境，包括 4 种类型：①极地高山环境中主要的植物具低光合率，生存依靠长期缓慢的生长活动，大多进行营养繁殖，种子繁殖不稳定；②干旱生境中的植物耐旱或避旱适应，生长较慢；③荫蔽生境中的植物或提高对光的竞争力，或具耐阴性（在形态上、生理上具有适应弱光的特征）；④贫瘠生境中的植物能忍耐强酸性及缺乏有效氮和矿质元素的土壤，忍受有毒害物质。耐胁迫者总的特点是生长慢，常有防御和减轻恶劣环境胁迫的各种适应特征，共生现象较普遍，在优越有利环境中竞争力差，并没有一致性生活型。

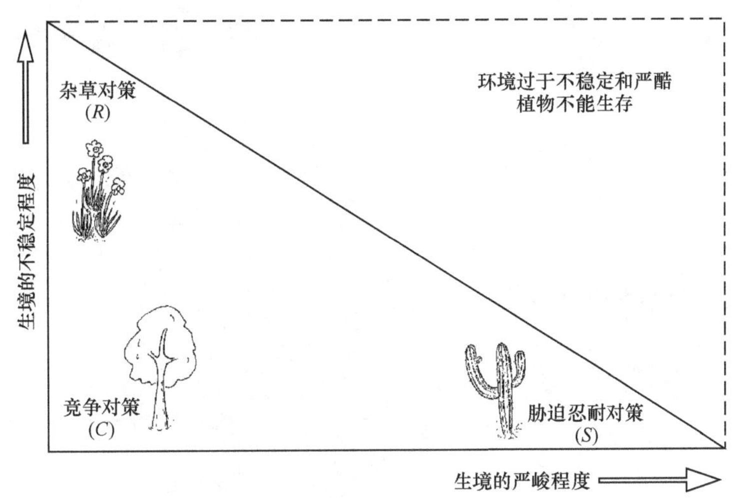


图 15-7 植物 3 种生活史对策示意（修改自张景光等，2005）

（3）杂草型适应生长于低胁迫+高干扰的环境，即气候、土壤、水文等生态条件经常变化，不稳定。本来对植物生长有利的环境常受到毁坏性或毁灭性干扰，自然选择有利于那些具快速生长能力的杂草型短命植物，而竞争者和耐胁迫者在此却不能获益，如海滨和湖边断续淹水地、沙地、动物和人践踏地及荒漠中洼地的植物。农田杂草则更为典型，它们快速完成生活史，有高的种子生产率，花期早，成熟快，能适应所在生境的强烈干扰，并具有利用有限生境资源的能力。植物体内资源分配与前两型相反，即大部分配给种子。

从以上植物生殖对策的讨论中，可以明显地看到：生活在条件严酷和不可预测环境中的种群，其死亡率通常与种群密度无关，种群内的个体常把较多的能量用于生殖，而把较少的能量用于生长、代谢和增强自身的竞争能力；生活在条件优越和可预测环境中的种群，其死亡率大都由与密度相关的因素引起，生物之间存在激烈的竞争，因此种群内的个体常把更多的能量用于除生殖以外的其他活动（张景光等，2005）。

### （四）三维的生活史对策

Winemiller 和 Rose（1992）分析了北美地区 57 科 216 种鱼的特性和生活史，提出可将鱼类的生活分为 3 种类型（图 15-8）：机遇对策型（opportunistic strategy）、平衡对策型（equilibrium strategy）和周期对策型（Periodic strategy）。它们在幼期存活率、成熟年龄和繁殖力 3 个维度上采取不同的生存对策：机遇对策型鱼类在 3 个维度上值都较小，基本是机遇性生存和繁殖，以适应极端不稳定的、极端片段化的环境，如淡水中的小型鱼类。平衡对策型鱼类幼期存活率高、成熟年龄大但繁殖力较小，即产生很少的后代，以适应稳定的且较均一的环境，如生活于海洋中的鲨鱼；周期对策型鱼类幼期存活率低但成熟年龄和繁殖力都较大，以适应周期性变化的或大块片段化的环境，如在淡水与海水中洄游的鲟鱼和美洲鲥鱼 *Alosa sapidissima*。

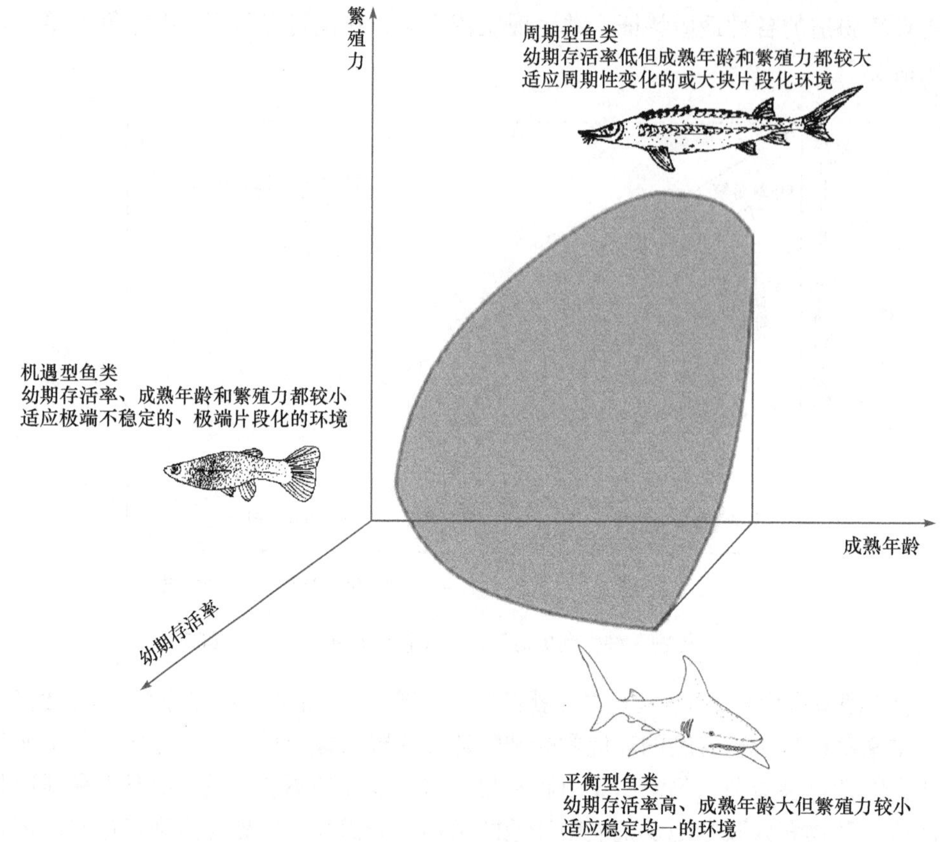


图 15-8 鱼类中的三维生活史对策（修改自 Winemiller & Rose，1992）

## 三、复杂的生活史

为了提高种群数量或后代的存活率或生殖价，生物还可能采取其他的一些策略。例如，当前环境不好而在可预测的未来环境较好时再繁殖、减少竞争而在空间上进行疏散、为减小对单一寄主的影响而多重寄生等，从而在宏观上显示出生活史的复杂化。

### （一）空间上分散：迁徙和扩散

如果当前的环境不好，生物尤其是动物可通过迁移到另一地点来躲避当地恶劣的环境。迁移的方式有很多，如无方向性的向外扩散及方向性的迁徙等，有人也将一些水生动物垂直式的往返运动也称之为迁徙。它们都是生物进化得来的用来躲避种内竞争、避免近亲繁殖的方式。许多鸟类如丹顶鹤冬季南飞、秋季北归做反复的往返式迁徙。很多兽类如角马、驯鹿等随季节或降雨而做规律性运动，往往在固定的地区进行繁殖和生长。一些鱼类如鲑鱼在河流内孵化和生长，并在大海中成熟，然后再回到出生地产卵后就死亡，这种生活史中只有一次的迁移过程称为单次往返迁徙。还有些动物如一些蝴蝶从出生地孵出生长后，沿固定的路线寻找食物和配偶，并在目的地死亡而不返回，这是一种单程旅行。鸟类的迁徙又叫迁飞，鱼类的迁徙又可叫洄游。

### （二）时间上分散：加速或延缓生长或繁殖

如果当下的环境恶劣或竞争激烈，生物还可能将希望寄托于将来，从而合理分配生长或繁殖，如以休眠的方式度过冬天、延迟性成熟时间等。完全变态的昆虫发育过程中有个蛹期，它往往可以帮助虫体渡过不良环境以待将来（图 15-1）。十七年蝉幼虫在地下生活 17 年后才羽化成成虫，植物种子可在土中缺水的情况下休眠若干年。葛雅丽和席贻龙（2006）发现，在食物不足的情况下，萼花臂尾轮虫就减少生殖量、延长存活时间，这显然是对未来的期待和预期。

蜉蝣是一类有翅昆虫，幼虫生活于水中，一般需要几个月到几年。它们以卵或幼虫越冬，在春夏之交成虫羽化后即行繁殖且生活期极短，一般只有几小时到几天，且没有取食器官（图 15-9）（周长发等，2015）。其他水生昆虫如蚊子等也都具有类似特征。

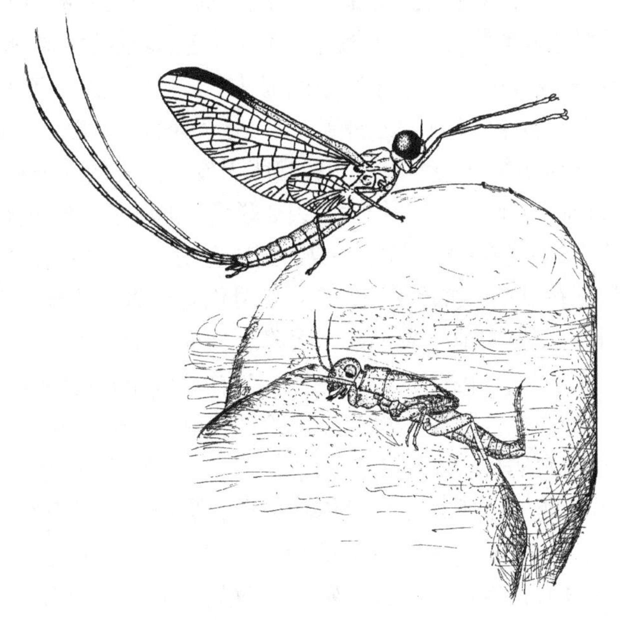

图 15-9　复杂生活史示例

蜉蝣成虫在空中生活，而稚虫在水中生活

刘伟等（2004）对长爪沙鼠 *Meriones unguiculatus* 进行过研究和观察，发现春季（4 月、5 月）出生的雄鼠可参与繁殖的时间较雌鼠的时间晚近半个月。6 月、7 月、8 月出生的雌雄个体在当年均不能发育到性成熟。长爪沙鼠是典型的群居性鼠种，在繁殖期和越冬期具有相对稳定的家群结构，雌雄幼鼠发育速度不同步，在很大程度上减少了家群中当年出生的同胞或亲代母体与子代个体之间发生近亲交配的机会，这对增加个体适合度及维持和发展种群有利。多数当年性成熟的长爪沙鼠雄体采取性活动休止对策，既减少或避免了与越冬雄鼠在竞争配偶和交配过程中无效的繁殖投资，又在一定程度上降低了繁殖雄鼠对它们攻击造成的伤害或死亡，从而提高它们的存活机会，增加在下一个繁殖季节中成功繁殖的概率，最终保证其获得较大的繁殖收益。在栖息于草地生境的长爪沙鼠种群中，越冬雌鼠整个繁殖期获益最多，可产 3～4 窝；春季（4 月、5 月）出生的当年个体可产 1 窝；6 月、7 月、8 月份出生的个体当年不参加繁殖。此类繁殖对策也见于同域分布的布氏田鼠 *Microtus brandti* 及分布于北美大陆相同纬度地区的一些鼠类。

植物也会在早繁殖和晚繁殖之间进行权衡。马炜梁和吴翔（1991）发现薜荔 *Ficus pumila* 的雄花要比雌花晚 1 年成熟，以避免自交的可能。

姚红和谭敦炎（2005）发现准噶尔荒漠中胡卢巴属 *Trigonella* 的网脉胡卢巴 *T. cancellata*、单花胡卢巴 *T. monantha*、直果胡卢巴 *T. orthoceras* 和弯果胡卢巴 *T. arcuata* 这 4 种植物的萌发对策多样，具有春、夏、秋萌发现象，但以春、秋季萌发为主。其萌发时间在种间差异不明显，而与温度、降水等环境因子密切相关。

刘志民等（2003）对植物生活史对策有较详细介绍。他们提到植物可以通过延缓传播种子的方式来使繁殖体免受捕食，把传播和萌发风险分摊在几年，调节萌发时间，将种子降落在适宜的位置。快速传播（trachyspory）指成熟后即传播，而延缓传播（bradyspory）指繁殖体成熟后停留在母株上。吸湿开裂型植物（hygrochasy）就是延缓传播植物，分布区限于干旱地区。吸湿开裂型植物或依赖凝聚力机制，或依赖吸收（收缩或膨胀）机制，或同时依赖于这两种机制，通过降雨传播种子。典型的吸湿开裂型植物具有植冠种子库，一定的降水量和降水频率是繁殖体脱落的条件。菊科的 *Asteriscus hierochunticus* 是中东地区荒漠中非常普遍的一年生冬生植物。成熟的瘦果在干枯的木本花序上保持多年，形成植冠种子库。在干燥条件下，瘦果由靠近花序的苞片保护；开裂由位于花托上由纤维组织衬托的凝聚组织的膨胀引发，重复的开张和关闭使外围的瘦果动摇。当雨滴跌落到已张开的头部时，被动摇而失去"联络"的种子便被传播。多年中一批又一批种子被传播，每年传播 1～10 粒种子。从瘦果成熟到所有的种子被传播完要用 20 年的时间。油蒿 *Artemisia ordosica* 种子在成熟后脱落很慢，翌年 5 月仍有约 20%的瘦果滞留在植株上。

如果荒漠植物种子萌发强烈地响应于某一次降水，即有活力的种子全部同时萌发，干旱干扰就可能导致全部个体死亡，因此，种子萌发行为在荒漠植物的种群维持和种群动态中具有关键作用。荒漠植物种子往往具备分摊萌发风险的机制，分摊风险可通过依赖降水实现，也可通过综合依赖各种要素实现。在温带沙漠中，一年生植物种子萌发适应性表现为在生长季节的条件适宜时段持续萌发，不存在自然休眠现象，但存在水分条件控制的休眠。流沙上的一年生植物沙米 *Agriophyllum squarrosum* 的萌发过程是单峰连续过程，这种萌发格局降低了同期发芽而又因降水量低，后代在具备繁殖能力前就全部死亡的风险。光照、土壤湿度、温度及土壤深度等环境因素对半灌木籽蒿种子萌发的共同调节增大了生长在流动沙丘上的籽蒿幼苗的生存概率（刘志民等，2003）。

### （三）空间和时间都分散：多寄主

很多寄生虫都有多个寄主。例如，血吸虫的幼虫寄生于钉螺，而成虫寄生于哺乳动物如人等。蝴蝶和蛾子幼虫吃食植物茎叶，而成虫吸食花蜜等。这种多寄主的生活史至少有两个好处：①减少同类的竞争；②减少对单个寄主的压力。

### （四）有性繁殖与无性繁殖

一些植物的生活史中有单倍体、双倍体世代交替现象，如蚜虫的生活史中有有性和无性世代交替。无性繁殖可以帮助生物迅速扩大种群、占领环境，而有性繁殖可以帮助生物储备大量可供选择的遗传变异，以应对可能的不良环境。

陈磊等（2008）对长江中下游流域湖南、湖北、江西和安徽 4 省 25 个湖泊苦草属 *Vallisneria*

植物种群进行了广泛的取样调查，发现其中的刺苦草 *V. spinulosa* 和苦草 *V. natans* 都有有性和无性繁殖现象：刺苦草为多年生，主要以无性繁殖为主，只有有限的有性繁殖投入；相反，苦草在调查的地区为一年生，以有性繁殖为主，只进行微弱的克隆生长，且不能产生克隆繁殖器官（冬芽）。

高雪和刘向东（2008）对棉蚜 *Aphis gossypii* 的生活史进行过研究，结果表明无论是其中的棉花型蚜虫还是瓜型棉蚜，在低温和短光照条件下都同时具备产生性母蚜和孤雌蚜的能力，但棉花型产生性母蚜的比率显著高于瓜型。研究还发现瓜型棉蚜中有不产生性母蚜的专性孤雌个体，而在棉花型棉蚜中没有发现。这表明在自然条件下，棉花型棉蚜属于营孤雌与有性繁殖交替的全周期生活史型，而瓜型棉蚜多属于营孤雌生殖的不全周期型。他们还提到在已有研究的 270 种蚜虫中，37%的种类存在两性和单性繁殖共存的现象。禾谷缢管蚜 *Rhopalosiphum padi* 种群中存在有 3 种繁殖对策：①在谷类作物上进行孤雌生殖，而在稠李上进行有性生殖并产卵的世代交替型；②在谷类作物上进行孤雌生殖，但仍保持着有性生殖能力的孤雌型；③既产生性蚜又产生孤雌蚜的中间型。豌豆蚜 *Acyrthosiphon pisum* 种群中存在不同的产雄类型，即只产生有翅雄蚜型、只产生无翅雄蚜型和能产有翅和无翅雄蚜型。法国的麦长管蚜 *Macrosiphum avenae* 种群在时空上存在有性和无性种群共存的现象，且营专性孤雌生殖的种群大都限制在法国南部，而产生有性世代的种群通常出现在北部。桃蚜 *Myzus persicae* 存在有性和无性繁殖交替的全周期型及专性孤雌生殖型，且与冬季温度及寄主有关。

两倍体的生物通过减数分裂产生单倍体配子，表明在世代周期存在染色体数的变化。如果这样的单倍体及双倍体都能存活，那么生活史也就很复杂。例如，在一个蜜蜂家族中，有单倍体的雄蜂和双倍体的蜂王和工蜂等。

## 本章小结

生活史是一个生物个体从出生到死亡所经历的全部过程和阶段，生活史对策就是生物在生存斗争中获得的生存对策，即每种生物的生长、分化与繁殖格局。其表现形式主要有体型效应、生殖对策、复杂的生活史等。

*r*-选择和 *K*-选择理论主要是指生物对气候稳定性这个维度或指标所做的对策。r-选择种类具有所有使种群增长率最大化的特征：快速发育，小型成体，数量多而个体小的后代，高的繁殖能量分配和短的世代周期。与此相反，*K*-选择种类具有使种群竞争能力最大化的特征：慢速发育，大型成体，数量少但体型大的后代，低繁殖能量分配和长的世代周期。

对应环境的严酷程度和稳定程度两个因素或两个维度，植物表现出 3 类不同的生活史对策：杂草型（*R*）、竞争型（*C*）、胁迫忍耐型（*S*）。如果考察更多因子，则情况会更复杂。

复杂的生活史包含很多内容，有空间上的分散、时间上的分散，甚至核型上的分化等。

## 本章重点

生活史及生活史对策的概念及含义；主要的生活史对策类型及原因；*r*/*K* 选择的特点及对应因素；Grime 的 3 种植物生活史类型的对应因素及特点。

## 思考题

1. 什么是生活史？

2. 什么是生活史对策？

3. 不同生物的生活史对策的结果与效果如何？

4. 为什么不同生物会采取不同的生活史对策？

5. *r*/*K* 选择的典型生物种类及各自特点是什么？

6. *r*/*K* 选择的名称来源为何？

7. *r*/*K* 选择主要对应什么生态因子？

8. 试举例说明 Grime 的 3 种植物生活史类型及特点。

9. 为什么 Grime 的植物生活史类型只有 3 种？

10. 蝴蝶的成虫与幼虫分别取食不同的植物或植物的不同部位且有些种类还迁徙。这有哪些好处？

# 第三部分　群落生态学

——种群集合的特征及动态

扫一扫看彩图

# 16

# 第十六章　群落及其基本特征

群落是比种群更高一级的生物生态单元，它由多个种群有机结合而成。群落表现出与种群完全不同的特征，主要体现在群落中不同种群的数量、占有面积及重要性有所不同。由于多种气候因子的共同作用，地球表面的群落无论是在宏观层面还是在微观层次都表现出有一定的分布范围和界限，且它们的分布有规律性。在群落内部、边界及群落之间，群落都表现出一些特有结构和效应。在时间上，群落也表现出动态特征。总之，作为一个有机体集合，群落整体上表现出许多独特特征与效应。它与无机环境一起，构成了相对统一、稳定的功能复合体。

## 一、群落的概念

生物群落或群落（biotic community）是指在一定时间内，居住在一定区域或生境内的各种生物种群相互联系、相互影响而有机结合的一种结构单元或整体，或者可以将群落定义为“在相同时间聚集在同一地段上的各物种种群的集合”。生物群落是比种群更高的生物层次，具有个体和种群层次所不能包括的特征和规律，是一个新的更高的复合体。群落概念的产生，使生态学研究出现了一个新领域，即群落生态学（community ecology 或 synecology）。它是研究生物群落与环境相互关系及其规律的学科。

群落是生态学中重要的概念之一，它强调在自然界中共同生活在一起的各种生物有机地、有规律地在一定时空中共处，而不是各自以独立物种或种群的形式面对环境。它不是物种的简单总和，在群落内由于存在协调控制的机能，因而在永恒不息的变化过程中保持相对的稳定性。

群落和生态系统这两个概念有明显区别，各具独立含义。群落是指多种生物种群有机结合的整体，而生态系统的概念包括群落和无机环境。生态系统强调的是功能单元，主要研究群落与无机环境之间的物质循环和能量流动。

关于群落的性质，长期以来一直存在着两种对立的观点（McIntosh，1998）。“机体论”学派（Organismic School）认为群落是一个类似于生物有机体（如某个动物体）或有机体的组合（如蜜蜂家族）或生物物种那样的、能够自我复制或繁殖的、与别的有机体存在明显间断的有机单元（单元中的各组成成分相互联系、相互作用、相互服务、相互制约），Braun-Blanquet、Clements 和 Tansley 等是持这一观点的主要代表人物。“个体论”学派（Individualistic School）认为群落是一个类似于组成物种、种群的生物个体那样的、与别的个体之间在特征上是逐渐过渡的，而没有明确间断、不能自我繁殖或复制而只是自生自灭的可识别单元。Gleason 和

Ramensky 是持这种观点的代表性人物。

两派争论的焦点是：群落到底是一个真实的、自然的有机实体还是一个人为分类和识别的产物？群落之间是有明确和明显的间断，界限是分明的还是逐渐过渡的、呈梯度分布的？群落是可以自我存在、自我繁殖、自我维护、长期存活的单元还是只能短暂存在、随机组合、聚散无度的？如果“机体论”学派用来描述群落的词汇为“可预测的、整合统一的、单元性的、分离的或整体的”，那么“个体论”学派描述群落的词汇则为“梯度的、逐渐的、过渡的、界限不明的、变化的”。

近代生态学研究采用一些定量方法的研究证明，群落并不是一个个分离的、有明显边界的实体，而是在空间和时间上的一个系列。这一结果支持了“个体论”的观点。阳含熙（1984）认为，生态系统和群落都不具有以基因为基础的繁殖过程，也缺乏个体的中央控制系统，它们只能是一个多少带有随机性的个性组合。这种组合中，生物之间和生物与环境之间互相影响和共同演化，会发生一些个体元素不具有的特性，可称之为群落新属性。

## 二、群落的基本特征

对群落的研究，大多是对群落特征的研究，尤其是植物群落的特征。生物群落作为种群与生态系统之间的一个生物集合体，具有许多独有特征，这是它有别于种群和生态系统的根本所在。群落的基本特征有（赵志模和郭依泉，1990；王伯荪，1987）：①群落是由多种生物物种组成的；②组成群落的各物种具有不同的重要性和地位；③群落中各物种之间是相互联系的；④群落具有自己的内部环境；⑤群落具有一定的结构；⑥群落具有一定的动态特征；⑦群落具有一定的分布范围；⑧群落具有边界特征。

### （一）群落的物种组成

组成生物群落的种类成分是形成群落结构的基础，因此群落中物种的组成是群落的重要特征之一。

为了解一个群落或一个地区中的物种组成，可以调查其所拥有的所有物种名录，如植物或动物名录等。这对于大型动植物如有花植物、哺乳动物相对较容易，而如果要调查微小动物如土壤节肢动物、水生昆虫、微生物及草本植物就十分费力费时。为减少工作量，调查群落的物种组成可以用取样调查的方法。例如，将一块大的群落划分成若干个小区块，再随机调查有代表性小区块中的物种数目，并由此估算出总的群落物种数量。一般说来，如果一个群落的物种数越多，则表示这个群落相对较稳定、结构较复杂、自我调节能力最强。

#### 1. 生物多样性

生物多样性（biological diversity 或 biodiversity）是指群落或生态系统中所有活生物体的变异性，这些群落或生态系统包括陆地、海洋和其他水生生态系统及其所构成的生态综合体。生物多样性也可简单地理解为地球表面生物圈层的各种生命形成的资源，包括植物、动物、微生物、各个物种拥有的基因和各种生物与环境相互作用所形成的生态系统以及它们的生态过程。

生物多样性包括 4 个层次，分别是遗传多样性、物种多样性、生态系统多样性和景观多样性。遗传多样性（genetic diversity）：指地球上生物个体中所包含的遗传信息之总和，以及生物种群基因库中等位基因的多样性。种内遗传变异的来源主要有突变、重组和染色体畸变。

物种多样性（species diversity）：指生物物种的多样性和丰富度。地球上目前已知的生物种类有 200 多万种，据科学家估计，地球上实际存在的物种数在 500 万种到 1 亿种之间。我国是世界上物种多样性极为丰富的国家之一，有 353 科 3184 属 27000 余种高等植物；陆生脊椎动物约有 2300 种，占全世界的 10%左右；水生脊椎动物约有 800 种，其中近半数为特有种，多数具有较高的经济与科研价值。生态系统多样性（ecological system diversity）：指生物圈内生境、生物群落和生态过程变化的多样化及生态系统内生境的差异性。在一定区域内，即使有相似的自然条件也存在着多种多样的生态系统。景观多样性（landscape diversity）：指有不同类型的景观要素或生态系统构成的景观在空间结构、功能机制和实践动态方面的多样化和变异性，是人类活动与自然过程相互作用的结果。地球上存在着各种各样的自然和非自然景观，如农业景观、城市景观、森林景观、海洋景观等（董文鸽和郭宪国，2008）。生物多样性更多地体现在物种多样性。

生物多样性是人类可持续发展的基础和前提，它不仅直接为人类提供物质资源而具有巨大的直接价值，而且还为人类提供生态、环境服务，具有难以估量的间接价值。

2. 群落物种多样性的比较

1）最小面积

最小面积（minimum area）是指基本上能够代表或包含某个群落中植物种类的低限面积。通常以种-面积曲线来确定群落的最小面积。其做法是：先确定一块样方地，然后逐渐扩大样方面积，直至样方内植物种数增加极小（表 16-1、图 16-1 和图 16-2）。

**表 16-1　获取群落最小面积的样方加倍扩大模式**

| 样方号 | 累积面积/$m^2$ | 新种数 | 种数总计 |
|---|---|---|---|
| 1 | 20 | 5 | 5 |
| 2 | 40 | 4 | 9 |
| 3 | 80 | 3 | 12 |
| 4 | 160 | 3 | 15 |
| 5 | 320 | 2 | 17 |
| 6 | 640 | 2 | 19 |
| 7 | 1280 | 1 | 20 |

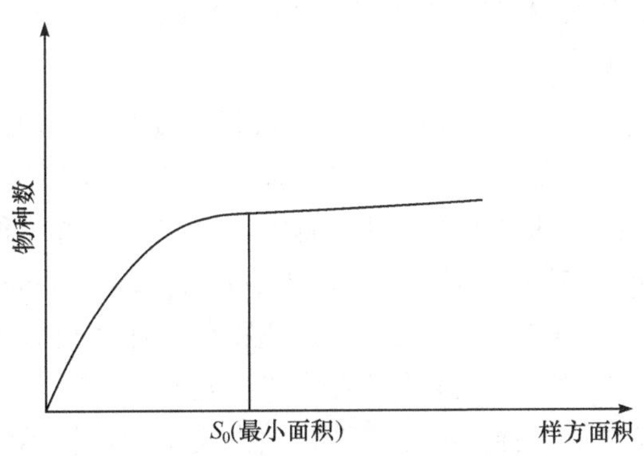


图 16-1　样方面积与群落物种数量之间的关系图解

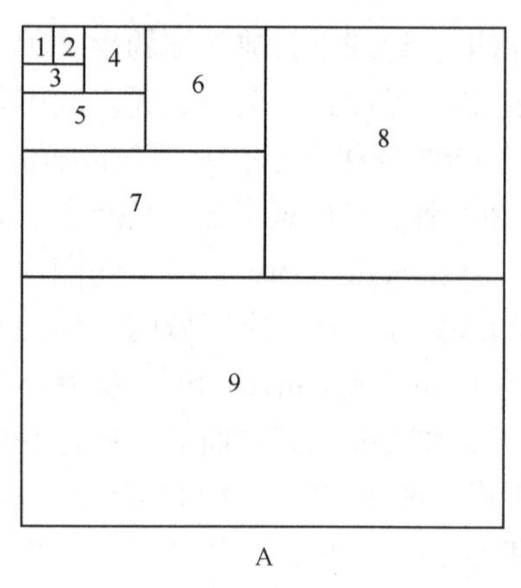


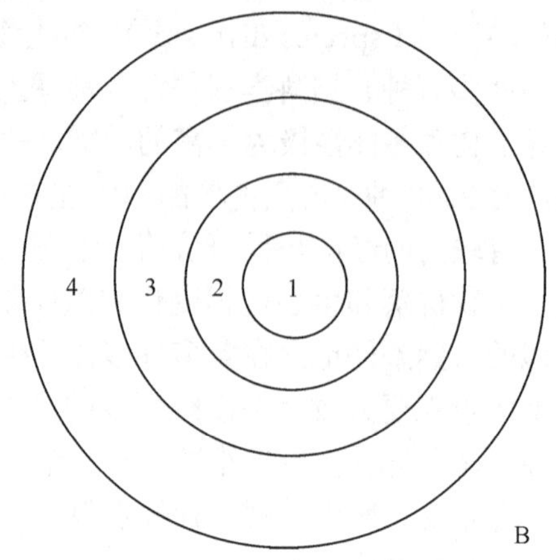


图 16-2　获取群落最小面积的样方扩大模式图解

A. 面积成倍扩大；B. 直径成倍扩大

一般说来，组成群落的种类越丰富，其最小面积越大（表 16-2）。

**表 16-2　我国各种植被或群落类型的最小面积**（引自王伯荪，1987）

| 类型 | 最小面积/m$^2$ |
| --- | --- |
| 热带雨林 | 2500～40000 或更大 |
| 南亚热带常绿阔叶林 | 1 200 |
| 中亚热带常绿阔叶林 | 500～800 |
| 常绿针叶林 | 100～250 |
| 亚热带次生灌丛和幼年林群落 | 100～200 |
| 东北针叶林 | 400 |

植物群落的最小面积比较容易确定，但动物群落的最小面积较难实测，常采用间接指标（如根据大熊猫的粪便、觅食量等指标）加以统计分析，确定其最小面积。

2）生物多样性指数

群落最小面积和物种数量是很重要的群落生物多样性指标，但很多情况下很难确定，也不太好比较。例如，一个有 20 种植物且分布均匀的群落就一定比另一个具有 50 个物种但其中 49 种只有一株的群落差吗？

生物多样性指数一般包含两方面的含义或指标：①物种数目或物种多样性（species diversity），它指一个群落或生境中物种数目的多寡，即物种丰富度或多度（species richness）。群落中所含种类数越多，群落的物种多样性就越大。②群落中各个种的相对密度，又可称为群落异质性（heterogeneity）或物种均匀度或物种均度（species evenness），它是指一个群落或生境中全部物种个体数目的分配状况，反映的是各物种个体数目分布的均匀程度。在一个群落中，各个种的相对密度越均匀，群落的异质性就越大。

目前人类已建立和发展了多种生物多样性指数来表示和比较不同群落的生物多样性。其中最基本的、最常用的有辛普森多样性指数（Simpson’s diversity index）和香浓-威纳多样性指数（Shannon-Weiner’s diversity index）。

（A）辛普森多样性指数

辛普森多样性指数的公式为：

$$D_s = 1 - \sum_{i=1}^{s} p_i^2$$

式中，$D_s$ 为群落的多样性指数；$p_i$ 为物种 $i$ 的数量百分比。$p_i$ 代表了物种的均匀度，而 $p_i$ 的平方代表了是同种的概率。如果物种数多或物种多度大，则概率就小。可见辛普森多样性指数包含了多度和均度。

可以这样理解辛普森多样性指数：由于 $p_i$ 代表物种 $i$ 的数量百分比，其平方就代表从群落中随机地抽取两个标本是同一种的概率。用 1 减去所有是同种的概率就是两种不属于同种的概率。例如，在寒带森林中随机地选取两株树，它们属于同一种的概率就很高。相反，如在热带雨林取样，两株树属同一种的概率就很低。即辛普森指数可以表示为：

辛普森指数=随机取样的两个个体属于不同种的概率

=1–取样的两个个体属于同一种的概率总和

（B）香浓-威纳多样性指数

香浓-威纳多样性指数的公式为：

$$H = -\sum_{i=1}^{s} p_i \log_2 p_i \text{ 或 } H = -\sum_{i=1}^{s} p_i \ln p_i$$

式中，$H$ 为群落的多样性指数；$p_i$ 为物种 $i$ 的数量百分比。$p_i$ 代表了物种的均匀度，而 $p_i \log_2 p_i$（实际等同于 $p_i$ 的平方，只不过取对数后比 $p_i$ 的平方更灵敏）代表了是同种的概率。可见香浓-威纳多样性指数也包含了多度和均度。

图 16-3　两个不同群落物种分布及组成图示

例如，在如图 16-3 所示的两个群落中，如果群落 A 中 4 个物种的个体数均为 25（图 16-3A），群落 B 中的 4 个物种个体数分别为 80，5，5，10（图 16-3B），那么它们的辛普森多样性指数和香浓-威纳多样性指数分别为：

$$D_A = 1 - \sum p_i^2 = 1-4\times0.25\times0.25=0.75$$

$$H_A = -\sum p_i \ln p_i = -4\times0.25\times\ln0.25=1.39$$

$$D_B = 1-（0.8\times0.8+2\times0.05\times0.05+0.1\times0.1）=0.35$$

$$H_B = -(0.8\times\ln 0.8+2\times 0.05\times\ln 0.05+0.1\times\ln 0.1)=0.71$$

可见，无论是辛普森多样性指数还是香浓-威纳多样性指数，群落 A 明显高于群落 B，这与实际情况相符。同时，如果对比两群落辛普森多样性指数和香浓-威纳多样性指数的变化，就可发现后者的变化较大，显示出它更灵敏。

群落不同，其生物多样性就会存在差异，反应到多样性指数上则是其数值有所不同。这在实际中有许多研究和对比。表 16-3 给出了一个研究的实例。

**表 16-3　海南吊罗山不同样方香浓-威纳物种多样性指数比较**（引自黄康有等，2007）

| 样地地点 | 海拔高度/m | 面积/$m^2$ | 物种数 | 多样性指数 $H'$ |
|---|---|---|---|---|
| 南喜林场 | 550 | 2000 | 124 | 4.0405 |
| 白水岭林场 | 750 | 2000 | 138 | 4.1661 |
| 新安林场 | 960 | 1800 | 88 | 4.0054 |
| 三角山 | 1100 | 2000 | 126 | 3.9527 |
| 大吊罗山 | 1190 | 2000 | 111 | 3.6074 |
| 吊罗后山 | 1200 | 800 | 67 | 3.8355 |

3）陆地植物群落物种多样性的梯度变化

黄建辉（1994）及贺金生和陈伟烈（1997）对生物群落尤其是陆地植物群落物种多样性的梯度变化特征进行过综述，认为在空间水平上，陆地植物群落生物多样性在纬度、海拔高度、水分和土壤养分上都呈现出一定的梯度，在水中随深度和盐度的变化也呈现出一定的梯度。但由于影响多样性的因素如温度、水分、光照条件等较复杂多样，又综合起作用，生物多样性梯度有时并不呈现固定模式。

（A）纬度梯度

热带地区比寒冷地区拥有更多的物种数目是有目共睹的，这种物种丰富度和多样性随纬度梯度的变化特征基本上是公认的事实。对很多动物类群物种丰富度和多样性的研究结果表明，它们都存在着非常明显的纬度梯度，尽管有些山区动物物种较丰富而一些岛屿动物种类却较贫乏。把北美大陆分成 336 个小方格，纬度 50°N 以南，每个小方格 2.5°×2.5°（经度）；纬度 50°N 以北，每个小方格 2.5°×5°（经度），然后绘出北美的物种丰富度线图。结果表明，在北美东部，存在着明显的纬度梯度，在西部由于地形等因素的影响，这种梯度特征表现不太明显。结果还表明，物种丰富度与年蒸发关系极密切，与地形和距海洋的远近也相关，通过这 3 个参数可以很好地预测北美树木种类的丰富度。大不列颠和爱尔兰的树木多样性也可用同样关系进行很好的预测。全球范围积累的 74 个 $1000m^2$ 的样方（海拔 1000m 以下）的资料显示，除了从高纬度到低纬度表现出的植物群落物种多样性和丰富度明显增加外（图 16-4），不同热带森林之间的物种多样性差异要远比温带森林和多样性较低的热带森林大。例如，温带森林一般样方中有 15～25 个种，而热带干性森林一般为 50～60 个种，而湿性森林一般在 150 个种左右，有时可达 250 个以上。研究还表明，在南北半球，从低纬度向高纬度生物多样性的减少速率是不对称的；南半球的温带森林与北半球相比多样性较低。不列颠群岛的物种多样性可以用 $C_{100}$=2469.6～38.515Lat（$C_{100}$ 为 $100km^2$ 内物种数目，Lat 为纬度）来表示，并且物种丰富度与生长季节的积温（>10℃）存在着线性关系（$C_{1000}$

=215.5+0.26439$T$)。在我国，南、中、北部温带森林植物群落的物种多样性随纬度从北到南不断降低，落叶阔叶林的物种多样性指数不断增加，其中乔木层、灌木层的物种多样性指数也遵循上述规律，草本层的物种多样性先增加后又降低。对温带和亚热带森林群落物种多样性研究的结果也符合上述的纬度梯度特征。

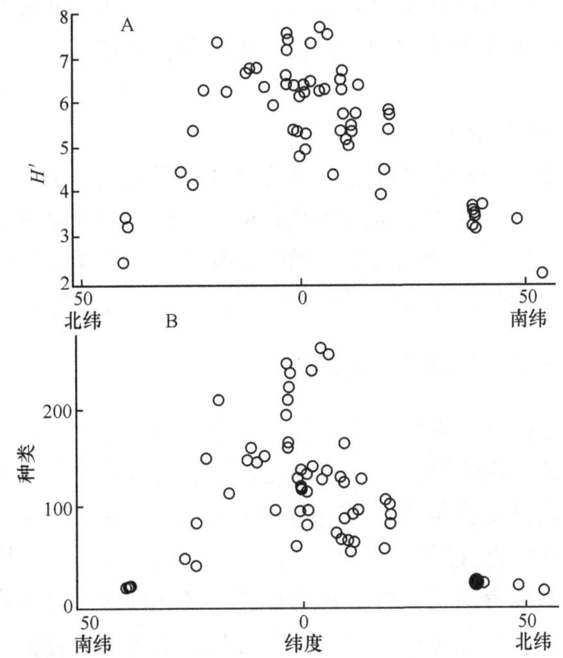


图 16-4　植物群落物种多样性随纬度的变化（引自贺金生和陈伟烈，1997）

A 图为物种多样性指数随纬度的变化，$H'$为香浓-威纳多样性指数；B 图为物种丰富度随纬度的变化

可见对全球及地区植物群落物种多样性的研究结果都表现出明显的纬度梯度，并且对于北美、欧洲的植物物种丰富度可以用数学公式进行很好的预测。但如果具体到特定的生物类群也有例外，如企鹅和海豹在极地种类最多，而针叶树和姬蜂在温带物种最丰富。

（B）水分梯度

在地球表面，从大的尺度来讲，水热条件及其组合是决定植物群落分布的主要因素，这是公认的事实。然而探讨植物群落物种多样性与水分梯度的关系却是非常困难的，这不仅是因为水分因子经常和其他生态因子一起发生作用，还因为对大多数研究者来讲缺乏公认的有效的水分因子指示指标，如有的用年度降雨量，有的用湿度，同时在地球表面还有湿地等特殊生境。已有研究呈现出较复杂的情况，但水分与群落多样性之间的关系往往是不言自明的。对雨林内附生植被的研究表明，其与土壤所决定的湿度条件和所附生的植物种类（附主）有相关关系。有研究表明降雨量是非常好的预测附生植物多样性的指标。苔藓植物的物种多样性与水分条件也关系密切。

（C）海拔梯度

山地植被植物群落物种多样性随海拔高度的变化规律一直是生态学家感兴趣的课题。这方面的研究很多，但研究结果是不一致的。其基本模式是植物群落物种多样性与海拔高度负相关，即随海拔高度的升高，植物群落物种多样性降低。这是通常情况，很多山脉都有这样的变化规律。比较经典的例子是对尼泊尔喜马拉雅山脉维管植物物种多样性的研究，随着海拔升高，物种多样性呈直线下降。

（D）土壤养分梯度

与鸟类、兽类不同，对于一个给定的植物群落来说，它们都利用几乎同样的土壤养分，因此植物群落物种多样性与土壤养分的关系就变得非常重要。土壤中 P、Mg、Ca、K 的水平与热带植物群落物种多样性之间存在着显著的相关关系，土壤中可溶性 K 与物种多样性显著相关；在南美地区，决定植物群落物种多样性的首先是生物地理因子或年降雨量，其次才是土壤养分。

4）水生生物群落的梯度变化

在海洋或淡水水体中，物种多样性有随深度增加而降低的趋势。这是因为阳光在进入水体后，被大量吸收与散射，水的深度越深光线越弱，绿色植物无法进行光合作用，因此多样性降低。在大型湖泊中温度低、含氧量少、黑暗的深水层，水生生物种类明显低于浅水区。同样，海洋中植物分布也仅限于光线能透过的光亮区，一般很少超过 30m 的深度。

### （二）组成群落的各种生物是相互联系的

简言之，生物群落是在一定地段上所有植物、动物和微生物等形成的一个有机组合。动物通常依附于植物而生活，因为动物直接或间接以植物为食，这一点在陆地生物群落中表现得最为明显：植物为动物提供隐蔽所、栖息地和繁殖场等。因此，陆地生物群落中植物种类的多样性和结构的复杂性能直接影响动物种类和数量，如森林中鸟类数量可多达农田中的 10 倍左右。随着植物群落的发育愈发完整，动物种类也随之增多。动物在生物群落中有自己的地位和作用，如传播植物花粉和种子。松树种子常被松鼠转移贮存而得到传播，某些种子被动物取食，经排泄而得到散布。可见动物一方面依赖于植物，同时又是植物发展必不可少的条件。微生物和土壤动物是生物群落的重要成员，它们的活动能使土壤通气、调节水分、分解有机物质、促进能量和物质循环过程。

虽然组成群落的每种生物都具有独特性，它们对周围的生态环境各有不同的要求和反应，它们在群落中处于不同的地位、起不同的作用，但群落中所有种都是彼此相互依赖、相互作用而共同生活在一起的一个有机整体。

Paine（1966，1969）发现，当人为地把岩石潮间带海洋生物群落中的捕食者海星 *Pisaster ocbraceus* 去除后，原为被捕食者的贻贝 *Balanus glandula* 随即成功地占据了大部分领域，其空间占有率由 60%增加到 80%。但 9 个月后，贻贝又被个体小、生长快的牡蛎 *Mytilus californianus* 和藤壶 *Mitella polymerus* 所排挤。另外一些底栖藻类、附生植物、软体动物由于缺乏适宜空间或食物而消失，如“海绵→裸鳃亚目动物”食物链被更换，群落由 15 个物种的系统降至 8 个物种，营养关系变得简单化。可见群落的物种通过各种种间关系而相互联系、相互制约，在一定的时期和阶段上形成稳定的整体结构。

由于群落中的各种物种之间形成了多种多样的种间关系，因此在一个相对稳定的气候区内或环境中，群落物种多样性及它们之间的关系模式会生变化吗？它们最终形成或处在什么样的状态？Connell（1978）分析了多种解释此问题的假说，并将它们分为两类。非平衡说（non-equilibrium theory）：群落物种组成很少能达到平衡状态或稳定状态，只有当物种组成持续改变的时候高多样性水平才能得以维持，而物种组成之所以能持续改变是因为有气候等因素的影响或干扰。平衡说（equilibrium theory）则认为群落物种组成常处于一种平衡状态，如果没有干扰或环境变化，物种组成及其多样性变化不大，群落的组成和物种稳定性在受到干扰后还会恢复原状。

1. 影响群落物种多样性和稳定性的主要因素

在自然群落中，竞争、捕食等因素无处不在、时时发生，环境也时刻发生变化，还有人为及自然的灾害干扰等。因而在一个特定的群落中，物种多样性及各物种之间的关系也时时可能发生变化。那么群落的物种组成或其多样性及稳定状态受什么因素影响呢？

贺金生和陈伟烈（1997）总结认为对于一个区域内，影响物种多样性梯度变化或特定群落生物多样性的生态因子主要可分为 4 类：①可作为资源的生态因子，如土壤养分、水分条件及光照等；②对植物有直接生理作用但不能作为资源被消费的生态因子，如温度、胁迫（毒性、土壤 pH 等）；③干扰及异质性；④生物因子，如竞争、演替状态、捕食等。对于更大的范围（如全球或大陆范围内），地质历史事件的影响也应该考虑在内。黄建辉（1994）综述了各种解释生物多样性和其空间格局的假说及其因素，认为它们可以被分为两类，生物因子的（如竞争和捕食）和环境因子的（如气候和环境稳定性等）。总而言之，生态学家提出了多种因素（如时间、空间异质性、竞争、捕食、气候和生产力）来解释群落物种多样性形成和维持的原因。

1）捕食

捕食作用对群落多样性及稳定性的影响结果可能不同。如果捕食者的食谱较广，或者说捕食者是泛化捕食者，在一定范围之内其捕食作用能够维持群落较高的多样性；如果捕食者专门或专性捕食群落中的个别种类，或者说它们非常特化，那么如果捕食作用强度较大，就会降低群落的生物多样性。Paine（1966，1969）的实验中，岩石潮间带的捕食者海星能够取食多种动物，如贻贝、牡蛎和藤壶等。它的存在能够维持群落的生物多样性。一旦其被排除，竞争的结果往往是一种或几种生物占优势。

捕食者如果取食群落中的优势种，捕食作用会提高多样性；如果捕食者喜食竞争上处于劣势的种类，则捕食会降低多样性。Lubchenco（1978，1980，1983）研究潮间带中的绿蟹 *Carcinus maenas*、厚壳玉黍螺 *Littorina littorea* 及海藻物种多样性之间的关系，其中绿蟹吃厚壳玉黍螺，而后者吃海藻。结果发现玉黍螺最偏爱吃的藻类为那些小型、短寿及嫩软的浒苔（*Enteromorpha* 属），当积水坑内的玉黍螺密度高至 133～267 个/$m^2$ 时，玉黍螺不太喜食的角叉菜类（Chondrus）最占优势；在移除玉黍螺的积水坑内，浒苔的密度迅速增加而成为最优势的藻类，且随着浒苔增加，角叉菜类的种类和数量减少。此外，Lubenchenco 还发现住在浒苔上的绿蟹会捕食玉黍螺，但绿蟹又被海鸥捕食，它们形成复杂的食物链关系。

2）竞争

群落中物种之间的竞争往往导致物种多样性降低，因为竞争会产生排斥效应。Paine（1966，1969）的去除实验表明，当将潮间带的关键种海星去除后，贻贝、牡蛎和藤壶等就相互激烈竞争，结果是有些种被排挤，物种多样性下降，群落内的物种由 15 种降至 8 个。如果竞争的结果引起种间生态位的分化，将使群落中物种多样性增加（详见第 13 章和第 14 章）。

夏北成（1998）通过分子生物学方法对土壤微生物群落结构进行过研究，发现表层土壤环境由于受人类活动的影响，以及在植物和土壤动物的作用下，可供微生物利用的资源非常丰富，与表层以下土壤相比，其资源的丰富度对微生物群落而言可以是无限的，在其中存在着一种无竞争的特殊群落，具有极其丰富的微生物种类，多样性很高，但其中没有显著的优势种群存在，各种群具有基本相似的生态地位。

3）干扰

干扰（disturbance）是指对正常过程的打扰或妨碍。火、风、雪、病虫害、外来物种入侵、放牧、践踏、施肥、烧荒种地、森林砍伐等都是植物群落中常见的干扰类型。干扰通过改变植物群落内的环境条件、物种组成和多样性等进而改变着植物群落的结构和功能。

中度干扰假说（the intermediate disturbance hypothesis）（图 16-5）认为：①在没有干扰的条件下（即稳态时），竞争排斥将会降低物种多样性到最低水平；②在剧烈的干扰下（强非稳态），只有先锋物种会在每次扰动后建立自己的种群，也导致多样性的严重下降；③如果干扰保持在中等程度的频率和（或）强度，会重复给先锋物种重新建立种群和次优势种的壮大提供机会，这样物种多样性在中等程度的干扰下达到高峰（Sommer，1993）。Connell（1978）对热带雨林和珊瑚礁群落的生物多样性进行研究，结果发现这些群落由于受到频繁的干扰和渐变的气候影响处于不断变化状态而不会达到或接近平衡状态。这种变化通过阻止某些在竞争上占优势的物种的灭亡而维持了较高的物种多样性。若没有渐变的气候或突发的干扰就可能会演变为具有较低物种多样性的平衡群落，即中等程度的干扰能维持高多样性。原因可能是：①在一次干扰后少数先锋种入侵断层或空位（gap），如果干扰频繁，则先锋种不能发展到演替中期，使多样性较低；②如果干扰间隔时间长，使演替能够发展到顶极期，则多样性也不很高；③只有中等程度的干扰，才能使群落多样性维持最高水平，它允许更多物种入侵和定居。

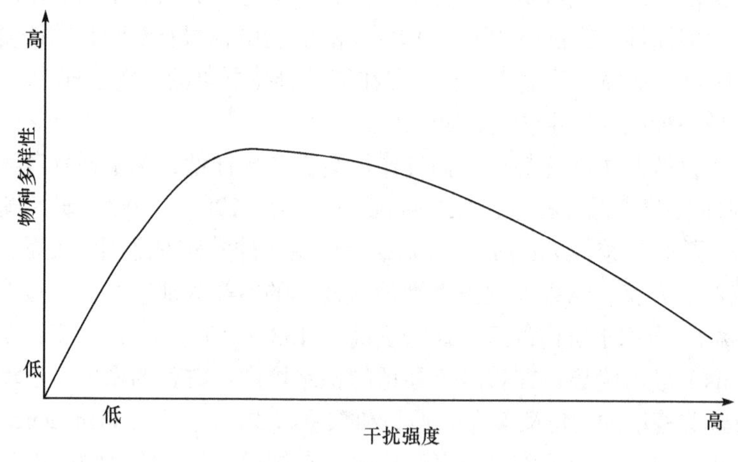


图 16-5　中度干扰假说图解（引自 Connell，1978）

有许多实验在一定程度上证实了中度干扰假说的正确性。有人对 14 种淡水藻以 1d、7d、28d 的时间间隔脉冲式添加营养盐时发现，当时间间隔为 7d 时共存的藻种类最多。这种现象在添加磷或磷和硅的实验中也有发现，时间间隔分别为 1d、2d、3d、5d、7d、10d、14d 进行脉冲式添加硅和其他营养时发现时间间隔为 7d 时藻达到多样性高峰。用时间间隔分别为 1d、2d、3.5d、7d、14d 对 12 种海洋藻类添加氮的实验中也发现，藻类多样性在 3.5～7d 时间间隔达到高峰。在自然水体中，当营养添加间隔在 6～10d 时，藻类多样性达到高峰。每年进行火烧可以促进高生长的暖季禾本科草本植物的生长，这样进行 5～10 年后，典型草场非禾本科草本植物的多度有所降低；两年一次的火烧使群落中既有禾本科草本植物也有非禾本科草本植物等（金相灿等，2007）。

江小蕾等（2003）研究过不同干扰类型对高寒草甸群落结构和植物多样性的影响。实验采用对高寒草甸天然草地进行施肥、围栏和放牧（中牧和重牧）处理，研究不同干扰类型对草地植物多样性的影响。结果表明：施肥使草地植物群落物种组成贫乏，群落结构趋于简单，物种多样性减少；中等程度放牧增加了群落结构的复杂性，丰富度指数和多样性指数均最高，支持“中度干扰假说”；重度放牧由于干扰过于剧烈而减少了物种优势度和多样性；而轻度干扰的围栏草地群落由少数优势种所统治，多样性也不高。物种数、物种多样性指数（香浓-威纳指数、辛普森指数）的排列顺序均为施肥草地<围栏草地<重牧草地<中牧草地；均匀度指数的变化趋势与上述各指数相同；优势度指数的变化趋势则相反，为施肥草地>围栏草地>重牧草地>中牧草地。4 种干扰类型草地群落的生活型功能群基本一致，均由多年生禾草、多年生杂类草和莎草类组成，但各功能群在群落中所占比重及各功能群内所含物种数则大不相同，说明不同干扰类型对草地植物群落的物种组成、多样性格局及系统功能等方面产生不同的影响。

在不断地研究和实践中，人们已在掌握了一定规律的基础上，利用干扰为经营活动服务，提高经营对象的经济、生态和社会效益。

4）环境异质性

干扰的结果是产生断层，而断层的出现就使群落的均一性受到影响和破坏，即环境的异质性提高。环境的异质性愈高，群落多样性也愈高。

2. 岛屿生物多样性

岛屿是孤立的空间。在其上生活的生物群落由于与其他群落有明确的界线而在一定程度上成为群落研究的样本和模式。

岛屿的生物都是从附近大陆上迁移而来的，也不停地有生物迁出或灭绝。因此从宏观上看，岛屿的生物多样性取决于生物迁入率与迁出率（或灭绝率）的差或它们之间的平衡点（MacArthur & Wilson，1963，1967）。新物种迁入岛屿的速率随着岛屿定居物种的数量增加而减少（因为生态位有限），灭绝的速率随岛屿物种数量的增加而增加。而迁入率又受到岛屿与大陆距离的影响。

岛屿上生物多样性还取决于岛屿的面积。如果面积大，则提供的生态位就多，就能容纳较多的生物（Arrhenius，1921；Gleason，1922）。在正常情况下，空间面积每增加 10 倍，物种数目平均增加 1 倍，反之亦然。

综合起来，岛屿上的物种数量取决于 4 个因素：岛屿与大陆的距离、岛屿面积、迁入率与迁出率（图 16-6）。

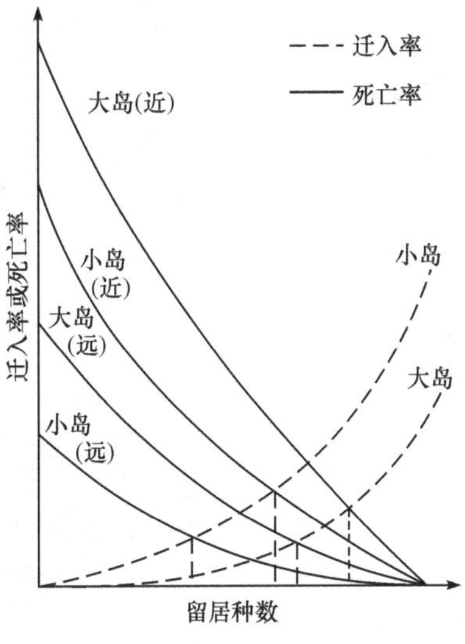

图 16-6　岛屿上物种数量平衡模型（引自 MacArthur & Wilson，1963，1967）

### （三）群落中各物种具有不同的重要性和地位

组成群落的各种物种在群落中的地位和作用不是平等的，有些在群落中占主导地位，有些占附生地位。群落中物种的重要性和作用通过其数量、大小及占有的面积表现出来。

1. 群落中物种的数量特征

密度（density）：是指单位面积上某种特定物种的个体数，用公式可表示为：

$$一个种的绝对密度=\frac{一个种的个体数}{面积}$$

$$一个种的相对密度=\frac{一个种的个体数}{所有种的总个体数}\times100\%$$

多度（abundance）：群落中物种个体数多少的一种估测指标，如极多、很多、多、尚多等。

盖度（coverage）：植物枝叶所覆盖的土地面积叫投影盖度，简称盖度。它是一个重要的植物群落指标。盖度可以用百分比表示，也可用等级单位表示。植物基部着生面积称为基部盖度，草本植物的基部盖度以离地 0.03m 处的草丛断面面积计算，树种的基部盖度以某一树种的胸高（离地 1.3m）断面面积与样地面积之比来计算（图 16-7）。

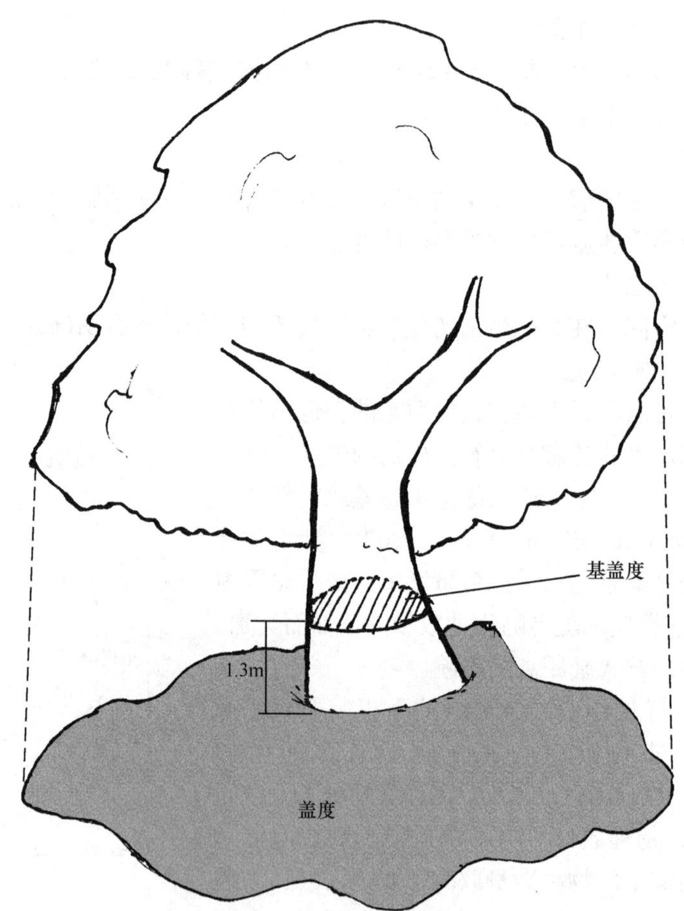


图 16-7　盖度与基盖度图解

树种的相对盖度以某一树种的胸高（离地 1.3m）断面面积与样地内全部树种总断面面积之比来计算。相对盖度又称相对优势度（dominance）。

$$相对盖度（=相对优势度）=\frac{树种盖度}{样地内全部树种总断面面积}\times100\%$$

频度（frequency）：是指群落中某个物种在调查范围内出现的频率，常受样方数目和大小的影响。频度按包含该种个体的样方数占全部样方数的百分比来计算，即：

$$频度=\frac{某物种出现的样方数}{样方总数}\times 100\%$$

相对频度是指某物种在群落中的相对出现频率，其计算公式为：

$$相对频度=\frac{一个种的频度值}{所有种的频度值之和}\times 100\%$$

2. Raunkiaer 频度定律

Raunkiaer（1918，1934）分析了很多欧洲植物群落频度的研究数据，提出如果将频度大小分为 5 级，那么在一个种类分布比较均匀一致的群落中，属于 A 级频度（1%～20%）的种类占 53%，B 级（21%～40%）占 14%、C 级（41%～60%）有 9%，D 级频度（61%～80%）度的种类较少，只有 8%，E 级频度（80%～100%）的植物是群落中的优势种和建群种，其数目也较多，所以占有的比例也较高，约有 16%。这称之为 Raunkiaer 频度定律（Raunkiaer's law of frequency），如图 16-8 所示。可以看出，频度分布呈“J”型或“U”型。

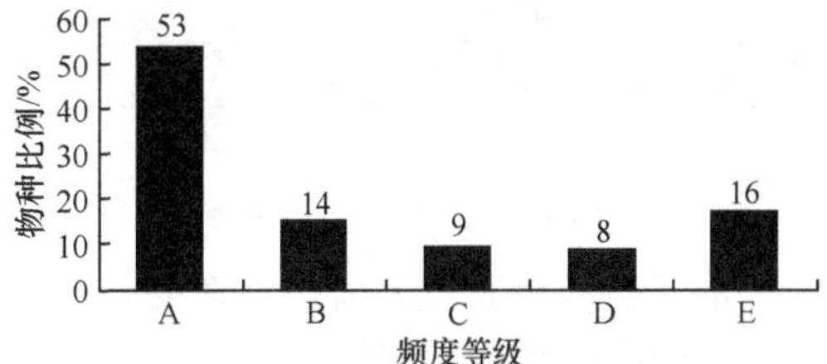


图 16-8　Raunkiaer 的植物群落频度定律

用公式表示为：

$$A>B>C\gtreqless D<E$$

重要值（importance value）：是以上几方面的综合指标，其公式为：

重要值=相对密度+相对频度+相对优势度

草原的重要值=相对盖度+相对频度+相对高度

王伯荪（1987）计算过海南吊罗山 20 种树的频度、多度、重要值等指标（表 16-4）。

**表 16-4　海南吊罗山林场 2000m² 样方内 20 种常见树种的重要值**（引自王伯荪，1987）

| 树种 | 株数 | 频度 | 胸截面积/cm² | 相对多度 | 相对频度 | 相对显著度 | 重要值 |
|---|---|---|---|---|---|---|---|
| 1. 青皮 *Vatica astrotrica* | 42 | 100 | 36041.1 | 7.36 | 5.21 | 21.14 | 33.71 |
| 2. 蝴蝶树 *Heritiera parvifolia* | 32 | 80 | 33805.8 | 5.60 | 4.17 | 19.83 | 29.60 |
| 3. 虎氏野桐 *Mallotus hookerianus* | 46 | 75 | 1054.7 | 8.23 | 3.91 | 0.62 | 12.76 |
| 4. 细子龙 *Amesiodendron chinensis* | 20 | 65 | 9506.0 | 8.50 | 3.39 | 5.58 | 12.47 |
| 5. 白茶 *Coelodepas hainanensis* | 29 | 75 | 646.2 | 5.08 | 3.91 | 0.38 | 9.37 |
| 6. 海南柿 *Diospyros hainanensis* | 19 | 55 | 4399.0 | 3033 | 2.86 | 2.58 | 8.77 |
| 7. 海南暗罗 *Polyalthia lauri* | 20 | 75 | 2124.1 | 3.50 | 5.95 | 1.25 | 8.66 |
| 8. 木荷 *Schima superba* | 7 | 30 | 8633.1 | 1.23 | 1.56 | 5.06 | 7.85 |
| 9. 长眉红豆 *Ormosia balansae* | 25 | 50 | 549.4 | 4.38 | 2.60 | 0.32 | 7.75 |
| 10. 钝叶新木姜 *Neolitsea obtusifolia* | 3 | 10 | 7680.3 | 0.53 | 0.52 | 4.50 | 5.56 |

续表

| 树种 | 株数 | 频度 | 胸截面积/cm$^2$ | 相对多度 | 相对频度 | 相对显著度 | 重要值 |
|---|---|---|---|---|---|---|---|
| 11. 大花五桠果 *Dillenia turbinata* | 11 | 45 | 1982.1 | 1.93 | 2.34 | 1.16 | 5.45 |
| 12. 琼楠 *Beilschmiedia intermedia* | 4 | 15 | 6160.6 | 0.70 | 0.78 | 3.61 | 5.09 |
| 13. 油楠 *Sindora glabra* | 3 | 10 | 5830.9 | 0.53 | 0.52 | 3.42 | 4.47 |
| 14. 海南大风子 *Hydrocarpus hainanensis* | 9 | 50 | 484.0 | 1.58 | 2.60 | 0.28 | 4.46 |
| 15. 女儿香 *Aquilaria sinensis* | 3 | 15 | 4601.9 | 0.53 | 0.78 | 2.70 | 4.10 |
| 16. 枝花榄李 *Linociera ramiflora* | 8 | 40 | 519.0 | 1.40 | 2.08 | 0.30 | 3.78 |
| 17. 单果阿芳 *Alphonsea monogyna* | 11 | 25 | 528.1 | 1.93 | 1.50 | 0.31 | 3.54 |
| 18. 线枝蒲桃 *Syzygium araiocladum* | 5 | 25 | 2024.0 | 0.88 | 1.30 | 1.19 | 3.37 |
| 19. 毛茶 *Antirrhoea chinensis* | 2 | 5 | 2453.0 | 0.35 | 0.26 | 1.44 | 2.05 |
| 20. 海南核果木 *Drypetes hainanensis* | 3 | 10 | 1431.9 | 0.53 | 0.52 | 0.84 | 1.89 |

### 3. 群落中不同物种的重要性

有了优势度和重要值就可确定群落中不同物种的重要程度。

#### 1）优势种和建群种

群落中优势度大的、占重要位置的、对群落结构和群落环境的形成有明显控制作用的植物种为群落的优势种（dominant species），它们通常是那些个体数量多、投影盖度大、生物量高、体积较大、生活能力较强的植物种类。

群落的不同层次可以有各自的优势种，它们决定着群落的内部结构和特殊环境。例如，森林群落中，乔木层、灌木层、草本层和地被层分别存在各自的优势种，其中乔木层的优势种，即优势层的优势种常称为建群种（constructive species）。如果群落中的建群种只有一个，则称为“单建群种群落”或“单优种群落”；如果具有两个或两个以上同等重要的建群种，则称为“共建种群落”或“共优种群落”。热带森林几乎全是共建种群落，北方森林和草原则多为单优种群落，但有时也存在共优种群落。

吴东丽等（2003）认为组成滹沱河湿地群落的优势植物有薹草 *Carex duriuscula* 和 *C. coriophora*、假苇拂子茅 *Calamagrostis pseudophragmites*、鹅绒委陵菜 *Potentilla anserina*、泽泻 *Alisma orietalecsam*、水莎草 *Juncellus serotinus*、小香蒲 *Typha minima*、香蒲 *Typha orientalis*、慈菇 *Sagittaria sagittifolia*、风花菜 *Rorippa globosa*、车前 *Plantago asiatica*、旋覆花 *Inula japonica*、野艾蒿 *Artemisia lvandulaefolia*、芦苇 *Phragmites australis*、稗草 *Echinochloa* spp. 等。朱小龙等（2002）提到福建南亚热带雨林的建群种或者优势种主要是红栲 *Castanopsis hystrix*、乌来栲 *Castanopsis uraiana*、红鳞蒲桃 *Syzygium hancei* 等，南亚热带次生林的重要物种是马尾松 *Pinus massoniana*、拟赤杨 *Alniphyllum fortunei* 等演替中期阶段的建群种。

#### 2）亚优势种

亚优势种（sub-constructive species）指个体数量与作用都次于优势种，但在决定群落性质和控制群落环境方面仍起着一定作用的植物种。在复层群落中，它通常居于下层，如大针茅草原中的小半灌木冷蒿就是亚优势种。

#### 3）伴生种

伴生种（companion）为群落的常见种类，它与优势种相伴存在，但不起主要作用。

4）偶见种或罕见种

偶见种或罕见种( rare species )可能由人们偶然带入或随着某种条件的改变而侵入群落中，也可能是衰退中的残遗种。它们在群落中出现频率很低，个体数量也十分稀少。但是有些偶见种的出现具有生态指示意义，有的还可作为地方性特征种来看待。

5）关键种

Paine（1966，1969）发现当把潮间带的捕食者海星去除后，贻贝随即成功地占据了大部分领域，9 个月后它又被牡蛎和和藤壶所排挤。可见群落中单一物种（如本例中的贻贝）对必要生存条件（如空间）的垄断往往受到捕食者（如海星）的阻止，这种阻止效率及捕食者的数量影响着系统中的物种多样性。若捕食者缺失或实验性地移走，系统的多样性将降低。从这个意义上来说，位于食物链上端的捕食者的存在，有利于保持群落的稳定性和高的物种多样性，它们是群落的关键种（keystone species），即群落中的那些活动和多度对群落组成、整体性和持续性有着决定作用的物种。它们通常具有两个特征：①关键种的一个小的变化可能导致群落或生态系统过程有大的变化；②它们在生态系统中的功能比例远大于其结构比例（黄建辉和韩兴国，2001）。

人们通过实验已验证了某些水生生态系统中的关键种，它们都是一些捕食种，如海星、海獭、海岸鸟类、鱼类、大型甲壳动物和软体动物等。在陆地生态学的研究中，通过实验也证明了热带森林的美洲狮、美洲虎等食肉动物是关键种；在北美的 Chihuahuan 荒漠灌丛中 3 种分类上相近、生态要求相似的更格芦鼠 *Dipodomys* spp.组成关键种；生态系统中为植物传播花粉的如昆虫等为关键种，病原体、衣原体等也被考虑为局部的关键种（葛宝明等，2004）。可见，有时关键种的概念和含义并不十分严格。尹林克（1995）认为柽柳 *Tamarix* spp.是中亚荒漠生态系统中的关键种。

### （四）群落具有自己的内部环境

群落与其环境是不可分割的。任何一个群落在形成过程中，生物不仅对环境具有适应作用，同时对环境也具有巨大的改造作用。随着群落发育到成熟阶段，群落的内部环境也发育成熟并与群落外部呈现出不同的状态。宋西德等（2004）对不同城市生态群落内外部的湿度、温度进行过测定，发现它们数值在群落内部和外部有明显不同（表 16-5）。

**表 16-5　水平方向上距离片林不同远近地区湿度和温度的差异**（宋西德等，2004）

| 项目 | 距离/cm | 时间 | | | | | 平均值 |
|---|---|---|---|---|---|---|---|
| | | 8:00 | 10:00 | 14:00 | 16:00 | 18:00 | |
| 温度/℃ | 中心 | 17.0 | 24 | 26.2 | 20.2 | 19.8 | 21.4 |
| | 0 | 17.6 | 25.6 | 26.6 | 21.4 | 21.0 | 22.4 |
| | 50 | 18 | 26.4 | 26.9 | 21.8 | 21.6 | 22.9 |
| | 100 | 18.2 | 26.8 | 27.0 | 22 | 22 | 23.2 |
| | 150 | 18.4 | 27 | 27.2 | 22.2 | 24.6 | 23.9 |
| | 平均值 | 17.8 | 26.0 | 26.7 | 21.5 | 21.8 | |
| 湿度/% | 中心 | 96 | 74 | 69 | 73 | 86 | 79.6 |
| | 0 | 90 | 70 | 67 | 71 | 82 | 76 |
| | 50 | 84 | 68 | 65 | 67 | 76 | 72 |
| | 100 | 81 | 65 | 62 | 63 | 71 | 68.4 |
| | 150 | 79 | 61 | 60 | 60 | 66 | 65.2 |
| | 平均值 | 86 | 67.6 | 64.6 | 66.8 | 76.2 | |
| 平均风速/(m/s) | 0.22 | | | | | | |

### （五）群落具有一定的结构

群落结构（community structure）是指群落中所有组成物种及其个体在空间、时间中的配置状态。群落结构表现为空间上的成层性（包括地上和地下）、地表上生物组成成分之间的镶嵌结构、物种之间的营养结构、生态结构及时间上的季相变化等。群落类型不同，其结构也不同。

1. 群落的空间结构或垂直结构

群落中的各种生物都在空间上占有一定的位置，它们构成了群落的空间结构（spatial patterns）。群落的空间结构或垂直结构最直观的表现就是群落的成层现象或成层性（stratification）。成层性是植物群落在外观上呈现出来的层次感，也就是植物不同的高度状况（图 16-9）。成层现象不仅表现在地面上而且也表现在地下。

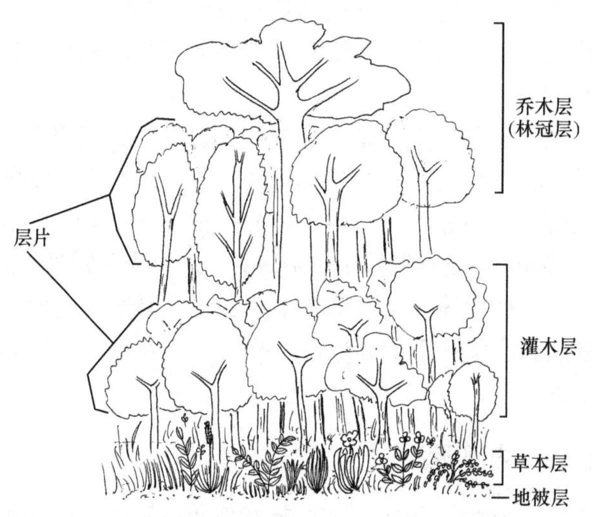


图 16-9　植物群落垂直结构及其组成成分

地上成层现象在森林群落中表现得最明显，通常可划分为乔木层（canopy layer）、灌木层（shrub layer）、草本层（herb layer）和由苔藓、地衣等构成的地被层（ground cover layer）4 个基本层次。附生、寄生、藤本植物依附于各种植物上，通常在各层中都有分布。热带雨林群落的结构最为复杂，仅其乔木层和灌木层就可各分为 2～3 个层次。而相比之下，寒带针叶林群落的结构就比较简单，只有乔木层、灌木层和草本层。草本植物群落的结构简单，通常只有草本层和地被层。一般说来，温带阔叶林地上成层现象最明显，寒带针叶林地上成层结构简单。吴邦兴（1991）报道云南省西双版纳景洪县南部雨林地上部分可分 7 层，即乔木层 3 层、灌木层、高草层、中草层、低草层。地下层也可分为 7 层：爱地草根系入土 0.10～0.15m，宽营花根系入土 0.25～0.38m，羽蕨根入土 0.15～0.25m，大黄皮、滇谷木根系入土 0.80～1.2m，木奶果、火灰木根系入土 2.0～3.7m，箭毒木根系入土 3～3.5m，白颜树、黄叶树根系入土 4～4.7m。

于丹（1994）认为哈尔滨朱顺泡湖水生植物可分为水上层、水下层、水面层和地下层 4 层：水上层主要包括挺水植物；水面层则以漂浮植物为主；水下层以沉水植物为主，包括沉在水中的三叉浮萍；地下层由底泥中的根状茎、根系及基底表面扎入的支柱根等组成。

动物群落分层现象也很普遍。动物之所以有分层现象，主要与食物有关，其次还与不同层次的微气候有关。例如，在地被层和草本层中栖息着两栖类、爬行类、鸟类和兽类；在森林的灌木层和幼树层中，栖息着莺、苇莺和花鼠等；在森林的中层栖息着山雀、啄木鸟、松鼠和貂等；而在树冠层则栖息着柳莺、交嘴和戴菊等。梁子宁和张永强（2007）对龙眼种植园内节肢动物群落结构及时空格局进行过12次调查，结果表明，龙眼园节肢动物群落分层明显，树冠上下层皆有的优势类群是黄立毛蚁 *Paratrechina flavipes*、多色金蝉蛛 *Phintella versicolor*、啮虫科 Psocidae 和小蜂总科 Chalcidoidea。树冠上层的优势类群有白蛾蜡蝉 *Lawana imitata*、荔蝽 *Tessaratom apapillosa*、龙眼角颊木虱 *Cornegenapsylla sinica*、折翅蠊科 Blaberidae 和姬蜂科 Ichneumonidae，下层有矢尖蚧 *Unaspis citri*、黑刺粉虱 *Aleurocanthus spiniferus*、蚊总科 Culicoidea、长角跳虫科 Entomobryidae、细蜂总科 Proctotrupoidea、咸丰球蛛 *Theridion xianfengensis*、灵川丽蛛 *Chrysso lingchuanensis* 和常见类群小叶蝉 *Japananus* spp.。地面杂草层优势类群是比罗举腹蚁 *Crematogaster biroi*、黄斑弓背蚁 *Camponotus albosparsus*、哀弓背蚁 *Camponotus dolendus*、斜纹猫蛛 *Oxyopes sertatus*、长角跳虫科、蚊总科、小蜂总科、茧蜂科 Braconidae、姬蜂科和幼豹蛛 *Pardosa pusiola*。树冠上下层的植食性和寄生性昆虫亚群落的相似性小，捕食性昆虫和蜘蛛的相似性大。

水域中，某些水生动物也有分层现象。例如，湖泊和海洋的浮游动物即表现出明显的垂直分层现象。影响浮游动物垂直分布的原因主要是阳光、温度、食物和含氧量等。多数浮游动物一般是趋向弱光的，因此，它们白天多分布在较深的水层，而在夜间则上升到表层活动。此外，在不同季节也会因光照条件的不同而引起垂直分布的变化。

成层现象是群落中各组成物种、个体及生物与环境之间长期相互作用的结果。它可以缓解物种之间为争夺阳光、空间、水分和矿质营养（地下成层）而产生的矛盾，而且还可扩大植物利用环境的范围和层次，提高了同化功能的强度和效率。成层现象越复杂，即群落结构越复杂，植物对环境利用越充分，提供的有机物质也就越多。各层之间在利用和改造环境时具有互补作用。群落成层性的复杂程度，也是对生态环境的一种良好的指示。

2. *群落的结构单元*

群落之所以有空间结构，是由于组成群落的生物主要是植物种类有高矮的不同，以及由它们组合而成的群落组成模块高度及性质不同造成的，即组成群落的不同结构单元存在差异。

1）结构单元一：生活型

生活型（life form）是植物适应外界环境而形成的生活形态。生活型是不同种的植物由于长期生活在相同的气候或其他环境条件下，在形态上表现出相似的外貌特征。目前比较多地采用 Raunkiaer（1932）关于植物生活型的分类法。他以植物营养体形态对气候的适应方式为依据，以植物在不良季节休眠芽或复苏芽所处的位置高低、保护方式（或芽鳞）和形态对生活型进行划分，建立了 Raunkiaer 生活型系统，这种分类能够较好地反映当地的气候状况。Raunkiaer 将高等植物划分为五大类，即高位芽植物、地上芽植物、地面芽植物、隐芽植物和一年生植物（图 16-10）。每个类中又分为若干亚类（王伯荪 1987；刘守江等 2003）。

（1）高位芽植物（phanerophytes，简写为 Ph.）：芽或顶端嫩枝位于离地面 25cm 以上的较高处的枝条上，如乔木、灌木和一些生长在热带潮湿气候条件下的草本等。高位芽植物可以再分成：大高位芽植物（30m 以上）、中高位芽植物（8～30m）、小高位芽植物（2～8m）和矮高位芽植物（0.25～2m）。

（2）地上芽植物（chamaephytes，简写为 Ch.）：渡过不良季节时芽或顶端嫩枝位于地表或接过地表，一般在 25cm 左右或更低，如灌木和半灌木、苔原植物和高寒植物、垫状植物。

（3）地面芽植物（hemicryptophytes，简写为 H.）：这类植物渡过不良季节时地上部分枯死，有生命的部分在地表，需要依赖于枯枝落叶或者积雪保护更新芽，如温带地区的多年生草本薹草、莲座状植物等。

（4）隐芽植物（cryptophytes，简写为 Cr.）：这类植物渡过不利时期时更新芽埋藏在土表以下或水中，所以受到良好保护，如根茎、块茎、块根、鳞茎、沼泽和其他水生植物等。

（5）一年生植物（therophytes，简写为 T.）：当年完成生命周期，以种子方式过冬，所有其他部分的器官全部枯死。

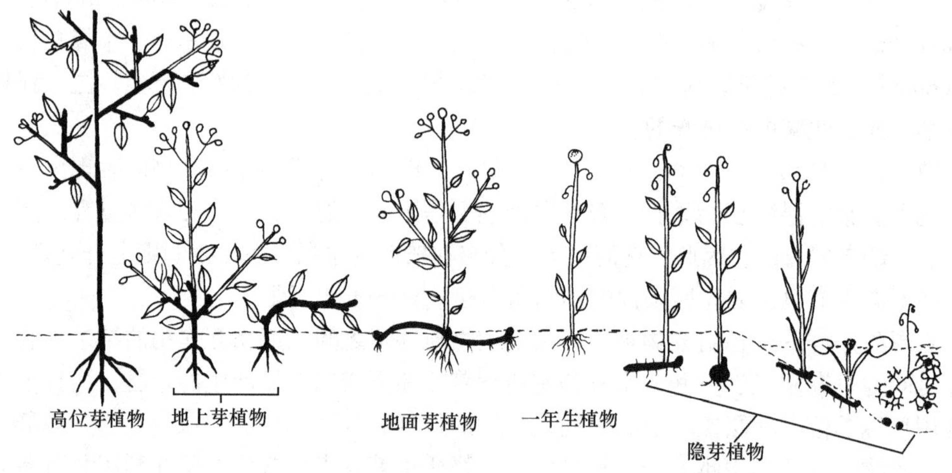


图 16-10　Raunkiaer 植物生活型系统（修改自 Raunkiaer，1932）

图中黑色部分为休眠芽的位置

多位学者曾对 Raunkiaer 生活型系统进行过修订，因为其一般只适用于高等植物，也只以植物休眠芽的位置来分类。Braun-Blanquet（1932）将全部植物分为浮游植物、土壤微生物、内生植物、一年生植物、水生植物、地下芽植物、地面芽植物、地上芽植物、高位芽植物、树上附生植物等。Whittaker（1970，1975）以植物的高度来分类，其系统更接近于日常所见：乔木、灌木、附生植物、草本植物、叶状体植物（地衣、苔藓、地钱等）。

由于动物有极强的活动性和流动性，其往往不与特定的环境严格对应，因而动物生活型的研究十分罕见和困难，主要集中在一些昆虫（如蝗虫）中。

生活型谱（life form spectrum）是指某一地区或某一个植物群落内各类生活型的数量对比关系或百分率。它可以反映一个地区或群落与环境尤其是气候之间的关系。

$$\text{群落中某一生活型的百分率}=\frac{\text{群落中该生活型植物种的数量}}{\text{全部植物种的数量}}\times 100\%$$

Raunkiaer（1905）总结和对比世界不同植被区的生活型谱，选出 1000 种植物，得出以下 5 种植物生活型常态谱（表 16-6）。我国植物群落的生活型谱也有人进行过研究（表 16-7）。

表 16-6　世界主要气候带植物生活型谱（引自王伯荪，1987）

| 气候带 | 种数 | 生活型/% | | | | |
|---|---|---|---|---|---|---|
| | | 高位芽植物 | 地上芽植物 | 地面芽植物 | 隐芽植物 | 一年生植物 |
| 热带（塞舌尔群岛） | 258 | 61 | 6 | 12 | 5 | 16 |
| 温带（丹麦） | 1084 | 7 | 3 | 50 | 22 | 18 |
| 地中海带（意大利） | 366 | 12 | 6 | 29 | 11 | 42 |
| 荒漠带（利比亚荒漠） | 194 | 12 | 21 | 20 | 5 | 42 |
| 北极带（斯匹茨卑尔根） | 110 | 1 | 22 | 60 | 15 | 2 |
| 常态谱 | 1000 | 46 | 9 | 26 | 6 | 13 |

表 16-7　我国几个典型群落类型的生活型谱（引自王伯荪，1987）

| 生活型/%<br>群落（地点） | 高位芽植物（附生植物） | 地上芽植物 | 地面芽植物 | 隐芽植物 | 一年生植物 |
|---|---|---|---|---|---|
| 热带雨林（西双版纳） | 94.7 | 5.3 | 0 | 0 | 0 |
| 热带雨林（海南岛） | 96.88（11.1） | 0.77 | 0.42 | 0.98 | 0 |
| 山地雨林（海南岛） | 87.63（6.87） | 5.99 | 3.42 | 2.44 | 0 |
| 南亚热带常绿阔叶林（广东鼎湖山） | 84.5（4.1） | 5.4 | 4.1 | 4.1 | 0 |
| 亚热带常绿阔叶林（云南东南部） | 74.3 | 7.8 | 18.7 | 0 | 0 |
| 亚热带常绿阔叶林（浙江） | 76.7 | 1 | 13.1 | 7.8 | 2 |
| 暖温带落叶阔叶林（秦岭北坡） | 52.0 | 5.0 | 38.0 | 3.7 | 1.3 |
| 寒温带暗针叶林（长白山） | 25.4 | 4.4 | 39.6 | 26.4 | 3.2 |
| 温带草原（东北） | 3.6 | 2.0 | 41.1 | 19.0 | 33.4 |

从表 16-6 和表 16-7 中可以明显看出，在温暖潮湿的热带地区占优势的是高位芽植物，以乔木和灌木占极大多数；在干旱炎热的沙漠地区和草原地区，明显以一年生植物占优势，而温带和北极地区则以地面芽植物占多数。

2）结构单元二：层片

植物生活型是以植物的高度或休眠芽的位置和越冬方式来分类的，或者说生活型是植物在一个维度（高度）所表现出来的特征和不同。而层片（synusia）是组成群落的三维立体构件、单元或模块。Gams（1918）提出，层片是指由相同生活型或相似生态要求的种组成的机能群落（functional community）。简言之，层片是同一生活型植物的立体生态组合或生态结构。另外，群落的“层”或“分层”则是指群落的层次及层次感，即群落在外观上或外貌上所表现的高矮不等状态。群落因有层片而显示层次或垂直结构。层与层片两者有相同之处但又有本质区别（图 16-9 和图 16-11）。

层片可以分为高位芽植物层片、地面芽植物层片、地下芽植物层片等，也可以是乔木层片、灌木层片、落叶树层片、长绿树层片等。

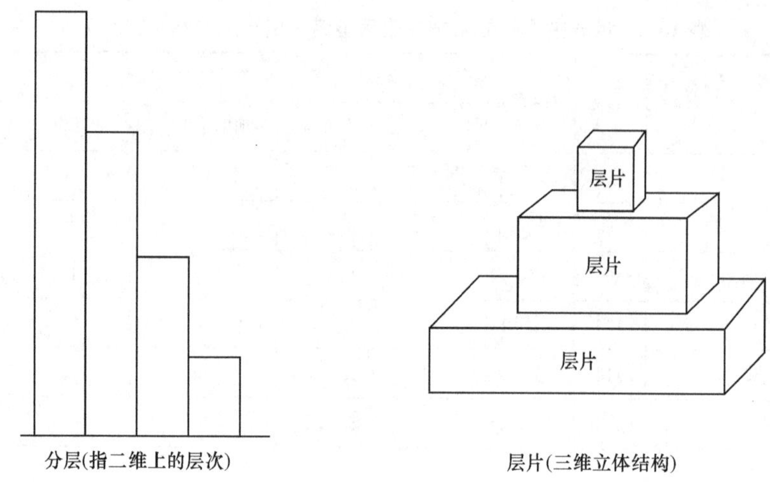


图 16-11　植物群落分层与组成单元层片之间的关系图解

3. 群落的水平结构

群落水平结构（horizontal structure）是指群落在水平方向上的布局和配置状况。镶嵌性（mosaic）是植物群落水平结构的主要特征。

一个群落中的植物种类分布通常是不均匀的，是某些种类聚集在一起，而另一些种类又聚集在一块，各自形成不同的小群落。不同的小群落可以称为不同的斑块（patch），而斑块之间就呈现出镶嵌性关系（图 16-12）。这就如同镶嵌画，组成画的一个个小单元就相当于群落的小群落或斑块，而它们之间因相互镶嵌而联结。

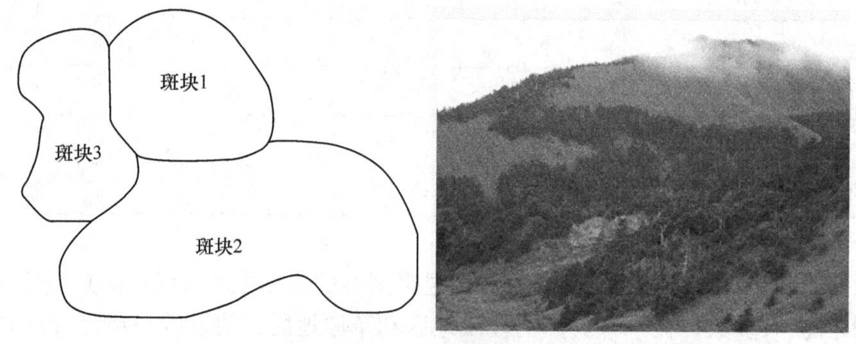


图 16-12　群落水平结构镶嵌性图示及实例

4. 群落的时间结构

群落在空间上呈现出明显的分层现象，在时间维度上也不停变化，无论是短期（一天、一年）或长期（百万年）内，群落的外貌和组成都会发生变化。这就是群落的时间结构（详见第 17 章）。

5. 群落的营养结构

群落的营养结构指组成群落的各种有机成分通过食物链和食物网而形成的能量流动和物质传递关系和层级（详见第 19 章）。

### （六）群落具有一定的分布范围

每一生物群落都分布在特定的地段或特定的生境上，不同群落的生境和分布范围不同，群落的自然分布范围都具有一定的局限性。例如，典型的热带雨林只分布在赤道附近，苔原只分布在两极附近和高原上。在较小的范围内，如池塘、林地、农田、城市等都有明确的范围。

### （七）群落的边缘效应

正是由于群落具有分布上的局限性，那么就必然产生边缘。不同群落的边缘之间就会形成过渡带或交错区。群落交错区（ecotone）是两个或多个群落之间（或生态地带之间）的过渡区域，如森林和草原之间的森林草原过渡带、水生群落和陆地群落之间的湿地过渡带。

群落交错区是一个交错地带，发育完好的群落交错区可包含相邻群落共有的物种及群落交错区特有的物种，在这里，物种的数目及一些种群的密度往往比相邻的群落大。群落交错区种的数目及一些种的密度有增大的趋势，这种现象称为边缘效应（edge effect，图 16-13）（王如松和马世骏，1985）。例如，湿地处在陆地和水体之间，此处的植物和动物（如蝗虫、鸟类等）都较多。但值得注意的是，群落交错区物种密度的增加并不是对所有物种都有的普遍规律，事实上，许多物种的出现恰恰相反。例如，在森林边缘交错区，树木的密度明显地比群落里要小（马建章等，1995）。

图 16-13　边缘效应示例（水边田埂上的草又多又好）

环境条件和物种多样性关系密切。群落交错区内环境条件往往明显地区别于相邻两个群落的内部核心区域。这主要是由于一些气象因素如光照、风、土壤等特点及程度都有所不同，导致交错区的环境条件往往相对复杂，其植物种类更加丰富，从而更多地为动物提供营巢、隐蔽和摄食的条件，动物种类和数量也更加丰富。

交错区的生境数量和多样化程度是物种多样性的重要影响因素。交错区的生境丰富度受相邻群落特征的影响，主要决定于群落的大小和群落内的生境类型。形成边缘的群落越大，它所容纳的物种就越多，边缘的物种丰富度就越高。同样，群落内生境类型越丰富，交错区的生境多样化程度越高。此外，边缘植被结构间的反差程度越大，相交的生境在结构上就越可能不相同，它们所支持的物种就越加不同，从而增加了交错区内物种丰富度。

交错区的面积大小和形状也是物种多样性的决定因素，而这取决于边缘的情况，如长度和宽度，狭窄的边缘要比较宽的边缘产生的交错区小些。

总之边缘的长度越长，边缘效应越明显；边缘的生境类型增加，也将增大边缘效应。

**边缘效应与野生动物管理**

边缘效应在野生动物管理中有重要的应用价值。很多研究证明边缘存在对鹿类有利，尤其是在开阔地和林地交界区，对林木的间伐被认为增加了边缘量，从而提供了有利于鹿类的生境如取食地、隐蔽场所，鹿类的密度增大。有研究认为在皆伐地和林地边缘，鸟类的丰富度和多度均有所提高，甚至成倍增长，但是皆伐的面积和皆伐方式至关重要。

### （八）群落具有一定的动态特征

群落不是一成不变，在时间的尺度上会发生改变，无论是短期内还是长期内。对群落动态的研究是群落生态学中的一个重要内容（详见第 17 章）。

## 本章小结

生物群落是指在一定时间内，居住在一定区域或生境内的各种生物种群相互联系、相互影响的一种结构单元，或在相同时间聚集在同一地段上的各物种种群的集合。

群落的基本特征有：①群落是由多种生物物种组成的；②组成群落的各物种具有不同的重要性和地位；③群落中各物种之间是相互联系的；④群落具有自己的内部环境；⑤群落具有一定的结构；⑥群落具有一定的动态特征；⑦群落具有一定的分布范围；⑧群落具有边界特征。

有多种方法可以测定群落中所包含的物种或种群数目，如最小面积法和计数法。物种多样性指数包含两方面的含义：物种的数目或多样性，即丰富度；种的相对密度，又可称为群落的异质性或均度。常用的物种多样性指数有辛普森多样性指数和香浓－威纳多样性指数。

生物多样性除一般指物种多样性外，还包括遗传多样性、生态系统多样性和景观多样性。

组成群落的物种之间因存在多种关系而使群落成为一个有机的整体。群落的稳定性取决于多种因子的作用，比较明显的有空间异质性、竞争、捕食、气候稳定性等。捕食者如果取食群落中的优势种，捕食作用会提高多样性；如果捕食者喜食竞争上处于劣势的种类，则捕食会降低多样性。群落中物种之间的竞争往往导致物种多样性降低。干扰是指对正常过程的打扰或妨碍，中等程度的干扰能维持高多样性。空间异质性越高，群落多样性越高。

岛屿作为孤立环境，其上的物种数量取决于 4 个因素：岛屿与大陆的距离、岛屿面积、迁入率与迁出率。

群落中的不同物种具有不同的生态学重要性，可分为优势种、亚优势种、偶见种、关键种、建群种等，往往通过其数量和体积特征表现出来。密度、多度、盖度、频度等都是其指标。Raunkiaer 频度定律将频度与物种数量联系起来。

分层现象是群落空间结构或垂直结构的主要形式，而生活型和层片是其组成单元。生活型是指不同种的植物由于长期生活在相同的气候或其他环境条件下，在形态上表现出相似的外貌特征。Raunkiaer 生活型系统将植物划分为五大类，即高位芽植物、地上芽植物、地面芽植物、地下芽植物和一年生植物。生活型是以植物的高度或休眠芽的位置和越冬方式来分类的，或者说生活型是植物在一个维度（高度）所表现出来的特征和不同。而层片是组成群落的三维立体构件、单元或模块，是同一生活型植物的立体生态组合或生态结构。

镶嵌性是植物群落水平结构的主要特征。由于群落有一定的分布范围，不同群落之间就形成边缘，这里物种的数目及一些种群的密度往往比相邻的群落大。

## 本章重点

群落的特点；多样性指数的含义、参数及计算；层片、边缘效应、镶嵌性的定义。

## 思考题

1. 群落的定义是什么？
2. 群落中物种数目的多少与什么有关？
3. 群落有哪些特点？试各举一例说明。
4. 层、层片的联系与区别是什么？
5. 多样性指数主要包含哪些指标？为什么要包含它们？
6. 为什么辛普森多样性指数和香浓－威纳多样性指数能够表示生物多样性？
7. 生活型、生活型谱及频度定律都是 Raunkiaer 提出的，请说说它们的主要内容。
8. 什么是边界效应？有哪些实例？
9. 群落的分布为什么是有规律的？有哪些规律？
10. 群落中不同物种的重要性通过哪些指标体现出来？

## 附：常见的 8 种较容易理解的群落多样性指数及其公式

（1）Gleason 指数

$$G=S/\ln A$$

式中，$A$ 为单位面积；$S$ 为群落中的物种数目。

（2）Margalef 指数

$$M=(S-1)/\ln N$$

式中，$S$ 为群落中的物种总数目；$N$ 为观察到的个体总数。

（3）Simpson 指数（辛普森指数）

$$D=1-\sum_{i=1}^{s}\left(\frac{n_i}{N}\right)^2$$

式中，$i$ 代表不同的物种；$S$ 为群落中物种总数；$N$ 为群落中所有物种个体数；$n_i$ 为第 $i$ 个物种的个体数。

$n_i/N$ 也可用 $P_i$ 表示，此时 Simpson 指数变成：

$$D=1-\sum_{i=1}^{s}p_i^2$$

（4）Shannon-Wiener 指数（香浓-威纳指数）

$$H=-\sum_{i=1}^{s}p_i\log_2 p_i$$

或

$$H=-\sum_{i=1}^{s}p_i\ln p_i$$

式中，$i$ 代表不同的物种；$S$ 为群落中物种总数；$p_i=n_i/N$；$N$ 为群落中所有物种个体数；$n_i$ 为第 $i$ 个物种的个体数。

（5）Pielou 均匀度指数一

$$J_{sw}=H/\ln S$$

式中，$H$ 为 Shannon-Wiener 指数；$S$ 为群落中物种总数。

（6）Pielou 均匀度指数二

$$J_{si}=\left(1-\sum_{i=1}^{s} p_i^2\right)/（1-1/S）$$

式中，$i$ 代表不同的物种；$S$ 为群落中物种总数；$p_i=n_i/N$；$N$ 为群落中所有物种个体数；$n_i$ 为第 $i$ 个物种的个体数。

（7） McIntosh 均匀度指数

$$R_{mc}=\left(N-\sum_{i=1}^{s} n_i^2\right)/[N(1-1/S)]$$

式中，$i$ 代表不同的物种；$S$ 为群落中物种总数；$N$ 为群落中所有物种个体数；$n_i$ 为第 $i$ 个物种的个体数。

（8）种间相遇概率（probability of interspecific encounter，PIE）指数

$$\mathrm{PIE}=\sum_{i=1}^{s}[(n_i/N)(N-n_i)/(N-1)]$$

式中，$i$ 代表不同的物种；$S$ 为群落中物种总数；$N$ 为群落中所有物种个体数；$n_i$ 为第 $i$ 个物种的个体数。

# 17

# 第十七章　群 落 动 态

群落动态（dynamics）是非常广泛的概念，可以指群落变化、形成、更新、波动、演替及进化。随着时间的流逝，在短期内，由于不同的物种拥有不同的生态位，如有些植物春天繁殖而有些秋季开花、有些是常绿树而有些有落叶植物、动物随季节更替的迁移等，使群落在外貌上和结构上表现出改变和动态；在较长期内如一年或几年当中，组成群落的各种生物种内和种间关系会发生改变，从而影响群落的组成、结构和稳定；长期来看，任何一个生物群落都有它的发生、发展、成熟、衰败与灭亡阶段，如一个刚封山育林的山体与50年后的相比在许多方面都存在明显的差异。这些变化并不仅仅指群落自然的改变，而经常是人为干扰现象。例如，砍伐原始森林中的林木、热带草原上的大火、土地受到毁损和水源受到污染，这些因素更会影响自然群落的动态过程。因此，无论是短期或长期内，生物群落都处于不断发展的动态变化之中。群落在短期内的变化可称为群落波动（fluctuation），而长期的演变称为群落演替（succession）（周灿芳，2000；任海等，2001b）。

## 一、群落的波动

一些科学家认为气象、水文及对植物生长重要的其他要素每年均是特殊的，由于这种特殊性，植物群落总是逐年或逐季地发生变化，植物群落的这种动态形式称为波动。有人提出表现在种数量上的不同如盖度、频度、多度等的群落动态叫做波动。彭少麟（1993）认为植物群落的波动是森林景观动态的一种表现形式，是指由于植物的遗传原因和群落中复合生态因子逐年逐季的变化，引起群落在固有的季节性和逐年性变化上的差异，波动不改变群落的总体物种组成结构和群落的性质。由此可见，植物群落波动是指在短期或周期性的气候或水分变动的影响下，植物群落出现逐年或逐季的变化，这种变动形式就称为波动。波动的特点表现在群落逐年或逐季变化方面的不定性、变化的可逆性及在典型情况下植物区系成分的相对稳定性。植物群落在波动中，其生产力、各成分的数量比例、优势种的重要值，以及物质和能量的平衡方面，也都发生相应的变化。

植物群落出现波动是由种群出生率和死亡率的变动及环境条件的变化等引起，种群数量围绕接近于环境所能支持的最大值上下波动，为规则或不规则的动态。波动的根本原因是气象状况、水文状况、人类活动的作用和植物遗传原因逐年或逐季的变化，所有这些原因直接或间接地影响着植被的变化、群落的动物和微生物成分，并在这些成分和活动中逐年逐季地反映出明显的变化。动物成分的变化也能产生植物群落的波动，波动也可能是由于某些植物生活周期的特殊性所引起的，也是与逐年的环境变化紧密相关的（任海等，2001b）。

### （一）群落动态类型

群落动态类型可以按波动的时间来划分波动类型（表 17-1）。

**表 17-1 按时间分类的群落波动类型**（引自任海等，2001b）

| 持续时间 | 波动类型 |
|---|---|
| 逐日的 | 种类成分的逐日节律，如蒸腾、光合作用等 |
| 1 年 | 季节的，与群落特殊种类的个体发育及不同生长期和季相中可能的变化有关 |
| 大致 4 年 | 小啮齿动物周期，可能是与由动物种群和植物种群所必需的无机物的周期有关 |
| 几十年 | 气候周期，一年生植物的产量、种子供量、盖度和多度均发生变化 |
| 几十年 | 种子活力随年龄的变化和多年生植物随年龄的个体发育变化 |
| 几十年到好几十年 | 群落内替代周期，分布格式和过程周期，与种的有限生活范围有关 |

### （二）群落的季节变化

光、温度和湿度等许多环境因子有明显的时间节律（如昼夜节律、季节节律），受这些因子的影响，群落的组成与结构也随时间发生有规律的变化。这就是群落的季节变化（seasonal variation）或时间格局（temporal pattern）。

植物群落表现最明显的就是季相（图 17-1）。不同生物的生命活动在时间上的差异导致了群落结构在时间上的相互更替，这就是季相（seasonal aspect），即群落的外貌随着季节的变化而发生有规律变化的现象。例如，落叶林在夏季绿意盎然，而在冬季则叶黄草枯；草原的季相变化更加明显。

植物群落变化是比较细微的。所有的种或至少是大部分物种可以同时出现于群落中，但由于生长季节或花期的不同，群落中优势种的更替会出现循环变化，在循环的不同时期存在着差异明显的亚群落。刘蕾等（2008）对珠海市吉大水库的浮游植物群落结构进行采样和计数分析，结果发现夏季浮游植物的丰度和生物量明显高于冬季。甲藻是最主要的优势种类，且相对优势度较为稳定。夏季，隐藻门的隐藻 *Cryptomonas* sp.和绿藻门的鼓藻 *Cosmarium* spp. 大量出现，甲藻的相对优势度有所降低。冬季，隐藻数量急剧下降，但硅藻门的颗粒直链藻 *Aulacoseira granulata* 大量出现，与甲藻共同成为水体中的优势种。由降雨引起的营养盐浓度增加是浮游植物变化的主要影响因子，而全年都较高的透明度为浮游植物的生长提供了有利条件。此外，较为稳定的水体和甲藻利用营养盐的能力使得甲藻成为浮游植物中最主要的优势种。

动物群落的季节变化以鸟类的迁徙、变温动物的休眠和苏醒、鱼类的洄游等形式表现。Elton（1927）通过对英国橡树林中动物的研究发现，在一天的不同时间（黎明、白昼、黄昏、夜晚）动物群落的组成成分各不相同。类似的例子还有与潮汐相关的海岸生物群落变化。一些生物如藤壶等只有在被海水淹没即涨潮时才开始活动，落潮时它们又归于平静。

廖崇惠等（2003）对海南尖峰岭热带林土壤动物群落的季节变化进行过研究，发现原生动物群落的季节变化表现为：种数在 1 月份、2 月份最高，达 43 种、44 种；个体数量则在 8 月份和 12 月份最多；线虫的种数也在 1 月份最高，达 67 种；个体数量则在 9 月份最多。大中型土壤动物群落的季节变化幅度很大：类群数的大高峰在 7 月份（31 个），小高峰在 12 月份（17 种）；个体数量高峰则在 6 月份和 11 月份。降水量的变化是造成群落结构和稳定性跳跃式波动和大起大落的主要因素。

图 17-1　一个池塘在不同季节具有不同的外貌（示季相）

周晓等（2006）2004 年 11 月至 2005 年 10 月调查了长江口九段沙湿地大型底栖动物群落特征的季节变化及其土壤因子影响，共调查到大型底栖动物 30 种，主要由甲壳动物、环节动物、软体动物及昆虫幼体组成，光滑狭口螺 *Stenothyra glabra*、堇拟沼螺 *Assiminea violacea*、焦河蓝蛤 *Potamocorbula ustulata*、中国绿螂 *Glaucomya chinensis* 和谭氏泥蟹 *Ilyrplax deschampsi* 为优势种，且生物密度四季变化明显。春季大型底栖动物生物密度和生物量处于最高水平，多样性指数最高。夏季密度和生物量最低，物种多样性也较低，分布较不均匀。秋、冬季生物种类数与生物量差异不显著，生物密度冬季较秋季高。春、夏、秋季底栖动物种类数、密度和生物量均未与土壤因子达到显著相关水平。冬季土壤湿度和有机质含量与底栖动物密度显著相关。

植物的生长节律，一方面决定于自身的遗传因素，另一方面很大程度上受所在环境条件的影响，幼年时各样地间生长差异不明显，因为遗传因素起主导作用，10 年以后，不同环境下的数量变化较大，营养空间不足。北方针叶林群落季节发育的循环波动在某些年份是非常显著的，同时这种波动与逐年的气象条件变化之间的相关性也十分清楚。然而，在具明显季相种的北方针叶林中的波动是轻微的，针叶林则具有较明显的物候波动为特征。此外，其季节发育节律也随气象条件而变化。在春季寒冷而漫长的年份，许多种的营养期开始的日期被推迟，有些季相的期限起了变化，群落内植物种的开花曲线就不太陡峭，有时呈梯形，一些种在某些年份开花很少，而同一年内另一些种却开花茂盛。

开花是陆地植物重要的物候指标，各种植物的开花日期和花期长短有很大变化。群落季相变化的主要标志是群落主要层片的物候变化，特别是主要层片的植物处于营养盛期时，往往对其他植物的生长和整个群落有极大影响，而有时当一个层片的季相发生变化时，甚至能影响到另一层片的出现与消亡，如北方的落叶阔叶林内草本春季开花，夏季该层消失。

### （三）群落的年际动态

不同年份之间，植物群落的变化形式可分为不显露波动、摆动性波动、周期性波动、偏离—突变波动四类。

不显露波动：以各成分的数量比例发生微小变动为特征，这种波动对植物的生活及对人类利用来说，无重要意义。

摆动性波动：指各成分在生产率和比例上的短期变化，随之为与优势种和生活力的变化有关的逐年可逆性交替。

周期性波动：以一两个单一少果种在某一时期占优势为特征，通常是与其他植物一起占优势，这种植物的个体大量发育，随后由于其完成生活周期而大量死亡。

偏离—突变波动：与一个或几个优势种的大量死亡有关。这是由于平均气象和（或）水文状况的区别而有时产生长期的偏差，或者是植食性动物大量生殖的结果。这种干扰继之以竞争力小的种得以分布，它们通常以有效的营养繁殖来衍生。外来者的优势是短期的，植物群落又回复到其“原来状态”。这种波动可能较长（5～10 年）。

## 二、群落的演替

### （一）群落演替的概念及研究简史

群落在短期内的变化称为群落波动，而其在长期内的变化和演进称为群落演替，即演化替换或演变替代，就是生物群落在较长时期内，先前的群落被后来的更高级的群落所替代的现象和状况。或者说演替是指植物群落随时间变化的生态过程，也就是一定地段上的生物群落由一个类型变为另一类型的质变，这个变化是有顺序、有方向的。演替一方面是指某一地区一定时间内动物、植物和微生物群落相继定居的序列，如弃耕农田经过百年之后可以观察到的那类变化；另一方面，它还可以指在一定时期内生物群落相互取代、不断变化的过程。演替的结果被称为演替序列（sere），即在某特定环境中，原生群落受到破坏或新的次生裸地形成后，物种随着时间的推移相继定居和相互更替的许多生物群落形成的特征序列。

简言之，任何一个植物群落都不会静止不变，而是随着时间变化处于不断变化和发展之中。植物群落的演替一般指植物群落发展变化过程中由低级到高级、由简单到复杂、一个阶段接着一个阶段、一个群落代替另一个群落的自然演变现象。

群落演替与波动的区别是：演替是不可恢复的，而波动一般是指可恢复的或可逆的动态过程，当然这种可逆性并不指群落可以恢复到原来的固有状态；演替一般指长期的群落变化，而波动是短期的，当然它们之间的界限并不明确，50 年可能可以作为一个参考。演替与波动的性质也有不同：拥有不同物种种类而可区别的阶段或相期的所有群落动态变化叫演替，而只表现在种数量上的不同，盖度、频度、多度等不同的群落动态叫做“波动”。也就是说，波动不影响群落宏观结构的动态变化，而演替会使群落的宏观结构发生重大变化（任海等，2001a，2001b）。

群落演替观点和理念由来已久。任海等（2001a）对演替的研究历史进行过罗列：1806 年 John Adlun 提到“演替”这个词，1825 年 Malle 使用群落演替这一术语。Thoreau（1863）把演替描述为弃耕农田向森林过渡的变化。Douglas（1875，1888）详细论述了森林演替和先锋树种的概念。Warming（1896）和 Cowles（1901）研究了沙丘植被发展的时间序列后提出了演替的定义。1916 年 Clements 系统地提出了演替学说，他认为植被是一个有机整体，演替是植被通过几个离散阶段发展为顶极的过程。

20 世纪初期对演替的研究主要以定性描述为主。Linderman （1942）将 Tansley 的群落概念应用到演替研究中，使得对演替规律的研究进入更为宏观的系统水平。Gurtis 等（1959）强调了植被在空间和时间上连续变化的思想。而 Daubenmire（1952，1961）则强调次生演替的过程。随后，演替研究已深入到测定演替前进时的变化率、物质循环与能流的趋势，以及不同变化条件下物种的变化和种群调节机制等。

### （二）演替的分类

演替可从不同的角度划分，目前有近 10 种分类系统（任海等，2001a）。

按基质性质和变化趋势划分的演替类型：在没有有机质且从未被有机体以任何方式改变的环境中开始的演替称为原生演替（primary succession）。山崩后新裸露出的岩面、冰川消融后的冰渍保护层、坝堰构成的新湖泊及火山喷发形成的岛屿，都可能会经历原生演替。在已经或多或少地被有机体定居过一段时间并受到其改变的环境中发生的演替，称为次生演替（secondary succession）。森林采伐和火烧后在采伐基地和火烧地上的演替就是次生演替。在这两种情况下，又按演替开始时的基质状况分为水生演替系列（细分为黏土生、砂生、石生和水生演替系列）及旱生演替系列（细分为黏土生、砂生和石生演替系列）。无论水生或旱生演替系列，都是在演替过程中改变基质的性质和生境条件，群落向该地区最高级的植物群落发展，达到与当地气候平衡的状态。

根据演替动力划分的演替类型：内因动态演替是指由群落内部因素引起的演替。外因动态演替是指由于群落以外的因素所引起的演替，可分为气候性演替（气候的干湿变化是主要的演替动力）、土壤性演替（土壤条件向一定方向改变而引起的群落演替）、动物性演替（由于动物的作用而引起的群落演替）、火成性演替（由于不同生活植物对火抵抗力不同导致的群落演替方向不同）、人为因素演替（砍伐、开垦、灌溉和施肥等人类活动所引起的植被演替）。地理发生演替是指整个地理环境改变所引起的植物群落的巨大变化。

按演替的方向分类：进展演替，是指在未经干扰的自然状态下，森林群落从结构较简单、不稳定或稳定性较小的阶段发展到结构更复杂、更稳定的阶段，后一阶段比前一阶段利用环境更充分、改造环境的作用更强烈。逆行演替，是指在干扰条件（包括人为干扰和自然条件的改变或群落本身的原因）下，原来稳定性较大、结构较复杂的群落消失了，代之而起的是结构较简单、稳定性较小的群落，利用和改造环境能力也相对较弱的群落。循环演替是指群落在它的某些阶段被群落组成成分中的某种内在特性（主要是优势种的属性）所毁坏，演替又从起始阶段或某一中间阶段重新开始，最后又回到原有类型。

其他分类法有：根据人与自然因素划分的人类起源的演替和自然顺序的演替；自发演替、异发演替、自发—异发混合演替；按时间上的发展而划分为与大陆和植物区系的变化有关的世纪演替、长达几十年甚至百年的长期演替；按演替代谢特征划分的自养性演替、异养性演替等。

### （三）演替的进程

无论在何种条件下，一个群落演替的发生和形成都必须具有这样几个过程，即裸地形成、生物迁移（侵移、定居、繁殖、竞争）、生物与环境相互作用和反应、稳定阶段，其中植物体的迁移入侵（侵移，migration）、定居（ecesis）和竞争（competition）是最重要的过程（图 17-2）。

扫一扫看彩图

图 17-2　群落演替的一般过程图示

A. 裸地形成；B. 植物迁移；C. 竞争加剧

侵移（迁移）：繁殖体传播到新定居的地方，这个过程称为侵移（迁移）。繁殖体的种类很多，它们可以是种子、果实、孢子，也可以是能起到繁殖作用的植物体的任何器官、任何部分。因为从生理上讲，植物细胞具有全能性。林木具有如下几种传播繁殖体的方式，也可以称为扩散方式。风播植物种子：小而轻、具翅、具毛的种子多为风播种子，如白桦种子、山杨种子、落叶松种子等。动物传播种子：带钩、带刺、带芒及具黏液的种子可以附在动物或人的身上传播，也可以被动物吃掉，但因种壳较硬不能被动物消化和破坏的种子随动物迁移一定距离，如红松、榛子、盘壳栎的种子。靠自身重力或水播：有些植物的种子可以借助于坡地和水流等在地上滚动，达到迁移的目的，如胡桃楸在沟谷和溪旁数量较多，其原因之就是水流搬运的作用。

定居：植物在一个新地区扎根生长的全部过程为定居。繁殖体迁移到新的地点后，即进入定居过程。定居包括发芽、生长和繁殖 3 个环节，各环节能否顺利进行决定于植物的生物学和生态学特性，以及新定居地的环境条件。发芽：发芽阶段水分是关键，其次是温度。生长：幼苗生长光照是关键。繁殖：植物繁殖需要光照条件，同时也需要充足的养分条件。

竞争：在一定的地段内，随着个体的增长，繁殖或其他种的同时侵入，必然导致营养空间、水分和养分的不足，而发生竞争。产生竞争的原因是密度太大，营养空间不足。竞争的结果是“最适者生存”，如产生林木的分化：林木间在形态、生活力、生长速度方面产生的差异。

Pickett 等（1987）描绘了一个次生演替的过程图（图 17-3）。从中可以看出演替的基本过程和动态。

### （四）演替的理想模式

群落演替的理想模式就是演替的一般过程。这可以分为水生演替系列和旱生演替系列。无论是何种演替系列，在演替过程中群落基质的性质都持续改变，群落向该地区的顶极群落发展，达到与当地气候平衡的状态。

1. 旱生演替系列

演替的起点是裸岩表面，生境特点是没有土壤，极端干旱，温度变幅极大，具体演替过程如下（图 17-4）。

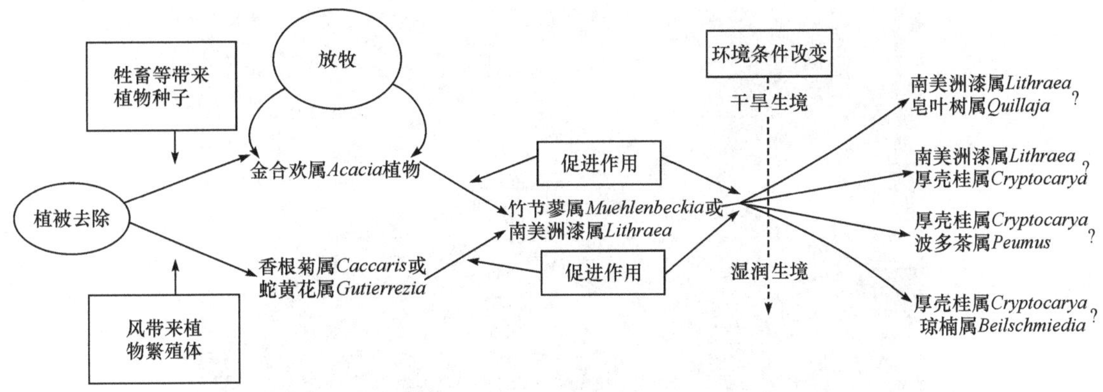


图 17-3 一个智利灌丛群落的演替模式（引自 Pickett 等，1987）

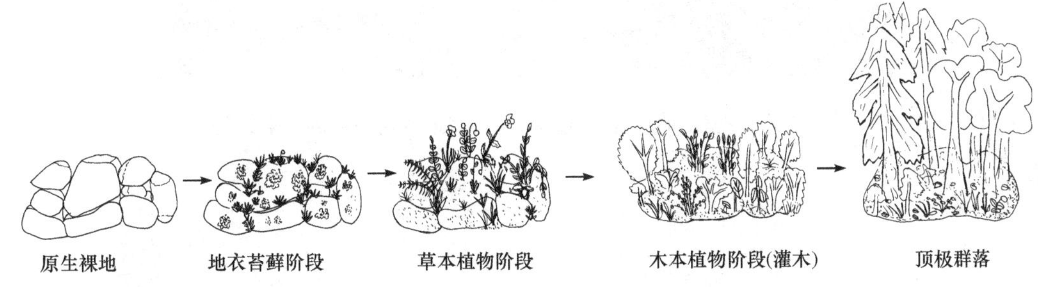


图 17-4 旱生演替系列一般过程图解

（1）地衣群落阶段：从壳状地衣开始，经过叶状地衣阶段，最后达到枝状地衣阶段。其特点是：短时间内累积水分，长时间休眠，分泌有机酸腐蚀岩石，从而为其他物种的侵入提供立足之地。

（2）苔藓群落阶段：在第一阶段累积的土壤上，耐旱生的苔藓生长，进一步改善土壤水分条件。

（3）草本植物群落阶段：当有了一定的土壤、水分后，一些耐旱生的草本植物就出现了。然后是多年生草本和高大草本植物的出现。生境特点是：土壤水分、温度条件都稳定下来，微生物开始活动，开始大量出现细菌和真菌等微生物群落。

（4）木本植物群落阶段：演替顺序是从耐旱的灌木开始，经过先锋树种的定居，最后达到中生植物群落阶段。其特点是：形成稳定的森林群落，基本不再变化。

总之，地衣和苔藓阶段是积累土壤的过程，时间最长；草本植物群落是过渡阶段，为木本植物群落的定居创造条件。一个高度足够的山体从顶端到底部（图 17-5）、一处从原生或次生裸地到成熟森林地带都分布有代表性的群落演替各阶段。

2. 水生演替系列

在刚形成的湖泊和其他水域，水往往很深，没有植物或只有一些浮游生物的活动，由于有从岸上向水体冲击下去的土壤、石砾和各类生物体死亡之后沉淀，使湖泊或其他水域逐渐变浅，生物随之得到发展（图 17-6）。

图 17-5　一座山的顶部到底部分布有当地群落演替的一般过程

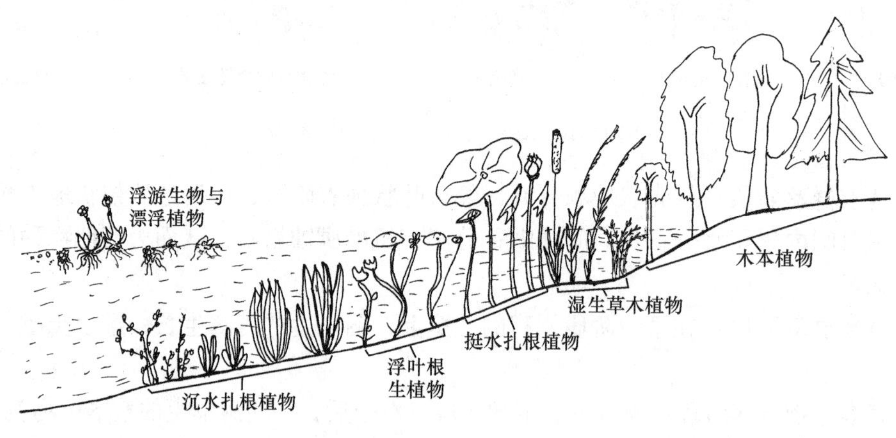


图 17-6　生长在水边的植物代表了水生演替的一般过程

（1）浮游生物与漂浮植物阶段：此阶段中主要是由藻类、细菌、原生植物及其他悬浮于水体上层的微小动物所组成的群落。漂浮植物包括凤眼莲属 *Eichhornia*、浮萍属 *Lemna*、大藻属 *Pistia*、槐叶苹属 *Salvinia* 等。它们位于水体的表面，其死亡残体将增加湖底有机质的聚积，同时湖岸雨水冲刷而带来的矿物质微粒的沉积也逐渐提高了湖底。

（2）沉水扎根植物阶段：以金鱼藻属 *Ceratophyllum*、轮藻属 *Chara*、伊乐藻属 *Elodea*、水藓属 *Fontinalis*、水韭属 *Isoetes*、眼子菜属 *Potamogeton*、茨藻 *Najas* 等为代表组成的群落，它们全部沉浸在水中生长，可以深延达 7m。

（3）浮叶根生植物阶段：以莼菜属 *Brasenia*、萍蓬草属 *Nuphar*、睡莲属 *Nymphaea*、荇菜属 *Nymphoides* 等植物占优势。这些植物一方面由于其自身生物量较大，残体会进一步抬升湖底，另一方面由于这些植物叶片漂浮在水面，当它们密集时，就使得水下光照条件很差，不利于水下沉水植物的生长，迫使沉水植物向较深的湖底转移，这样又起到了抬升湖底的作用。

（4）挺水扎根植物阶段：经过以上几个阶段后，在水深不足 1m 的水中可能会出现一些扎根于水底、枝叶挺出水面之上的植物，如薹草属 *Carex*、荸荠属 *Eleocharis*、芦苇属 *Phragmites*。浮叶根生植物使湖底大大变浅，为直立水生植物的出现创造了良好条件。最终出现直立水生植物，如茨菰属 *Sagittaria* 等，红树林也可包含在此类别中。这些植物的根茎极为茂密，常纠缠交织在一起，使湖底迅速抬高，而且有的地方甚至可以形成一些浮岛。原来被水淹没的土地开始露出水面与大气接触，生境开始具有陆生植物生境的特点。

（5）湿生草本植物阶段：起源于水体边缘潮湿的土壤上，形成一种缠结的、积累起泥炭的铺地植毯，并向池塘中心扩展，填充池塘。通常以薹草属、芦苇属、茨菰属等植物占优势。若此地带气候干旱，则这个阶段不会持续太长，很快旱生草类将随着生境中水分的大量丧失而取代湿生草类。若该地区适于森林的发展，则该群落将会继续向森林方向进行演替。

（6）木本植物阶段：在湿生草本植物群落中，最先出现的木本植物是灌木。而后随着树木的侵入，便逐渐形成了森林，其湿生生境也最终改变成中生生境。

由此可见，随着水生演替系列的发展，湖泊被逐渐填平。这个过程是从湖泊的周围向湖泊中央顺序发生的。在一个森林中的池塘或湖泊中，从湖岸到湖心的不同距离处分布着不同的植物群落，它们基本代表了演替的几个重要阶段（图 17-7）。

图 17-7　水生演替各阶段在一个较成熟的林中水域附近可以看到

3. 典型群落演替事例

罗辑等（2004）报道贡嘎山东坡海螺沟内的冰川退缩后，底碛经过 3 年的裸露和地形变化，在第 4 年才有种子植物侵入，先锋植物主要有川滇柳 *Salix* spp.、冬瓜杨 *Populus purdomii*、马河山黄芪 *Astragalus mahoshanicus*、直立黄芪 *Astragalus. adsurgens*、柳叶菜 *Epilobium amurense* 和碎米芥 *Cardarnine levicaulis* 等。先锋群落的植物生长较差。随后由于有固氮作用的黄芪数量迅速增多，土壤条件很快得到改善。川滇柳和冬瓜杨数量增加，生长加快，不断有沙棘 *Hippophae rhamnoides* 进入群落，最初形成的先锋群落经过 14 年的演替，形成了相对密闭的植物群落。冬瓜杨向高生长明显加快，其生态位扩展，导致种间竞争加剧。群落内种群的自疏和它疏作用加强，川滇柳和沙棘大量死亡，此时林内生境有利于糙皮桦 *Betula utilis*、峨眉冷杉 *Abies fabri* 和麦吊杉 *Picea brachytyla* 进入林地。随后一段时期，冬瓜杨向高生长和径生长保持较高水平，自疏作用更进一步加强，其林木大量死亡，存留于林内乔木层第二层的川滇柳和沙棘生长速度逐步减慢，演变为衰退种群。林下针叶树净初级生产力逐步提高，生长加快，进入主林层，冬瓜杨亦逐步退出群落，最后形成以峨眉冷杉和麦吊杉为建群种的云冷杉林。105 年以后演替为顶极群落，顶极群落存在时间很长。海螺沟冰川退缩地群落更替的过程，表现为群落结构和功能及所处环境的变化是一个有序的、可以观测的连续过程。在演替的前期和中期，以冰碛物为母质的土壤特性发生迅速变化，林内各种温度指标日变化和年变化幅度减小。定居的植物使生境的空间变异性增加，随着演替的进展，生态系统稳定性逐步增加。

阿拉斯加冰川湾的冰川退缩区域植被经过 180 年的原生演替，形成地带性植被，生境由阳光充足而氮十分匮乏变为林内光线不足而在土壤中含有大量氮素及丰富的矿质营养元素。冰川消融后的头 20 年开始由若干植物定居，形成先锋群落。此先锋群落最重要的成员是木贼 *Equisetum varietaum*、柳野菜 *Epilobium latifolium*、柳树 *Salix* spp.、杨树 *Populus balsamifera*、仙女木 *Dryas drummondii* 和云杉 *Picea sitchensis* 等。大约 30 年后，这些先锋群落逐渐被矮灌木木贼 *Dryas* spp.所占据，这个以木贼灌丛为主的群落还混生有赤杨 *Alnus crispa*、柳树、杨树和云杉等。冰川撤退 40 年后，该群落完全演变成一个浓密的灌木丛，其中最优势的物种是赤杨。后来，林内的杨树和云杉逐渐进入主林层，50～70 年后，群落中一半以上的植物是杨树和云杉。75～100 年以后，演替到达以云杉为优势的群落阶段，林下出现大量的苔藓和铁杉 *Tsuga* spp.幼苗，最后，云杉退却，形成铁杉林。在前山坡地，铁杉让位于沼泽草甸（Cooper，1923）。

王宗灵等（1997）对我国腾格里沙漠沙生植物群落的演替做过分析。基本过程如下：演替初期最先侵入的植物是沙米和臭蒿，此二者属流沙区的先锋种，并随沙面的固定、结皮的形成而逐渐退出。随后虫实开始侵入，草本总盖度也稍有增加。沙面固定至第 6 年以后开始在地面较稳定的丘间低地出现画眉草和雾冰藜，并随固沙时间的推移其覆盖度逐渐增大，形成以画眉草+雾冰藜+虫实为主的一年生草本植物群落。这种群落结构持续 15 年左右，此时地表结皮良好，保水性更强，固定沙地开始有狗尾草和虎尾草的侵入，但虎尾草一般分布在较平坦的丘间低地和丘顶，而狗尾草一般分布于斜坡之上。相对而言，狗尾草比虎尾草更耐干旱和贫瘠，而虎尾草所要求的生存条件更高一些。演替进行 30 年以后，草本植物群落的覆盖度和多度达最大值，群落的组成结构及各组分种间相对关系也都趋于稳定，形成以画眉草和雾冰藜为主，伴生虫实、虎尾草和狗尾草等的一年生草本植物群落。

美国华盛顿州的 St. Helens 火山在 1980 年 5 月 18 日发生过一次喷发，形成原生裸地，在此发生了原生演替。观察发现，最先侵入火山熔岩的先锋植物是白羽扇豆 *Lupinus lepidus*，随后植物 *Aster ledophyllus* 和 *Epilobium angustifolium* 在白羽扇豆丛中建立，4～5 年后白羽扇豆死亡。由于土壤营养物极少，到 1982 年裸地有 18 种植物，以后的年份种类增加很少。植被盖度增加缓慢，1981 年约 4%，1985 年为 9%～10%，1992 年约 12%，1998 年为 14%～15%（del Moral，1998）。

以上的群落演替是在新出现的完全没有植被的基质上开始的，属于原生演替。下面的几个例子代表的是次生演替类型。

有研究表明，云杉林采伐后产生的空地上，首先出现喜光草本植物，尤其是禾本科、莎草科以及其他杂草，形成杂草群落。当环境适合于一些喜光的阔叶树种生长时，在杂草群落中便形成以桦树和山杨为主的群落。同时，郁闭的林冠下喜光植物被耐阴草本取代。随后在林下开始出现耐阴性的云杉和冷杉幼苗。当云杉的生长超过桦树和山杨占据森林上层位置时，桦树和山杨因不能适应上层遮阴而开始衰亡，云杉又高居上层，形成稳定的云杉林。

李永强和许志信（2002）研究过内蒙古锡林郭勒典型草原撂荒地的演替过程，其基本的演替序列可分为4 个阶段。撂荒2～4 年的群落类型为藜+狗尾草 *Pennisetum alopecuroides* 阶段，为撂荒地演替的初级阶段。这一时期一年生植物占绝对优势，两种优势植物的重要值占到群落的 90.89%。该阶段其他植物种类有风毛菊 *Saussurea japonica*、猪毛菜 *Salsola collina*、田旋花 *Convolvulus arvensis* 等。撂荒 4～10 年样地中植物群落类型为羊草 *Aneurolepidium Chinese*+狗尾草阶段，较前一阶段植物种类有所增加，并且多年生植物开始出现，两种优势植物的重要值占到群落的 68.86%。其他植物种类有藜、猪毛菜、蒿属植物、糙隐子草等。撂荒 10～17 年以上，群落类型为糙隐子草+克氏针茅阶段，多年生植物开始占有优势阶段。两种优势植物均为多年生植物，重要值占群落的 67.80%。其他植物种类有阿尔泰狗娃花 *Heteropappus altaicus*、鹤虱 *Lappula myosotis*、猪毛菜等。撂荒 20 年以上，群落类型为沙地委陵菜+糙隐子草阶段，多年生植物无论从种类还是数量都大大增加，两种优势植物重要值占群落的 50.44%，其他植物种类多样，且重要值分配均匀，群落多样性最为明显。本阶段植物有寸草苔 *Carex duriuscula*、羊草、克氏针茅、赖草 *Leymus secalinus* 及其他多种杂类草。

彭少麟等（1998）结合多年资料对广东鼎湖山自然保护区的森林次生演替进行过总结，认为该地植物群落演替的过程如表 17-2 所示。

**表 17-2 鼎湖山自然保护区森林次生演替过程**

| 演替阶段 | 第一阶段 | 第二阶段 | 第三阶段 | 第四阶段 | 第五阶段 | 第六阶段 |
|---|---|---|---|---|---|---|
| 群落类型 | 针叶林 | 以针叶树种为主的针阔叶混交林 | 以阳性阔叶树种为主的针阔叶混交林 | 以阳生植物为主的常绿阔叶林 | 以中生植物为主的常绿阔叶林 | 中生群落（顶极） |
| 代表性群落 | 马尾松群落 | 马尾松—锥栗—荷木群落 | 锥栗—荷木—马尾松群落 | 藜蒴群落 | 黄果厚壳桂—锥栗—厚壳桂—荷木群落 | 黄果厚壳桂—厚壳桂群落 |

美国密歇根湖边沙丘上植物和无脊椎动物的原生演替研究得也较透彻。先锋群落包括草 *Ammophila*、冰草 *Agropyron*、沙茅 *Calamovilfa*、柳、樱、杨等，还有虎甲、蜘蛛、蝗虫等动物。草以后是森林，最后形成山毛榉-槭树森林（表 17-3）。

**表 17-3 美国密歇根湖边沙丘上植物和无脊椎动物的原生演替过程**（修改自 Odum，1981）

| 演替系列 | 木棉-湖边牧草 | 桧柏松林 | 黑栎林 | 栎—山核桃林 | 山毛榉—槭树森林 |
|---|---|---|---|---|---|
| 出现的少数无脊椎动物 | 白虎甲 *Cicindela lepida* | | | | |
| | 沙蛛 *Trochosa cinerea* | | | | |
| | 蝗虫 *Trimerotropis maritima* | | | | |
| | 长角蝗 *Psinidia fenestralis* | 长角蝗 *Psinidia fenestralis* | | | |

续表

| 演替系列 | 木棉-湖边牧草 | 桧柏松林 | 黑栎林 | 栎—山核桃林 | 山毛榉—槭树森林 |
|---|---|---|---|---|---|
| 出现的少数无脊椎动物 | 穴蛛 *Geolycosa pikei* | 穴蛛 *Geolycosa pikei* | | | |
| | 沙蜂 *Bembex*, *Microbembex* | 沙蜂 *Bembex*, *Microbembex* | | | |
| | | 青铜虎甲 *Cicindela scutellaris* | | | |
| | | 黑蚁 *Lasius njiger* | | | |
| | | 飞蝗 *Melanoplus* | | | |
| | | 沙蝗 *Ageneotettia*, *Spharagemon* | | | |
| | | 泥蜂 *Sphex* | 泥蜂 *Sphex* | | |
| | | | 蚁狮 *Cryptoleon* | | |
| | | | 短喙蝽 *Neuroctenus* | | |
| | | | 蝗 6 种 | | |
| | | | 叩头虫 Elateridae | 叩头虫 Elateridae | 叩头虫 Elateridae |
| | | | 蜗牛 *Meodon thyroides* | 蜗牛 *Meodon thyroides* | 蜗牛 *Meodon thyroides* |
| | | | | 绿虎甲 *Cicindela sexguttata* | 绿虎甲 *Cicindela sexguttata* |
| | | | | 马陆 *Fontaria*, *Spirobolus* | 马陆 *Fontaria*, *Spirobolus* |
| | | | | 蜈蚣 *Litobius*, *Geophilus*, *Lysiopetalum* | 蜈蚣 *Litobius*, *Geophilus*, *Lysiopetalum* |
| | | | | 沙螽 *Ceuthophilus* | 沙螽 *Ceuthophilus* |
| | | | | 木蚁 *Camponotus*, *Lasius*, *Umbratus* | 木蚁 *Camponotus*, *Lasius*, *Umbratus* |
| | | | | 黑蜣 *Passalus* | 黑蜣 *Passalus* |
| | | | | 鼠妇 *Porcellio* | 鼠妇 *Porcellio* |
| | | | | 蚯蚓 Lumbricidae | 蚯蚓 Lumbricidae |
| | | | | 蜚蠊 Blattidae | 蜚蠊 Blattidae |
| | | | | | 菱蝗 Tettigidae |
| | | | | | 大蚊 Tipulidae |
| | | | | | 7 种其他蜗牛 |

Johnston 和 Odum（1956）对美国佐治亚州山区次生演替序列中雀形目繁殖鸟的分布作过调查，发现它们的出现与群落演替也有很高的相关性（表 17-4）。

**表 17-4 美国佐治亚州山区次生演替序列中雀形目繁殖鸟的分布**（引自 Odum，1981）

| 5 只以上的鸟类 | 优势植物及年龄 | | | | | | | | |
|---|---|---|---|---|---|---|---|---|---|
| | 阔叶草本 | 牧草 | 牧草—灌木 | | | 松林 | | 栎—山毛榉顶极群落 | |
| | 1～2 | 2～3 | 15 | 20 | 25 | 35 | 60 | 100 | 150～200 |
| 黄胸美洲草鹀 *Ammodramus savannarum* | 10 | 30 | 25 | | | | | | |
| 西美草地鹨 *Sturnella neglecta* | 5 | 10 | 15 | 2 | | | | | |

续表

| 5只以上的鸟类 | 优势植物及年龄 | | | | | | | | |
|---|---|---|---|---|---|---|---|---|---|
| | 阔叶草本 | 牧草 | 牧草—灌木 | | | 松林 | | 栎—山毛榉顶极群落 | |
| | 1～2 | 2～3 | 15 | 20 | 25 | 35 | 60 | 100 | 150～200 |
| 原野春雀 *Spizella pusilla* | | | 35 | 48 | 25 | 8 | 3 | | |
| 普通黄喉地莺 *Geothlypis trichas* | | | 15 | 18 | | | | | |
| 黄胸巨莺 *Icteria virens* | | | 5 | 16 | | | | | |
| 主教雀 *Richmondena cardinalis* | | | 5 | 4 | 9 | 10 | 14 | 20 | 23 |
| 棕胁唧鹀 *Pipilo erythrophthalmus* | | | 5 | 8 | 13 | 10 | 15 | 15 | |
| 松林猛雀鹀 *Aimophila aestivalis* | | | | 8 | 6 | 4 | | | |
| 高草原林莺 *Dendroica discolor* | | | | 6 | 6 | | | | |
| 白眼绿鹃 *Vireo griseus* | | | | 8 | | 4 | 5 | | |
| 松莺 *Dendroica pinus* | | | | | 16 | 34 | 43 | 55 | |
| 玫红比蓝雀 *Piranga rubra* | | | | | 6 | 13 | 13 | 15 | 10 |
| 鹪鹩 *Troglodytes lydovicianus* | | | | | | 4 | 5 | 20 | 10 |
| 卡地雀 *Parus carolinensis* | | | | | | 2 | 5 | 5 | 5 |
| 灰蓝蚋莺 *Polioptila caerulea* | | | | | | 2 | 13 | | 13 |
| 棕头鳾 *Sitta pusilla* | | | | | | | 2 | 5 | |
| 东林绿霸鹟 *Contopus virens* | | | | | | | 10 | 1 | 3 |
| 蜂鸟 humminbird | | | | | | | 9 | 10 | 10 |
| 双色山雀 *Parus bicolor* | | | | | | | 6 | 10 | 15 |
| 黄喉绿鹃 *Vireo flavifrons* | | | | | | | 3 | 5 | 7 |
| 黑枕威尔逊森莺 *Wilsonia citrina* | | | | | | | 3 | 30 | 11 |
| 红眼绿鹃 *Vireo olivaceus* | | | | | | | 3 | 10 | 43 |
| 柔毛啄木鸟 *Dendrocopus villosus* | | | | | | | 1 | 3 | 5 |
| 绒啄木鸟 *Dendrocopus pubescens* | | | | | | | 1 | 2 | 5 |
| 蝇霸鹟 *Myiarchus crinitis* | | | | | | | 1 | 10 | 6 |
| 黄褐森鸫 *Hylocichla mustelina* | | | | | | | 1 | 5 | 23 |
| 黄嘴美洲杜鹃 *Coccyzus americanus* | | | | | | | | 1 | 9 |
| 黑白苔莺 *Mniotilta varia* | | | | | | | | | 8 |
| 丽色黄喉地莺 *Oporornis bormosus* | | | | | | | | | 5 |
| 绿纹霸鹟 *Empidonax virescens* | | | | | | | | | 5 |

### （五）演替的方向和趋势

从群落演替过程可以看出，前一阶段的群落为后来者创造和改善了条件。例如，在沙坡头人工固沙植物主要是油蒿 *Artemisia ordosica*、柠条 *Caragana korshinskii* 和花棒 *Hedysarum scoparium* 等半灌木和灌木。此时沙面虽已固定，但仍未有结皮形成，渗水性能较好，沙层水分充足，栽植的固沙植物生长状况良好。随着固沙年限的推移，由风运沉积的尘土和植物的枯枝落叶逐渐累积且越来越厚，随之一些菌类和藻类在其上繁衍，地表开始有生物结皮形成，持水性增强，渗漏减少，原来极为贫瘠的沙层表面开始具有肥力。由于结皮具有较好的持水性，随结皮层的加厚，对深根性植物生长越来越不利，故固沙栽植的深根性灌木柠条、花棒等逐渐衰退，而浅根系的草本得以繁衍，加上能自然更新的油蒿，形成油蒿+草本的天然—人工混合群落（王宗灵等，1997）。

Fuller（1934）在研究生活在绵羊尸体上的食腐生物群落时发现，新鲜的尸体很快被丽蝇所占据，并繁殖出大量的幼虫，尸体组织被幼虫分泌的酶液化并被其吸收。由于幼虫在尸体中的繁衍而使尸体的机械性质发生改变，有利于细菌和真菌在尸体中进行繁殖。氧化作用也促进了对尸体的分解。食腐生物不断排出的含氮废物使尸体的 pH 发生变化，尸体被新的定居者丽蝇 *Chrysomyia rufifacies* 和 *Sarcophaga* 属的物种所占据，之后又会被其他丽蝇所占据。微生物和其他所有与尸体有关的生物都发生着类似的变化。

Odum（1969）认为在演替过程中，群落会发生 24 项特征上的改变（表 17-5）。

**表 17-5　生物群落演替过程中可能的趋势**（引自 Odum，1969）

| 特征类型 | 群落特征 | 发展期 | 成熟期 |
| --- | --- | --- | --- |
| 群落的能量 | 总生产量（$P_g$）/群落呼吸量（$R$） | >1 | =1 |
| | 净生产量（$P_n$）/生物量（$B$） | 高 | 低 |
| | 单位能量所支持的生物量 | 低 | 高 |
| | 群落净生产量 | 高 | 低 |
| | 食物链 | 线状 | 网状 |
| 群落结构 | 总生物量 | 小 | 大 |
| | 非生命有机物质 | 少 | 多 |
| | 物种多样性（多度或丰富度） | 低 | 高 |
| | 物种多样性（均度） | 低 | 高 |
| | 生化多样性 | 低 | 高 |
| | 分层性的空间异质性（结构多样性） | 组织较差 | 组织较好 |
| 生活史 | 生态位类型 | 广 | 狭 |
| | 有机体大小 | 小 | 大 |
| | 生活史 | 短，简单 | 长，复杂 |
| 营养物循环 | 矿质营养循环 | 开放 | 关闭 |
| | 有机体和环境间营养交换率 | 快 | 慢 |
| | 营养物质再生中腐屑的作用 | 不重要 | 重要 |
| 选择压力 | 增长型 | 增长迅速（*r*-选择） | 反馈控制（*K*-选择） |
| | 生产 | 量 | 质 |
| 稳态 | 内共生 | 不发达 | 发达 |
| | 营养物质保存 | 不良 | 好 |
| | 稳定性（抗干扰性） | 不良 | 好 |
| | 熵 | 高 | 低 |
| | 信息 | 低 | 高 |

### （六）演替的结果——顶极群落

如果一个群落或演替序列同环境处于长期平衡状态，只要不加外力干扰，它将永远保持原状，这一状态的群落叫做顶极群落（climax）。顶极群落与非顶极群落在很多方面存在不同（表 17-5）。

关于顶极目前主要有 3 种理论：Clements（1916，1920，1936）提出的单元顶极学说（monoclimax hypothesis），Tansley（1939）提出的多元顶极学说（polyclimax hypothesis）和 Whittaker（1953）提出的顶极格局学说（climax pattern hypothesis）（任海等，2001a）。

1. 单元顶极论

Clements 认为，在一定地区内，按演替发生过程，群落相继替代，通过一系列的演替阶段，最后达到与该地区气候相适应的最稳定最平衡的状态，即顶极。一个气候区只有一个顶极，对任何群落如果给以充分的时间的话，都会达到顶极状态。或者说，一个地区的所有演替都将向着一个唯一的顶极群落汇聚，这种顶极群落是由该地区的气候所决定的，可以叫做气候顶极（图 17-8）。

图 17-8　单元顶极学说示意

一个地区的群落最终都会发育成为与气候对应的统一的顶极群落

如果有其他因素干扰，也可能存在其他群落。例如，亚顶极：由于任何一种原因（如火烧、采伐、放牧等）的反复作用，使演替长期停留在顶极前的一个阶段。偏途演替顶极：由于某种干扰作用，使真正的演替系列被全部或部分改变，偏离正常的演替方向，成为一种表面的顶极（如蒙古栎林）。前顶极和后顶极：如该地区的气候顶极是草原，那么按荒漠、草原、森林的顺序，如果该地区出现了荒漠就是前顶极；出现了森林就是后顶极，这些都是由于局部环境条件影响所造成的。

2. 多元顶极论

在每一个气候带内，不是仅仅有一个演替顶极类型，而是有几个或多个演替顶极类型，这些演替顶极类型决定于土壤、小气候和其他局部条件。或者说，大多数地区的植被是复杂的，在未受干扰的情况下也会存在很多稳定的群落类型。不同的稳定群落，通常出现在不同性质的岩石上（如一座山的南坡或北坡及土壤化学成分不同等）。即如果一个群落相对稳定，能自行繁殖并停止了演替过程就可以称为“顶极群落”，它们不一定会趋于一个气候顶极，也可形成如土壤顶极、地形顶极、火烧顶极等。一个地区将包含许多种顶极群落，它们形成与生境分布相应的一种镶嵌。即任何一个地区的顶极群落受土壤、气候、动物活动等影响会形成几种不同类型的顶极群落镶嵌体，而该地区的稳定群落中分布最广的一个顶极群落就是该地区主要的或气候顶极（图 17-9）。

图 17-9　多元顶极学说示意

一个地区的群落最终发育成为与特定条件对应的顶极群落，而这些群落之间是界限分明的镶嵌结构

“单元顶极论”与“多元顶极论”观点有两方面的主要不同：单元顶极论认为影响顶极群落只有一个因素，即气候，而多元顶极论却认为影响形成顶极群落的因素有多个；单元顶极论认为一个地区最终只会形成一种顶极群落，而多元顶极论却认为一个地区可能存在多种顶极群落。它们之间的本质区别可能是用来测定稳定群落的时间标准不同，单元顶极论是以地质时间为标准，而多元顶极可能是以生态时间为标准。

3. 顶极格局论

顶极格局论是对单元顶极论和多元顶极论的继承，实质是多元顶极论的一个变型，与群落的个体论相对应。此观点认为：自然群落是由许多环境因素决定的，除气候外还包括土壤、生物、火、风等因素，这些环境因子逐渐改变形成一定梯度，与之对应，顶极群落类型也是连续地、逐渐变化和过渡的。一个地区的顶极群落是渐变的，它反映各因子渐变的特征。顶极群落与其用镶嵌来解释，不如用梯度分布格局来解释，格局中心或分布最广、未受干扰的群落类型就是气候顶极，由顶极向周围逐渐过渡，前一个顶极逐渐消失而后一个顶极逐渐出现，并在最适宜的地点表现得最典型（图 17-10）。

图 17-10　顶极格局学说示意

一个地区的群落最终发育成为与特定条件对应的顶极群落，而这些群落之间是界限不明的逐渐过渡的复合体

## （七）演替的机制和原因

群落演替的原因非常复杂，既有群落内部的也有外部环境改变所导致的（表 17-6）。

**表 17-6　导致森林演替和植被变化的各种原因和条件**（引自 Chapman & Reiss，1999）

| 导致演替的主要原因 | 导致植被变化的主要原因 |
| --- | --- |
| 内源发生演替<br>土壤发育：腐殖质含量<br>泥炭的积累<br>枯落及其分解<br>pH 变化<br>养分变化<br>植被结构：阴影<br>竞争<br>种子库<br>更新<br>外来种入侵 | 人类影响<br>生境变化：皆伐<br>排水<br>灌溉<br>农业：物种引进<br>物种灭绝<br>牧草动物<br>作物生长<br>污染：杀虫剂<br>化肥<br>工业污染物 |
| 外因发生演替<br>气候变化：降水和干旱<br>极端温度<br>土壤发育：沉积物积累<br>湖泊淤积<br>侵蚀<br>渗漏<br>排水<br>动物影响：放牧<br>传粉作用<br>践踏<br>增加营养<br>病源物 | 灾变<br>地质：火山喷发<br>地震<br>雪崩和滑坡<br>流星和陨石<br>海平面变化<br>气候：洪水<br>林火<br>大风<br><br>季节性：<br>干旱<br>高温或低温<br>低光照 |

Pickett 等（1987）将引起演替的原因按影响大小分为 3 个层次（表 17-7）。

**表 17-7　引起演替的 3 个层次原因**（引自 Pickett 等，1987）

| 引起演替的一般原因 | 造成原因的主要过程和条件 | 影响过程和条件的主要因子 |
| --- | --- | --- |
| 地点供应 | 大尺度干扰 | 大小，严峻程度，时间，传播或扩散 |
| 多样物种供应 | 扩散 | 景观配置 |
|  | 繁殖体库 | 扩散体，干扰时距，土地利用 |
| 多样的物种品质 | 资源供应 | 土壤条件，地形，小气候，地点演化历史 |
|  | 生态生理学 | 种子萌发条件，同化速率，生长速率，种群分化 |
|  | 生活史对策 | 配置模式，繁殖时期和模式 |
|  | 随机的环境胁迫 | 气候循环，地点历史，先锋物种 |
|  | 竞争 | 竞争者，竞争者识别，群落内干扰，捕食生物和食草生物 |
|  | 他感作用 | 土壤特性，微生物，邻近植物 |
|  | 食草、疾病和捕食 | 气候循环，消费者循环，植物品质和防御，群落组成，斑块 |

归纳以上的因素可以看出，引起和控制演替的主要因素可能有：环境变化造成裸地、干扰和空间异质性，植物尤其是植物繁殖体的不断散布、扩散、迁移和繁殖，种间关系如竞争、捕食、共生等。在当今时代，人类对环境的影响和干扰作用不可忽视。

一般认为自然植被演替的根本原因不是外部的环境条件，而是群落内部的矛盾，即群落中植物种群间、植物与动物微生物间、植物与环境间的矛盾，外部环境条件通过群落内部矛盾而起作用。这些作用具体体现在：外界因子对植物群落的作用或是植物群落本身对环境的作用所引起的变化，植物繁殖体的散布，群落中植物间相互作用，新的植物分类单位（如亚种、变种）或新生态型的发生等。但是，至今还没有一种完整理论解释演替机制（任海等，2001a）。

### （八）演替机制模式

关于群落演替的模式也有 3 种主要观点：有利模式、忍耐模式和抑制模式（Connell & Slatyer 1977）。

有利模式或助长模式（facilitation model）：也可称之为正相互作用。该模式认为，许多物种会企图占据新的可利用的空间，不过能利用这些空间的物种很少，并且必须具备一些特殊的性质才能够使自己定居。根据该模式，先锋物种改变了它们的生存环境，也使环境越来越不适宜于自己，反而有利于后来物种的生长发育。换句话说，这些先锋物种的生长有利于下一阶段物种的侵入和定居。先锋物种在环境发生改变之后就自然退却，让位于后来的更适宜的物种。这种演替模式会连续不断地持续下去，直到最后形成顶极群落。

忍耐模式（tolerance model）：忍耐模式与有利作用模式的区别有两方面：①侵入和定居的初期阶段并不是只限于几个先锋物种，顶极阶段占优势的物种的幼体也能够出现在先期演替阶段。②占据先期演替阶段的物种不利于其自身的继续生存和发展，它们不会改变周围的环境或为后来物种侵入提供条件。演替后期阶段的物种只是能够忍耐初期不利环境的幸存者，顶极群落在不忍耐物种衰退之后形成。

抑制模式（inhibition model）：与忍耐模式相似，抑制模式假设在一个地区存活下来的任何物种都是在演替初期阶段就定居的物种。不过该模式认为，先期占据一定地区的物种改变了它们生存周围的环境，并且既不利于初期演替物种又不利于后期演替物种。简单地说，早到达者会抑制后到达者的侵入，后来的演替物种只能在其他的受干扰的空间定居，演替结束于长寿的和耐性强的群落阶段。

## 本章小结

群落无论是短期还是长期内都处于不断变化过程中。在生态学中，一般将其短期内的变化称为群落的波动，而长期内的变化和进化称为群落的演替。在短期内，如一天中群落都有变化，季节范围内也呈现不同的季相。如果以年计，则有年际波动。

群落演替是最重要的群落动态。演替就是生物群落在长期的变化过程中，先前的群落被后来的更高级的群落所替代的现象和状况，也就是一定地段上的生物群落由一个类型变为另一类型的质变，这个变化是有顺序、有方向的。

关于群落的分类有多种方式，常用的有原生演替、次生演替、水生演替、旱生演替等。一个群落演替的发生和形成都具有裸地形成、生物迁移、生物与环境相互作用和反应、稳定阶段，其中植物体的迁移入侵、定居和竞争是最重要的过程。典型的旱生演替系列包含：地衣群落阶段、苔藓群落阶段、草本植物群落阶段、木本植物群落阶段。水生演替系列有：浮游生物与漂浮植物阶段、沉水扎根植物阶段、浮叶根生植物阶段、挺水扎根植物阶段、湿生草本植物阶段、木本植物阶段。

群落演替的最后其会同环境处于长期平衡状态，只要不加外力干扰，它将永远保持原状，这一状态的群落叫做顶极群落。关于顶极群落的认识，有 3 种学说：单元顶极学说、多元顶极学说和顶极格局说。“单元顶极论”与“多元顶极论”观点有两方面的不同：单元顶极论认为影响顶极群落只有一个因素，即气候，而多元顶极论却认为影响形成顶极群落的因素有多个；单元顶极论认为一个地区最终只会形成一种顶极群落，而多元顶极论却认为一个地区可能存在多种顶极群落。它们之间的本质区别可能是用来测定稳定群落的时间标准不同，单元顶极论是以地质时间为标准，而多元顶极可能是以生态时间为标准。顶极格局学说实际是一种多元顶极学说。

关于演替的机制或动力问题有多种观点，有内在的也有外在的，内在因素可能是主要的。

群落演替的模式有有利模式、忍耐模式和抑制模式 3 种。

## 本章重点

群落演替与群落波动的异同；群落演替的类型和机制；群落演替过程及阶段；3 种顶极学说的异同。

## 思考题

1. 群落动态包含哪些内容？
2. 什么情况下或什么地方最容易发生演替？
3. 原生演替与次生演替有什么区别与联系？
4. 为什么演替原因不容易确定？
5. 什么是顶极群落？
6. 水生演替系列与旱生演替系列的过程如何？最后它们都会演变成同一顶极群落吗？
7. 单元顶极学说与多元顶极学说的根本区别是什么？
8. 多元顶极学说与顶极格局学说的根本区别是什么？
9. 演替一般是长期的过程。如果要研究演替过程，采取什么样的方法和研究手段可以大大缩短研究时间？
10. 有什么案例可以提供某地群落演替的大致序列和过程？

# 18

# 第十八章 群落分类

地球表面的绝大部分地区都有植物生长，动物依附之。换句话说，生物群落几乎无处不在。受各种环境因子的影响和制约，生物群落尤其是植物群落并不是一成不变的，即使在一个地区的不同地点，受阳光、土壤、水分、坡向等的作用，植物群落又可区别出不同的类型和外貌。为深入认识和便于区别和称呼，生态学家和植物学家很早就试图给植物群落进行分类和命名。

然而，由于不同的生态学家对群落的认识及使用分类的标准不同，群落分类极为混乱和复杂，其原因有以下几点。①生态学家对群落的性质有不同的认识，如群落是否有独立、明确的边界？群落是类似于物种那样的存在内聚力的客观实体还是研究人员主观划分和界定的？不同的群落之间是逐渐过渡的还是镶嵌分布的？即在生态学家中存在群落的“机体论”和“个体论”的争执（详见第 16 章）。②不同的学者用来分类的标准不同，是用群落的外貌来分类（如将群落划分为森林、草地、荒原、沼泽等），还是用群落的结构来分类（如将群落分成郁闭植被、稀疏植被或最稀疏植被），亦或用优势物种来分类（如将群落分为竹林、松林、草地等），也或用生态特征来分类（如依植物对水分的要求不同将它们划分为水生植物群落、沼生植物群落、湿生植物群落、旱生植物群落等）。③不同的学者对群落进行分类时可能使用不同的分类系统、层次结构和术语。④不同学者还在争论对群落分类是依群落的自然属性来进行还是人为主观决定。因而，群落分类是植物学和生态学中一个极具争议的领域。为简单起见，本章采用吴征镒（1980）主编的《中国植被》系统进行略述。

## 一、中国植被分类系统

《中国植被》的分类系统基本采用 6 级层次，其中的植被型、群系和群丛是基本层次。

植被型组（vegetation type group）
植被型（vegetation type）
群系组（formation group）
群系（formation）
群丛组（association group）
群丛（association）

**各分类层次的含义**

（1）植被型组：为分类的最高级层次。凡是建群种生活型（较高级的生活型）相近、外貌相似的群落联合就是一个植被型组，如针叶林、草地、阔叶林、荒漠和沼泽等。

（2）植被型：为分类系统中最重要的高级分类层次。它是指植被建群种生活型（一级或二级）相近或相同，同时对水热条件、生态关系一致的植物群落联合，如寒温带针叶林（属于针叶林型组）、落叶阔叶林、常绿阔叶林（属于阔叶林型组）、草原等。

（3）群系组：群系组依据建群种亲缘关系相近（同属或相近属）、生活型（三级或四级）近似或生境相近划分，划入同一群系组的群系其生态特点一定是相似的，如温性常绿阔叶林（植被型）可划分出温性松林、侧柏林等群系组；典型常绿阔叶林植被型可分出栲类林、青岗林、石栎林、木荷林等群系组；典型草原可以分出丛生竹禾草草原、根茎禾草草原、小半灌木草原等群系组。

（4）群系：为最重要的中级分类单位，是指建群种或共建种相同的植物群落联合，如兴安落叶松林、辽东栎林、台湾肉豆蔻、白翅子树等。

（5）群丛组：凡是层片结构相似而且优势层片与次优势层片的优势种或共优种相同的植物群落联合，如兴安落叶松林中，杜鹃—兴安落叶松林就是一个群丛组。

（6）群丛：是植被分类的基本单位，凡是层片结构相同、各层片的优势种或共优种相同的植物群落联合为群丛。在杜鹃—兴安落叶松林群丛组，地被层中以越橘占优势的群落是一个群丛。

《中国植被》将我国植被按此系统划分为 10 个植被型组，29 个植被型，500 多个群系，群丛不计其数（表 18-1）。

**表 18-1　中国植被类型简表**（引自吴征镒，1980）

| 植被型组 | 植被型 | 植被亚型 | 群系组 |
|---|---|---|---|
| 针叶林 | 寒温性针叶林 | 寒温性落叶针叶林 | 落叶松林 |
| | | 寒温性常绿针叶林 | 云杉、冷杉林 |
| | | | 寒温性松林 |
| | | | 圆柏林 |
| | 温性针叶林 | 温性常绿针叶林 | 温性松林 |
| | | | 侧柏林 |
| | 温性针阔叶混交林 | | 红松针阔叶混交林 |
| | | | 铁杉针阔叶混交林 |
| | 暖性针叶林 | 暖性落叶针叶林 | |
| | | 暖性常绿针叶林 | 暖性松林 |
| | | | 油杉林 |
| | | | 柳杉林 |
| | | | 杉木林 |
| | | | 柏木林 |
| | 热性针叶林 | 热性常绿针叶林 | 热性松林 |
| 阔叶林 | 落叶阔叶林 | 典型落叶阔叶林 | 栎林 |
| | | | 落叶阔叶杂木林 |
| | | | 野苹果林 |
| | | 山地杨桦林 | 杨林 |
| | | | 桦林 |
| | | | 桤木林 |

续表

| 植被型组 | 植被型 | 植被亚型 | 群系组 |
|---|---|---|---|
| 阔叶林 | | 河岸落叶阔叶林 | 荒漠河岸林 |
| | | | 温性河岸落叶阔叶林 |
| | | | 胡颓子林 |
| | 常绿、落叶阔叶混交林 | 常绿、落叶阔叶混交林 | |
| | | 山地常绿、落叶阔叶混交林 | 青岗、落叶阔叶混交林 |
| | | | 木荷、落叶阔叶混交林 |
| | | | 水青岗、常绿落叶阔叶混交林 |
| | | | 石栎类落叶阔叶混交林 |
| | | 石灰岩常绿、落叶阔叶混交林 | 青岗、榆科混交林 |
| | | | 鱼骨木、小栾树混交林 |
| | 常绿阔叶林 | 典型常绿阔叶林 | 栲类林（包括湿润型、半湿润型） |
| | | | 青冈林（包括湿润型、半湿润型） |
| | | | 石栎林 |
| | | | 润楠林 |
| | | | 木荷林 |
| | | 季风常绿阔叶林 | 栲、厚壳桂林 |
| | | | 栲、木荷林 |
| | | 山地常绿阔叶苔藓林 | 栲类苔藓林 |
| | | | 青冈苔藓林 |
| | | 山顶常绿阔叶矮曲林 | 杜鹃矮曲林 |
| | | | 吊钟花矮曲林 |
| | 硬叶常绿阔叶林 | 硬叶常绿阔叶林 | 山地硬叶栎类林 |
| | | | 河谷硬叶栎类林 |
| | 季雨林 | 落叶季雨林 | |
| | | 半常绿季雨林 | |
| | | 石灰岩季雨林 | |
| | 雨林 | 湿润雨林 | |
| | | 季节雨林 | |
| | | 山地雨林 | |
| | 珊瑚岛常绿林 | | |
| | 红树林 | | |
| | 竹林 | 温性竹林 | 山地竹林 |
| | | 暖性竹林 | 丘陵、山地竹林 |
| | | | 河谷、平原竹林 |
| | | 热性竹林 | 丘陵、山地竹林 |
| | | | 河谷、平原竹林 |
| 灌丛和灌草丛 | 常绿针叶灌丛 | | |
| | 常绿革叶灌丛 | | |
| | 落叶阔叶灌丛 | 高寒落叶阔叶灌丛 | |

续表

| 植被型组 | 植被型 | 植被亚型 | 群系组 |
|---|---|---|---|
| 灌丛和灌草丛 | | 温性落叶阔叶灌丛 | 山地旱生落叶阔叶灌丛 |
| | | | 山地中生落叶阔叶灌丛 |
| | | | 河谷落叶阔叶灌丛 |
| | | | 沙地灌丛及半灌丛 |
| | | | 盐生灌丛 |
| | | 暖性落叶阔叶灌丛 | 低山丘陵落叶阔叶灌丛 |
| | | | 石灰岩山地落叶阔叶灌丛 |
| | | | 河谷落叶阔叶灌丛 |
| | 常绿阔叶灌丛 | 典型常绿阔叶灌丛 | 低山丘陵常绿阔叶灌丛 |
| | | | 石灰岩山地常绿阔叶灌丛 |
| | | | 海滨常绿阔叶灌丛 |
| | | | 河滩常绿阔叶灌丛 |
| | | 热性刺灌丛 | |
| | 灌草丛 | 温性灌草丛 | |
| | | 暖热性灌草丛 | 禾草灌草丛 |
| | | | 蕨类灌草丛 |
| 草原和稀树草原 | 草原 | 草甸草原 | 丛生禾草草甸草原 |
| | | | 根茎禾草草甸草原 |
| | | | 杂类草草甸草原 |
| | | 典型草原 | 丛生禾草草原 |
| | | | 根茎禾草草原 |
| | | | 半灌木草原 |
| | | 荒漠草原 | 丛生禾草荒漠草原 |
| | | | 杂类草荒漠草原 |
| | | | 小半灌木荒漠草原 |
| | | 高寒草原 | 丛生禾草高寒草原 |
| | | | 根茎薹草高寒草原 |
| | | | 小半灌木高寒草原 |
| | 稀树草原 | | |
| 荒漠（包括肉质刺灌丛） | 荒漠 | 小乔木荒漠 | |
| | | 灌木荒漠 | 典型灌木荒漠 |
| | | | 草原化灌木荒漠 |
| | | | 沙生灌木荒漠 |
| | | 半灌木、小半灌木荒漠 | 盐柴类半灌木、小灌木荒漠 |
| | | | 多汁盐柴类半灌木、小灌木荒漠 |
| | | | 蒿类荒漠 |
| | | 垫状小半灌木荒漠（寒荒漠） | |
| | 肉质刺灌丛 | 肉质刺灌丛 | |
| 冻原 | 高山冻原 | 小灌木藓类高山冻原 | |
| | | 草本藓类高山冻原 | |

续表

| 植被型组 | 植被型 | 植被亚型 | 群系组 |
| --- | --- | --- | --- |
| 冻原 | | 藓类地衣高山冻原 | 藓类高山冻原 |
| | | | 地衣高山冻原 |
| 高山稀疏植被 | 高地垫状植被 | | 密实垫状植被 |
| | | | 疏松垫状植被 |
| | 高山流石滩稀疏植被 | | |
| 草甸 | 草甸 | 典型草甸 | 杂类草草甸 |
| | | | 根茎禾草草甸 |
| | | | 丛生禾草草甸 |
| | | | 薹草草甸 |
| | | 高寒草甸 | 蒿草高寒草甸 |
| | | | 薹草高寒草甸 |
| | | | 禾草高寒草甸 |
| | | | 杂类草高寒草甸 |
| | | 沼泽化草甸 | 蒿草沼泽化草甸 |
| | | | 薹草沼泽化草甸 |
| | | | 针蔺沼泽化草甸 |
| | | | 扁穗草沼泽化草甸 |
| | | 盐生草甸 | 丛生禾草盐生草甸 |
| | | | 根茎禾草盐生草甸 |
| | | | 薹草类盐生草甸 |
| | | | 杂类草盐生草甸 |
| | | | 一年生盐生植物群落 |
| 沼泽 | 沼泽 | 木本沼泽 | |
| | | 草本沼泽 | 莎草沼泽 |
| | | | 禾草沼泽 |
| | | | 杂类草沼泽 |
| | | 苔藓沼泽 | |
| 水生植被 | 水生植被 | 沉水水生植被 | |
| | | 浮水水生植被 | |
| | | 挺水水生植被 | |

## 二、中国植被型组简介

中国植被型组介绍如下（吴征镒，1980）。

### （一）针叶林

针叶林是指以针叶树为建群种所组成的各种森林群落的总称，它包括各种针形叶、条形叶或鳞形叶纯林、针叶树种的混交林及针叶树为主的针阔叶混交林（图 18-1）。从兴安岭到喜马拉雅山、从台湾到新疆阿尔泰山广泛分布着各类针叶林，特别是我国西南和东北地区针叶林尤其丰富。

针叶林的树木通常高大挺直，是我国经济用材的主要来源，并能提供大量林副产品；它们多分布于山区，在保持水土、改善环境及维持生态平衡上具有重要作用。

针叶林的建群植物主要是松柏类裸子植物，首先是松科的冷杉、云杉、松、落叶松、黄杉、铁杉、油杉等，其次是柏科的柏、圆柏、刺柏、福建柏等；杉科的杉、水松和罗汉松等，大多数属于北温带或亚热带的性质，并多属孑遗植物，如杉木、银杉、水杉、水松等。我国针叶林植被类型的丰富多彩是举世无双的，其中既有与欧亚大陆及北美所共有的一些类型，又有许多我国特有的种类。

针叶林是许多在水热条件上要求极不相同的群落的综合。一般说来，凡是最热日平均温度不低于 10℃，年干燥度小于 1.0 的地区都可以找到针叶林的分布。

针叶林植被特点鲜明：针叶林的建群种都是多年生裸子植物，树木往往是具有针形叶或鳞形叶的高大乔木；大部分针叶林的建群种都具有明显的旱生型结构（如针叶具有深陷气孔，角质层发达，含油脂等）；针叶林群落分层明显，通常可分为乔木层、乔木亚层、灌木层、草本层和苔藓层；类型复杂，群落结构繁复，具有较强的稳定性，对干扰具有较强的调节能力。

图 18-1 针叶林示例（长白山红松林）

### （二）阔叶林

我国的阔叶林类型众多，从北方的落叶阔叶林到南方的热带雨林，纵贯南北，跨经温带、亚热带和热带等气候带。在北方的温带地区，主要是以落叶阔叶林为主，组成群落的植物种类以壳斗科中的栎属（图 18-2）、桦木科的桦木属和鹅耳枥属为上层优势树种；北亚热带地区主要常绿阔叶林群落以壳斗科、樟科、茶科和木兰科为主，特别是其中的青冈属、栲属和石栎属或樟科的润楠属、楠属为上层优势种；南亚热带地区的常绿阔叶林基本上以栲属中的喜暖树种为主；热带还有雨林，沿海有红树林。在我国阔叶林中，尤其是南方各种阔叶林中经常有各种竹类植物混生在其中，形成显著的层片。

图 18-2　阔叶林示例（安徽大别山栎树林）

### （三）灌丛和灌草丛

灌丛包括一切以灌木占优势所组成的植被类型，群落高度一般在 5m 以下，盖度大于 30%～40%，其建群种多为簇生的灌木而非树木。与荒漠不同，它的植被层较为郁闭，裸露地面不到 50%，不像荒漠那样植被稀疏、基质裸露。另外，灌丛植物多是中生性的，而荒漠中的植物往往是极度旱生的。

灌丛往往生长在在气候过于干燥或寒冷，森林难以生长的地方。在地中海沿岸和美国加利福尼亚有非常典型的灌丛。我国的灌丛主要分布在高山上和受人干扰较严重的地区（图 18-3）。

图 18-3　灌丛示例（四川康定西部）

组成灌丛的植物种类丰富而多样。高山上的灌丛主要是杜鹃花科的杜鹃花属和岩须属、杨柳科的柳属、蔷薇科的金露梅属、蝶形花科的锦鸡儿属、桦木科的桦属及柏科的圆柏属和桧属等，以杜鹃花最重要。这些植物的叶子有针叶或鳞叶，茎干匍匐地面形成不高的密实垫状；也有的植物叶子常绿革质而厚，背面被毛，角质层发达；有的植物密集低矮，寒冷时落叶等。在温带地区及亚热带高原山地上的灌丛冬季落叶，优势种或建群种有榛、胡枝子、黄栌、蔷薇、陕西花楸、绣线菊等。在荒漠边缘地区及高海拔地区的落叶灌丛主要有锦鸡儿、狼牙刺、薄皮木、柽柳、铃铛刺、秀丽水柏枝、沙柳灌丛等。分布在热带、亚热带丘陵低山的灌丛往往是森林砍伐后形成的，组成树种主有乌饭树、映山红、岗松、桃金娘等。另外，在人工强烈干扰的地区也有一些灌丛。

### （四）草原和稀树草原

草原与稀树草原同属于旱生草本植被，是以多年生旱生草本植被为主组成的群落类型。其中草原是由以针茅属为代表的寒温型和中温型草本植物组成，主要分布在温带；而稀树草原是以扭黄茅属为代表的高温草本植物和高温耐旱的、有刺或肉质灌木及少量高温耐旱小乔木组成，主要分布在热带。在我国，草原从东北平原到湟水河谷，东西绵延达2500km，海拔从100m左右一直到3000m左右都有分布。年平均气温从–3～9℃，≥10℃积温1600～3200℃，最冷月平均气温–29～–7℃，年降水量150～600mm，干燥度1～3。

组成草原的植物众多。有乔木（如樟子松和榆树）、灌木及小灌木（如锦鸡儿属、西伯利亚杏）、半灌木及小半灌木（如冷蒿、木地肤、百里香等）、多年生草本植物（如无芒雀麦、拂子茅、丛生薹草等杂草类植物）、一年生植物（如小车前）、地衣和藻类等。

我国草原可分为4类：草甸草原（内蒙古东北部的呼伦贝尔较典型）、典型草原（内蒙古中部地区最为典型，图18-4A）、荒漠草原（内蒙古西部和西北地区）、高寒草原（青藏高原，图18-4B）。中国的稀树草原面积很小，主要分布在云南南部干热河谷的低丘和台地上，以及海南北部玄武岩台、西部和东部海滨沉积台地。

图18-4　草原示例

A. 内蒙古希拉穆仁草原；B. 甘肃南部高寒草原

### （五）荒漠

荒漠包括沙漠、戈壁、荒原、盐漠等，是指那些降水稀少、极度干旱、强烈大陆性气候的地区或地段，其上的植被通常十分稀疏，甚至无植被，土壤中富含可溶性盐分（图18-5）。它又可分为热带、亚热带荒漠、冷洋流沿岸的沿岸荒漠、中纬度的温带荒漠及寒冷干旱山地的高寒荒漠等。

图 18-5　荒漠示例（甘肃民勤）

我国的荒漠大部分属于温带荒漠，处在大陆性干燥气团控制下的中纬度地带内陆盆地与低山。气候极端干旱，日照强烈，年降水量小于 250mm，蒸发量大大超过降水，干燥度>4以上。夏季酷热，冬季寒冷，昼夜温差大，多大风与尘暴，物理风化强烈，或受风蚀，或为积沙。荒漠植被以稀疏性、有大面积裸露的地面为其显著外貌特征。植被组成者则有一系列特别耐旱或超旱生的小半灌木与灌木，如藜科的猪毛菜、假木贼、碱蓬、驼绒藜等；在热带、亚热带荒漠中主要是喜热的、常绿多汁的肉质有刺植物如仙人掌类或大戟科的肉质植物，或为稀疏的有刺灌丛。还有多年生草类或一年生的草类等。

### （六）冻原

我国有很多高山，其上分布有高山冻原，它是极地平原冻原在寒温带与温带山地的类似物，是高海拔、寒冷、湿润气候与寒冻土壤的植被类型（图 18-6）。它是由耐寒小灌木、多年生草类、藓类和地衣类构成的低矮植被，尤以藓类和地衣较发达为群落植物组成的显著特征。

我国的高山冻原出现于长白山和阿尔泰山高山带。这些地区全年气温很低，植物生长期很短，风力很大，相对湿度却较高。例如，长白山高山带，年均温在−5℃以下，夏季最暖月均温也不超过 10℃，背阴低洼处尚有残雪，植物生长期仅 70～75d，风力常可达 9～10级。这里乔木难以生存，也不适于靠种子繁殖的一年生植物，主要是多年生的小灌木和草类，植株矮小，通常不超过 10～20cm，呈匍匐状、垫状、莲座状，且多具寒旱生的生理—形态特征。

图 18-6　冻原示例（云南西北部）

## （七）高山稀疏植被

高山稀疏植被分为高山垫状植被和高山流石滩植被。高山垫状植被是高山植被中出现的一些呈垫状伏地生长的植物，其中既有草本、半灌木、小灌木，也有垫形的大灌木和茎干偃卧横展、匍匐生长的乔木（图 18-7）。它们是长期适应高山严酷的水热条件、强辐射和强风的结果。常见的植物有石竹科种草属和蚤缀属、报春花科的点地梅属、蔷薇科的高山梅属和委陵莱属、蓝雪科刺矶松属、紫草科的垫紫草与豆科的棘豆属和黄芪属的一些种。高山垫状植被广泛分布于喜马拉雅山、青藏高原、中亚山地、高加索与南美安第斯山中，我国的天山、帕米尔与青藏高原山地上，发育较好。那里的年平均温在 0℃左右，最暖和的 7 月平均温不过 4～5℃，夜间都有低于 0℃的冰冻，在白昼阳光下地表湿度却在 20℃以上，昼夜温差可达 20℃以上。年降水 250～500mm，以夏季降水为主，多为固态降水，冬季有雪被。土层在 50cm 深处即接近 0℃，下部往往有永冻层存在。

高山流石滩植被是指分布在高山植被带以上、永久冰雪带以下，由适应冰雪严寒生境的寒旱生或寒冷中旱生多年生轴根性杂类草及垫状植物等组成的亚冰雪带稀疏植被类型。草群极度稀疏，结构简单，生长季节短，常呈块状不连续分布，具有先锋群落性质和呈小群聚分布的特征。这类植被是高山垂直带谱中位居最高的一类，在我国广泛分布于喜马拉雅山、横断山、冈底斯山、念青唐古拉山、唐古拉山、昆仑山、祁连山、天山等地。这些高山地区气候严寒，热量不足，辐射强，风力强劲，昼夜温度剧烈变化，在一天之内可经受雨、雪、冰雹的袭击。这里的植物往往矮小，呈莲座状、垫状，植物体密生绵毛，根系发达，营养繁殖或胎生繁殖。植物种类很少，均系多年生中生和旱生的草本植物和垫状植物，其中最为常见的为菊科的风毛菊属、十字花科的葶苈属和桂竹香属、石竹科的蚤缀属、虎耳草科的虎耳草属、报春花科的点地梅属、毛茛科的银莲花属和金莲花属、景天科的红景天属等。

扫一扫看彩图

图 18-7　高山稀疏植被示例（云南西北部）

## （八）草甸

草甸是由多年生中生草本植物为主体的群落类型，是在适中的水分条件下形成和发育起来的植物群落（图 18-8）。草甸在我国主要分布在青藏高原东部、北方温带地区的高山和山地及平原低地的海滨。草甸分布地区的气候较寒冷。在高原和山地降水量较高（400～700mm），大气比较湿润；在草原区和荒漠区低地的降水量多在 400～100mm，但这些地区的地表水较丰富，土壤肥沃。

草甸植被的群落类型复杂，组成种类比较丰富，建群植物多达 70 种以上。禾本科、莎草科、蔷薇科、菊科及豆科、蓼科的种类较多，优势度较大，对群落的建成具有重要作用。

图 18-8　草甸示例（云南香格里拉）

### （九）沼泽

沼泽是在多水和过湿条件下形成的以沼生植物占优势的一种植被类型。我国沼泽植被分布十分广泛，总面积有 10 万 $km^2$，以东北三江平原（图 18-9）、若尔盖高原最为著名。

形成沼泽需要土壤过湿或水分积聚，一般在温和和湿润或冷湿气候区内容易形成。另外，土地平坦、土壤肥沃也是重要条件。组成我国沼泽植被的植物约有 101 个科，种类最多的科为莎草科、禾本科，其次为毛茛科、蔷薇科、灯心草科、黄眼草科、茅膏菜科、菊科、杜鹃花科、木贼科、蓼科、玄参科及泽泻科等。从生活型上来看，有乔木、灌木、草本、藤本、蕨类及苔藓植物等。它们共同的特征有：通气组织比较发达，具有不定根和特殊的无性繁殖能力，有些植物具有食虫的习性，沼泽植物通常具有中生植物的叶子（如叶草质、角质层厚、气孔深陷、具绒毛等）。

图 18-9 沼泽示例（黑龙江扎龙）

### （十）水生植被

水生植被是生长在水域环境中的植被类型，由水生植物组成（图 18-10）。它们可以分为沉水、浮水和挺水水生植物 3 个类型。

沉水型水生植物是茎叶沉没水中、多数根生水底泥中的植物，主要有眼子菜科、金鱼藻科、水鳖科、茨藻科、水马齿科、水蕨科、小二仙草科的狐尾藻属及毛茛科的梅花藻属等植物。它们的叶片中无栅栏组织和海绵组织，细胞间隙大，无气孔，机械组织不发达，全部细胞进行光合作用。

浮水型水生植物是植物体浮悬于水上或只有叶片浮生水面的植物，主要有满江红科、槐叶苹科、浮萍科、雨久花科的凤眼莲属、睡莲科的芡实属和萍蓬草属及睡莲属、睡菜科、水鳖科、天南星科、菱科等植物。可分为漂浮型和浮叶型两类。

挺水型水生植物是根扎生于水底淤泥而植物体的上部或叶挺出水面的植物，它们是水生植物和陆生植物之间的过渡类型。主要有莎草科的莞属、飘拂草属、莎草属、薹草属、荸荠属，禾本科的芦苇、茭笋、稗属，香蒲科，泽泻科，水韭科，田葱科，天南星科，睡莲科，蓼科及苹科等。

图 18-10　水生植被示例（南京玄武湖）

## 本章小结

植物群落分类极为混乱。《中国植被》将我国植被划分为 10 个植被型组，29 个植被型。

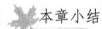

## 本章重点

《中国植被》所采用的分类层次和 10 个植被型组。

## 思考题

1. 群落分类的含义是什么？
2. 为什么群落分类系统不统一？
3. 群落分类为什么常根据植被来划分？
4. 为什么要进行群落分类？
5. 《中国植被》采用 6 级分类层次，它们是什么？如何识别？
6. 《中国植被》将我国植被划分为 10 个植被型组，分别是什么？主要分布在我国何处？
7. 《中国植被》采用的群落分类系统中的基本层次分别是什么？
8. 什么是水生植被？
9. 灌丛与草原的区别是什么？
10. 热带雨林是独立的植被类型吗？

# 第四部分　生态系统生态学

——生命系统与环境系统的作用机制及模式

扫一扫看彩图

# 19

# 第十九章 生态系统

生态学是研究生物与环境之间相互关系的生物学分支学科。在群落生态学中，我们探讨的主体是群落尤其是植物群落。如果将群落与外界无机环境综合起来或当做一个整体来考察，我们就会发现它可以成为一个相对独立的功能单位，而在其内部的能量、物质及信息等通过相互作用、相互影响、相互整合而自我循环，从而形成一个动态的生态复合体。

人类很早就有这种整体性思维和生态学观念，而它的成熟和结果就是生态系统概念的提出和应用。

## 一、生态系统概念

### （一）生态系统概念的提出和形成

人类对生态系统的认识由来已久。Theophrastus（约公元前 370 年～公元前 285 年）就已认识到植物与气候之间的关系；Mobius（1877）在研究波罗的海的牡蛎时将生境中的所有生物描述为生物群落（biocenosis）；Forbes（1887）将一个湖泊描述为微小整体（microcosm）。Forel（1892，1895，1904）对瑞士的日内瓦湖做过详细研究，明确认识到生物与环境之间的相互作用关系；Cowles（1899）对密歇根湖畔的沙丘植物进行研究时发现，它们与环境之间具有共生的关系或特性（symbiotic nature）。Thienemann（1918）和 Allee（1934）也都认识到生物体与环境之间的相互作用（Golley，1991；Willis，1997）。

生态系统（ecosystem，ecological system）一词是 Clapham 在 20 世纪 30 年代初创造的，正式使用该词的是 Tansley（1935），其被 Richards（1952）引用后广为流传。与 ecosystem 意义相近或相同的词还有 biosystem（生物系统）、holocoen（群落社会）、ecotope（生态区）和 bioecos（有机生态区）、naturkomplex（自然复合体）等。

Tansley（1935）综合考察植物群落与气候、土壤以及动物之间的相互关系，发现它们之间形成一个系统和整体。他写到“对我来说，一个最基本的概念是：不仅是所有生物体而且包括它们与周围所有环境因子之间可以形成一个整体。有机体当然是关注的焦点，但如果仔细思考就会发现它们与环境无法分割，它们已经是一个整体。这种整体性的系统，我们可以称之为生态系统（ecosystem），有着不固定的形态、类型和大小，成为从原子到宇宙不同层次中的一个环节。”

Lindeman（1942）认为生态系统是“特定时空中的、大小不限的、保持活跃物理—化学—生物动态过程的系统单元”。

俄罗斯研究者在此方面也有过论述。Dokuchaev（1898）对地理植物学（geobotany）有深入研究，并使用生物群落（biocoenosis）和生物地理群落（biogeocoenosis）两个词，大致分别相当于群落和生态系统。Sukachev 和 Dylis（1964）对它们的定义为：地球表面某一特定区域内所有共存的自然现象或要素（如空气、矿层、植物、动物、微生物、土壤、水等）之间辩证统一的复合体，其内部各要素之间以及与外界其他要素之间都能通过能量和物质交换而相互作用，并持续保持动态及发展。

Odum（1953）对生态系统的定义为：生态系统就是包括特定地段中的全部生物（即生物群落）和物理环境相互作用的任何统一体，并且在系统内部，能量流动导致形成一定的营养结构、生物多样性和物质循环（即生物与非生物之间的物质交换）。

Odum（1959）：生态系统就是生物有机体与其生活环境之间相互作用并进行物质循环、能量转变和降解而形成的系统。

Odum（1969）：生态系统是在特定地区范围之内一个包括所有生物（即生物群落）和非生物环境的自然单元，二者之间通过特有的能量流动和物质循环而在系统内相互作用。

Odum（1971）：生态系统就是任何大小的包括给定地域上的所有有机物及其物理环境的单元，它们通过能量流动形成清楚的营养结构、生物多样性和物质循环。

Weiss（1971）：生态系统是时空中的特定复合单元，其内部的组成单元之间在结构和功能上保持系统性的合作，并能在干扰后重建。

Perry（1994）：生态系统就是生物群落、环境因子以及作用于其的物理外力总和。

Willis（1997）对生态系统的定义为：生物群落与其生活的物理化学环境之间持续通过能量和物质流动而形成的一个可以任意指定大小的开放的系统单元。

我国的教科书一般将生态系统定义为：在一定空间中共同栖居着的所有生物（即生物群落）与其环境之间由于不断进行物质循环、能量流动和信息传递过程而形成的统一整体。

简单起见，可以将生态系统定义为：**生物群落与其环境之间通过能量流动和物质循环而形成的系统**。即：生态系统=生物群落+环境。地球上的森林、草原、荒漠、湿地、海洋、湖泊、河流等，不仅它们的外貌有区别，生物组成也各有其特点，并且其中生物和非生物构成了一个相互作用、物质不断循环、能量不停流动、信息不断传递和影响的整体（图 19-1）。

图 19-1　陆地生态系统的模式图

### （二）生态系统理论的发展和演进

Elton（1927）首先提出食物链（food chain）的概念。其实这一概念起源很早，在 19 世纪晚期的一些书中就有提及，到 20 世纪初在部分教科书上就有关于食物链的图示，如吃棉花的害虫被寄生虫或食虫动物所食（Pierce 等，1912）以及动物相食的关系（Shelford，1913）。Elton（1927）将群落中所有食物链的总和称为"食物循环（food cycle）"，这一概念现称为食物网（food web）。

Lindeman（1942）首先将生态系统作为一个整体进行研究，他分析比较不同营养级之间的能量流动情况和数量变化，并将生态系统中的有机体按能量传递的过程分为生产者、消费者等层次。

Odum（1953）将生态系统中的有机物分为自养生物和异养生物，并将其分为无机环境、生产者、消费者和分解者 4 个组成要素。他用深入浅出的语言写成的《生态学基础》教科书使生态学及生态系统的概念广为人知，并启动了新一轮的深入研究。在书中，他还创造性地使用了生态系统能量流动的模式图。

Evans（1956）综合了 Lindeman 以及 Odum 的工作成果，并强调生态系统中的营养层次和能量流动的方式和途径等。他以及 Odum（1969）的介绍使生态系统概念更加为人熟知和明确。

Lindeman 在 1938～1941 年对美国明尼苏达州 Cedar 湖的能量传递情况的定量分析（Linderman，1942）、Golley（1960）对密歇根草地以及 Odum（1957）对佛罗里达银泉的能量传递情况的研究使生态系统中的能量流动和物质循环情况日益明了和清晰。

## 二、生态系统的组成与结构

生态系统是有特定界限的有限时空复合体，虽然它与外界不断进行能量和物质的交流，但如果只考虑生态系统本身或其内部状况，可以把它看做是相对封闭的整体。因而生态系统内部的组成与结构一般都是从生态系统内部能量流动和物质传递过程和顺序来确定的，尤其是能量在不同部分的流动过程。据此，生态系统的组成成分可以分为两大类：生物有机体或生物群落或生物要素（biotic constituent，community）和非生物环境、成分或要素（abiotic constituent），生物群落按作用和功能以及能量传递过程又可分为生产者（producer）、消费者（consumer）和分解者（decomposer）（表 19-1 和图 19-2）。

**表 19-1　生态系统的组成和结构**

| | | | |
|---|---|---|---|
| 生态系统 | 生物成分 | 生产者 | 绿色植物和化能合成细菌 |
| | | 消费者 | 各类动物 |
| | | 分解者 | 细菌、真菌等 |
| | 非生物成分 | 能量 | 太阳辐射能、风能、潮汐能、人工辅助能等 |
| | | 有机物质 | 腐殖质、动物粪便等 |
| | | 无机物质 | 无机元素和化合物如 $CO_2$、$O_2$、水、磷、钾 |

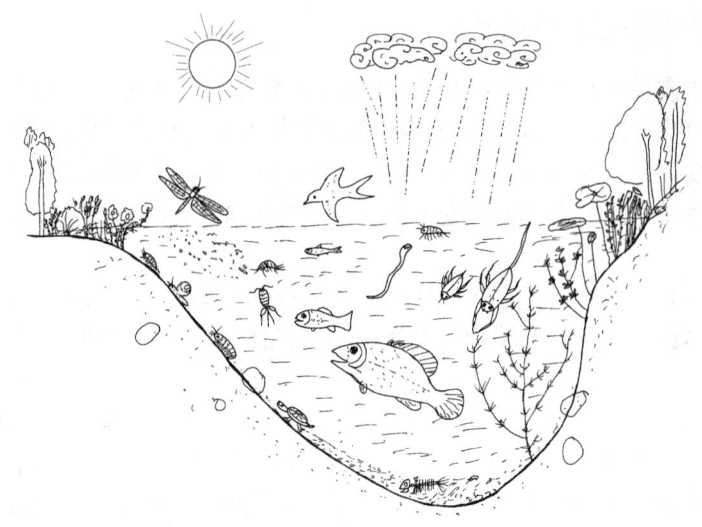

图 19-2　水域生态系统模式图

### （一）非生物要素

非生物环境包括参加物质循环的无机元素和化合物，如水、二氧化碳、氧气、钙、硝酸盐、磷酸盐、氨基酸、腐殖酸等，它们是生命必需的营养物，是生态系统所必需的物质来源；有机物（如蛋白质、糖类、脂类和腐殖质等）和气候或其他物理条件（如光照、温度、压力等）。

### （二）生产者

生产者是能以简单的无机物制造有机物的自养生物（autotrophic organism）。主要有两类，一类是藻类和绿色植物。它们都含有叶绿素，能将水和二氧化碳合成糖类（图 6-3 和图 19-3），最著名的当然是很多农作物，如水稻、小麦、高粱、大豆等。生产者中的另一类是化能合成细菌，它们不是通过光合作用固定能量，而是通过氧化简单的无机化合物而获得能量。

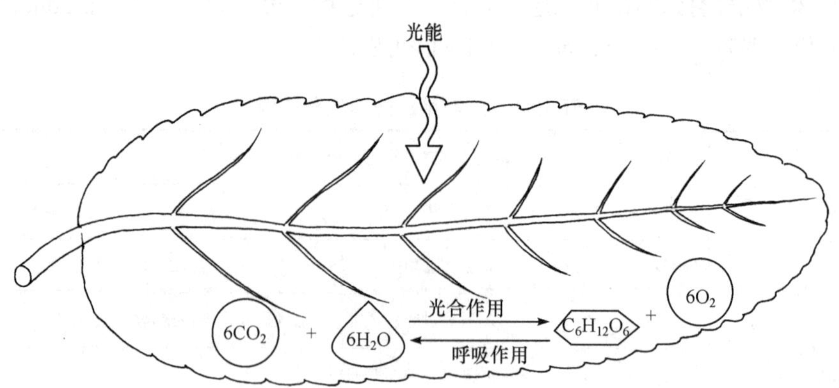


图 19-3　生产者光合作用及呼吸作用过程图解

### （三）消费者

消费者是针对生产者而言的，它们不能将无机物质转化为有机物质，而是直接或间接地依赖于生产者所制造的有机物质，因此属于异养生物（heterotrophic organism）。

消费者按其营养方式上的不同又可分为植食性动物和肉食性动物。植食性动物直接以植物体为营养，如吃树叶的昆虫、吃草的牛羊、吃果实的小鸟、吃草根的田鼠等。它们又被称为初级消费者（primary consumer）。

肉食性动物以植食性动物为食，如吃害虫的小鸟、吃鳞虾的企鹅、吃牛羊的狼、吃羚羊的野狗、吃小鹿的狐狸等，它们是次级消费者（secondary consumer）。此外还有以肉食性动物为食的动物，如吃狐狸的老虎、吃野狗的豹子、吃鬣狗的狮子、吃企鹅的海豹、吃蜥蜴的鹰等，它们可以称为三级消费者（tertiary consumer）。当然，每种动物的角色可能是变换的，如小鸟可能既吃草籽又吃昆虫、狐狸既吃鹿又吃老鹰、老虎既吃牛羊又吃狼等（图 19-4）。

图 19-4 生态系统中生产者、消费者示例

草为生产者，吃草汁的蚜虫为初级消费者，而吃蚜虫的瓢虫为次级消费者

### （四）分解者

分解者是异养生物，其作用是把动植物体的复杂有机物分解为生产者能重新利用的、简单的化合物，并释放出能量，其作用与生产者相反。分解者在生态系统中的作用是极为重要的，如果没有它们，动植物尸体将会堆积成灾，物质不能循环，生态系统终将毁灭。

严格地讲，分解者在释放能量与简单化合物的同时，不需要摄入营养进行体内消化但能进行体外的生化消化，并能利用有机小分子合成有机物。分解者包括细菌、真菌、放线菌、黏菌等（图 19-5）。

动植物尸体的分解过程一般从细菌和真菌的入侵开始，它们利用尸体中的可溶性物质，主要是氨基酸和糖类，但它们通常缺少分解纤维素、木质素、几丁质等结构物质的酶类。例如，青霉、毛霉和根霉的种类多能在分解早期迅速增殖，与许多细菌一起，能在新的有机残物上暴发性增长。

图 19-5　生态系统中的分解者示例

A. 细菌；B. 黏菌；C. 真菌

消费者（如哺乳动物）在摄入能量和食物的同时，虽然也能释放出简单化合物（如 $CO_2$）和能量（如热量），但它们不能看做分解者。不过一些食腐性、食屑性动物如土壤昆虫和节肢动物、蚯蚓、蛞蝓、蜗牛、吃腐肉的秃鹰等，能够破碎大块有机物并进行初步消化分解，它们在生态系统中所担任的帮助分解的作用也不可小看。例如，小型土壤动物（包括原生动物、线虫、轮虫、弹尾目昆虫和蜱螨等）能滤食或取食有机碎屑，弹尾目昆虫、蜱螨、线蚓、双翅目幼虫和小型甲虫能取食新落下的枯叶，调节微生物种群的大小和对大型动物粪便进行处理和加工。白蚁能利用其消化道中的共生微生物，直接分解；大型动物，包括食枯枝落叶的节肢动物，如千足虫、等足目和端足目动物、蛞蝓、蜗牛、较大的蚯蚓，是碎裂植物残叶和翻动土壤的主力。

## 三、食物链和食物网

生产者所固定的能量和物质，通过一系列取食和被取食的关系而在生态系统中传递，各种生物按其取食和被食的关系而排列成前后链状顺序，称为食物链。水体生态系统中的食物链有：浮游植物→浮游动物→食草性鱼类→食肉性鱼类等。陆地上的食物链有：草（花）→蝴蝶→蜻蜓→蛙→蛇→鹰等（图 19-6）。

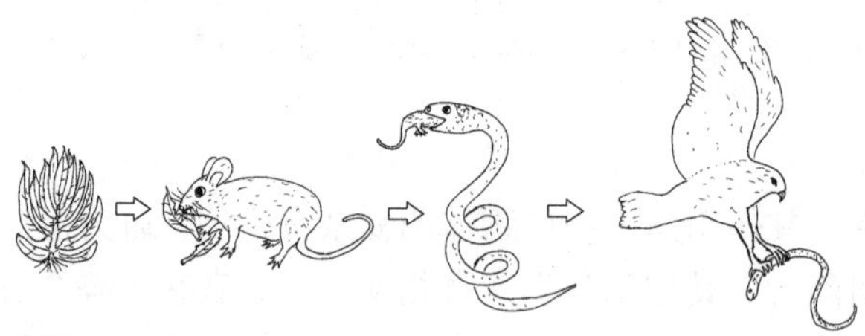

图 19-6　食物链图示

理论上食物链可分为 3 类，即捕食食物链或牧草食物链、寄生食物链和碎屑食物链或腐食食物链。捕食食物链以动物吃活体植物开始，然后是次级消费者、三级消费者等，如草→兔子→老鹰。寄生食物链一般从寄生虫取食活有机体为营养源开始，如牛→狂蝇（寄生于牛）→细菌（寄生于蝇体内）→病毒（寄生于细菌）等。腐食食物链从动植物尸体或粪便的有机物质颗粒开始，如枯枝落叶→蜉蝣（滤食枯枝落叶腐烂后的碎屑）→蜻蜓（捕食蜉蝣）→小鸟（吃蜻蜓）等。

生态系统中的食物链彼此交错连接，形成一个网状结构，这就是食物网（图 19-7）。它表明生物之间的捕食和被食关系不是简单的一条链，而是错综复杂的相互依赖的网状结构。这是因为一个生物可以捕食多种生物，而一种生物也可被多种生物所捕食。

图 19-7 食物网图解

食物网中的所有生物之间形成复杂的关系，彼此相互作用、相互制约、相互影响，从而将生态系统中的所有生物都直接或间接联系起来。因此生态系统中任何一个组成成员的变化都可以引起其他成员或大或小的变化，从而影响整个生态系统。一般说来，在具有复杂食物网的生态系统，一种生物的消失不致引起整个生态系统的失调，但在食物网简单的系统，尤其是在生态系统功能上起关键作用的种一旦消失或受严重破坏，就可能引起这个系统的剧烈波动。例如，如果构成苔原生态系统食物链基础的地衣因大气中二氧化硫含量超标而消失，就会导致生产力毁灭性破坏，整个系统遭灾。

## 四、营养级

为便于分析和定量研究生态系统中的能量流动和物质循环，可以将复杂食物网中的所有生物按其所在食物链的层次进行归类。例如，可将所有生产者当做能量流动过程中的一个层级，所有初级消费者当做一个层级，所有的次级消费者当做一个层级等。如果一个生物有时是初级消费者，有时是次级消费者（如熊或其他杂食性的动物有时吃草有时吃鹿或鱼等）或处于不恒定的食物链地位，就可以按其取食成分的比例进行划分和归类。这样，处于食物链某一环节上所有生物的总和就可以当做一个整体来对待，在生态学中它被称为营养级（trophic level）。例如，可将生态系统中的生产者称为第一营养级，植食性动物为第二营养级，而以植食性动物为食的肉食性动物为第三营养级，以肉食性动物为食的动物如吃鬣狗的狮子等可以称为第四营养级。

生态系统能流（储存在生物有机体中的化学能）在通过各个营养级时其总量是逐级减少的，减少的原因是（图 19-8）：①消费者不可能百分之百地利用前一营养级的生物，它们总有一部分会自然死亡、不能被利用或被分解者所利用，如动物不可能吃光所有植物，树干、树根以及枯枝落叶等都不能被动物采食，同样猫头鹰也不可能捕食完所有的老鼠等。②被各营养级取食的有机物不可能百分之百地变成此营养级的生物量，即各营养级的同化率也不是百分之百的，总有一部分有机物不能被消化吸收而变成排泄物留于环境中，为分解者生物所利用，如植物性食物中的粗纤维、动物性食物中的骨头碎渣等。③被各营养级消化吸收的能量也不可能百分之百地传递到下一营养级，因为各营养级生物要维持自身的生命活动，总要消耗一部分能量，这部分能量会变成热能而耗散掉，如哺乳动物或鸟类要维持高体温要消耗大量能量。

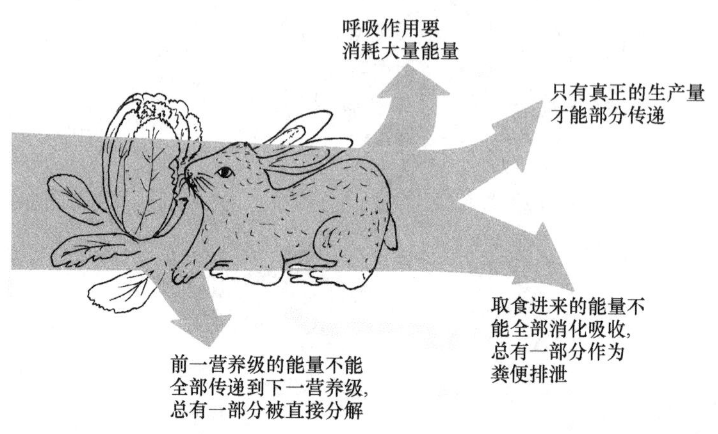


图 19-8 生态系统中能量传递逐级减少原因图解

由于能流在通过各营养级时会急剧地减少，所以食物链就不可能太长，生态系统中的营养级一般只有四级或五级，很少有超过六级的。

也正是由于能量传递过程中的递减性和不可逆性，生态系统及在其中的各种生物要维持其高度有序状态，维持正常功能，就必须有永恒不断的太阳能的输入，用以平衡各营养级生物维持生命活动的消耗，只要这个输入中断，生态系统便会丧失其功能。

## 五、能量传递效率

为更好地了解和比较不同生态系统或不同营养级之间能量传递的效率和特点，也为了更好地将生态系统中的能量朝有利于人类的方向引导和传输，必须认真研究生态系统中不同营养级之间或营养级内部的能量利用和传递效率。这就引出以下几个概念。

摄取量（intake 或 ingestion，I）：一个生物或营养级所摄取的能量称为摄取量；对植物来说，它们所吸收的光能也就是摄取量。在图 19-9 中，蛾幼虫如果吃进树叶能量为 200J，则其摄取量就为 200J。

同化量（assimilation，A）：动物消化道吸收的能量，不能吸收的能量就作为排泄物排出；对植物来说，同化量就是其吸收进来的光能中转变成有机物的能量，也叫初级生产量。有一部分光能用于升高植物体温度和化学反应而不能转变成有机物。在图 19-9 中，蛾幼虫如果吃进树叶能量为 200J，其中有 100J 作为粪便而被排出，那么其同化量为 100J。

呼吸量（respiration，R）：生物或营养级用于呼吸作用等新陈代谢和各种活动中所消耗的全部能量。在图 19-9 中，蛾幼虫的同化量为 100J，其中有 67J 用于呼吸消耗，即其呼吸量为 67J。

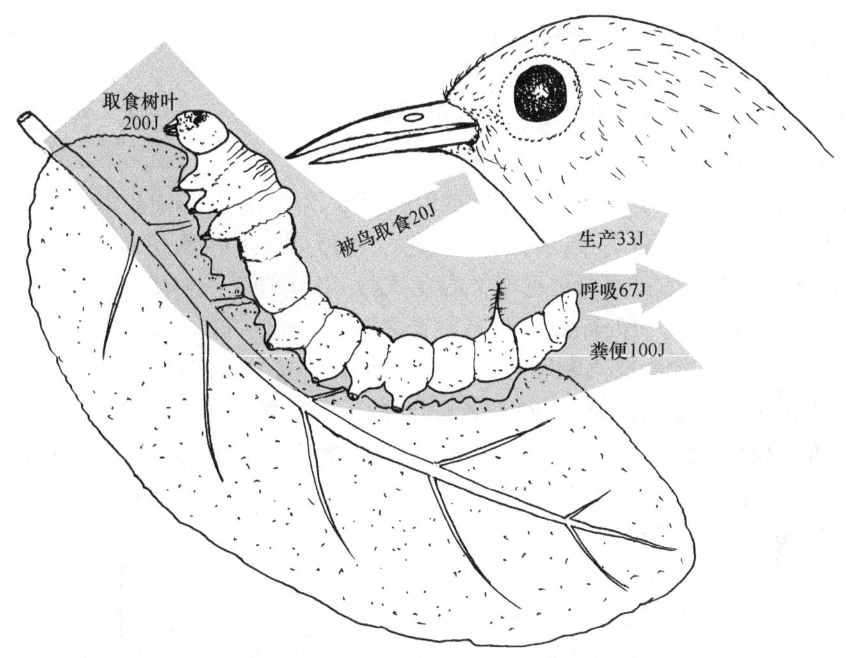


图 19-9　生态系统中能量传递效率图示

生产量（production，$P$）：生物呼吸消耗后所净剩的同化能量值，对第一营养级或生产者而言也就是净初级生产量。生产量也就是在生物体内或营养级内真正转变成的有机物。在图 19-9 中，蛾幼虫如果吃进树叶能量为 200J，同化量为 100J，其中呼吸消费掉 67J，只有 33J 转变成了其身体的一部分，其生产量就是 33J。

同化效率（assimilating efficiency，$A_e$）：植物光合作用所固定的能量（$A_n$）与吸收的日光能（$I_n$）之比例，或动物摄食的能量中被同化了的能量比例。其计算公式为：

$$A_e = A_n / I_n$$

在图 19-9 中，蛾幼虫的摄取量为 200J，同化量为 100J，那么其同化效率=100÷200×100%=50%。

同化效率考察的是动物或植物的消化吸收能力。影响同化效率的因素有：生物本身的消化吸收能力，如昆虫的同化效率就远低于哺乳动物，因为后者体温较高、酶活力也高，可以将更多的食物消化吸收；食物种类，不同质量的食物种类被消化吸收的比例不同，如肉类就比蔬菜被吸收得多。

生产效率（producing efficiency，$P_e$）：生物所同化的能量（$A_n$）中净生产量（$P_n$）的比例。其计算公式为：

$$P_e = P_n / A_n$$

在图 19-9 中，蛾幼虫的同化量为 100J，生产量为 33J，那么其生产效率=33÷100×100%=33%。

生产效率考察的是生物的转化积累能力。例如，大人因为新陈代谢水平高及消耗量相对较大，与儿童相比其生产效率较低；运动员因为经常运动而消耗量大，其生产效率也小；容易长肉的人其生产效率要比瘦人高；另外，外温生物的生产效率要高于内温动物，因为后者将大量能量用于保持体温了。

消费效率（consuming efficiency，$C_e$）：某一营养级生物的摄入量（$I_{n+1}$）与前一营养级生物的净生产量（$P_n$）的比值。其计算公式为：

$$C_e = I_{n+1} / P_n$$

在图 19-9 中，如果植物的生产量为 1000J，蛾幼虫取食了 200J，那么营养级之间的消费效率=200÷1000×100%=20%。

消费效率考察的是各营养级的被利用率或可利用率。影响消费效率的因素是食物的可食性，例如，肉类就比蔬菜可食性强，被取食的比例较大，因为蔬菜中有大量不能被采食的粗纤维；草地因为较鲜嫩，可被采食的部分要比树林或森林高，因为树干、树根等往往不能被利用。

生态效率（ecological efficiency）或林德曼效率（Lindeman efficiency，$L_e$）：Lindeman（1942）在研究生态系统能量流动状况时，比较了不同营养级总生产量（力）的比例关系，发现在各营养级之间能量传递是很少的，如生产者只合成了入射光能的 0.1%左右，食草动物合成的能量约占生产者合成能量的 13.3%；而次级消费者合成的能量约占初级消费者合成能量的 22.3%。现在，生态效率一般称之为“营养级能量传递效率（trophic level efficiency）”或“食物链能量传递效率（food chain efficiency）”。

在理解和计算时，一般用后一营养级（$n$）合成的净生产量占到前一营养级（$n$–1）净生产量的比例来表示，即某一营养级所合成的有效能量有多少比例可以变成下一营养级的净生产量。它等于某一营养级的生产效率、同化效率与前一营养级消费效率的乘积。其计算公式及关系为：

$$L_e = P_n / P_{n-1} = (I_n / P_{n-1}) \times (A_n / I_n) \times (P_n / A_n)$$

在图 19-9 中，如果蛾幼虫取食树叶后的生产量为 33J，而如果树叶的净初级生产量为 350J，那么此食物链的生态效率=33÷350×100%=9.4%。

生态效率有时也表示为由某一营养级（$n$）流到下一营养级（$n$+1）的能量与流入此营养级的能量之间的比例，这时，它就等于不同营养级之间取食量的比例。其公式变为某一营养级的同化效率、生产效率与消费效率的乘积，即

$$L_e = I_{n+1} / I_n = (I_{n+1} / P_n) \times (A_n / I_n) \times (P_n / A_n)$$

在图 19-9 中，如果蛾幼虫取食 200J 树叶，而某种小鸟又取食蛾幼虫 20J，营养级之间的生态效率=20÷200×100%=10%。

Kozlovsky（1968）在比较了多个研究实例后，提出生态系统中的生态效率平均约为 10%，这就是被后人广泛引用的“十分之一定律（one tenth law 或 ten percent law）”，也称林德曼营养效率定律（law of Lindeman’s trophic efficiency）。May（1979）收集了多种研究数据，分析得出在不同生态系统中生态效率在 2%～20%之间，平均约为 10%。

**表 19-2　6 种初级消费者种群密度、生物量和能量比较**（引自 Odum ，1981）

| | 密度/（个/m²） | 生物量/（g/m²） | 能量/[kJ/（m²·d）] |
|---|---|---|---|
| 土壤细菌 | $10^{12}$ | 0.001 | 4.18 |
| 海洋桡足类 | $10^5$ | 2.0 | 10.46 |
| 潮间带蜗牛 | 200 | 10.0 | 4.18 |
| 盐沼地蚱蜢 | 10 | 1.0 | 1.67 |
| 草甸田鼠 | $10^{-2}$ | 0.6 | 2.93 |
| 鹿 | $10^{-5}$ | 1.1 | 2.09 |

## 六、生态金字塔

为形象地表达能量在不同营养级中传递时逐渐减少的现象，生态学中常将各营养级的能量转换成不同体积的平面或立体图形，并将它们按营养级排列起来，这就形成了能量金字塔（energy pyramid）。由于能量是逐级递减的，能量金字塔是顶部尖、上部小、基部宽大的塔形（图 19-10 和表 19-2）。

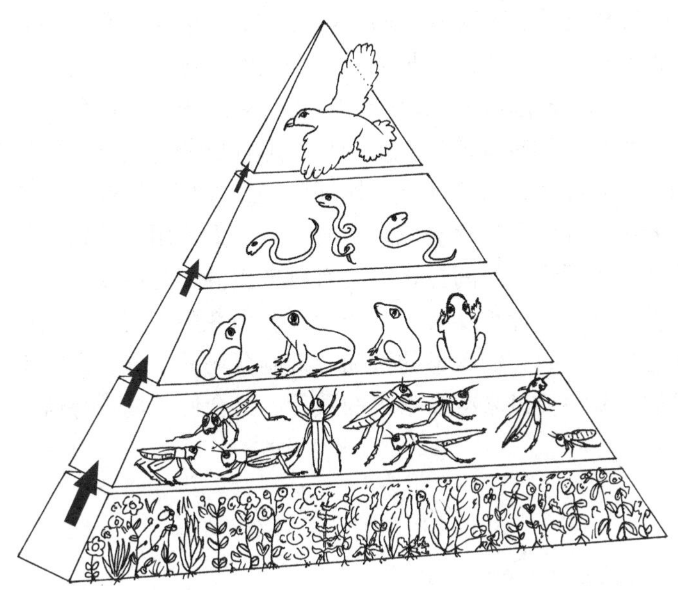

图 19-10　生态系统的能量金字塔

还可以按各营养级的生物量（生物的总量，如重量、净重量等）来作图，这就是生物量金字塔（biomass pyramid）。在海洋中或一些淡水中，由于浮游植物生长速度很快，可供应大量鱼类生长，但在某一瞬间测量时，浮游植物的量要远低于鱼类的生物量，故生物量金字塔有时可能是下部小而上部大的形状（图 19-11 和表 19-2）。这种情况在水产养殖中常可见到，在风景区或公园中我们常可看到一个小池塘中有大量五颜六色的鲤鱼。

以不同营养级中生物的个体数量来作图就形成了数量金字塔（pyramid of numbers）。其更可能倒置，如一棵树上很可能有很多蚜虫或麻雀等（图 19-11 和表 19-2）。

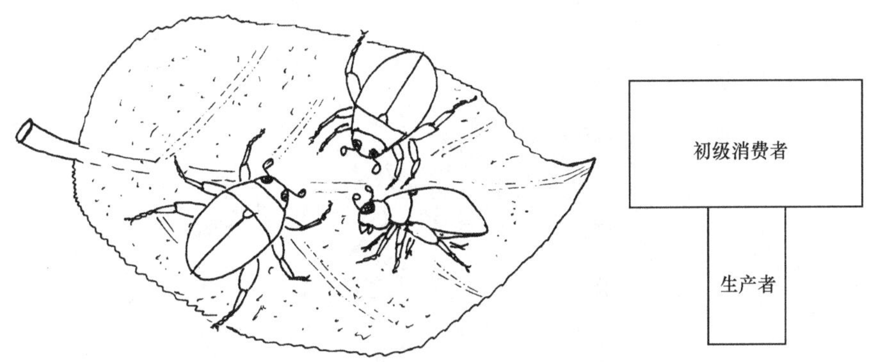


图 19-11　生态系统的生物量金字塔或数量金字塔有时可能出现倒置的情况图示

## 七、生态系统的反馈调节

生态系统之所以成为系统，就是因为其组成成分之间是相互影响、相互制约、相互作用的。当生态系统某一成分发生变化，它必然引起其他成分出现一系列相应变化，这些变化又反过来影响最初发生变化的那种成分，即一个成分或其部分的改变可以影响其他成分的改变，而后者的改变又可对原先的改变进行影响和修正。这称为反馈（feedback）。

反馈分为正反馈和负反馈。正反馈（positive feedback）：生态系统中某一成分的变化引起其他一系列变化，这些变化反过来加剧最初发生变化的成分所发生的变化，使生态系统远离平衡状态或稳态。负反馈（negative feedback）：生态系统中某一成分的变化引起其他一系列变化，这些变化反过来抑制和减弱最初发生变化的那种成分的变化，使生态系统达到或保持平衡或稳态。例如，某年风大，吹起沙土，掩埋和摧毁掉很多植被，草场上植物长得差而稀疏，而以它们为食的牛羊等为了生存会取食平时它们不太食用的植物茎干、根系，这会加重对植物的伤害，使其恢复更难、时间更长，一有风来就会吹起更多的沙土，草场上风沙会越来越大、越来越严重。这是一种正反馈（图 19-12）。而在雨水较丰沛的地区，如果草场长得较好，会养活更多的牛羊，而它们数量的增加会抑制草场的生长，同时也会促使以它们为食的捕食动物数量增加，从而反过来减少牛羊的数量，又会使草场长势得以恢复。这是一种负反馈（图 19-13）。

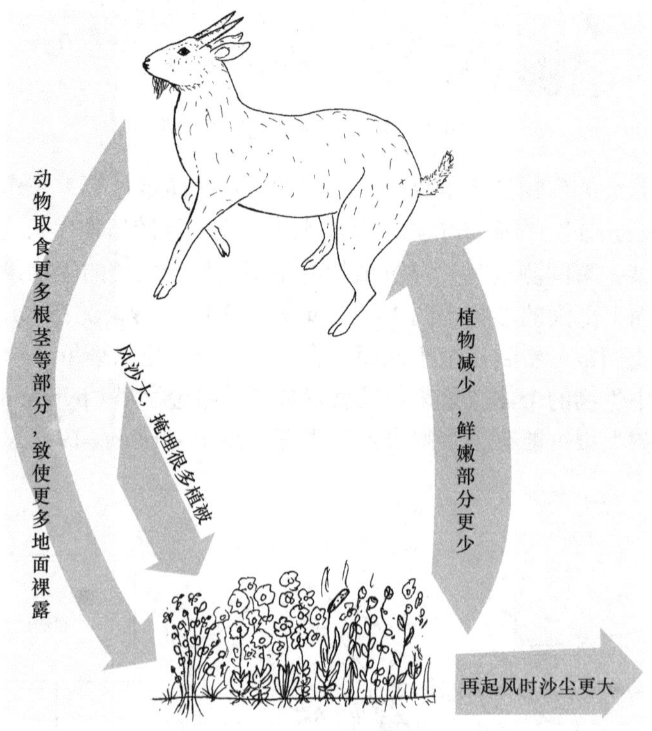


图 19-12　生态系统的正反馈图示

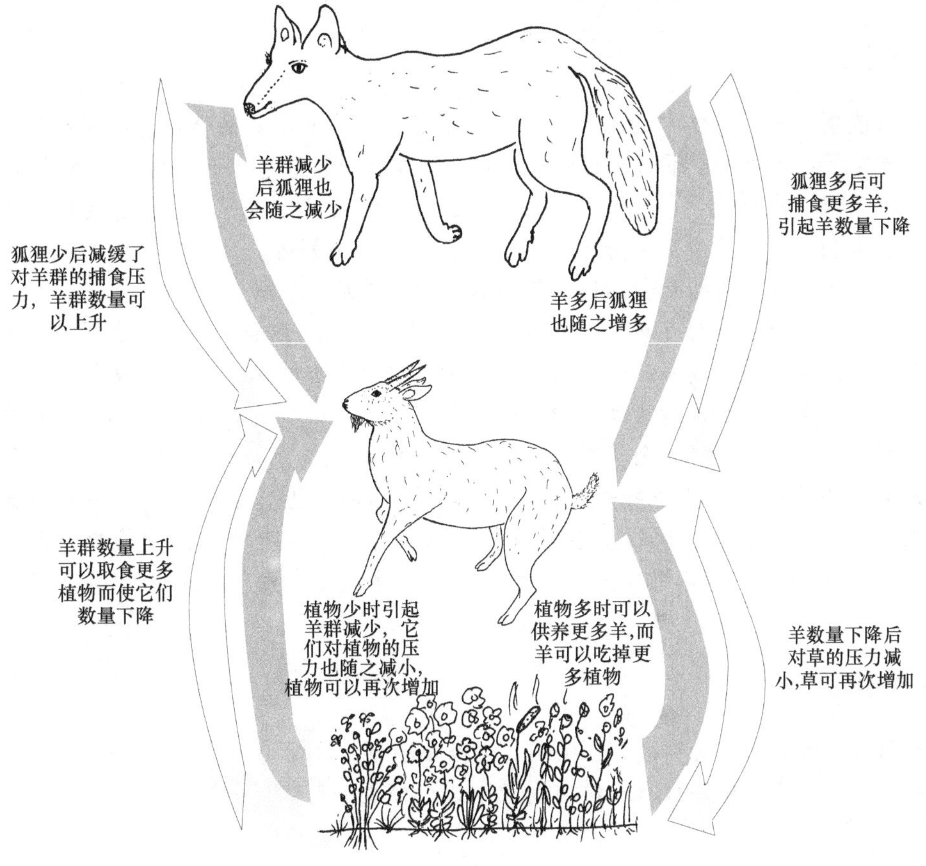
羊群减少
后狐狸也
会随之减少
狐狸多后可
捕食更多羊,
引起羊数量下降
狐狸少后减缓了
对羊群的捕食压
力，羊群数量可
以上升
羊多后狐狸
也随之增多
羊群数量上升
可以取食更多
植物而使它们
数量下降
植物少时引起
羊群减少，它
们对植物的压
力也随之减小,
植物可以再次增加
植物多时可以
供养更多羊,而
羊可以吃掉更
多植物
羊数量下降后
对草的压力减
小,草可再次增加

图 19-13 生态系统的负反馈图示

## 八、生态平衡

由于生态系统具有负反馈的自我调节机制，所以在通常情况下，生态系统会保持自身的生态平衡（ecological equilibrium 或 ecological balance）。生态平衡是指生态系统通过发育和调节所达到的一种稳定状况，它包括结构上的稳定，功能上的稳定和能量输入、输出上的稳定。生态平衡是一种动态平衡，因为能量流动和物质循环总在不间断地进行，生物个体也在不断地进行更新。在自然条件下，生态系统总是朝着种类多样化、结构复杂化和功能完善化的方向发展，直到使生态系统达到成熟的最稳定状态为止。

当生态系统达到动态平衡的最稳定状态时，它能够自我调节和维持自己的正常功能，并能在很大程度上克服干扰，保持稳定性。有人把生态系统比喻为弹簧，它能忍受一定的外来压力，压力一旦解除就又恢复原初的稳定状态，这实质上就是生态系统的生态平衡。但是，生态系统的这种自我调节功能是有一定限度的，当外来干扰因素如火山爆发、地震、泥石流、雷击火烧、人类修建大型工程、排放有毒物质、喷洒大量农药、人为引入或消灭某些生物等超过一定限度的时候，生态系统自我调节功能本身就会受到损害，从而引起生态失调，甚至导致发生生态危机。生态危机是指由于人类盲目活动而导致局部地区甚至整个生物圈结构和功能的失衡，从而威胁到人类的生存。生态平衡失调的初期往往不容易被人类所觉察，而一旦出现生态危机，就很难在短期内恢复平衡。

## 本章小结

生态系统概念是生态学中的重要概念，它是指一定空间中共同栖居着的所有生物（即生物群落）与其环境之间由于不断进行物质循环、能量流动和信息传递过程而形成的统一整体。

从生态系统中能量流动和物质循环的角度，生态系统的组成成分可以分为两大类：生物有机体和非生物环境。前者又可分为生产者、消费者和分解者。它们通过食物链和食物网联系到一起。食物链可分为捕食食物链、寄生食物链和碎屑食物链。

生态系统中的能流在营养级中传递时是逐级减少的，因而传递效率就显得十分重要。常用的能量传递效率有同化效率、生产效率、消费效率和生态效率或林德曼效率。

生态金字塔是用来形象地表达能量或物质传递情况的。它有能量金字塔、数量金字塔和生物量金字塔，其中只有能量金字塔永远是上小下大的。

一般自然条件下，生态系统是处于一种平衡状态的。生态平衡是指生态系统通过发育和调节所达到的一种稳定状况，它包括结构上的稳定，功能上的稳定和能量输入、输出上的稳定。由于生态系统的各组成成分之间存在反馈尤其是负反馈机制才使得生态系统能够达到平衡。

## 本章重点

生态系统、营养级、食物链、食物网、生态金字塔、反馈（正反馈和负反馈）、生态平衡的概念和定义；生态效率的计算；林德曼效率或十分之一定律。

## 思考题

1. 什么是生态系统?
2. 生态系统与群落的区别和联系是什么?
3. 生态系统研究的主要内容是什么?
4. 生态系统的结构如何? 各是如何定义的?
5. 什么是食物链和食物网?
6. 生态学效率是如何计算的?
7. 为什么能量在营养级之间传递时是逐渐减少的?
8. 为什么能量金字塔永远不会倒置?
9. 什么是反馈和负反馈?
10. 生态系统为什么能达到平衡状态?

# 20
# 第二十章 生态系统主要类型及分布

因受地理位置、气候、地形、土壤等因素的影响，地球上的自然生态系统是多种多样的。可根据生态系统类型将它们分为水域生态系统（海洋生态系统与淡水生态系统）、陆地生态系统，以及位于它们之间的湿地生态系统。在自然生态系统之外，还有人工的城市生态系统和半人工半自然的农业生态系统。陆地自然生态系统的分布有一定的规律。

## 一、陆地主要自然生态系统类型

地球表面的陆地自然生态系统类型主要分为以下类型（王伯荪，1987；Chapman & Reiss，1999；卢升高和吕军，2004）。

图 20-1　热带雨林示例（巴拿马热带雨林）

扫一扫看彩图

### （一）热带雨林生态系统

热带雨林（tropical rainforest）主要分布于赤道南北纬 5°～10°以内的热带气候地区，分布在东南亚、非洲和南美洲（图 20-1）。这里全年高温多雨，无明显的季节区别，年平均温度 25～30℃，最冷月的平均温度也在 18℃以上，极端最高温度多数在 36℃以下。年降水量通常超过 2000mm，有的竟达 6000mm，全年雨量分布均匀，常年湿润，空气相对湿度 90%以上。

热带雨林的生长需要两个条件，一个是高温，另一个是高湿；同时它还有两大特点，一是植物终年常绿，另一是适应弱光下生活，尤其是优势树种的幼苗在很微弱的光照条件下都能够生长。热带雨林最明显的特点是物种多样性高、层次复杂和生物量大。象牙海岸有树种 600 多种，马来西亚树种超过 2000 种，亚马孙树木平均密度为 423 株/$hm^2$，分属于 87 种，印度马来地区也达到每公顷 200 多种。热带雨林层次复杂，且各层次连续，除草本外，各层密度都很大，热带藤本发达，有的藤本可达 100 多米高。热带雨林有很多特殊的物种，首先是龙脑香科植物（Dipterocarp），这些植物很少生虫子，巨大的树冠占据优势，而且又硬又轻；榕树（figs）容易生虫子，有老茎生花的现象，此树种还有很多属于藤本，而且十分粗大，被称为绞杀植物（strangling）；热带雨林还有很多是樟科的植物，容易沉水，可以做浆木、木瓦和建房等用。

雨林给生活在其中的动物提供了丰富的食物和多种多样的栖息场所，因此热带雨林是地球上动物种类最丰富的地区。热带雨林总面积不足全球面积的 7%，但却拥有世界一半以上的物种。据估计，热带雨林区域的昆虫种数高达 300 万种，占全部昆虫种数的 90%以上；鸟类占全世界鸟类总数的 60%以上。在这里，生物的生态位分化极其强烈，大多数热带雨林动物均为窄生态幅种类和 *K*-对策者。在这里捕捉 100 种动物容易，但要捉一个种的 100 个个体却较困难。

热带雨林的主要特点有：①种类组成特别丰富，大部分都是高大乔木。例如，菲律宾一个雨林每 1000$m^2$ 面积约有 800 株高达 3m 以上的树木，分别属于 120 种。热带雨林中植物生长十分密集。②群落结构复杂，树冠不齐，分层不明显。③藤本植物及附生植物极丰富，在阴暗的林下地表草本层并不茂密，在明亮地带草本较茂盛。④树干高大挺直，分枝小，树皮光滑，常具板状根（图 20-2）和支柱根。⑤茎花现象（即花生在无叶木质茎上）很常见。⑥寄生植物很普遍，高等有花的寄生植物常发育于乔木的根茎上。例如，苏门答腊雨林中的大花草，就寄生在青紫葛属的根上，它无茎、无根、无叶，只有直径达 1m 的大花，具臭味，是世界上最大最奇特的一种花。⑦热带雨林的植物终年生长发育。由于它们没有共同的休眠期，所以一年到头都有植物开花结果。森林常绿不是因为叶子永不脱落，而是因为不同植物种落叶时间不同，即使同一植物落叶时间也可能不同，因此，一年四季都有植物在长叶与落叶、开花与结果，呈现出常绿色。

热带雨林生态系统中能流与物质流的速率都很高，呼吸消耗也大；生物量极大，一般有 450t/$hm^2$，最大可达 1000t/$hm^2$，平均初级生产力每年可超过 20t/$hm^2$，太阳能固定量为 $3.4\times10^7$ J/（$m^2\cdot$年），光能利用率约为 1.5%，为农田平均光能利用率的 2 倍。热带雨林是陆地生态系统中生产力最高的类型。由于高温多雨，雨林中有机物质分解非常迅速，物质循环强烈；土壤无机盐流失严重，一般呈砖红色，强酸性，养分贫瘠。

由于热带雨林地区经济不发达，人口众多，地球上每 10 个人中就有 4 个生活在热带雨林地区，再加之当地居民还有刀耕火种的习惯，所以热带雨林破坏严重。

我国的热带雨林由于纬度偏北，不同于赤道雨林，主要分布在台湾、海南、广东、广西和云南南部和西藏的东南部地区，以海南岛和云南的较为典型。

图 20-2　热带雨林中植物的板状根（云南西双版纳雨林）

### （二）亚热带常绿阔叶林生态系统

亚热带常绿阔叶林（evergreen broad-leaved forests，图 20-3）发育在湿润的亚热带气候地带，主要分布在北纬 22°～40°之间。常绿阔叶林生态系统处于明显的亚热带季风气候区，夏季火热多雨，冬季少雨寒冷，春秋温和，四季分明。年平均气温为 16～18℃，最热月的平均温度为 24～27℃，最冷月平均为 3～8℃，冬季有霜冻，年降水量 1000～1500mm。

常绿阔叶林主要由樟科、壳斗科、山茶科、金缕海科、木兰科等常绿阔叶树组成，真蕨植物在林下占有一定的优势，著名的树种包括银杏、水杉、鹅掌楸等；群落结构较热带雨林简单，乔木层通常 2～3 层，树冠较整齐。其建群种和优势种的叶子相当大，呈椭圆形革质，表面有厚蜡质层，具光泽，没有茸毛，叶面向着太阳光，能反射光线。最上层的乔木树种枝端形成的冬芽有芽鳞保护，而林下的植物由于气候条件较湿润，芽无芽鳞保护，外貌呈暗绿色。群落的季相变化不如落叶阔叶林明显。林内几乎没有板状根植物和茎花现象，藤本植物不多，种类亦少，附生植物亦大为减少。常绿阔叶林生态系统内的野生动物资源十分丰富，脊椎动物达 1000 余种，我国著名的有大熊猫、金丝猴、华南虎、云豹、金猫、红腹角雉等。

扫一扫看彩图

图 20-3　亚热带常绿阔叶林示例（云南南部）

常绿阔叶林生态系统地上生物量和生产力仅次于热带雨林生态系统。四川常绿阔叶林的优势树种大头茶 *Gordonia acumenata*，地上生物量为 150～176 t/hm$^2$，净初级生产力约为 10t/（hm$^2$·年）。

常绿阔叶林除欧洲外其余各大洲均有分布，但以我国的常绿阔叶林的面积最大。

### （三）落叶阔叶林生态系统

落叶阔叶林（deciduous broad-leaved forests，图 20-4）又称夏绿阔叶林，通常是指具有明显季相变化的夏季盛叶、冬季落叶的阔叶林。它是在温带海洋性气候条件下形成的地带性植被。夏绿阔叶林主要分布在西欧，并向东伸延到欧洲东部。在我国主要分布在东北和华北地区。此外，日本北部、朝鲜、北美洲的东部和南美洲的一些地区也有分布。

夏绿阔叶林分布区四季分明，夏季炎热多雨，冬季寒冷。年降水量为 500～1000mm，而且降水多集中在夏季。

扫一扫看彩图

A　　　　B

图 20-4　夏绿阔叶林示例（南京紫金山）

A. 夏季；B. 冬季

夏绿阔叶林主要由杨柳科、桦木科、壳斗科等科的乔木植物组成。常见的有栎 *Quercus*、山毛榉 *Fogus*、槭 *Acer*、桦木 *Betula*、鹅耳枥 *Carpinus*、桤木 *Alnus*、榆 *Ulmus*、杨 *Populus* 等属，其叶无革质硬叶现象，一般也无茸毛，呈鲜绿色。冬季完全落叶，夏季抽出新叶，夏季形成郁闭林冠，秋季叶片枯黄，因此，夏绿阔叶林的季相变化十分显著。树干常有很厚的皮层保护，芽有坚实的芽鳞保护。群落结构较为清晰，通常可分为乔木层、灌木层和草本层 3 个层次。草本层的季节变化十分明显，这是由不同草本植物的生长期和开花期不同所致。夏绿阔叶林的乔木大多是风媒花植物，花色不美观，只有少数植物由虫媒传粉。林中藤本植物不发达，几乎不存在有花的附生植物，其附生植物基本上都属于苔藓和地衣。夏绿阔叶林中有脊椎动物 200 多种，较大型的有鹿、獾、棕熊、野猪、狐狸、松鼠等，鸟类有雉、莺等，还有各种各样的昆虫。动物中较著名的有金钱豹、猕猴、褐马鸡、斑羚、红腹锦鸡等。

落叶阔叶林生态系统内叶面积指数为 5～8，净初级生产力约 10～15t/（$hm^2$·年），现存生物量可达 200 ～400t/$hm^2$。Duvigneaud（1974）报道的林龄为 120 年的栎—鹅儿枥林中生产者与消费者的生物量为：乔木层 304t/$hm^2$，灌木层 30t/$hm^2$，草本层 1t/$hm^2$，大型哺乳动物 2kg/$hm^2$，小型哺乳动物 5kg/$hm^2$，鸟类 1.3kg/$hm^2$，土壤动物 900kg/$hm^2$。可见土壤动物的作用很大。

### （四）北方针叶林生态系统

北方针叶林（boral coniferous forests，图 20-5）是指以针叶树为建群种所组成的各种森林群落的总称。它包括各种针叶纯林、针叶树种的混交林，以及以针叶树为主的针阔叶混交林。北方针叶林也称寒温带针叶林，它是寒温带的地带性植被。寒温带针叶林主要分布在欧洲大陆北部和北美洲，在地球上构成一条蔚为壮观的针叶林带。此带的北方界线就是整个森林带的最北界线，也就是说，跨越此带再往北，则再无森林的分布了。寒温带针叶林区的气候特点比夏绿阔叶林区更具有大陆性，即夏季温凉，冬季严寒。7 月平均气温为 10～19℃，1 月平均气温为–50～–20℃，年降雨量为 300～600mm，其中降水多集中在夏季。

图 20-5 北方针叶林示例（黑龙江凉水红松林）

北方针叶林又称泰加林（taiga），最明显的特征之一就是外貌十分独特，易与其他森林相区别。通常由云杉属和冷杉属树种组成，其树冠为圆锥形和尖塔形；而由松属组成的针叶林，其树冠为近圆形，落叶松属形成的森林，它的树冠为塔形且稀疏。云杉和冷杉是较耐阴的树种，因其形成的森林郁闭度高，林下阴暗，因此又称它们为阴暗针叶林。松林和落叶松较喜阳，林冠郁闭度低，林下较明亮，所以又把由落叶松属和松属植物组成的针叶林称为明亮针叶林。

北方针叶林的另一个特征就是其群落结构十分简单，可分为乔木层、灌木层、草本层和苔藓层 4 个层次，乔木层常由单一或两个树种构成。

北方针叶林的动物有驼鹿、马鹿、驯鹿、黑貂、猞猁、雪兔、松鼠、鼯鼠、松鸡、榛鸡等，以及大量的土壤动物（以小型节肢动物为主）和昆虫。昆虫常对针叶林造成很大的危害。这些动物活动的季节性明显，有的种类冬季南迁，多数冬季休眠或休眠与贮食相结合。年际之间波动性很大，这与食物的多样性低而年际变动较大有关。

针叶林终年常绿，但因寒冷，净初级生产力很低。据 Rodin 和 Basilevich（1967）估计，针叶林的生物量可达 100～330t/hm$^2$，但净初级生产力仅 4.5～8.5t/（hm$^2$·年）。

### （五）草原生态系统

草原（grassland）分为温带草原（temperate grassland）和热带草原（savannah）。温带草原是由耐寒的旱生多年生草本植物为主（有时为旱生小半灌木）组成的植物群落。它是温带地区的一种地带性植被类型。组成美丽草原的植物都是适应半干旱和半湿润气候条件下的低温旱生多年生草本植物。温带草原地区的气候比较干燥，降水量在 200～750mm 之间，属于大陆性气候，夏季热，冬季冷，占优势的植物是多年生的草本。在欧亚大陆的北部，温带草原常常分布在森林之间；在欧亚大陆的南部，温带草原常常分布在荒漠之间。世界草原总面积约 $2.4\times10^7$km$^2$，是陆地总面积的 1/6。在欧亚大陆，草原从欧洲多瑙河下游起向东呈连续带状延伸，经过罗马尼亚、俄罗斯和蒙古，进入我国内蒙古自治区等地，形成了世界上最为广阔的草原带。在北美洲，草原从北面的南萨斯喀彻温河开始，沿着经度方向，一直到达德克萨斯，形成南北走向的草原带。此外，温带草原在南美洲、大洋洲和非洲也都有分布。欧洲和亚洲草原叫 steppe，北美洲中部的草原叫 prairie，南美阿根廷的草原叫 pampas。草原在我国有 4 类：草甸草原（内蒙古东北部）、典型草原（内蒙古中部地区最为典型，图 20-6）、荒漠草原（内蒙古西部和西北地区）、高寒草原（青藏高原）。

草原优势植物以丛生禾本科为主，其中的针茅属 *Stipa* 最重要。它们的净生产力强，能忍受环境的剧烈变化和干扰，对营养物质的需求也较少。草原上的植物大多耐旱，在形态上往往有绒毛、卷叶、叶面狭窄、气孔下陷、机械组织发达等。地面以上的部分可分为高草层、中草层和矮草层。地下部分发达，发育良好。

草原上拥有众多的动物。食草动物有野驴、黄羊及鼠类。食肉动物主要有狼、狐、鼬、多种猛禽等。鸟类有云雀、百灵和毛腿沙鸡等。其他小型动物如昆虫等极为丰富多样。

祖元刚（1990）对羊草草原的能量流动进行过研究，发现每年到达羊草群落的太阳辐射能为 2 321 827.10kJ/（m$^2$·年），其中被反射约 18.44%，被羊草吸收约 42.72%，其他的被地面吸收。经羊草光合作用固定的占 3.02%，群落净光合作用积累仅占太阳辐射能的 1.51%。Golley（1960）对美国禾草草原的食物链进行调查，发现生产者为禾草，一级消费者主要为田鼠和蝗虫，二级消费者主要为黄鼠狼。植物对太阳能的利用率约为 1%，田鼠消费植物总净初级生产力的约 2%，由田鼠转移给黄鼠狼约 2.5%，大部分能量损失于呼吸消耗。

图 20-6　草原示例（内蒙古锡林浩特）

**稀树草原**

稀树草原（savannah）是热带或亚热带草地，又称稀树干草原，广泛分布于非洲，在澳大利亚、南美和南亚也都有发现。稀树草原地区林火频繁发生，因此，树木一般具有厚皮，以抵抗高温伤害。稀树草原植物多为多年生草本，以豆科植物为主，为野生动物提供了丰富的食物来源，因此，这里野生动物种类和数量都十分丰富，如长颈鹿、斑马、角马、瞪羚、野牛、河马、狮子、猎豹等。

稀树草原以非洲地区的最为典型，面积也最大，主要分布于非洲东部撒哈拉沙漠的南部。草本植物主要是禾本科的须芒草 *Andropogon*、黍 *Panicum*，龙胆科的绿草 *Chlora* 等属植物。双子叶草本植物最少，散生的乔木以伞状金合欢 *Acacia spirocarpa* 和猴面包树 *Adansonia digitata* 最为典型。

我国的稀树草原面积很小，主要分布在云南南部干热河谷的低丘和台地（图 20-7），以及海南北部玄武岩台、西部和东部海滨沉积台地。前者以扭黄茅、帕子花、木棉群系为代表，后者以扭黄茅、刺篱木、鹊肾树群系为代表。

## （六）荒漠生态系统

荒漠（desert，图 20-8）是指荒漠地区由超旱生半乔木、半灌木、小半灌木和灌木占优势的稀疏植被生态系统。荒漠主要分布在亚热带和温带的干旱地区。从非洲北部的大西洋岸起，向东经撒哈拉沙漠、阿拉伯半岛的大小内夫得沙漠和鲁卜哈利沙漠、伊朗的卡维尔沙漠和卢特沙漠、阿富汗的赫尔曼德沙漠、印度和巴基斯坦的塔尔沙漠、中亚荒漠和我国西北及蒙古的大戈壁，形成世界上最为壮观而广阔的荒漠区，即亚非荒漠区。此外，在南北美洲和澳大利亚也有较大面积的沙漠。荒漠的生态条件极为严酷。这里阳光充足，夏季炎热干燥，7 月平均气温可达 40℃，日温差大，有时可达 80℃，年降水量少于 250mm。在我国新疆的若羌年降水量仅有 19mm。多大风和尘暴，物理风化强烈，土壤贫瘠。

图 20-7　稀树草原示例（云南红河河谷）

图 20-8　荒漠示例（甘肃民勤）

荒漠的显著特征是植被十分稀疏，而且植物种类非常贫乏，有时 $100m^2$ 中仅有 1～2 种。但是植物的生态型或生活型却是多种多样的，如超旱生小半灌木、半灌木、灌木和半乔木等。它们具有一系列适应干旱高温的特征：如叶子小或无叶，或者叶面密生细毛，以减少蒸腾作用；根系发达，加强对水的吸收；晚上进行光合作用等特殊的生理机制；生活史短暂等。荒漠地区的动物以小型动物为主，也都具有各种节水和储水机制和形态，如昼伏夜出、打洞生活等，它们的食谱往往较宽，以广食性为主。

荒漠生态系统的初级生产力低下。Noy-meir（1974）分析过世界上各种荒漠生态系统的情况，认为在干旱地区，地上植物的净初级生产力在30～200g/（$m^2$·年），地下根系为100～400g/（$m^2$·年）；在半干旱地带，地上植被的净初级生产力为100～600g/（$m^2$·年），地下根系为250～1000g/（$m^2$·年）。

## （七）冻原

亚洲北部和加拿大北部分布有大面积低矮灌丛植被，称之为极地冻原或苔原（tundra），这里生长季节短，冬季严寒干燥，初级生产力低，土壤无法支持树木的生长。由于严寒的气温、较少的降水、生物种类贫乏、生长期短、酸性土壤下多年冻土层的存在，低地常形成大量积水洼地或沼泽是冻原的主要特征。另外，在高山或高原的树木生长线之上和冰雪裸岩带之下的地带，常有高山苔原，其特点与极地苔原类似（图20-9）。

图20-9　冻原示例（美国阿拉斯加首府附近）

由于生态环境极其严酷，苔原生态系统的植物和动物都很少。植物多是寒带植被的种类，100～200种，主要是由苔藓、地衣、多年生草本植物和矮小的石楠科灌木、柳树、桦树等，无乔木。群落结构简单，一般只分为灌木层、半灌木草本层和苔藓地衣层。后者较繁盛，在群落中占优势。这里的植物生长缓慢且矮小，一般不超过20cm，多呈匍匐状或垫状。动物主要是池沼中的蚊、蝇类，食草动物有鼠类如旅鼠、驯鹿、麝牛，食肉动物有北极狐、北极熊、狼等。夏季有多种鸟类。

这里的生产力很低。Whittaker（1970）估计苔原生态系统的生物量为$5\times10^9$t，占世界陆地生态系统总生产量的0.27%。

苔原是经过长期演化而生成的。由于生态系统结构简单，环境恶劣，反馈机制和能力极差，一旦破坏极难恢复。

## （八）陆地自然生态系统分布的基本规律

陆地上的主要自然生态系统在地球表面的分布是有一定规律性的。Whittaker（1975）认为这主要取决于两个因素，即年平均温度和降水量及它们的综合作用（图 20-10）。地球表面的温度在赤道最高，随纬度增加而逐渐减小。降水量取决于两个因素：一是由于大气层在太阳作用下有独特的运行模式（详见第 5 章，图 5-3）。二是降雨量的多少还受到海陆位置的影响，沿海地带的降雨量要明显大于内陆地区，这是因为云主要由海上形成。在垂直高度上，由于空气密度逐渐稀薄，温度也逐渐下降；降雨量随海拔增加而增加，但达到一定界线后又下降。由于这些因素的影响，使得陆地自然生态系统无论是纬度上还是经度上或海拔高度上的分布都呈现出规律性。

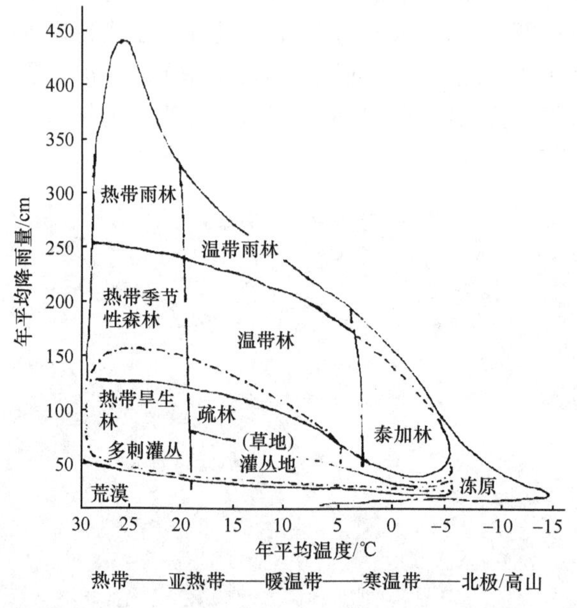


图 20-10 地球表面植被规律性分布与温度及降雨量的关系（引自 Whittaker，1975）

1. 纬度地带性

沿纬度方向有规律地更替的生态系统类型分布，称为生态系统分布的纬度地带性或纬向地带性。由于太阳辐射提供给地球的热量有从赤道到两极的规律性差异和降水的特殊模式，因而形成不同的气候带，如热带、亚热带、温带、寒带等。与此相应，植被也形成带状分布，在北半球从低纬度到高纬度依次出现热带雨林、亚热带常绿阔叶林、温带夏绿阔叶林、寒温带针叶林、草原和冻原（图 20-11）。

2. 经度地带性

以水分条件为主导因素，引起植被分布由沿海向内陆发生更替，这种分布格式称为经度地带性或经向地带性。由于海陆分布、大气环流和地形等综合作用的结果，从沿海到内陆降水量逐步减少，因此，在同一热量带，各地水分条件不同，生态系统的分布发生明显的变化。例如，我国温带沿海地区空气湿润，降水量大，分布夏绿阔叶林；离海较远的地区，降水减少，旱季加长，分布着草原植被；到了内陆，降水量更少，极端干旱，分布着荒漠植被（图 20-12）。

生态系统分布的纬度地带性和经向地带性统称为水平地带性。

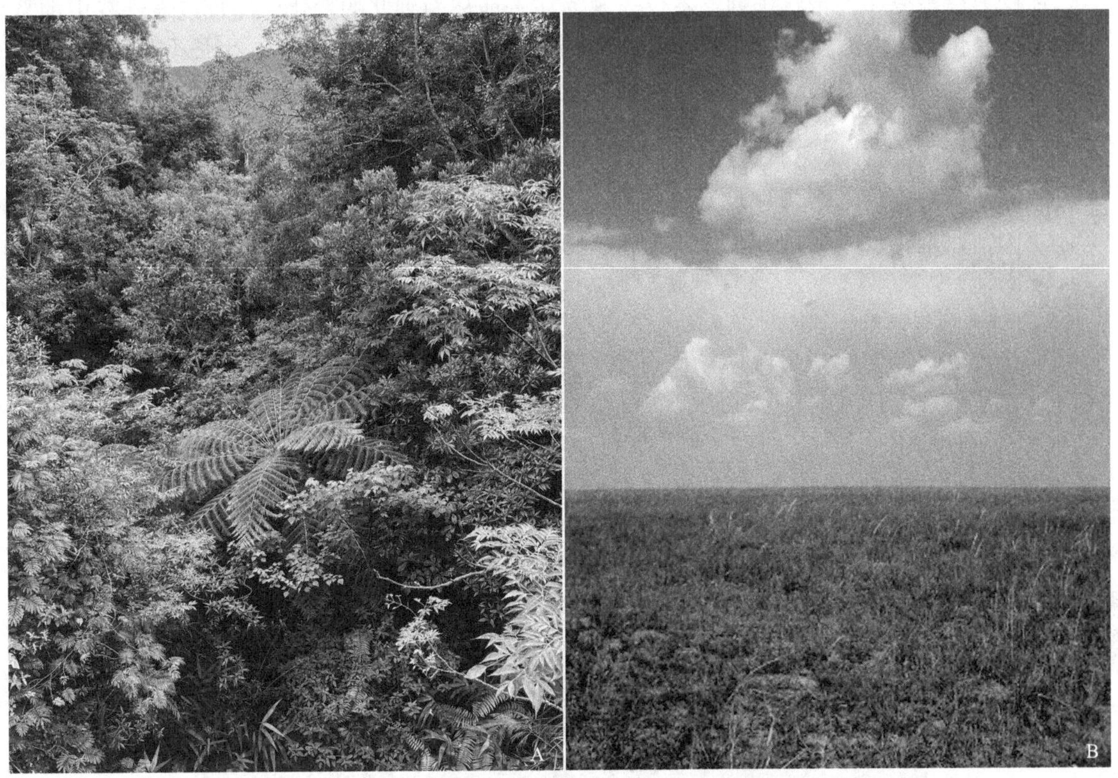


图 20-11　地球表面植被分布的纬度地带性

A. 海南尖峰岭；B. 内蒙古希拉穆仁草原

图 20-12　我国陆地植被分布的经度地带性

A. 江苏宝华山；B. 甘肃南部青藏高原

3. 垂直地带性

地球上植被分布的带状排列，不仅表现为在平地从南到北的变化，而且也表现在山地从下到上的变化。从山麓到山顶，随着海拔的升高，年平均气温逐渐降低，生长季节逐渐缩短。通常海拔高度每升高 100m，气温下降 0.5～0.6℃。在一定范围内，随着海拔的增高，降水量也逐渐增加（降水量一般随高度的增加而增加，达到一定界限后，降水量又开始降低），风速增大，太阳辐射增强，土壤条件也发生变化，在这些因素的综合作用下，生态系统尤其是植被也随海拔升高而发生改变（图 20-13）。例如，在热带地区，从山麓到山顶生态系统自下而上依次出现热带雨林、常绿阔叶林、落叶阔叶林、亚高山针叶林、灌丛、高山草甸、高寒荒漠、冰雪带。

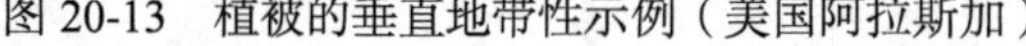
图 20-13　植被的垂直地带性示例（美国阿拉斯加）

4. 水平地带性与垂直地带性的区别和联系

生态系统分布的水平地带性尤其是纬度地带性与垂直地带性有一定的相似之处，如水热条件变化的规律、不同生态系统出现的顺序和规律等（图 20-14）。但二者之间有很大的不同：①水平地带性要明显宽于垂直地带性；②纬度地带性是相对连续性的，而垂直地带性往往是间断性，它受到地形等其他小气候的影响更大；③生态系统中生产者的优势种和外貌在两个地带性是类似的，但它们的植物种类成分和群落生态结构有很大差异。

## 二、水域自然生态系统类型

地球表面除了陆地之外还有广袤的水域。它又可分为陆地上的淡水水域和海洋水域。前者包括静水生态系统、流水生态系统和湿地生态系统。后者也可再细分为不同的类型。

### （一）湿地生态系统

湿地（wetland）是指地表过湿或常年积水，生长着湿地植物的地区。根据 1971 年在伊朗 Ramsar 通过的全球政府间湿地保护公约《关于特别是作为水禽栖息地的国际重要湿地公约》

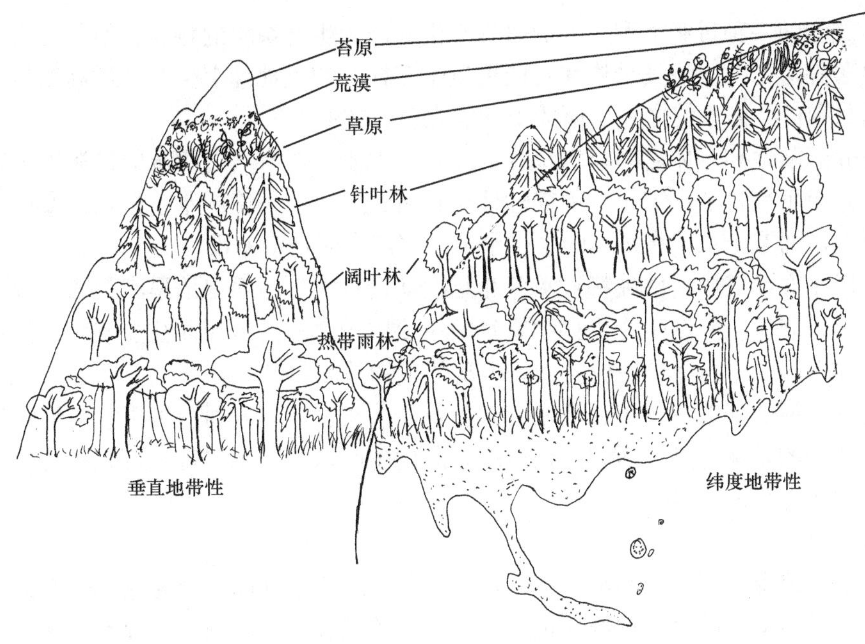


图 20-14　生态系统分布的纬度地带性与垂直地带性的相似之处

的定义，湿地指“不问其天然或人工、永久或暂时的沼泽地、湿原、泥炭地或水域地带，常带有静止或流动、咸水或淡水、半碱水或碱水水体，包括低潮时水深不过 6m 的滨岸海域”。因而湿地可包含海洋的、河口、河流、湖塘、沼泽等类型（图 20-15）。

图 20-15　湿地示例（浙江杭州西溪湿地）

### （二）湿地生态系统的主要特点

湿地面积约占地球陆地面积的 6.4%，广泛分布于世界各地。它是介于陆地生态系统和水生生态系统之间的一种过渡类型，因而兼具水生和陆生生态系统的特点，但与两者又有明显的区别。显著的边缘效应使其结构和功能更复杂多样，它是地球上生产力最高的生态系统之一，也是最重要的生态系统之一（何勇田和熊先哲，1994）。

湿地是介于陆地和水体之间、水位接近或处于地表或者有浅层积水的过渡性地带。湿地具备一个或几个下列特征：①至少周期性地生长有适应于此环境的水生植物；②底层主要是能提供厌氧条件的湿土；③在每年的生长季节，底层有时被水淹没。

湿地地区水文或气候条件独特：水分充足但变动很大，因而湿地旱涝频繁；湿地的土壤呈胶体、无氧、肥沃；限制生物生存和繁殖的主要因子之一的水在此往往较多，因而栖息于此的生物多种多样，生物多样性极高，是丰富的生物基因库之一。

虽然各种类型的湿地在分布、类型、大小及受人类影响等方面差别很大，但它们在生态系统结构和功能的基本特点方面却是相似的。湿地生态系统的主要特点可总结为以下几个方面（何勇田和熊先哲，1994）。

1. 高生产力

湿地生态系统由于其特殊的水、光、热、营养物质等条件而成为地球上生产力最高的生态系统之一。湿地多样的动植物群落是其高生产力的基础。一般说来，湿地对水文流动的开放程度是其潜在初级生产力的最重要决定因素，这是由于水文流动是营养物质进入湿地的主要渠道。此外，影响湿地生产力的因子还有气候、水化学性质、沉积物化学性质与厌氧状况、盐分、光照、温度、种内和种间作用、生物的再循环效率及植物本身的生产潜力等。每平方米湿地平均每年生产 9g 蛋白质，是陆地生态系统平均值的 3.5 倍，有的湿地植物的生产量比小麦地的平均产量高 8 倍。

2. 多样性

湿地生态系统类型及生物物种是极其丰富多样的。湿地生态系统主要可分为沼泽、河口、河流、湖泊、海滩等几大类型，再根据其地理分布状况、地形、水分补给来源与性质、植被类型、土壤特征等将每大类分为很多亚类，并可进一步细分下去。

湿地的多样性特点不仅体现在生态系统类型的多样性上，也体现在湿地生境类型的多样性和生物群落的多样性。湿地生态系统所处的独特的水文、土壤、气候等环境条件所形成的独特生态位为丰富多彩的植物群落提供了复杂而完备的特殊生境。湿地植物群落包括乔木、灌木、多年生禾本科、莎草科、多年生草本植物及苔藓和地衣等，动物群落包括哺乳类、鸟类、两栖类、爬行类、鱼类及无脊椎动物等。湿地特殊生境的重要性特别体现在它是许多濒危野生动物如丹顶鹤、天鹅、扬子鳄、云石斑鸭、河马等的独特生境，因而，湿地是天然的基因库，它和热带雨林一样，在保存物种多样性方面具有重要意义。

3. 过渡性

湿地生态系统既具陆地生态系统的特点，又具水生生态系统的特点，表现出水陆相兼的过渡性。位于水陆界面的交错群落分布使湿地具有显著的边缘效应，这是湿地具有很高的生产力及生物多样性的根本原因。湿地生态系统的过渡性特点不仅表现其分布位置上，也表现在其生态系统结构上，无论其无机环境还是生物群落都具有明显的过渡性质。湿地水文过渡性的特点使其形成区别于陆地生境和水生生境的独特的物理化学环境。

4. 土壤条件

湿地土壤是湿地各种物理化学反应过程发生的基质，也是湿地植物营养物质的主要储存库。湿地土壤不同于一般的陆地土壤，它是在水分过饱和的厌氧环境条件下形成的，由于环境中的动植物残体分解缓慢或不易分解，因而土壤中有机质含量很高，泥炭沼泽土的有机质含量可高达 50%～90%。由于土壤持水能力是由黏土矿物类型和含量、有机物质含量、土壤结构三方面因素决定，因而高黏土矿物含量和高有机质含量使湿地土壤具有很高的持水能力，从而使湿地具有巨大的调蓄功能，对控制洪水、减小洪峰冲击等有重要作用。据估计，三江平原沼泽湿地可贮水 25 亿 $m^3$，若尔盖沼泽地可贮水 20 亿 $m^3$。

5. 脆弱性

湿地生态系统处于水陆交界的生态脆弱带，因而易受自然及人为活动的干扰，生态平衡极易受到破坏。受到破坏的湿地很难得到恢复，这主要是由湿地所具有的介于水陆生态系统之间特殊水文条件所决定的。

红树林（mangrove）是由若干不同种类的常绿乔木及灌木构成，生长在热带海漫滩上，镶边在淤泥海岸或珊瑚礁上及滨海沙地上。它们大多数具有呼吸根，且有一定程度的胎萌的趋势。红树林生态系统是典型的湿地生态系统之一（图 20-16）。

组成红树林的植物约有 30 种，属于几个不同的科，如红树科的红树 *Rhizophora*、木榄 *Braguiera*、秋茄 *Kandelia*、角果木 *Ceriops*，海榄雌科的海榄雌 *Avicennia*，紫金牛科的桐花树 *Aegiceras*，海桑科的海桑 *Sonneratia*，棕榈科的水椰 *Nipa fruticans*，大戟科的海漆 *Excoecaria agallocha*，使君子科的榄李 *Lumnitzera* 及卤蕨科的卤蕨 *Acrostichum* 等属种。

地球上的红树林可分为两大群系：①见于亚洲和西太平洋的东方群系；②见于美洲、西印度群岛及西非海岸的西方群系。

中国的红树林分布很广，南从海南最南端，北至福建都有间断分布，其中以海南文昌县的清澜港和铺前港发育最为典型。

图 20-16　红树林生态系统示例（福建彰州）

## （三）淡水生态系统

淡水生态系统（freshwater ecosystem 或 aquatic ecosystem）包括湖泊、池塘、河流等，通常是互相隔离的。淡水群落一般分为流水和静水两大群落类型。流水群落又可分为急流或缓流等。

1. 静水生态系统

静水生态系统（lentic ecosystem）是指那些水的流动和更新很缓慢的水域，如湖泊、池塘和水库等。以湖泊、池塘最典型，研究得也较好。

一个典型湖泊的水层根据温度的变化可以分为 3 层，分别为上湖层、斜温层和下湖层（详见第 4 章）。而根据植物生长或初级生产力的变化，湖泊可以分为 3 个区域，分别为沿岸区、敞水区和深水区（图 20-17）。

扫一扫看彩图

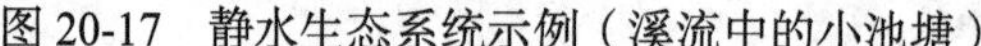

图 20-17　静水生态系统示例（溪流中的小池塘）

沿岸区（littoral zone）是指有植物生长的区域。这个区域由于水浅、光照强、温度相对较高、水中气体与空气接触和交换频繁因而含氧量较高。这里生长着各种沉水植物、浮水植物和挺水植物，动物种类也多，各种水生动物都可以发现，如水禽、涉禽、昆虫、鱼类、蜥蜴、蛇、鼠类等。

敞水区或湖沼区（limnetic zone）是指除沿岸区之外、光照补偿深度以上的水体。与沿岸区相比，这里没有大型植物生长，只有一些浮游植物如各种藻类等，它们的光合作用相对较大。浮游动物和鱼类是这里主要的动物群落。

深水区（profundal zone）是指敞水区以下的水体。这里因为光线很弱，光合作用不能满足植物生长的要求，因而只有一些细菌、真菌和无脊椎动物。

2. 流水生态系统

与静水水体相比，流水水体因水不停流动，因而水中的含氧量高，水底没有淤泥，栖息在这里的生物多附着在岩石表面或隐藏于石下，以防止被水冲走。有根植物较难以生长，但有些鱼类（如大麻哈鱼）能逆流而上，在此有充分的溶氧供鱼苗发育。缓流水底多淤泥，底层易缺氧，游泳动物很多，底栖种类则多埋于底质之中。虽然有浮游植物和有根植物，但它们所制造的有机物大多被水流带走，或沉积在河流周围。

在典型的流水水体中，如小河、溪流（图 20-18），从岸边到水中央也可分为 3 个区域，分别是底质、流水水体中和沿岸区。流水生态系统中的动物主要是鱼类、昆虫、藻类等。

图 20-18　流水生态系统示例（溪流）

### （四）水生动物在水生生态系统中的分布举例

蜉蝣是一类水生昆虫，它的稚虫阶段完全在水中度过，用鳃呼吸。蜉蝣稚虫可以生活在水体的任何地方，如静水水体中、底质表面及底质中，流水的水体中、流水区底质表面及底质缝隙间。每种小的生境都有不同的蜉蝣种类栖息，它们也都进化出不同的生活习性和取食方法（表 20-1）。

**表 20-1　不同栖境中典型蜉蝣类型及其形态和食性**

| 环境类型 | 生活区域 | 生活类型 | 主要特征 | 代表种类 | 典型食性 |
|---|---|---|---|---|---|
| 静水区 | 静水水体中 | 自由型 | 体呈流线型，尾桨状 | 短丝蜉科<br>四节蜉科 | 捕食性<br>撕食性 |
| | 近底泥沙碎屑中 | 陷生型 | 体扁，体暗多毛，尾细少毛 | 细蜉科<br>新蜉科<br>小蜉科<br>毛蜉科 | 滤食性<br>撕食性 |
| | 底质中 | 穴居型 | 体圆柱形，黄色多毛，挖掘足 | 蜉蝣总科 | 滤食性 |
| 流水区 | 流水水体中 | 自由型 | 体呈流线型，尾桨状，多毛 | 等蜉科<br>短丝蜉科<br>四节蜉科<br>细裳蜉科 | 滤食性<br>捕食性 |
| | 流水底质表面 | 贴生型 | 体扁多毛 | 扁蜉科<br>细裳蜉科 | 滤食性<br>刮食性 |
| | 底质缝隙间 | 栖居型 | 体坚硬多刺或色斑驳 | 小蜉科<br>河花蜉科 | 撕食性<br>滤食性 |

## 三、海洋生态系统

海洋面积约占到地球表面积的 71%，蓄积了地球上 97.6%的水。由于面积巨大且相互连通、又由于水本身的特点以及海水中含有大量盐分，因此海洋的存在对稳定地球温度、调节气候甚至交通运输都有极大作用和意义。

1. 海洋分区

由于海洋大而深，无论是从水体或从海底来看，它又可分为若干不同区域（图 20-19）。从水体来看，与湖泊类似，它又可分为浅海区（深度一般在 200m 以上）和大洋区，大洋区的水体又可分为上层（深度为 0～200m）、中层（200～1000m）、深海（1000～4000m）和深渊（深度在 4000m 以上）。如果从海底来看，海洋又可分为滨海区（从海水能够溅到的最高处到退潮时的最低点）、浅海区（滨海区以外到大陆架边缘）和深海区（其他海洋地区）。

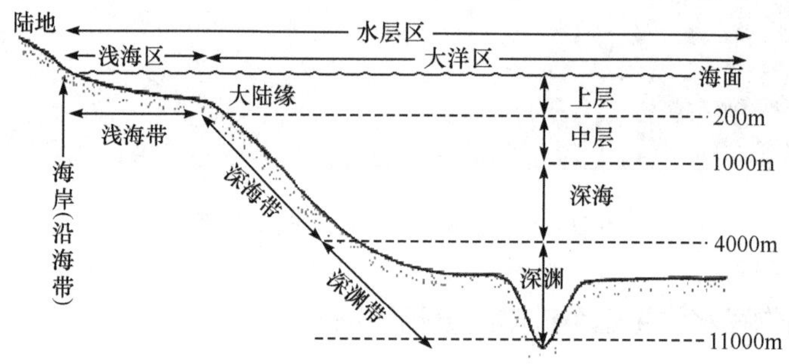


图 20-19　海洋分区示意（引自卢升高和吕军，2004）

2. 海洋生物

由于海洋巨大，容纳了大量生物，从原生生物到哺乳动物都有。由于海水中生活条件的特殊，海洋中生物种类的成分与陆地迥然不同（图 20-20）。就植物而言，陆地植物以种子植物占绝对优势，而海洋植物中却以孢子植物占领优势。海洋中的孢子植物主要是各种藻类。由于水生环境的均一性，海洋植物的生态类型比较单纯，群落结构也比较简单。多数海洋植物是浮游的或漂浮的，但有一些固着于水底或附生。浮游植物以藻类为主，如硅藻、甲藻、蓝藻和绿藻等。海洋中动物众多，其中以鱼类为主。也正由于生物群落的复杂性和多样性，海洋中能量流动情况也较复杂，食物链较陆地生态系统的要长，可以达到 6 个营养级。

图 20-20　海洋及海洋生物示例

A. 海南三亚附近海滩；B. 飞旋海豚

## 四、农业生态系统

农业生态系统（rural ecosystem 或 agricultural ecosystem）是人们利用农业生物与环境之间以及生物种群之间相互作用建立起来的，并按社会需求进行物质生产的有机整体，是一种被人类驯化、较大程度上受人为控制的自然生态系统（图 20-21）。

图 20-21　农业生态系统示例

### （一）农业生态系统的特点

农业生态系统可以认为是一种半人工半自然的生态系统，因而具有两者的一些特点，如人工生态系统的社会性、波动性、综合性和选择性等（熊毅，1982），以及自然生态系统的脆弱性、自然性和对环境的极度依赖性等。当然，农业生态系统也有自身的一些特点（鲁开宏和王洪柱，1990）：能量和物质输入和输出量极大，辅助能量（太阳能以外的能量，如风能、人工能量等）占有重要地位，食物链短，残遗物的利用链延长等。

### （二）我国农业生态系统发展的现状及特征

我国是农业大国，农耕历史绵长，又由于人口众多，粮食生产在历朝历代都很重视，精耕细作的农业生产特点决定了我国农业生态系统有其自身特点（王东阳，2006）。

1. 系统结构趋向复杂

改革开放以来，我国农业产业结构由传统的种养业向农村一二三产业全面发展转变，农业生态系统的产业链条不断延长并呈现区域网络化。各地通过培育重点龙头企业，推广“公司+农户”等产业化经营模式，使中介流通等组织发展壮大，拓宽了农产品收购、加工、转化、销售渠道，促进了农业产业化经营。全国农业增加值占国内生产总值的比重，虽由改革初期 1979 年的 31.5%下降到 2015 年的 6%左右。农村非农产业的发展加快了农业劳动力的就业转移，逐步提高了农业生产的专业化、规模化水平。

2. 系统功能趋向增强

目前，我国农业生态系统的市场适应能力和结构转化能力大大增强，从自给自足经济转向以国内外市场为导向发展商品生产，从重视产量数量增长转向产量数量与质量并重，从依靠传统技术转向传统技术与现代技术相结合，从依靠资源消耗型生产的传统增长方式转向实施可持续发展、保护生态环境，从内部循环发展转向注重农业与工业相互结合、农村与城市协调发展，使农业生态系统的开放程度和对外依赖水平越来越高，为维持其有序状态需要与外界进行越来越多的物质和能量交换。

3. 系统边界趋向内缩

农业生态系统是以耕地、水等自然资源为基础的一种人为干预程度高的自然生态系统。随着工业化和城市化进程的加快，农业生态系统占据的耕地面积日趋缩减。据国土资源公报数据显示，2010 年全国耕地面积为 20.29 亿亩（1.3527 亿 $hm^2$），到 2015 年底下降到 20.26 亿亩（1.3505 亿 $hm^2$），耕地面积继续呈递减态势。沿江、沿河的重要湖泊、湿地日趋萎缩，特别是北方地区的江河断流、湖泊干涸、地下水位下降严重，加剧了洪涝灾害的危害和植被退化、土地沙化。目前我国水土流失面积已达 367 万 $km^2$，并且以平均年增 1 万 $km^2$ 的速度增加，荒漠化面积已达到 261 万 $km^2$。随着人口增加、经济发展和对农产品需求的不断增长，农业生态系统承载的压力将比以往更加严峻。

4. 系统波动增大、污染严重

我国属大陆性季风气候，具有雨热同季的特点，既有利于农业生产，又因气候变化剧烈，使农业气象灾害发生的种类多、范围广、频率高、危害重。近 10 年来，我国平均每年农田受灾面积达 0.47 亿 $hm^2$ 以上，每年减产粮食总量约 400 亿 kg，因灾每年农业经济损失上千亿元。从 1978～2014 年 37 年间我国粮食生产历经了多次波动，其中有 3 次超常性波动，粮食波动的时间越长、幅度越大，影响也越大。自 2000 年以来，我国粮食需求大致维持在 4850 亿 kg 左右。根据推算，如果当年全国粮食总产量较上年变化 3%～4%（增加或减少），将引发全国粮价明显波动。其次是污染严重。20 世纪 90 年代全国利用污水灌溉面积占总灌溉面积的 7.3%，比 80 年代增加了 116 倍。占全国淡水天然鱼捕捞产量 90%左右的七大水系中，达不到渔业水质标准的河段总量达 5000km。全国重金属污染的耕地土壤面积约占总耕地面积的 1/6。尤其是对人体有害的物质如农药、重金属等，通过食物链逐级传输后富集到食物中，危害了人们的身体健康。

## 五、城市生态系统

城市的定义是著名的难题。有以居民人数作为城市概念的标准的，如美国人口普查局规定 2500 人以上者称为城市（也包括小城镇），2500 人以下者称为村庄。我国规定，人口在 100 万以上的城市为特大城市，50 万～100 万人口的为大城市，20 万～50 万人口的为中等城市，10 万～20 万人口的为小城市；有以行政区划的建制规定作为标准，也有以居民密度的大小作为标准，或者以拥有的第二产业、第三产业的比重作为标准，也有综合所有方面进行定义的。

城市生态系统（urban ecosystem）指的是城市空间范围内居民与自然环境系统和人工建造的社会环境系统相互作用而形成的统一体，属人工生态系统（图 20-22）。1971 年联合国教科文组织（United Nations Educational，Scientific and Cultural Organization，UN-ESCO）在研究城市生态系统的人与生物圈计划（Man and the Biosphere Programme，MAB）中，从生态学角度研究城市人居环境，将城市作为一个生态系统来研究，把城市生态系统定义为：凡拥有10万或10万以上人口，从事非农业劳动人口占65%以上，其工商业、行政文化娱乐、居住等建筑物占50%以上面积，具有发达的交通线网和车辆，这样一个人类聚居区域的复杂生态系统称之为城市生态系统。马世骏和王如松（1984）指出，城市生态系统是一个以人为中心的自然、经济与社会的复合人工生态系统。

图 20-22　城市生态系统示例（江苏南京）

总而言之，城市生态系统是由居住在城市的人类与生物，还包括大气、水、土壤等非生物性的自然界组成的系统，城市具有高密度的人口与资金、物质、信息，而且能源也集中于此，并且会重新向城市外扩散。也就是说，一方面，城市内的人们进行生产和消费的结果是生产出产品，发出信息；另一方面，产业以及生活废弃物之类的城市代谢产物不能返回到生态系统，而是通过江河被排放到海洋，不能再次循环。城市是地球表层人口集中的地区，由城市居民和城市环境系统组成的，是有一定结构和功能的有机整体，因此，城市生态系统由城市居民或城市人群、城市环境系统构成，而城市环境系统由自然环境（生命、非生命）和社会环境（经济、政治、法律、文化教育）组成（姜乃力，2005）。

城市生态系统具有以下的特征。

1. 整体性

城市生态系统包括自然、经济与社会3个子系统，是一个以人为中心的复合生态系统。组成城市生态系统的各部分相互联系、相互制约，形成一个不可分割的有机整体。任何一个要素发生变化都会影响整个系统的平衡，导致系统的发展变化，以达到新的平衡。

2. 高度人工化

城市生态系统是由大量建筑物等城市基础设施构成的人工环境，城市自然环境受到人工环境因素和人类活动的影响，使城市生态系统变得更加复杂和多样化。城市生态系统的生命系统主体是人，而不是各种植物、动物和微生物。次级生产者与消费者也都是人，城市生态系统具有消费者比生产者更多的特色，作为生产者的绿色植物生存量远远小于以人类为主的消费者的生存量。所以，城市形成了植物生存量<动物生存量<人类生存量的与自然生态系统

“生态金字塔”不同的“倒金字塔形”的生物量结构（图 20-23），因此，城市生态系统要维持稳定和有序，必须有外部物质和能量的输入。

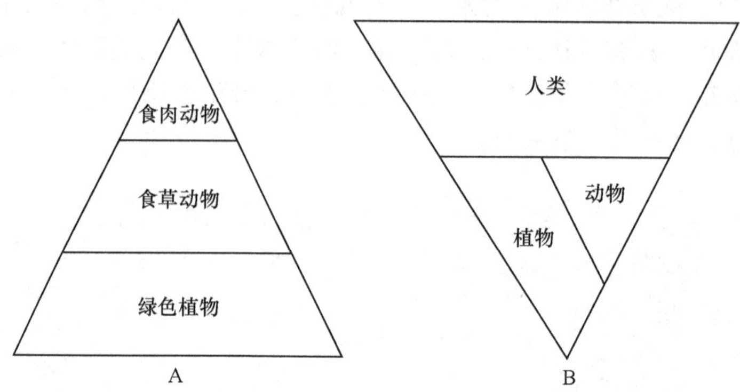


图 20-23　自然生态系统（A）与城市生态系统（B）生态金字塔比较（引自沈清基，1997）

3. 城市是一个新陈代谢系统

城市生态系统的物质、能量的流动过程是原材料、食物、人、资金、信息等被输入到城市中，满足城市消费需求。输入的物质参与城市内部循环，经过生产加工后，信息、资金、人向城市外输出，其中，一部分变成产品，另一部分以废弃物的方式流失到环境中，造成环境污染；或者以成品、半成品的形式滞留、积压在城市中，造成城市生态的不平衡，称为生态滞留现象。城市所有的输入、输出都利用传输和通信等手段，从城市周边地区集中到城市地区。

生物活动的基本过程是摄取营养物质，由此维持个体生命的生长，随之排出废弃物质形成能量流，这种生物代谢作用与城市活动极其类似。因此可以说，城市是不断新陈代谢循环的有机体。

4. 城市生态系统具有开放性、依赖性

自然生态系统一般具有独立性，但城市生态系统不是独立的。由于城市生态系统大大改变了自然生态系统的组成状况，城市生态系统内为美化、绿化城市生态环境而种植的花草树木不能作为城市生态系统的营养物质为消费者使用。因此，维持城市生态系统持续发展需要大量的物质和能量，必须依赖于其他生态系统生产的物质、能量、资金。例如，为了维持城市内众多人口的生存，必须从农业生态系统输入产品。同时，农村也要依靠城市生产的产品输入，维持农业生态系统。

另外，城市生态系统所产生的各种废弃物也不能靠城市生态系统的分解者完全分解，而要靠人类通过各种环境保护措施来加以分解，所以城市生态系统是一个不完全的、开放的生态系统。

5. 城市需要大量能量

城市生态系统中能量流动具有明显特征。大部分能量是在非生物之间变换和流动，并且随着城市的发展，它的能量、物质供应地区越来越大，从城市邻近地区到整个国家，直到世界各地。城市从国内的农村和外国输入石油、电力、燃气等能源，在城市内通过消费及生产活动转换成热能之后向大气、河流及海洋排放。城市地区石油、天然气、电力是能源主体。城市使能量消费量显著增加，尤其是电能使用量逐年增大。城市也依赖于风、水、太阳等能量，尽管这些能源能持续地补给，但在总体能量消费中只占少量。

城市能源消费量的增大反映城市经济增长与居民经济收入水准的提高。能源消费量每个城市不同。例如，东京 23 个区的能源消费量结构为：工业用 42.7%，家庭用 33.8%，商业用 11.0%，运输用 8.0%，其他是 4.5%，工业用能源消费量居多。

伴随城市增长，能源消费量增大导致城市生态系统变化。城市工业废水排放到江河湖海，破坏水域及沿岸的生态系统。“水的热污染”与“大气热污染”一样（城市地区的大气温度比周边高），导致城市街道附近地下热污染明显。

6. 城市生态系统具有不稳定性

城市生态系统与自然生态系统的营养关系形成的金字塔截然不同，前者出现倒置的情况，远不如后者稳定（图 20-23）。在绝对数量和相对比例上，生产者（绿色植物）远远少于消费者（城市人类），而一个稳定的生态系统最基本的一点即要求生产者与消费者在数量和比例上的平衡。城市生态系统营养关系出现倒置决定了其为不稳定的系统。

7. 城市生态系统的平衡及调控

由于城市生态系统是高度人工化和脆弱的生态系统，城市所需的物质循环、能量流动乃至粮食供应都需要依赖外部补给，因此其应变能力差。人类应当研究城市生态系统的特征及规律，运用科学的理念，防止城市生态系统失调，建立新的生态平衡，创造出良好的人居环境。

城市生态系统平衡要坚持协同发展论，即经济支持系统、社会发展系统和自然基础系统等三大系统相互作用、协同发展，实现经济效益、社会效益和生态效益的统一。要保证“自然—经济—社会”复杂巨系统的正常运行，应努力把握人与自然之间的平衡，寻求人与自然关系的和谐，保持生态系统健康。

## 本章小结

地球上的自然生态系统可分为水域生态系统（海洋生态系统与淡水生态系统）、陆地生态系统以及位于它们之间的湿地生态系统。人工生态系统有城市生态系统和农业生态系统。

陆地自然生态系统主要有热带雨林、亚热带常绿阔叶林、落叶阔叶林、北方针叶林、草原、荒漠、冻原等主要类型。陆地上主要的自然生态系统在地球表面的分布有一定规律。这主要取决于两个因素，即年平均温度和降水量及它们的综合作用。

沿纬度方向有规律地更替的生态系统类型分布，称为生态系统分布的纬向地带性。从赤道到两极形成不同的气候带，如热带、亚热带、温带、寒带等。与此相应，植被也形成带状分布，在北半球从低纬度到高纬度依次出现热带雨林、亚热带常绿阔叶林、温带夏绿阔叶林、寒温带针叶林、草原和冻原。以水分条件为主导因素，引起植被分布由沿海向内陆发生更替，这种分布格式称为经度地带性。各地水分条件不同，生态系统的分布发生明显的变化。例如，我国温带沿海地区空气湿润，降水量大，分布夏绿阔叶林；离海较远的地区，降水减少，旱季加长，分布着草原植被；到了内陆，降水量更少，气修极端干旱，分布着荒漠植被。生态系统分布的纬度地带性和经度地带性统称为水平地带性。在此之外，还有垂直地带性。例如，在热带地区，从山麓到山顶生态系统自下而上依次出现热带雨林、常绿阔叶林、落叶阔叶林、亚高山针叶林、灌丛、高山草甸、高寒荒漠、冰雪带。

## 本章重点

地球生态系统的主要类型及特点；陆地自然生态系统的类型及分布规律和原因。

## 思考题

1. 陆地自然生态系统的主要类型有哪些？有什么分布规律？
2. 水域生态系统主要有哪些？海洋是如何分区的？
3. 纬度地带性的决定因素是什么？
4. 经度地带性的影响因素是什么？
5. 垂直地带性为什么与纬度地带性有类似之处？
6. 热带雨林生态系统与热带雨林群落有何区别？
7. 人工生态系统与自然生态系统的区别与联系是什么？
8. 为什么湿地生态系统生物多样性很高？
9. 农业生态系统的特点有哪些？
10. 城市生态系统有何特点？

# 21

# 第二十一章　生态系统中的能量流动

生态系统的各组成成分之间是通过能量流动和物质循环而相互联系的整体性单元。并且，生态系统是包括所有有机物和无机环境的、相对独立的单元，不能将它们分割起来考察而只能将其联系起来研究。还有，生态系统之所以能够有序和平衡是因为外界不断有能量输入，营养元素可以重复利用和循环。因此，对生态系统的研究就集中在能量流动（energy flow）和物质循环（element cycle）的规律和特点之上。

## 一、生态系统的能量及传递规律

地球上生态系统的能量主要都源自太阳。太阳辐射到地球的能量有光能和热能，其中只有光能能被生产者利用来合成有机物的化学能从而在生态系统中传递。热能能够升高地球的温度但却不能用来合成有机物，但对合成效率有影响。

能量在生态系统营养级中的传递是逐级减少的。同时，合成的光能在有机体体内利用时大多以热能的形式散发到环境中去，因而能量流动是不可逆的。也就是说，生态系统需要不断有新的光能输入以维持其运行。当然，生态系统中能量的传递和转化都遵循热力学定律，即能量不能创生也不能消失，它总以一定形式相互转化，同时在转化过程中总有一部分会以热能的形式耗散掉，即能量不能百分之百地传递。

## 二、生态系统中的初级生产

### （一）初级生产量和初级生产力

生态系统的生产或生产过程是指生物积累有机物或其过程。其中生产者通过光合作用将无机物合成为复杂的有机物质从而固定光能、使植物的生物量（包括个体数量和质量）增加称为初级生产（primary production，图 19-3）。

消费者摄食植物已经制造好的有机物质（包括直接取食植物和取食食草动物或食肉动物），通过消化、吸收并合成为自身所需的有机物质，增加动物的生物量称为次级生产（secondary production）。

植物所固定的太阳能或所制造的有机物质的总量称为总初级生产量（gross primary production，GPP）；植物固定的能量有一部分被植物自己的呼吸作用消耗掉（R），剩下的用于植物生长和生殖的生产量即为净初级生产量（net primary production，NPP），即：

总初级生产量=呼吸消耗量+净初级生产量

$$GPP = NPP + R$$

$$NPP = GPP - R$$

初级生产量的多少取决于参与生产过程的植物有机体的多少以及它们的生产能力，即生物量和生产力。生物量(biomass)是指某一调查时刻单位面积上积存的有机物质，以鲜重(fresh weight，FW)或干重(dry weight，DW)表示；植物群落在一定空间一定时间内积累有机物质的速率称为生产率(production rate)或生产力(productivity)。

地球上不同生态系统初级生产的能力是不同的，因而单位面积或总体上所存在的生物量也有所不同(表 21-1 和表 21-2)。

**表 21-1 地球上各类生态系统的净初级生产力和生物量**(引自 Lieth & Whittaker，1975)

| 生态系统类型 | 面积/(×$10^6$ km$^2$) | 占地球表面积百分比/% | 净初级生产力/(g/m$^2$·年) | | 全世界的净初级生产量/(×$10^9$ t/年) | 单位面积的生物量/(kg/m$^2$) | | 全世界的生物量/(×$10^9$t) |
|---|---|---|---|---|---|---|---|---|
| | | | 范围 | 平均 | | 范围 | 平均 | |
| 热带雨林 | 17.0 | 3.3 | 1 000~3 500 | 2200.0 | 37.4 | 6~80 | 45 | 765 |
| 热带季雨林 | 7.5 | 1.5 | 1 000~2 500 | 1600.0 | 12.0 | 6~60 | 35 | 260 |
| 亚热带常绿林 | 5.0 | 1.0 | 600~2 500 | 1300.0 | 6.5 | 6~200 | 35 | 175 |
| 温带落叶阔叶林 | 7.0 | 1.4 | 600~2 500 | 1200.0 | 8.4 | 6~60 | 30 | 210 |
| 北方针叶林 | 12.0 | 2.4 | 400~2 000 | 800.0 | 9.6 | 6~40 | 20 | 240 |
| 疏林及灌丛 | 8.5 | 1.7 | 250~1 200 | 700.0 | 6.0 | 2~20 | 6 | 50 |
| 热带稀树草原 | 15.0 | 2.9 | 200~2 000 | 900.0 | 13.5 | 0.2~15 | 4 | 60 |
| 温带禾草草原 | 9.0 | 1.8 | 200~1 500 | 600.0 | 5.4 | 0.2~5 | 1.6 | 14 |
| 苔原及高山植被 | 8.0 | 1.6 | 10~400 | 140.0 | 1.1 | 0.1~3 | 0.6 | 5 |
| 荒漠与半荒漠 | 18.0 | 3.5 | 10~250 | 90.0 | 1.6 | 0.1~4 | 0.7 | 13 |
| 石块地及冰雪地 | 24.0 | 4.7 | 0~10 | 3.0 | 0.1 | 0.02 | 0.02 | 0.5 |
| 耕地 | 14.0 | 2.7 | 100~3 500 | 650.0 | 9.1 | 0.4~12 | 1 | 14 |
| 沼泽与湿地 | 2.0 | 0.4 | 800~3 500 | 2000.0 | 4.0 | 3~50 | 15 | 30 |
| 湖泊与河流 | 2.0 | 0.4 | 100~1 500 | 250.0 | 0.5 | 0~0.1 | 0.02 | 0.05 |
| **陆地总计** | **149.0** | **29.2** | | **773.0** | **115.0** | | **12.3** | **1 837** |
| 外海 | 332.0 | 65.1 | 2~400 | 125.0 | 41.5 | 0~0.005 | 0.003 | 1 |
| 潮汐海潮区 | 0.4 | 0.1 | 4 000~10 000 | 500.0 | 0.2 | 0.005~0.1 | 0.02 | 0.008 |
| 大陆架 | 26.6 | 5.2 | 200~600 | 360.0 | 0.6 | 0.001~0.04 | 0.01 | 0.27 |
| 珊瑚礁及藻类养殖场 | 0.6 | 0.1 | 500~4000 | 2 500.0 | 1.6 | 0.04~4 | 2 | 1.2 |
| 河口 | 1.4 | 0.3 | 200~3 500 | 1 500.0 | 2.1 | 0.01~6 | 1 | 1.4 |
| **海洋总计** | **361.0** | **70.8** | | **152.0** | **55.0** | | **0.01** | **3.9** |
| 地球总计 | 510.0 | 100.0 | | 333.0 | 170.0 | | 3.6 | 1841 |

**表 21-2　生物圈主要生态系统年和季节净初级生产力**（单位：$\times 10^9$t，引自 Field 等，1998）

| | 海洋的 | | 陆地的 |
|---|---|---|---|
| 季节的 | | | |
| 4～6 月 | 10.9 | | 15.7 |
| 7～9 月 | 13.0 | | 18.0 |
| 10～12 月 | 12.3 | | 11.5 |
| 1～3 月 | 11.3 | | 11.2 |
| 生物地理的 | | | |
| 贫营养的 | 11.0 | 热带雨林 | 17.8 |
| 中营养的 | 27.4 | 落叶阔叶林 | 1.5 |
| 富营养的 | 9.1 | 针阔混交林 | 3.1 |
| 大型水生植物 | 1.0 | 常绿针叶林 | 3.1 |
| | | 落叶针叶林 | 1.4 |
| | | 稀树草原 | 16.8 |
| | | 多年生草地 | 2.4 |
| | | 阔叶灌木 | 1.0 |
| | | 苔原 | 0.8 |
| | | 荒漠 | 0.5 |
| | | 栽培田 | 8.0 |
| 总计 | **48.5** | | **56.4** |

从表 21-1 中可以看出，全球每年的净初级生产量为 $170\times10^9$t 干物质，其中陆地的净初级生产量为 $115\times10^9$t 干物质，约占 2/3；海洋为 $55\times10^9$t 干物质，约占 1/3。而从表 21-2 中可以看出，全球每年的净初级生产量为 $104.9\times10^9$t 干物质，陆地每年的净初级生产量为 $56.4\times10^9$t 干物质，占 53.8%；海洋为 $48.5\times10^9$t 干物质，占 46.2%。对比可以发现，两者估计数值出入还是很大的。

另外从表 21-1 中还可以看出，在陆地生态系统中，按净初级生产力大小排序分别为：热带雨林、沼泽与湿地、热带季雨林、亚热带常绿林、温带落叶阔叶林、热带稀树草原、北方针叶林、疏林及灌丛、耕地、温带禾草草原、湖泊与河流、苔原及高山植被、荒漠与半荒漠、石块地及冰雪地；海洋生态系统中净初级生产力大小排序结果为珊瑚礁及藻类养殖场、河口、潮汐海潮区、大陆架、外海。将它们的净初级生产力以不同长度的图形表示，可形象地表现出不同生态系统的生产能力（图 21-1）。而从表 21-2 中可以看出，陆地生态系统按净初级生产力大小排序为：热带雨林、稀树草原、栽培田、针阔混交林、常绿针叶林、多年生草地、落叶阔叶林、落叶针叶林、阔叶灌木、苔原、荒漠，也存在一定的差异。

辐射到地球表面的太阳能量基本是一定值。因此提高植物的光合作用效率或总初级生产率或日光利用效率对人类来说具有重要意义。然而，总体而言，总初级生产率是很低的，实际测定的数值有 0.1%、0.4%、1.2%、1.6%不等，测得的最高值接近 20%（光强极弱时测得），但一般很难达到 8%，甚至达不到 3.5%（Chapman & Reiss，1999）。从理论上讲，光合作用过程中将光能转变为化学能的效率为 18%，但由于光能的损耗（如用于升温、被散射、反射等），在自然条件下，太阳光能的利用率十分低。

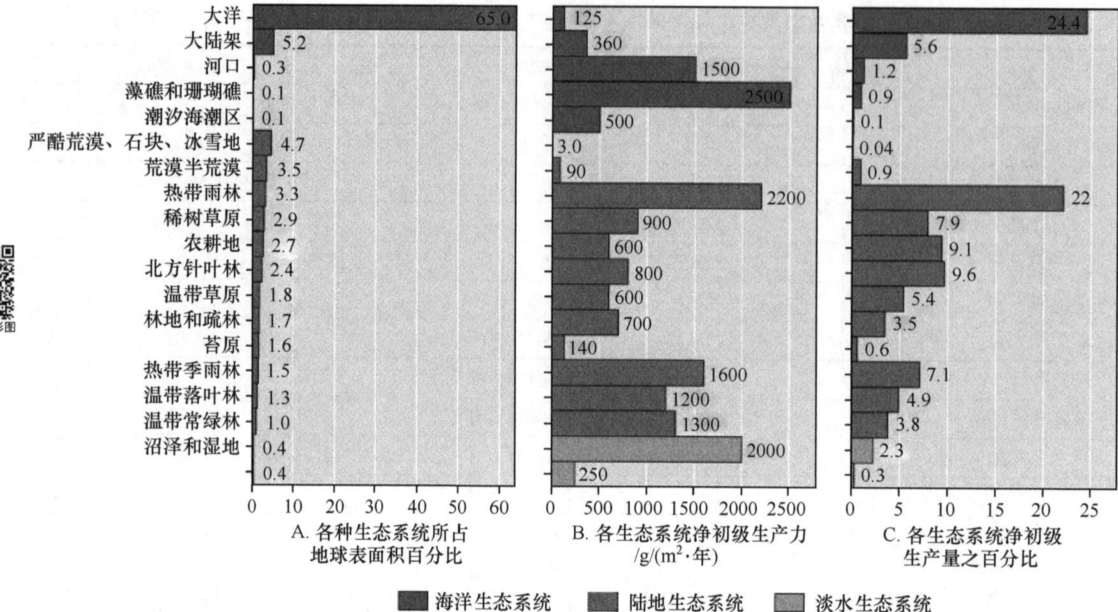


扫一扫看彩图

图 21-1　地球表面主要生态系统所占地球表面积相对大小、净初级生产力及生产量图示（根据表 21-1 绘制）

### （二）初级生产量的限制因素

从光合作用公式可以看出，参与反应的叶绿素浓度（或不同植被类型）、光强、$CO_2$ 和水的浓度等可以影响初级生产量。另外，在植物生长过程中，营养物质以及温度也是必要条件，它们对光合作用的效率和量都有影响。而根据中度干扰假说，食草动物对植物的适量取食可以提高初级生产量，但如果取食过多则减少初级生产量。

光会随着水的深度增加而强烈衰变，而在海洋中营养物质、温度等一般较稳定，因此，海洋中初级生产量的决定因素主要是光的强度和叶绿素浓度。

淡水的情况介于海洋与陆地之间，它的初级生产力决定因素主要有营养物质、光线强度和动物的取食等。

### （三）初级生产力的测定方法

测定初级生产力有很多方法（阎希柱，2000），分述如下。

1. 收割法

将定期收割下来的植物烘成恒重后测量其干重，该重量便可代表单位时间内的净初级生产量（图 21-2）。植物被收割的部分要依据研究目的而定，草本植物和水生植物通常只收割地上部分，对树木的枯枝落叶可以使用特定的收集装置。由于收割法并未估计动物和微生物消耗的能量，因此其结果与其说是净初级生产力，毋宁看做是群落净生产力。但排除植食动物的取食是非常困难的，方法之一是用罩网，还可结合化学熏杀。

此法主要适合于中等高度的植物群落，如一年生植物。主要优点是简单易行，无需价高而又复杂的仪器。但如果只测定植物地上部分而忽视对植物根的测定往往会造成很大的误差，特别是树木和很多水生植物其根系往往很发达。假如想了解可供食草动物用的净初级生产量就不必对根进行取样。为了排除食草动物的取食而带来的误差，必要时可在样地周围设立围栏。收割法对测定草本植物的净初级生产量是比较有效的。

图 21-2　收割法示例

收割法用于野生植物时常常需要进行多次收割，因为野生植物的生长很少是同步的。取样次数和取样时间也会造成误差。任何一处荒地式森林中的生物现存量（standing crop）包括有上年或上一季的生物量，不同植物达到最大生产量的时间是不同的，只在生长季末取一个样品的估计值往往是偏低的。因此对现存量至少要进行两次测定，一次在生长季开始时，一次在生长季结束时，测定工作可在生长季的不同时间用样方法进行。

用连续收割的方法也可以精确地测定森林的净初级生产量，但这种工作很费力，必须定期对树干的变粗、树枝的伸长以及花果、叶的生物量进行测定，更困难的是测定植物已枯残死部分即枯枝落叶和被植食动物吃掉的部分。

2. 二氧化碳同化法

植物在光合作用中所吸收的二氧化碳和呼吸过程中所释放的二氧化碳可在已知面积或体积的透光容器内用红外气体分析仪进行测定。假定容器内减少的二氧化碳都被合成了有机物，那么其就可代表净初级生产量或净光合作用量。

如果设置一个不透光的容器作比较，该容器内只有植物的呼吸过程而没有光合作用，因此在一定时期内所释放出来的二氧化碳量可作为植物呼吸量或呼吸率。此值加上在透光容器内所测得的值就可以大体代表该系统的总初级生产量。

把植物放入密封室进行测定显然有其局限性，因为环境条件改变可能改变光合作用和呼吸作用的过程；小室内二氧化碳浓度也往往波动较大，常使计算二氧化碳的平均浓度产生困难。

为了克服小室取样的局限性，生态学家曾设计过像巨大温室一样的大室把森林的一部分包围在内，在这种大室中所测得的数据将能代表整个生态系统的气移交换量。当然，这种测定仍需在黑夜和白天分别进行，以便根据两者数据计算出生态系统的总初级生产量。

比密封室更先进一点的方法是空气动力法（aerodynamic method）。这种方法是不改变群落的环境条件，在生态系统的垂直方向按一定间隔安置若干二氧化碳检测器，这些检测器可定期对不同层次上的二氧化碳浓度进行检测，这种方法在一个自养生物层内（有光合作用）

的二氧化碳浓度与自养生物层以上（无光合作用）二氧化碳浓度差便是净初级生产量的一个测度。此方法的结果必须校正，以减少空气流动、扩散、热传导等的影响。这种方法已成功地用于测定农田、草原和森林生态系统的光合作用率，有时还可把这种方法与密封室结合起来使用。

3. 黑白瓶法

用红外气体分析仪无法对水生生态系统的二氧化碳进行测定，所以在二氧化碳同化法的基础上又提出了适应于水生生态系统的黑白瓶法，主要是对含氧量进行测定（图 21-3）。这种方法现在已得到了广泛应用，对流水、河口和污水系统都特别适用，尤其适宜于富营养化水域，其方法十分简便、低廉。

黑白瓶的基本原理是测定水中含氧量，确定氧的净生产量，然后再利用光合作用方程计算出总初级生产量。首先是从池塘、湖泊或海水的一定深度采取含有自养生物（如藻类）的水样（水样中难免也含有某些异养生物如细菌和浮游动物等），然后将水样分装在成对的小样瓶中，样瓶的容积通常是 125～300mL。用标准的化学滴定法或电子检测器立即测定初始瓶中的含氧量。将另外一只白瓶和一只黑瓶同时悬浮在水体中水样所在的深度，放置一定时间后（通常是 4h，也可长达 24h）取出，再次测定黑瓶和白瓶中的含氧量。白瓶与初始瓶含氧量的差值代表净光合作用量和净光合作用率，而黑瓶与初始瓶之间含氧量的变化代表了呼吸耗氧量。两者相加就可得到总初级生产量，它也等于白瓶中含氧量减去黑瓶中的含氧量。

黑白瓶法其基本假设是植物呼吸作用在黑瓶中和白瓶中是一样的，这一点对于某些种类的植物来说和对于短时间的实验来说是可以成立的，但也有很多种类的植物在黑暗条件下常表现出不同的呼吸率。取样中异养生物的数量变化也会使呼吸消耗偏离正常值，尤其是细菌，在 11～12h 之间，细菌消耗的氧往往可达到总呼吸量的 40%～60%，因此，这会引起低估生产力。应用大塑料瓶来代替小瓶可以减少内表面积对体积的比率，从而减少细菌生长的影响。此法中的取样水是静止的，而在实际情况下水是不断流动的，运动中的各种营养物质不断到达和离开光合作用初始值。此法不能包括底栖生物群落（底质沉积中的生物和大型植物）的代谢（氧交换），所以还不能全面估计整个水域生态系统的代谢过程。贫营养型水体浮游植物含量低，或当水被污染或含有高浓度的细菌时，此法是较不敏感的。

扫一扫看彩图

图 21-3　黑白瓶法示例

另一种类似的方法是在一天时间内（24h）每隔2～3h对水生生态系统的含氧量进行一次自动监测。如果把一个电子检测器接到一个自动装置上，就可以连续24h对一个水生生态系统的含氧量进行取样。这个方法是直接测定整个生态系统而不是测定一些小取样，用自然光周期取代黑瓶对夜晚的模拟，然后再利用光合作用方程计算出总初级生产量。

4. 放射性同位素测定法

在光合作用过程中使用放射性同位素示踪剂测定初级生产量不仅可以获得精确的结果，而且有极高的敏感性。同位素如$^{32}P$已得到应用，但沉积物吸收P的速度往往比生物同化的更快，因此，这种方法不准确，应用$^{32}P$研究能流的方向比定量估计能量固定更为有用。

放射性的$^{14}C$应用效果最佳，因为植物在光合作用过程中所固定的碳同时被呼吸作用所消耗，因此用$^{14}C$测定法测定的碳量是从光合作用固定的再扣除呼吸消耗以后的碳量。

本方法在近40多年来一直在被使用，目前仍然是测定水生生态系统初级生产量的一种最便利、最实用的方法。

5. 叶绿素测定法

叶绿素测定法主要是依据植物的叶绿素含量与光合作用量和光合作用率之间的密切关系。测定的具体程序是对植物进行定期取样，并在适当的有机溶剂中提取其中的叶绿素，然后用分光光度计测定叶绿素的浓度。假定每单位叶绿素光合作用率是一定的，依据所测数据就可以计算出取样面积内的初级生产量。对叶绿素进行测定后便可根据叶绿素浓度和光强度推算出初级生产量。叶绿素法优于其他方法之处是：样品无需再装入透光和不透光的容器内，它的适应性较广，已被广泛地应用于研究水生生态系统的初级生产量。

叶绿素法缺点是：叶绿素量因外界条件和本身生理状态而有很大变化，如小球藻在缺氮条件下叶绿素含量仅占干重0.01%，在养分丰富和低光照下则达干重的6%。藻类细胞老化时，叶绿素含量也大为降低。无论用哪种有机溶剂，都不能将藻类细胞中叶绿素完全提取，当淡水浮游植物中以绿球藻类占优势时，无法将腐屑和其他悬浮物与藻类分离，因此这些物质所含的色素将影响测定的结果。这种影响在施肥、投饵的养鱼池中尤其突出，因水体浑浊无法采用此方法。叶绿素浓度低时，用分光光度计测定灵敏度可能不够。叶绿素光饱和时的光合作用率变化范围在同一水体在不同月份是不相同的。在不同季节、不同地区和不同天气条件下，全天的太阳能辐射能难于测定和查询，各水体的消光系数也难于测定。

6. pH测定法

这种方法的原理主要是初级生产量与溶于水中的二氧化碳有一定的关系，即水体中的pH是随着光合作用中吸收二氧化碳和呼吸过程中释放二氧化碳而发生变化的。可以用固定在水体内一定地点的pH电极连续记录系统中的pH变化，由此分析光合量和呼吸量来估计初级生产力。它的优点是对整个系统不会带来任何干扰，特别适用于实验室中微生态系统的生产力研究。

此法的缺点在于pH变化与$CO_2$含量的变化不是线形关系；水中含有缓冲物质，而各种水的缓冲容量是不相同的，因此，这种方法需要对每一个具体水生生态系统中的pH和二氧化碳之间的关系进行专门的校准，测定出pH与$CO_2$变化的标准曲线。

7. 原料消耗量测定法

在自然生态系统中的多数生产过程不只形成碳水化合物，还形成原生质，所以下式能代表更广义的生产过程：1300 千卡辐射能+106$CO_2$ +90$H_2O$ +16$NO_3^-$ +1$PO_4^{3-}$ +矿质元素=储存于3258g 原生质中的 13kcal 潜能。因此，不仅能用物质形成速率、气体交换率估计初级生产力，同样也能用矿物原料的消耗量来测定生产力。不过在稳态平衡的系统中，被消耗的矿物原料量可能被输入所平衡，这时原料消耗量测定法就不适用。但是在某些水环境，磷和氮在冬季积累，到春季便为浮游植物生长所利用，这样磷和氮的供应就不是连续的，而是一年一次或短期的。在这种条件下，磷和氮的消失量就成为测定生产力的良好指标。这种方法已应用于某些海洋生态系统，但使用时必须慎重，更要注意非生命过程也会使矿质原料减少。

8. 遥感法

利用卫星或航空遥感叶绿素资料与初级生产力的关系数学模型或利用已建立的水团温度与初级生产力的关系数学模型等可用来实现大空间尺度（如大洋乃至全球尺度）和长周期的对初级生产力的大致估计。

有很多新的测定技术正在发展，其中最著名的包括海岸区彩色扫描仪、先进的分辨率很高的辐射计、专题制图仪或卫星遥感器的应用。我国已开始用彩色红外影像分析值来识别早期小麦长势。

## 三、生态系统中的次级生产

### （一）次级生产概念

次级生产是指消费者（食草动物和食肉动物）摄食植物已经制造好的有机物质（包括直接的取食植物和间接的取食），通过消化、吸收以合成为自身所需的有机物质，增加动物的生物量。生产者所积累的净初级生产量是其他营养级所需能量的唯一来源。从理论上讲，净初级生产量可以全部转化为次级生产量（如动物的肉、蛋、奶、皮、骨骼、血液、蹄、角以及各种内脏器官等），但实际是不可能的。因为：①动物不可能到达所有有植物的地方，动物也不可能吃光所有植物，树干、树根以及枯枝落叶等都不能被动物采食；②被异养生物所取食的植物总有一部分不能被消化吸收，最后就变成排泄物留于环境中，如植物性粗纤维等；③同时，被初级消费者所消化吸收的能量也不可能百分百地传递到下一营养级，因为它们维持自身的生命活动总要消耗一部分能量。

同时，人类对资源的需求也多种多样，有时我们需要的是如水稻、小麦、花生等植物性粮食，这时我们希望能量尽可能多地留在这些生产者之中而不要被动物过多取食；而有时我们需要是如猪、牛、羊的肉等，这时我们希望能量尽可能多地保留在这些初级消费者之中；有时我们需要的是更高层次的营养级，如鼬的毛皮、猛禽的羽毛等，这时我们希望能量尽可能多地传递到它们当中。因此，我们需要了解不同异养生物的能量传递效率。

### （二）次级生产的能量传递效率

1. 消费效率

生产者的消费效率取决于生产者的资源质量，如草本植物被取食的比例比木本植物要高；水中的浮游植物由于个体小、捕食者众多因而消费效率较高（表 21-3）。

**表 21-3　地球上各类生态系统年次级生产量**（引自卢升高和吕军，2004）

| 生态系统类型 | 净初级生产量/（$\times10^9$ tC/年） | 动物利用量/% | 植食动物取食量/（$\times10^6$ tC/年） | 净次级生产量/（$\times10^6$tC/年） |
|---|---|---|---|---|
| 热带雨林 | 15.30 | 7.0 | 1100.0 | 110.0 |
| 热带季雨林 | 5.10 | 6.0 | 300.0 | 30.0 |
| 亚热带常绿林 | 2.90 | 4.0 | 120.0 | 12.0 |
| 温带落叶阔叶林 | 3.80 | 5.0 | 190.0 | 19.0 |
| 北方针叶林 | 4.30 | 4.0 | 170.0 | 17.0 |
| 疏林及灌丛 | 2.20 | 5.0 | 110.0 | 11.0 |
| 热带稀树草原 | 4.70 | 15.0 | 700.0 | 105.0 |
| 温带草原 | 2.00 | 10.0 | 200.0 | 30.0 |
| 苔原及高山 | 0.50 | 3.0 | 15.0 | 1.5 |
| 沙漠灌丛 | 0.60 | 3.0 | 18.0 | 2.7 |
| 岩面、冰面和沙地 | 0.04 | 2.0 | 0.1 | 0.0 |
| 农田 | 4.10 | 1.0 | 40.0 | 4.0 |
| 沼泽与湿地 | 202.00 | 8.0 | 175.0 | 18.0 |
| 湖泊与河流 | 0.60 | 20.0 | 120.0 | 12.0 |
| **陆地总计** | **48.30** | **7.0** | **3258.0** | **372.0** |
| 开阔大洋 | 18.90 | 40.0 | 7600.0 | 1140.0 |
| 海水上涌带 | 0.10 | 35.0 | 35.0 | 5.0 |
| 大陆架 | 4.30 | 30.0 | 1300.0 | 195.0 |
| 珊瑚礁及藻类养殖场 | 0.50 | 15.0 | 75.0 | 11.0 |
| 河口 | 1.10 | 15.0 | 165.0 | 25.0 |
| **海洋总计** | **24.90** | **37.0** | **9175.0** | **1376.0** |
| **地球总计** | **73.20** | **17.0** | **12433.0** | **1748.0** |

从表 21-3 中可以看出，水体中植物的消费效率要高于陆地上的；在陆地生态系统中，最高的为湖泊与河流（20%），其次为热带稀树草原（15%）。Cyr 和 Pace（1993）分析了 44 个水生生态系统的数据，认为初级消费者食用了 51%的初级生产量，比陆地生态系统高 3 倍，但积累的生物量与陆地生态系统没有明显区别。

Chapman 和 Reiss( 1999 )综合多种资料，给出了一个更加具体的生产者的消费效率( 表 21-4 )，其基本规律与上表类似，但似乎数据更大。

**表 21-4　不同群落初级生产量被初级消费者取食的比例**（引自 Chapman & Reiss，1999）

| 群落类型 | 主要的生产者类型 | 消费效率/% |
|---|---|---|
| 30 龄密歇根荒地 | 多年生草本 | 1.1 |
| 成熟落叶林 | 树 | 1.5～2.5 |
| 荒漠灌丛 | 一年生或多年生草本和灌木 | 5.5 |
| 佐治亚盐生湿地 | 多年生草本 | 8 |
| 7 龄南卡荒地 | 一年生草本 | 12 |
| 非洲稀树草地 | 多年生植物 | 28～60 |
| 大洋 | 浮游植物 | 40～99 |

对人类来说，我们的粮食或动物饲料往往是（或包含）植物的种子。因而，如果植物将积累的能量较多地用于繁殖器官（种子）对我们是明显有利的。不同植物在此方面也有所区别（表 21-5）。

**表 21-5　几种不同有花植物将净初级生产量投入到繁殖的能力**（引自 Chapman & Reiss，1999）

| 植　物 | 繁殖能量占净初级生产量的比例/% |
| --- | --- |
| 多年生草本（不包括营养繁殖） | 1～15 |
| 多年生草本（包括营养繁殖） | 5～25 |
| 一年生植物 | 15～30 |
| 大多数农作物 | 25～35 |
| 小麦、荞麦（大麦） | 35～40 |

动物的消费效率很难研究，不同动物之间可能相差很大，目前没有具体资料和数据，只有一些估计值。

2. 同化效率

同化效率指示的是动物消化吸收的能力。这取决于两个因素，一是动物种类，二是食物质量。不同动物的消化吸收能力是不同的，高的可达 90%（如大型肉食性动物），食虫动物可能有 70%～80%，植食性动物可能只有 30%～60%或更低，取食浮游植物的浮游动物可能有 50%～90%，大熊猫在哺乳动物中可能是最低的，只有 20%，腐食性动物可能也较低。总体而言，内温动物（鸟类和哺乳动物）由于有较高的体温和酶活力其同化效率较高。在食物方面，总体而言，动物性食物的同化效率要高于植物性食物（表 21-6）。

**表 21-6　各类群动物的平均同化效率和生产效率**（引自祖元刚，1990）

| 动　物 | 同化效率 | 生产效率 |
| --- | --- | --- |
| 马陆（腐食） | 10% | 3～50% |
| 白蛾（食草） | 29% | 57% |
| 蜘蛛（肉食） | 46% | 55% |
| 猪（杂食） | 76% | 13% |
| 蝗虫 1（食草） | 37% | 53% |
| 蝗虫 2（食草） | 36% | 37% |
| 蜗牛（腐食） | 45% | 13% |
| 鼠（食草） | 70% | 3% |
| 鹿（食草） | 78% | 2% |
| 象（食草） | 33% | 2% |
| 鼬（食肉） | 95% | 2% |

3. 生产效率

生产效率表达的是动物积累能量的能力。Teal（1962）研究过美国佐治亚州的一个小咸水湖生态系统的能量流动情况，发现此地的生物群落比较简单，其中部分食腐无脊椎动物的能量利用效率总体为 19.5%（表 21-7）。

**表 21-7　美国佐治亚州的一个小咸水湖中部分食腐无脊椎动物的能量利用效率**（引自 Teal，1962）

| 类群 | 同化量 | 呼吸量 | 生产量 | 生产效率 |
|---|---|---|---|---|
| 蟹类 | 206 | 171 | 35 | 17% |
| 环节动物 | 35 | 26 | 9 | 25% |
| 线虫 | 85 | 64 | 21 | 25% |
| 贝类 | 56 | 39 | 17 | 30% |
| 蜗牛 | 80 | 72 | 8 | 10% |
| 总体 | 462 | 372 | 90 | 19.5% |

总体而言，内温动物（鸟类和哺乳动物）由于要维持较高的体温其生产效率明显小于外温动物，个体小的动物其生产效率要大于体型大的动物（表 21-6、表 21-7 和表 21-8）。

**表 21-8　各类群动物的平均生产效率**（引自 Mayr，1979）

| 类群 | 平均生产效率 | 误差 | 案例数 |
|---|---|---|---|
| 食虫兽 | 0.9% | 0.1% | 6 |
| 鸟 | 1.3% | 0.03% | 9 |
| 小型哺乳动物群落 | 1.5% | 0.1% | 8 |
| 其他哺乳动物 | 3.1% | 0.3% | 56 |
| 鱼和社会性昆虫 | 9.8% | 0.9% | 22 |
| 无脊椎动物（昆虫除外） | | | |
| 植食性 | 21% | 1.4% | 15 |
| 肉食性 | 28% | 5.1% | 11 |
| 腐食性 | 36% | 4.8% | 23 |
| 非社会性昆虫 | | | |
| 植食性 | 39% | 1.9% | 49 |
| 肉食性 | 47% | 1.6% | 6 |
| 腐食性 | 56% | 0.6% | 5 |

4. 生态效率

生态效率是指能量在不同营养级之间传递的比例。Lindeman（1942）通过对美国明尼苏达州 Cedar 湖的研究，并与已有研究进行比较后认为不同生态系统的生态效率是不同的（表 21-9），后人总结出其数值大约为 10%，即十分之一法则。

**表 21-9　两湖中不同营养级的生态效率**（引自 Lindeman，1942）

| 营养级 | 效　率 | |
|---|---|---|
| | Mendota 湖 | Cedar 湖 |
| 生产者 | 0.4% | 0.1% |
| 初级消费者 | 8.7% | 13.3% |
| 次级消费者 | 5.5% | 22.3% |
| 三级消费者 | 13.0% | — |

注：数字表示各营养级所取食的能量与前一营养级所取食能量的百分比例

生态效率的研究对人类有重要意义。粮食产量的增加比肉制品的增加可以养活更多的人，因而在贫穷国扩大粮食种植、采用高产作物效果会十分明显。Pauly 和 Christensen（1995）通过汇总 48 个水生生态系统的能量传递数据，总结出要想维持渔获量的稳定，海洋生态系统营养级间的生态效率至少需要 2%，淡水生态系统中的传递效率至少需要 24%～35%，平均为 10.13%。

## 四、生态系统中的分解

生态系统中的分解是指非生物或死有机物质的逐步降解过程，在此过程中，元素从有机物质中释放出来，即有机物质被还原为无机物并释放能量的过程，它与光合作用过程正好相反。光合作用是将太阳光能固定为化学能，而分解是将化学能转化并释放出热能；光合作用是将营养元素固定，而分解是释放出元素。

通过死亡物质的分解，生态系统使营养物质再循环，给生产者提供营养物质，维持大气中 $CO_2$ 浓度，稳定和提高土壤有机质的含量，为碎屑食物链以后各级生物生产食物，改善土壤物理性状。

### （一）分解过程

（1）碎化：把有机物质分解为颗粒状的碎屑：如动物的践踏或风吹日晒等使植物的枯枝落叶破碎为小块的或细碎的颗粒等。

（2）异化：有机物在酶的作用下，进行生物化学的分解，从聚合体变成单体（如纤维素降解为葡萄糖）进而成为矿物成分（如葡萄糖降为 $CO_2$ 和 $H_2O$）。此过程主要在微生物体内进行。

（3）淋溶：可溶性物质被水淋洗出并溶于水，可被植物再次利用。

### （二）影响分解速率的因素

分解过程受多种因素影响。归纳起来主要有三点：分解者生物种类、资源质量和理化因子条件。三者的组合是分解速率快慢的关键。

1. 理化环境

在温度高、湿度大的地带，有机质分解速率高。这是因为理化反应受温度的影响，温度越高反应越快；水是很多生化反应的介质，也是很多元素的溶剂，如果湿度大当然会加快分解过程。与之相反在低温干燥地带，分解速率低，也就是分解速度随纬度增高而降低，比如热带雨林>温带森林>寒冷的冻原。因而热带雨林的土壤中有机物质并不多，大多是红土壤；而黑土地分布在北方。

2. 资源质量

资源的物理、化学性质影响分解速率。资源的物理性质包括表面特性和机械结构，资源的化学性质则随其化学组成而不同。通俗地讲就是容易被分解的物质当然分解得快，比如树皮与西瓜比就难以被分解。再比如单糖的分解速率要大于半纤维，后者又快于纤维素和木质素。一个经验性规律显示当资源中的 C、N 之比为（25～30）：1 时，它较容易被分解。

3. 分解者生物

分解者生物多的地区分解速率就高。在温度较高、水分充足的热带地区，分解者众多，故分解过程较快。同时动物特别是无脊椎动物对分解过程起到重要的加速作用。无脊椎动物在地球上的分布随纬度的变化呈现地带性的变化规律，低纬度热带地区起作用的主要是大型土壤动物，其分解作用明显高于温带和寒带；高纬度寒温带和冻原地区多为中、小型动物，它们对物质分解起的作用很小。

## 五、研究生态系统能量流动的 3 个经典实例

Lindeman 是生态系统能量流动研究的奠基者。他的博士论文是关于美国明尼苏达州雪松湖（Cedar Creek Bog，一林中小溪潭）的能量研究。他们夫妻两人花了 5 年时间广泛收集湖内的各种浮游植物、浮游动物、植物和动物甚至淤泥（ooze）中的细菌等分解者，并发表了系列论文，其中在 1942 年发表的《生态学的营养动力论》深入评论、比较和提出了生态系统概念、结构、能量流动的规律以及群落演替的趋势和动态，并定量地给出了生态系统中能量流动和物质循环的规律和模式，比较了不同营养级之间能量利用和传递的一般规律，是生态系统能量流动定量研究的早期开创性工作之一，也最全面系统。

通过比较不同营养级和食物网中不同生物的能量比例关系，Lindeman 发现，随着营养级的提高，能量利用的效率是逐渐提高的。比如，生产者只积累了辐射到湖区太阳能的 0.1%左右（图 21-4 和表 21-9）：总初级生产量为 466.347J/（$cm^2$·年）（原文为 111.3cal/（$cm^2$·年），1cal=4.19J，图 21-4），而入射光能有 498 073.68J/（$cm^2$·年）。食草动物合成的能量为 62.012J/（$cm^2$·年），约占生产者合成能量的 13.3%；而次级消费者合成了 12.989J/（$cm^2$·年）的能量，约占初级消费者合成能量的 20%（原文为 22.3%）。同时，呼吸消耗也是随着营养级的提高而加大：生产者的呼吸消耗占到生产量的（98.046÷466.347）×100%=21%，而初级消费者的呼吸消耗占到生产量（18.436÷62.012）×100%=30%，而次级消费者的呼吸消耗占到生产量（7.542÷12.989）×100%=60%。在文章最后的小结中，Lindeman 认为，生产者的呼吸消耗会占到生产量的 21%，而初级消费者的呼吸消耗可占到生产量 33%，而次级消费者的呼吸消耗占到生产量的 60%。由于温度很低，生态系统中的分解量很小，大量生物量沉入湖中，故湖越来越小。

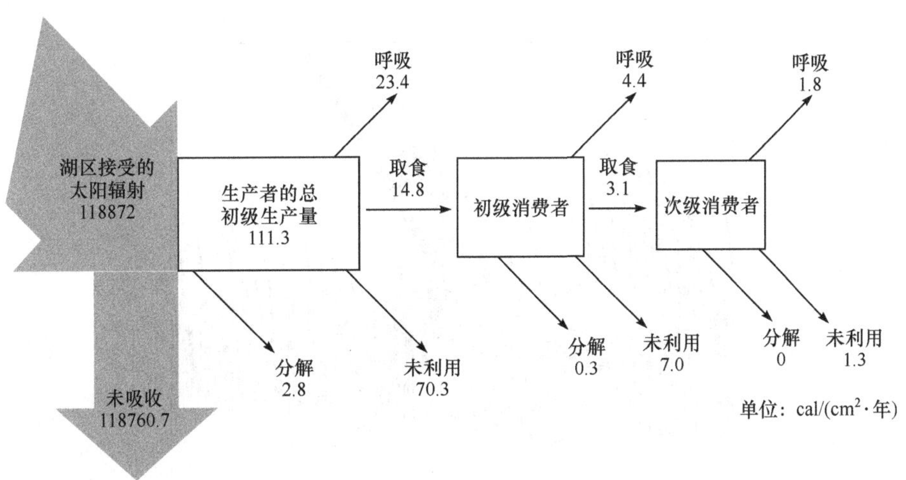


图 21-4　美国明尼苏达州雪松湖的能量传递过程（根据 Lindeman，1942 绘制）

Odum（1957）运用 Lindeman 的原理和思路对美国佛罗里达州的银泉（Silver spring，一条小河）生态系统的能量流动状况进行了较详细研究。与以前研究中用光合作用平均效率来估测初级生产量不同，他们通过对光合作用过程中 $CO_2$ 和 $O_2$ 量的变化来实测初级生产量和生产力。他们所用的方法类似于黑白瓶法：用一个钟形玻璃罩罩住部分植物，这一方面可以排除取食者对数据的影响和干扰，也可以定量测量。分别在黑夜和白天测量，并用没有植物生长处的水体来进行对照（图 21-5）。根据他们的研究，银泉地区每平方米地面每年接受到的光能有 $7.12\times10^6$kJ（原文为 1700 000kcal，图 21-6），其中被植物吸收的光能有 $1.72\times10^6$kJ，而植物只合成了 $8.72\times10^4$kJ 的有机物（总初级生产量），光合作用效率为（8.72÷712）×100%=1.2%。生产者合成的总初级生产量中有 $5.02\times10^4$kJ 被呼吸作用所消耗，实际净初级生产量为 $8.72\times10^4$kJ–$5.02\times10^4$kJ=$3.70\times10^4$kJ。净初级生产量中有部分被初级消耗者（食草动物）所消费，它们的总生产量为 $1.41\times10^4$kJ，呼吸消耗为 $7.92\times10^3$kJ，净生产量为 $6.18\times10^3$kJ；初级消费者又被次级消费者取食，合成有机物为 $1.60\times10^3$kJ，呼吸消耗为 $1.32\times10^3$kJ，净生产量为 280.73kJ；三级消费者合成有机物为 87.99kJ，呼吸消耗为 54.47kJ，净生产量为 33.52kJ。由于研究的小河与外界连通，故平均每年每平方米流入的能量为 2036.34kJ，同时每年流出的能量为 10 475kJ。生态系统每年通向分解者的能量有 $2.12\times10^4$kJ，其中的 1927.40kJ 用于分解者的生产量，其余被分解，群落总呼吸消耗（包括分解作用）的能量为 $7.88\times10^4$kJ。

Odum 的研究没有测量各营养级未被利用的和未消化吸收的能量。如果比较各营养级的生产量，可以发现，生产者吸收光能为 $1.72\times10^6$kJ，合成的能量为 $8.72\times10^4$kJ，初级消费者的生产量为 $1.41\times10^4$kJ，次级消费者合成有机物为 $1.60\times10^3$kJ，三级消费者合成有机物为 87.99kJ，它们之间的比例分别为：5.07%、16.17%、11.35%、5.50%。如果考虑各级的净生产量，分别为 $3.70\times10^4$kJ、$6.18\times10^3$kJ、280.73kJ、33.52kJ，它们之间的比值分别为：16.7%、4.5%、11.9%。这些数值的平均值为 10%。与 Lindeman 的研究不同，Odum 的研究并不证明能量利用效率会随着营养级的升高而增加。

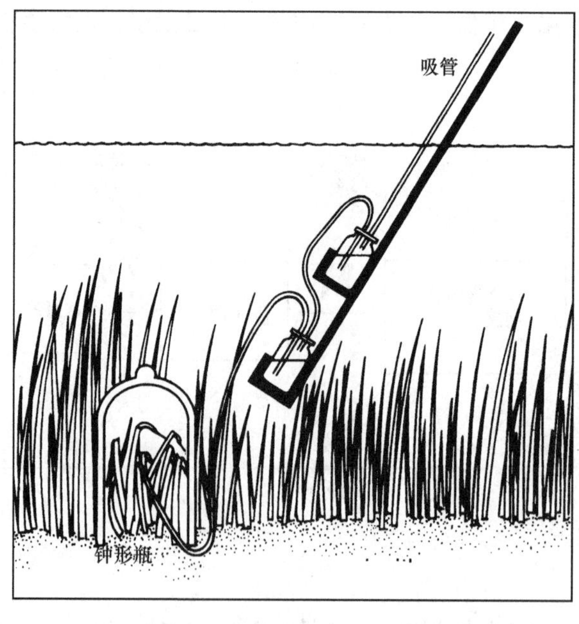


图 21-5　Odum 研究美国佛罗里达州银泉生态系统能量流动状况时装置之一（引自 Odum，1957）

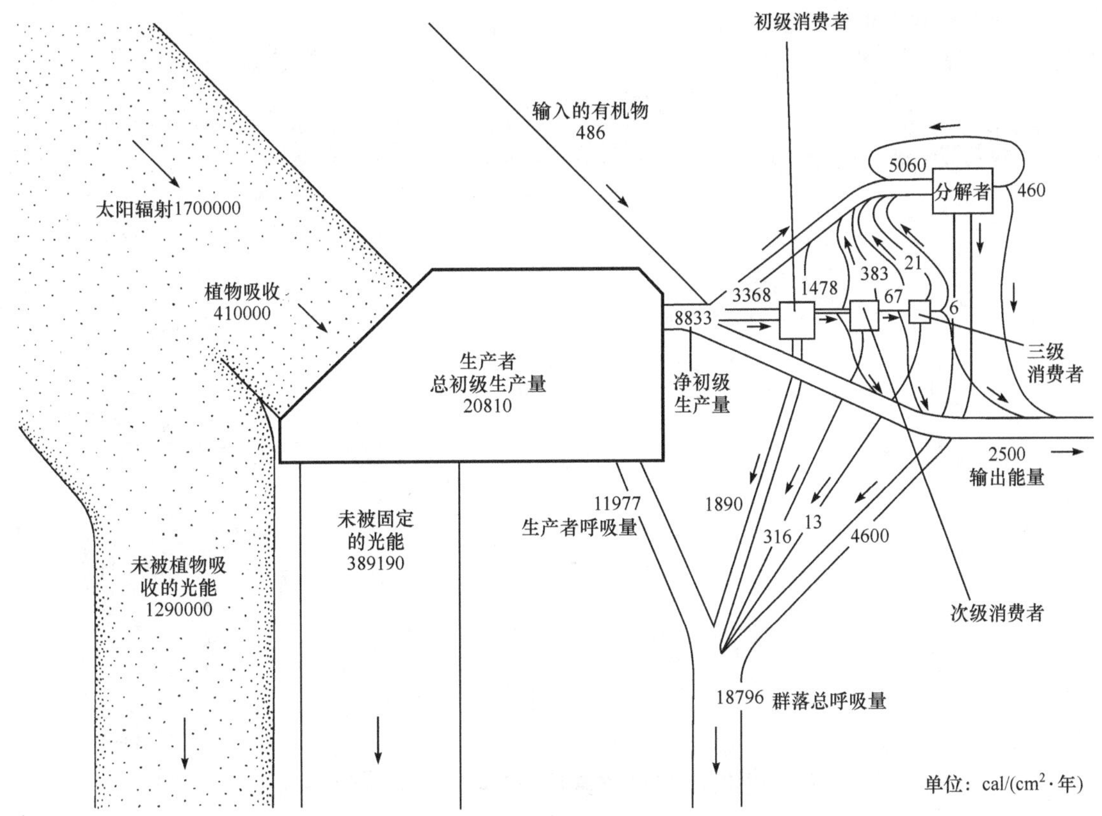


图 21-6　美国佛罗里达州银泉生态系统的能量流动状况（修改自 Odum，1957）

以上的研究都是针对水生生态系统的。Golley 于 1956 年 5 月至 1957 年 9 月对美国密歇根弃耕地的能量流动进行过研究，开创了陆地生态系统中沿牧草食物链传递的能量研究先例（图 21-7）。如果不考虑鸟类、昆虫等很小的无脊椎动物以及细菌、真菌等，这里的生态系统和食物链就十分简单：生产者为一年生杂草，主要是禾草 *Poa compressa*，初级消费者主要为田鼠 *Microtus pennsylvanicus*，次级消费者为黄鼠狼 *Mustela rixosa*。研究发现，1956 年 5 月到 1957 年 5 月平均入射的光能为 $47.1\times10^8$cal/ha，生产者的总初级生产量为 $58.3\times10^6$cal/ha，净初级生产量为 $49.5\times10^6$cal/ha，呼吸量占到总生产量的 15%。该地的总光合作用效率只有 1.2%，净光合作用效率只有 1.1%左右。

田鼠只利用了生产者净生产量中可以利用能量的 1.6%，即 250 000cal/（ha · 年），其中的 74064cal/（ha · 年）作为粪便等排出，约占 30%，其余 70%的能量——约 175 170cal/（ha · 年）被同化吸收；同化能量中有 170 000cal/（ha · 年）用于呼吸，可见呼吸量占了绝大部分，约为 97%，生产效率很低，只占 3%左右，净生产量约为 5170cal/（ha · 年）。

本地田鼠净生产量加上移入的田鼠 13 500cal/（ha · 年），总共有 18 670cal/（ha · 年）可以被黄鼠狼消费，但后者只取食了 5824cal/（ha · 年），约占 31.2%。其净生产量为 130cal/（ha · 年），呼吸量为 5434cal/（ha · 年），两者相加的总初级生产量为 5564cal/（ha · 年），呼吸量约占 98%。

各营养级的能量可以用收割、烘干后完全燃烧、标记重捕、称重等方法来测量和估计。呼吸量通过二氧化碳含量的变化推测（Golley，1960）。本项研究对未利用的能量有详细测量和估算。

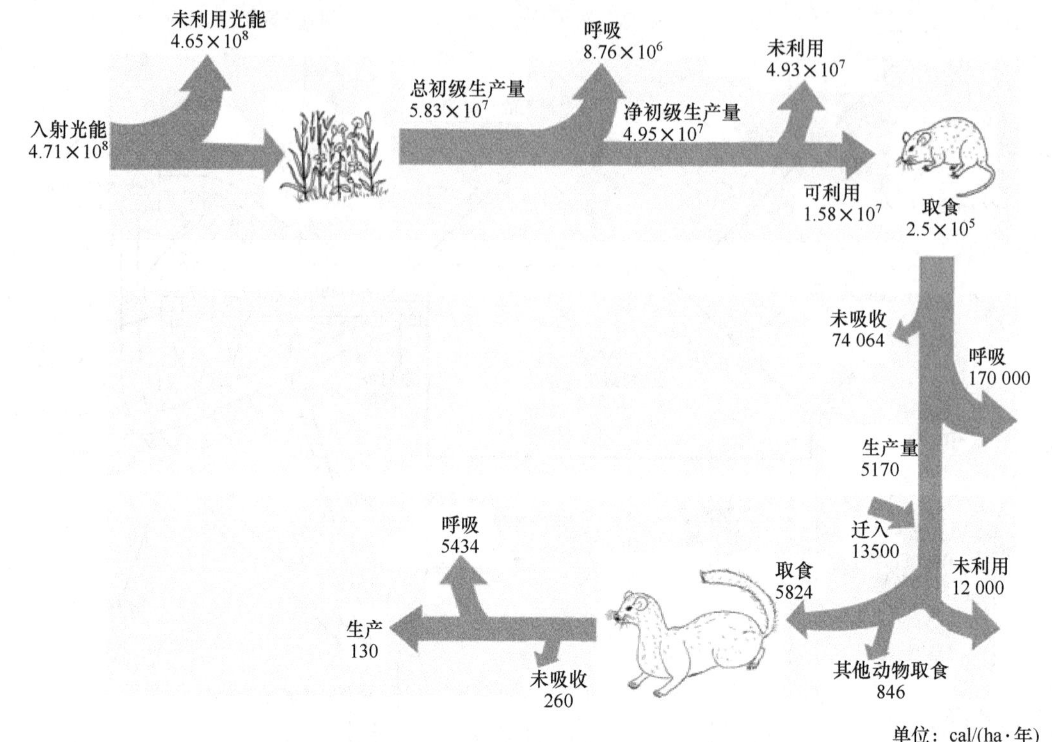


图 21-7　美国密歇根弃耕地的能量流动情况图示（根据 Golley，1960 绘制）

本地的能量传递效率是很低的，第三营养级的能量（130cal/ha）只有第一营养级能量（$49.5\times10^6$cal/ha）的 2.3%，这其中还包括消费了外地迁移来的第二营养级。

## 本章小结

生态系统是其组成成分通过能量流动、物质循环和信息传递而形成的一个整体。因此，这三种方式是生态系统生态学研究的主要内容。而能量流动研究的重点在生态系统中生产者、消费者和分解者的生态学效率状况以及不同生态系统的异同。

初级生产对人类和整个地球生态系统极为重要，研究也较透彻。在地球陆地生态系统中，热带雨林的初级生产力是最高的，而荒漠和苔原较低。总体看，地球表面的所有植被所利用的太阳辐射是很低的，这受到多方面因素的影响。有很多方法可以用来测定初级生产力，如收割法、二氧化碳同化法、黑白瓶法、放射性同位素法、叶绿素测定法、pH 测定法、遥感法等。

生产者的消费效率取决于生产者的资源质量，如草本植物被取食的比例比木本植物要高；水中的浮游植物由于个体小、捕食者众多因而消费效率较高。

总体而言，内温动物（鸟类和哺乳动物）由于有较高的体温和酶活力其同化效率较高。在食物方面，动物性食物的同化效率要高于植物性食物。内温动物（鸟类和哺乳动物）由于要维持较高的体温其生产效率明显小于外温动物，个体小的动物其生产效率要大于体型大的动物。

分解过程受多种因素影响。归纳起来主要有分解者生物种类、资源质量和理化因子条件。三者的组合是分解速率快慢的关键。

有许多实验对生态系统中的能量流动状况进行过研究，经典的研究有 Linderman（1942）、Odum（1957）和 Golley（1960）的工作。

## 本章重点

初级生产力与初级生产量的区别与联系；不同生态系统初级生产力大小的排序和原因；消费者的生产效率、消费效率、同化效率和生态效率的主要特点和原因；分解者生物种类及它们分解有机体的速率受制因素等。对经典实验的了解可以更好地掌握生态系统生态学的研究重点和手段方法。

## 思考题

1. 初级生产量取决于什么因素？
2. 初级生产量与初级生产力有什么异同？
3. 净初级生产力与总初级生产力的区别与联系有哪些？
4. 为什么热带雨林的初级生产力及初级生产量都很高？
5. 测定初级生产力或生产量的方法主要有哪些？各根据什么原理？
6. 黑白瓶法测定初级生产力时要注意什么？
7. 为什么内温动物的同化效率较高但生产效率较低？
8. 分解速率受什么因素影响？
9. 什么样的有机物容易被分解？
10. 为什么生态效率又称之为林德曼（Lindeman）效率？他的主要研究结论有哪些？

# 22

# 第二十二章　生态系统的物质循环

生态系统中的各种成分通过能量流动和物质循环而相互连接成一个整体。所谓物质循环（element cycle）是指各种营养元素在生态系统不同成分或不同单元之间的不断流动和重复利用及其过程。由于这些元素在循环过程中是以小分子化合物（如水、无机盐等）的形式存在的，故它们的循环称为物质循环。生态系统中之所以存在物质循环是因为生物的存在和生长发育过程中不仅需要能量，还需要营养物质。或者说营养物质是生物形成和存在的物质基础。

对于自然中特定的、范围有限的生态系统，其物质循环过程是开放的、不平衡的，如单个湖泊会有水流入和流出、鱼和藻类等随水流动，特定森林中的动物也会不断迁移等。而如果将整个地球系统当做一个生态系统来看，那么其中的物质循环则是相对封闭的、平衡的。对生态系统物质循环的研究集中在后一方面，因而它又被称为生物地球化学循环（biogeochemical cycle），简称生物地化循环。生物地球化学循环是指各种元素在地球上的大气圈、岩石圈、水圈及生物圈之间的循环流动。

对于人类和生物而言，水（H 元素和 O 元素）、碳（C）元素、氮（N）元素、硫（S）元素及磷（P）元素是主要的物质元素。下面的介绍集中于它们的循环过程（方精云，2000）。其中，水循环是其他元素循环的基础，它们的循环都依赖于水循环。

## 一、物质循环的一般特征

能量流动和物质循环是生态系统的两大基本功能。生态系统的能量主要来源于太阳，而生命必需物质（各种元素）的最初来源是岩石或地壳。物质循环具有下面几个特点。

物质循环和能量流动总是相伴发生的。例如，光合作用在把二氧化碳和水合成为葡萄糖时也就固定了能量，即把光能转化为葡萄糖内贮存的化学能；呼吸作用在把葡萄糖分解为二氧化碳和水时也就释放出了其中的化学能。但是，能量流动与物质循环也有一个重要区别，即生物固定的日光能量流过生态系统只有一次，并且逐渐以热的形式耗散，而物质在生态系统的生物成员中能被反复地利用。生物在同化过程中把以无机形式存在的营养元素合成为具有高能量的有机化合物，又在异化过程中分解这些高能量的有机化合物时释放出能量（图 22-1）。

## 二、主要的物质循环过程

### （一）全球水循环

水是生命所需元素得以不断运动的介质，没有水循环（water cycle）也就没有生物地化循

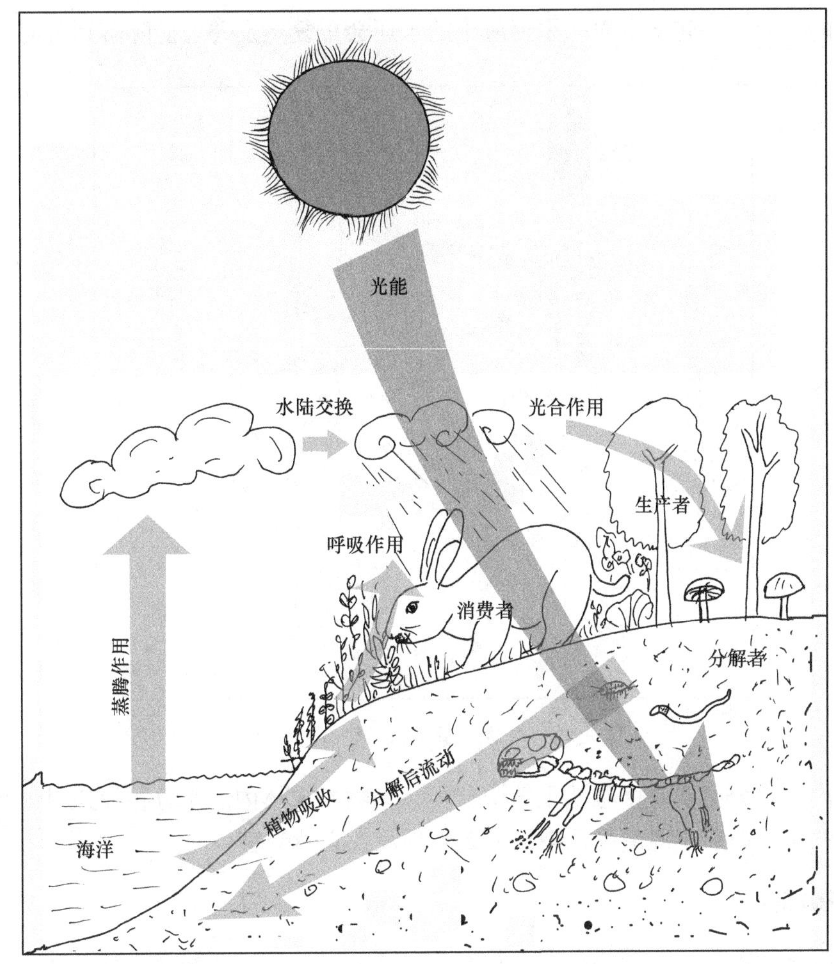


图 22-1　生态系统物质循环与能量流动之间的关系

环。水也是地质侵蚀的原因，并将营养物质带入生态系统。因此，掌握水循环是理解生态系统物质循环的基础。

地球的总水量有近 $1.386\times10^{18}m^3$，其中海水占到 96.5%以上，约 $1.338\times10^{18}m^3$；淡水只占到 3.5%左右，约 $4.8\times10^{16}m^3$。由于海洋面积巨大，空气中的水分（云）主要来自于海洋的蒸发。据估计，每年海洋蒸发的水量为 $3.61\times10^{14}$～$4.24\times10^{14}m^3$，陆地蒸发量为 $6.2\times10^{13}$～$7.1\times10^{13}m^3$，后者只有前者的 17%左右。海洋每年接受的降雨量为 $3.24\times10^{14}$～$3.85\times10^{14}m^3$，而陆地每年接受的降雨量约为 $1.0\times10^{14}m^3$，海洋蒸发量与接受量之间的差额水量降落到了陆地上，而这部分水又通过河流等回到海洋中。

全球水循环的过程基本如下（图 22-2）：海洋及陆地上的水通过蒸发和蒸腾作用变成水蒸气和云到达大气圈中，大气（风）将它们带到不同地区，以后它们又以降雨的形式回到地球表面。由于海洋蒸发的水量有部分降落到了陆地上，而使陆地上的水量增多，这些水可能暂时地贮存于土壤、湖泊、河流和冰川中，或者通过蒸发、蒸腾进入大气，或以液态形式经过河流和地下水最后返回海洋，形成收支平衡。

“黄河之水天上来，奔流到海不复还。”李白的诗原意是指黄河之水由遥远的地方来并一直奔流入大海。而如果从生态学的角度来看，并将“天”理解为“天上的云”，那么李白诗的前一句是对的，而后一句却不对，因为海中的水还会重复蒸发并可能降落到黄河上游。

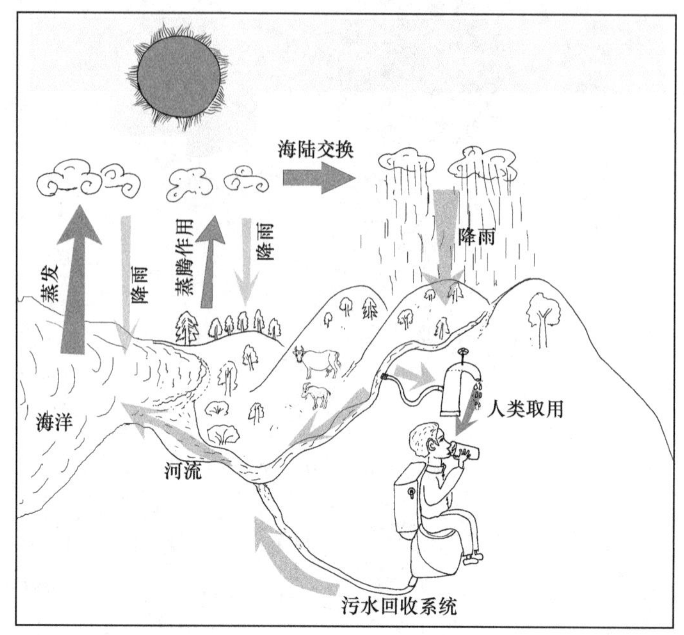


图 22-2　全球水循环的一般过程模式图

植物体内的水分主要是由根从土壤中获得，动物和人体内的水分主要通过饮用地表水和吸收食物中的水。如果水源遭受污染，那么生物及人必然受害。

### （二）碳循环

碳元素无处不在，从大气中的一氧化碳、二氧化碳到水中溶解的一氧化碳、二氧化碳和各种碳酸盐，以及岩石圈中的碳酸盐和煤、石油等，生物体内也含有大量碳元素。地球上的碳元素主要储存于岩石圈中。

生态系统中的碳循环（carbon cycle）主要是以二氧化碳的形式进行的，过程如下（图 22-3）：绿色植物通过光合作用将空气中的二氧化碳固定为有机物并吸收部分碳酸盐，将碳元素吸收到生态系统中来；包括绿色植物在内的各种有机体通过呼吸作用将有机物分解，并将其中的碳元素又以二氧化碳的形式释放到大气中去。生物体内的部分碳元素也会以碳酸盐的形式溶于水中并最终回到土壤中或沉积在海底。

工业化以来，人类通过燃烧石油、煤等原先固定在岩石圈中的燃料将大量碳元素以二氧化碳的形式释放到大气中，这也是大气中二氧化碳的来源之一，在现代可能是主要来源。由于这些碳是生物通过亿万年的光合作用固定下来的、存在于远古大气中的碳元素，随着它们的大量释放就有可能改变大气组成，并最终影响人类。这其中最重要的、最直接的可能是温室效应（详见第 6 章）。

在生态系统之外，碳元素也在不断流动和交换，如大气和海洋之间的二氧化碳交换及碳酸盐的沉淀作用（溶解于水中的碳酸盐可能会沉淀在水底，同时水在流动过程又可能不断溶解碳酸盐）。

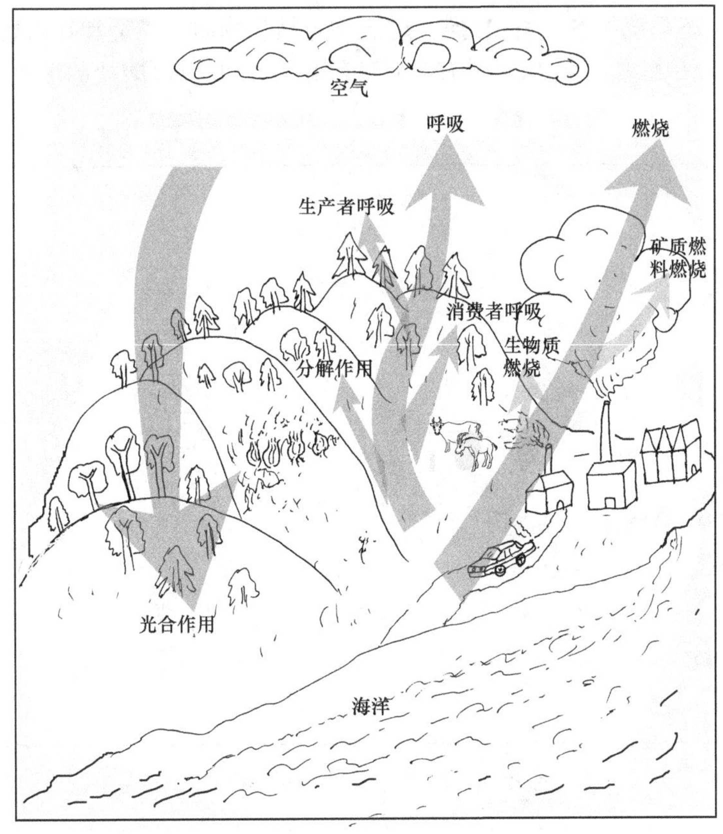


图 22-3　全球碳循环主要过程模式图

### （三）氮循环

氮元素是蛋白质的基本组成成分，因而是一切生物结构的原料。自然界中的氮从–3 价到+5 价都有，96%以上的氮以硝酸盐的形式固定在岩石圈中不参加物质循环。虽然大气中有 78%的氮（最大的氮库，总共有约 $3.9\times10^{21}$g），但一般生物不能直接利用，必须通过固氮作用将氮与氧结合成为硝酸盐和亚硝酸盐，或者与氢结合形成氨以后，植物才能利用。

氮循环（nitrogen cycle）是一个复杂的过程（图 22-4）。总体上看，空气中的氮变成硝酸盐、亚硝酸盐或氨而被植物和其他生物所利用的途径主要有 3 个：人工固氮（如化肥厂等）、固氮菌等生物固氮及雷电固氮。而氮元素流出生态系统也有 3 条途径，分别为生物质和燃料燃烧、生物的反硝化作用将部分氮元素返还到空气中，以及以硝酸盐的形式沉埋在土壤中或海洋中。

### （四）硫循环

硫是蛋白质和氨基酸的基本成分，对于生物至关重要。硫在自然界中有从–2 价到+6 价的 8 种状态，其中最重要的有 3 种，即元素硫、+4 价的亚硫酸盐和+6 价的硫酸盐。

硫循环（sulfur cycle）是一个复杂的元素循环，既属沉积型，也属气体型。硫元素进入生态系统的途径有两个（图 22-5）：硫酸盐的侵蚀和风化及土壤中的硫酸盐被淋溶掉或被微生物还原（沉积型），大气中的 $SO_2$ 和 $H_2S$ 被氧化成亚硫酸盐和硫酸盐，被雨水带回土壤（气态型）。其流出生态系统的途径有 3 条：燃烧（包括生物质的燃烧和化石燃料的燃烧）、火山喷发和细菌还原硫酸盐产生 $SO_2$ 和 $H_2S$（气态型），以及以硫酸盐的形式在在海洋中沉淀下来（沉积型）。

图 22-4　全球氮循环主要过程模式图

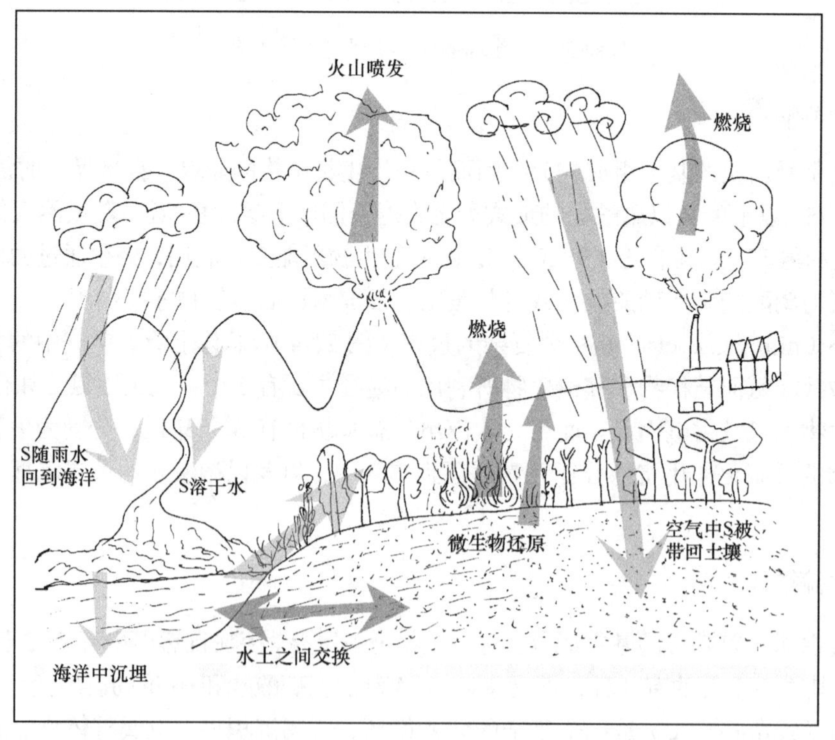


图 22-5　全球硫循环主要过程模式图

人类使用化石燃料大大改变了硫循环，其影响远大于对碳和氮，最明显的就是酸雨（acid

rain）。如果空气中的 $SO_2$、$H_2S$ 及 NO 和 $NO_2$ 等气体较多，它们溶于水滴后就使得其 pH 变低从而形成酸雨。酸雨对生物、建筑等所有地面物都有重要影响。

### （五）磷循环

磷是构成核酸、细胞膜、能量传递系统和骨骼的重要成分，生物有机体内磷含量占体重的 1%左右。由于磷酸盐容易在水体中下沉，因而水体中含量往往较低，所以它也是限制水体生态系统生产力的重要因素。磷在土壤内也只有在 pH 6～7 时才可以被生物所利用。

磷循环（phosphorus cycle）是典型的沉积型循环，过程相对简单（图 22-6）：深埋在土壤中的磷酸盐被风化或雨水冲刷带到土壤表层而被动植物所吸收利用（植物可以直接吸收，部分动物也直接啃食土壤吸收盐分），并在群落内部传递。生物有机体的尸体腐烂分解后，磷酸盐又被雨水等带回土壤中并最终流入大海，磷酸盐会沉积在海洋底部从而流出生态系统。

可以看出，磷循环基本是单向的，即由陆地经生物体或直接流入海洋中并最终沉积下来。而海洋中的磷酸盐只有通过火山爆发、造山运动等才能重新回到陆地上来并被生物所利用。这个过程是极其缓慢的。人类通过开采磷矿并生产磷肥施加于植物会加速这一过程。海洋鸟类由于大多取食生活于海洋中的鱼类等，因而体内和粪便中含有较多磷元素。

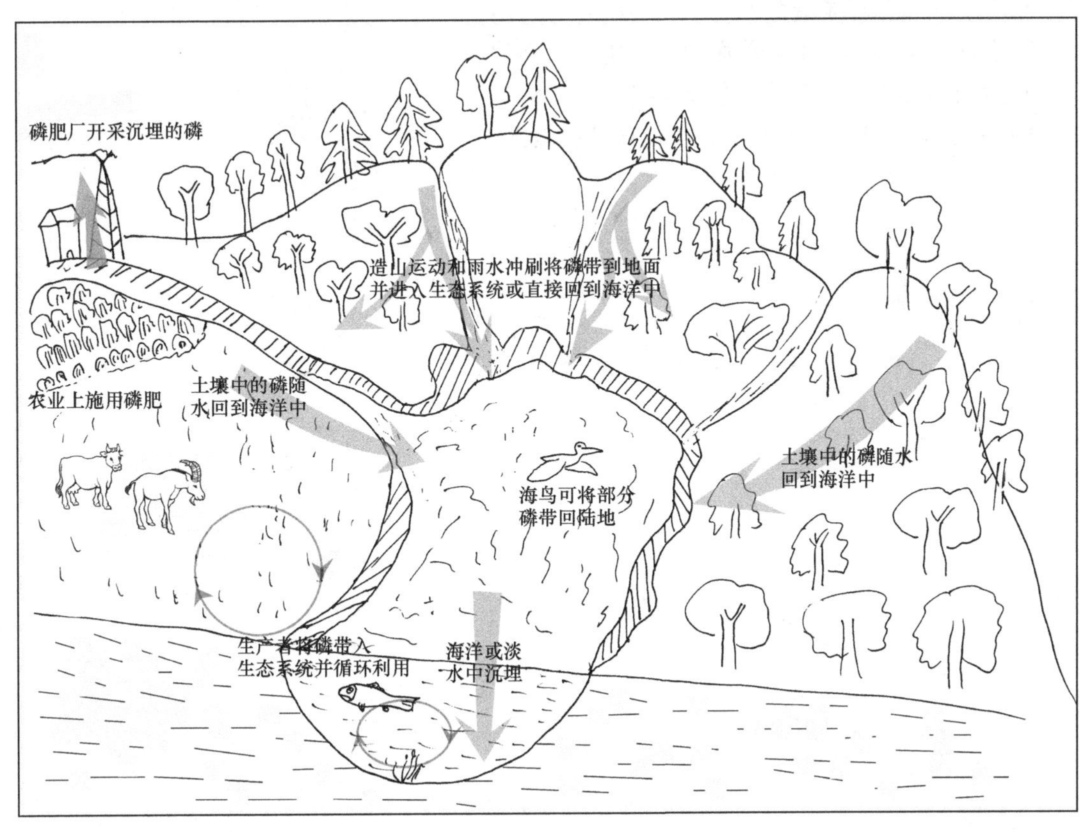


图 22-6　全球磷循环主要过程模式图

## 本章小结

生态系统中的物质循环是指各种营养元素在生态系统不同成分或不同单元之间，特别是地球土壤圈、水圈和大气圈中的不断流动和重复利用及其过程。水（H元素和O元素）、碳（C）元素、氮（N）元素、硫（S）元素及磷（P）元素是主要的物质元素，它们的循环对人类及生物十分重要。

## 本章重点

物质循环的概念，水循环、碳循环、氮循环、硫循环及磷循环的主要过程和模式；物质循环与能量流动的关系。

## 思考题

1. 物质循环的概念是什么？
2. 水循环的过程和模式是什么？它为什么是其他元素循环的基础？
3. 陆地上淡水的来源主要是什么？它是如何保持平衡和循环的？
4. 大气中氧气的来源有哪些？二氧化碳呢？
5. 物质循环的特点有哪些？
6. 生态系统中磷的来源主要有哪些？
7. 什么元素循环是最复杂的？
8. 什么元素循环是基本单向的，还需要人类的参与？
9. 物质循环为什么需要能量驱动？
10. 碳、氮、硫、磷主要贮存在地球什么地方？

# 23

# 第二十三章　保护环境

在自然生态系统中，生物与环境之间在长期的演化过程中已形成复杂且微妙的相互依存关系。由于生物源自自然，而它们向外界所排放的物质也是自然之物，因而容易被分解和重新利用，从而使生态系统形成一个相对封闭的统一整体。这一点在地球生态系统中表现得最明显：除了需要太阳能不断输入之外，地球生态系统是自我平衡的。

然而自工业革命以来，人类社会发展迅速。而在此发展过程中，人类不断向环境中释放非自然之物，如玻璃、塑料、钢铁、化学药品等；人类还直接影响自然生态系统，如砍伐森林、修筑水库、发动战争、发展农业等；人类活动还有意无意直接或间接消灭生物或生态系统，如渔猎、收割、砍伐、杀虫、施肥、垦荒、开矿等；人类的很多发明也影响生物的生存和生活，如灯光对虫、声呐对鲸、超声波对蝙蝠、水泥对土壤动物等都是灾难。日积月累，环境问题日益严重，它不仅影响生物和地球，也直接间接并最终影响人类自身。恶果已经显现，现实不容忽视，我们必须立即行动。

## 一、自然生态系统的功能及对人类的作用

人类依赖自然生态系统。它们为我们人类提供粮食、食物、资源、海产品、动物、饮料、木材、药材及基因等。它们是商业的基础，没有健康的自然生态系统，人类文明将受到影响。生态系统也服务于人类：它们可以为我们净化空气和水，削减旱涝，消化和分解废物，恢复土地及其肥力，帮农作物及其他植物传粉。控制虫害、传播果实和种子、散播营养，保持作为农业、医学和工业推动力的生物多样性，减缓紫外线对我们的伤害，稳定气候，缓解极端温度、狂风暴雨和惊涛骇浪，支持文化多样性，提供自然美景并激发思维、培养情操、启发思维灵感及愉悦精神等（Lubchenhco，1998）。

## 二、人类活动对地球的改变

Lubchenhco（1998）对人类活动对地球的影响程度及原因有过描述。她认为由于人类主宰了地球而不是附属于地球，那么人类就不可避免地改变着地球。例如，人口的增长、对自然资源的无限需求和剥夺、农业、渔业、工业、娱乐业及国际商业发展在 3 个大的方面改变着地球。①人类对土地的改造、造林、放牧、建城、开矿、捕捞和挖掘等活动物理性地改造着陆地和海洋；②人类对碳、氮、水、化学合成物等的消费和释放改变着全球生物地球化学循环模式；③通过渔猎、生物引种和生物入侵、改变生境等方式引起生物物种消失和灭绝。

人类改造地球的程度和后果主要表现在以下 6 个方面：①地球表面 1/3～1/2 的土地已

经被人类活动改造（图 23-1）；②自工业革命以来，大气中的二氧化碳浓度已经上升了 30%；③人类的固氮能力已经超过自然；④可以到达的淡水水体中超过一半已经被人类利用；⑤大约 1/4 的鸟类走向灭绝；⑥大约 2/3 的海洋鱼类增长量已经被全部捕捞或过度捕捞甚至衰退。

更令人不安的是改变仍在持续进行，甚至不断有新的改变方式出现，规模、速度、程度和范围也更大更快，而后果却无法预知。全新的化学合成剂（从氟氯化碳至长期留存在生物体内的如 DDT、多氯联苯 PCBs 等）已经被不断研究出来并使用，其中每年只有少数几种得到监控，它们的生物效应还不清楚，尤其是对群落的综合作用及对自然生态系统发展过程和和谐程度的影响等。全球化过程对地球的影响还无法看清。

扫一扫看彩图

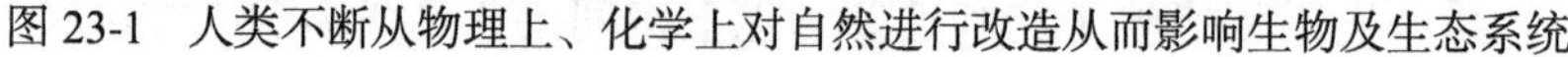

图 23-1　人类不断从物理上、化学上对自然进行改造从而影响生物及生态系统

## 三、人类活动对局部生物及生态系统的影响

总体上看，人类对自然生态系统的直接影响方式主要有：直接获取、伤害、杀灭甚至摧毁生物，向环境中排放污染物质或其他有害生物从而影响生物及其生活环境，破坏生态系统及生物的生境（表 23-1）。

**表 23-1　人类活动对生态系统功能的负面影响**（引自郑华等，2003）

| 人类活动类型 | 对生态系统的影响 | 对生态系统功能的影响 | 后果 |
|---|---|---|---|
| 土地开垦 | 生境破碎、向大气排放温室气体改变生物地球化学循环 | 生物多样性维持能力下降、影响生态系统对大气和气候的调节过程、改变营养物质贮存与循环过程、破坏土壤形成与保护 | 生境丧失、生物入侵、物种减少、温室效应、水土流失、土地退化、荒漠化、泥石流及旱涝灾害的增加、富营养化 |
| 水资源开发利用 | 改变水循环、改变和破坏水生生境 | 影响生态系统对气候的调节过程及水自身的净化能力、灾害缓冲能力下降、生态系统产品供给能力和生物多样性维持能力下降 | 湿地丧失、湖面缩小、水污染、洪旱灾害加剧、渔业产量下降、物种减少、疾病增加 |
| 农业 | 大量化肥和农药加入生态系统改变生物地球化学循环、物种的引入与减少 | 削弱生态系统净化环境的能力、影响生态系统对大气和气候的调节过程、妨碍有害生物的自然控制、生物多样性维持能力下降 | 氮沉降、地下水污染、富营养化、气候变化、旱涝灾害增加、虫害加剧、生物入侵、物种减少或灭绝 |

续表

| 人类活动类型 | 对生态系统的影响 | 对生态系统功能的影响 | 后果 |
| --- | --- | --- | --- |
| 林业 | 生境破碎、通过向大气排放温室气体改变生物地球化学循环、改变水循环 | 生物多样性维持能力下降、影响生态系统对大气和气候的调节过程、破坏土壤形成与保护、水文调节和灾害缓冲能力下降 | 物种减少或灭绝、生物入侵、温室效应、水土流失、土地退化、富营养化、泥石流及突发洪旱灾害加剧 |
| 放牧 | 影响生态系统生境与结构 | 生物多样性维持能力下降、影响生态系统对大气和气候的调节过程、影响生态系统产品的提供 | 水土流失、土地退化、荒漠化、食品减少 |
| 捕鱼、狩猎 | 物种减少 | 影响生态系统产品的提供和生物多样性维持能力 | 生物灭绝、食品减少 |
| 化石能源的消耗 | 向大气排放温室气体改变生物地球化学循环、排放污染物 | 影响生态系统对大气和气候的调节过程、损害生态系统净化环境的能力 | 温室效应、环境污染 |
| 城市化、工业化 | 生境破碎、排放污染物、改变水循环 | 生物多样性维持能力下降、影响生态系统对大气和气候的调节过程、损害生态系统净化环境的能力 | 物种减少、温室效应、气候变化、环境污染 |
| 国际贸易 | 外来物种的引入与扩散 | 生物多样性维持能力下降 | 生物入侵 |

捕鱼、狩猎、国际贸易等活动导致生物种类减少，种群数量下降，层次结构发生变化等，降低了生物多样性的维持能力和生态系统产品的供给能力。例如，全球海洋鱼类的捕获量从1975年约$5.0\times10^7$t上升到了1995年的$9.7\times10^7$t以上，造成新的鱼种类和新的渔场因连续开发利用而枯竭。由于狩猎，导致大的哺乳动物在生态系统中不成比例的丧失，它们的丧失将导致生态系统的动力学特征发生根本变化。一方面，许多生物因食物链的中断而迁移或消失；另一方面，这些灭绝的生物又是下一营养级生物的自然控制者，上一营养级生物的丧失可能导致下一营养级生物泛滥成灾。例如，草原上狐狸种群数量的减少造成啮齿类老鼠种群的增长，使草原进一步退化（郑华等，2003）。

农业、化石能源的消耗、工业化等人类活动排放的大量污染物严重损害地球生境的质量，同样也就损害了生态系统维持生物多样性和提供生态系统产品的能力。随着工业化进程的加速和农业的发展，排到生境中的废气、废液、废渣有增无减。与1989年比较，1995年我国乡镇企业二氧化硫、烟尘、化学需氧量和固体废弃物排放分别增加了22.6%、56.6%、246.6%和552%，生境中化肥、农药、油、酸等多种污染物的增加已远远超过了生态系统净化环境功能的阈值，不仅造成了该项功能的极大损害，而且通过破坏生境对生态系统中生物的生存构成直接威胁。据初步调查，农药的使用已使农田内蛇和蚯蚓的数量明显减少，东北地区85%以上（计69种）国家重点保护鸟类受到呋喃丹农药危害的威胁，其中受威胁的猛禽鸟类达46种，占东北地区猛禽鸟类的90.2%。

人工合成的有机化合物进入生物地化循环后，有的因为残留期长、有毒而损害生态系统生态产品的健康供给功能。这些化学品通过食物链富集，以较高的浓度进入人类的部分食物中，如20世纪70年代就开始停止使用的PCBs在生物体中有时仍接近危及公众健康的临界值。有的化学品无毒却破坏生态系统调节气候的功能，如用作制冷剂的高残留、易挥发的氟氯烃（CFCs）就损害同温层的臭氧。

对人体健康和环境构成危害的特殊化合物可能或已经逐步停止使用。然而，化工行业每年生产 $10^8$t 有机化合物，其种类达 7 万种，每年约增加 1000 种新的化合物。这些生产或释放到环境中的化合物中只有一小部分做过健康危害和环境影响的检验。

国际贸易中，人类有意识或无意识地引入非本地种，这些物种进入未曾分布过的新区域后，部分物种会影响生态系统的结构、功能及本地生物多样性的维持和恢复。例如，亚洲蛤蜊在旧金山市海湾和斑马贻贝在五大湖的入侵就从根本上改变了群落的结构和功能，并间接改变了生态系统的特性（郑华等，2003）。

人类对生态系统及生境的破坏则更加明显，主要表现为：在整个陆地表面中，农作物和城市工业区占了 10%～15%，牧场占了 6%～8%，这些生态系统被人类活动完全改变。其次是干扰强度稍小的草地和半干旱生态系统及采伐木材的森林和林地，其余的大多数生态系统也有过低强度的资源开采历史。人类活动还严重影响了水生生境，将近 50%的红树林生态系统已被人类活动所改变或毁灭，世界上半数以上的珊瑚礁受到人类活动的潜在威胁，其中有 80%受到威胁的珊瑚礁分布在人口最稠密的地区。

土地开垦、水资源开发利用、森林采伐、过度放牧等活动常使生态系统中原有的生产者消失，分解者和土壤中的各种营养物质也会随水土流失而冲走，引起土壤肥力下降、团粒结构破坏，最后导致母质裸露和土壤沙化及土地资源质量不断退化，甚至导致生态系统崩溃。据统计，人类改变或认为因人类活动导致退化的土地占到陆地表面的 39%～50%。生态系统中组成成分尤其是生产者——植被的破坏会影响区域内的气象和水文条件，进而影响生态系统的水文调节和灾害缓冲等多种服务功能。

人类还可以改变生境或使生境破碎化。多种人类活动导致生境改变或破碎化，损害生态系统生物多样性的产生与维持功能及提供生态系统产品的能力。这些活动将自然生态系统转变成人工生态系统，使生态系统的生境特征发生显著变化。生境的变化又使原来适应于该地生存的生物物种变得不适应，引起物种丧失。这种影响还远远超过变化土地的实际范围，没有改变的土地常因人类对周围环境的改变导致生境破碎化，引起受人类活动影响较小的生态系统中生物生境规模和质量的下降，最终影响到这些生态系统的物种组成和功能。同时，新生境的开辟又为生物入侵提供了场所，使许多原来不适合在该地发展的生物因生境的改变变得适合，从而危及本地生物多样性的维持（郑华等，2003）。

## 四、人类活动对全球的影响

人类对地球和生态系统物理的、化学的、生物的改变会进一步影响和改变地球系统的功能，如引起全球气候恶化、平流层中的臭氧层退化、生物多样性不可恢复地消失、生态系统的结构和功能改变等。它们也不可避免地影响着人类自身，其中饮用水短缺、投射到地球表面的紫外线增加及气候恶化是明显的可见变化。

人类活动已引起全球变化（global change）。全球变化意指在地球环境方面的自然和人为变化导致的所有全球问题及其相互作用。1990 年美国的《全球变化研究议案》将全球变化定义为“可能改变地球承载生物能力的全球环境变化（包括气候、土地生产力、海洋和其他水资源、大气化学及生态系统的改变）”。狭义的全球变化问题主要指大气臭氧层的损耗、大气中氧化作用的减弱和全球气候变暖。现在对全球变化的理解，一般指更为广义的内容，除上述的 3 个方面外，还包括生物多样性的减少、土地利用格局与环境质量的改变（水资源污染、荒漠化、森林退化等）、人口的急剧增长等（彭少麟，1997）。

### （一）大气臭氧层的损耗

位于大气平流层的臭氧层能阻止过量的有害短波辐射（主要是紫外辐射）进入地球的表面（详见第 6 章）。研究表明，臭氧层正在变薄。南极附近海洋上空的臭氧层在每年 9 月和 10 月会出现一个大洞，而且每年都在变深，这个臭氧空洞现在所占的面积约 3 倍于美国本土 48 个州的总面积。即使现在停止污染、停止损耗臭氧层，臭氧空洞的恢复也要几十年的时间（图 23-2）。北极也开始出现类似的问题，虽然还没有出现臭氧洞，但是北部在最近的 40 年间，至少在寒冷季节里，平流层的臭氧层已损耗 10%。美国上空的臭氧层全年均在变薄。

臭氧层的损耗会使生物受过量的紫外辐射而受害。植物因此会降低光合作用的水平。人类则会增加皮肤癌与白内障的患病率，臭氧每减少 1%，皮肤接触到的紫外辐射量就会增加 2%，皮肤癌的患病率就要增加 4%。

不少化学物质均会引起臭氧层的损耗，但主要危害却来自氯氟烃（CFCs），而氯氟烃的生产还不到 60 年。有关的研究表明，最近 40 年来大气中的氯已增长了 600%。要使大气中的氯、溴和臭氧含量恢复到接近自然水平，将需要几个世纪。

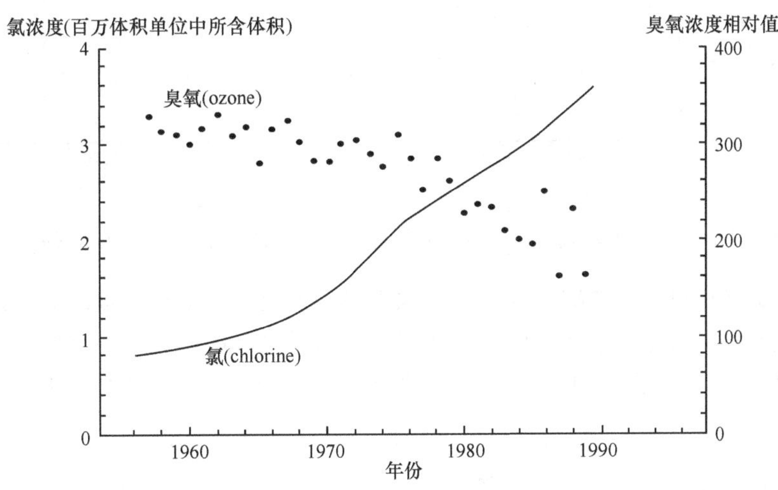


图 23-2 大气对流层中氯浓度的变化及 10 月份南极洲上空臭氧浓度的变化（引自 Chapman & Reiss，1999）

### （二）大气氧化作用的减弱

在正常情况下，大气本身能够通过氧化作用来清除那些干扰现有功能的气体和分子。但这种机能正在减弱。例如，大气的天然“清洁剂”羟基能与甲烷和 CO 起化学反应，从而清除它们。由于 CO 的活性强于甲烷，大气首先使用它的羟基来清除 CO，然后才清除甲烷。但由于人类过多地燃烧消费化石燃料和森林，过多地向大气排放 CO，大气的羟基逐渐被用光，大气就无法清除它所含的甲烷污染物了。

大气氧化作用减弱的最终后果尚未十分清楚，因而常被忽视。但它在某种意义上是伤害了大气本身的自动免疫系统，因而后果是非常严重的。

### （三）全球气候变暖

全球气候变暖的化学与热力学过程是极其复杂的，但迄今对造成全球变暖的温室效应的基本机制已经基本清楚。其中最受关注的温室气体是 $CO_2$ 和甲烷，其次是尘粒。

自从二次世界大战以来，大气中 $CO_2$ 的浓度几乎增加了 25%，预计在未来 40 年中将比工业革命前增加 1 倍，其基本原因是人类的活动过量地排放了 $CO_2$。陆地吸收与排放的 $CO_2$ 之比是 1∶213。甲烷在温室气体中是增长最快的，现总量排第三，仅次于 $CO_2$ 和水蒸气，而且甲烷分子的增温效应是 $CO_2$ 的 20 倍。有研究表明，气候变暖是大气中甲烷和 NO 的浓度增加的结果，两者合起来约占全球变暖原因的 20%（图 23-3 和图 23-4）。

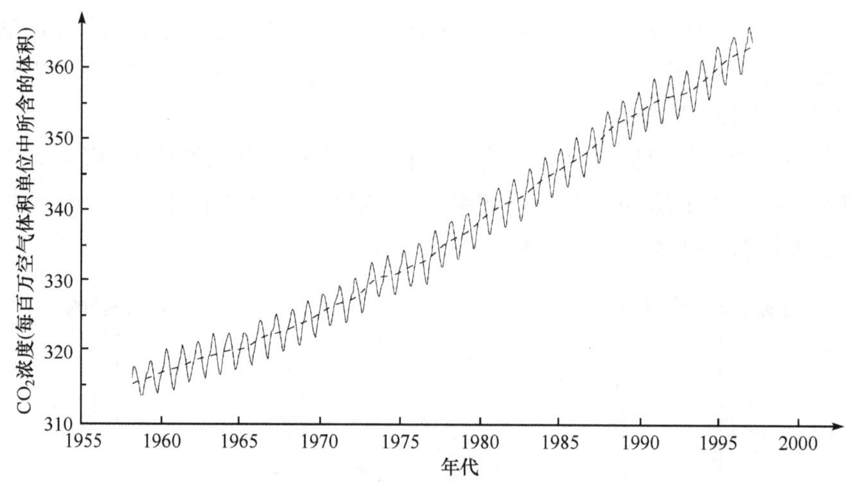


图 23-3　近 50 年来大气中 $CO_2$ 浓度的变化（引自 Chapman & Reiss，1999）

大气中化学成分的变化影响到地球调节大气热量的能力，全球变暖的直接证据是所有低纬度的山区冰川都在融化后退，其中某些冰川融化后退得很迅速，这些冰川所包含的记录表明，过去 50 年比前 112 万年间的任何一个其他 50 年温暖得多（图 23-4）。大气中不断增加的

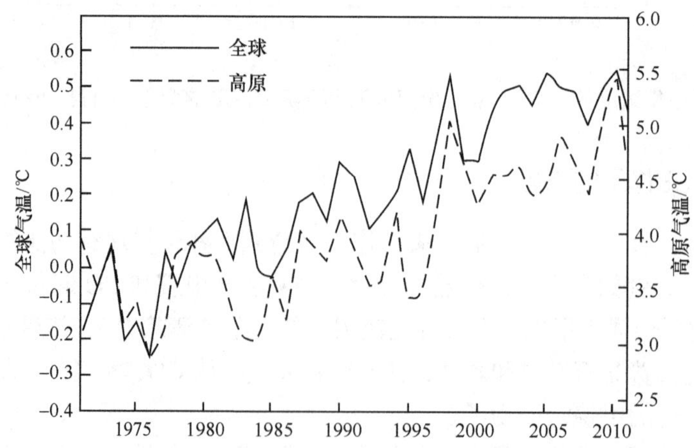


图 23-4　1971～2011 年间全球及我国青藏高原气温偏离平均温度情况（引自郑然等 2015）

热量改变了风、雨、地面气温、洋流与海平面等，从而严重威胁地球上气候的平衡。气候的改变进而影响动植物的分布。

全球变暖的一个直接后果是冰川融化与海平面的升高，已有证据表明北极冰帽已减少2%。如果全球变暖进一步加剧，将会造成极地冰盖的破裂而使海平面急剧增高，其结果是沿海地区盐水侵入地下淡水层造成沿海湿地的丧失。由于1/3人类居住在离海岸线不足60km地区内，沿海地区土地的丧失会导致全球灾难性的动荡。

### （四）生物多样性的减少

现在地球上的动植物物种消失的速率，比过去6500万年之中的任何时期都要快上1000倍。大约每天有100个物种灭绝。20世纪以来，全世界3800多种哺乳动物中，已有110个种和亚种消失了，9000多种鸟类中已有139个种和39个亚种消失了，还有600多种动物和25000多种植物正面临绝灭的危险。这么多物种和基因组的完全灭绝和消失，是地球上错综复杂生命之网的致命伤（表23-2）。自然生态系统性质的稳定与平衡遭受极大的影响，促使农业当家作物的复壮、抗性活力、生存能力的基因来源丧失，甚至生物进化的途径和进程也将受到严重的影响。有的学者指出，迄今为止人类对生物多样性造成的损害，其恢复至少要1亿年以上。

**表23-2 1600～1983年间灭绝的生物数目**（引自Reid & Miller，1989）

| 类群 | 面积大于100万 $km^2$ 的陆地 | 面积小于100万 $km^2$ 的陆地 | 海洋 | 总计 | 物种数 | 1600年以来灭绝物种的百分率/% |
|---|---|---|---|---|---|---|
| 哺乳动物 | 30 | 51 | 2 | 83 | 4 000 | 2.1 |
| 鸟类 | 21 | 92 | 0 | 113 | 9 000 | 1.3 |
| 爬行动物 | 1 | 20 | 0 | 21 | 6 300 | 0.3 |
| 两栖类 | 2 | 0 | 0 | 2 | 4 200 | 0 |
| 鱼类 | 22 | 1 | 0 | 23 | 19 100 | 0.1 |
| 北美和夏威夷地区的无脊椎动物 | 49 | 48 | 1 | 98 | 1 000 000+ | 0 |
| 维管植物（包括亚种和变种） | 245 | 139 | 0 | 384 | 250 000 | 0.2 |
| 总计 | 370 | 351 | 3 | 724 | | |

### （五）土地与环境质量的改变

（1）全球的森林面积急剧减少，以热带森林（热带雨林）最为严重。全世界的热带森林正遭受每年达2%的破坏率，现在正以38.53$m^2$/h的速度消失。森林生态系统是最重要的陆地生态系统。森林是地球之肺，具有吸收$CO_2$和释放氧的功能；在调节气候水文循环中发挥重要的作用，能涵养水源，控制水土流失，森林地区土壤每年的侵蚀量每年仅为0.03t，但一旦森林被毁，就会上升到90t；在维持生物多样性上更具有重要的作用，森林是生物基因最丰富的贮藏库，有科学家估计，有50%的生物种存在于热带雨林中。

（2）全球沙漠化的扩大。沙漠的状态不很稳定，有时候进两步退一步，但最近几十年沙漠覆盖面积却全面增加。由于沙漠边缘区过度放牧，沙漠化扩大的速率不断增加，现在全世

界每年正以 $5\times10^4$～$7\times10^4$km$^2$ 的惊人速度沙漠化。世界最大沙漠的撒哈拉沙漠已经前进到了欧洲。仅在 1990 年，欧共体就拨款 80 亿美元用于防止沙漠化的进一步扩展。

另一方面，土地极度退化现象也非常严重。现在全球平均每年有 500hm$^2$ 土地由于极度破坏、侵蚀、盐渍化、污染等原因，已不能再生产粮食；我国的退化土地约 $1.50\times10^6$km$^2$。荒漠化已成为各国最为关注的事态之一。

（3）污染使全球的环境质量下降。由于"三废"（废气、废物、废水）的急剧增加对环境造成污染，严重地影响人类生存空间的质量。垃圾废物是最直观的污染源。发达国家人均产垃圾量很大。据报道，现在美国平均每个人每天丢弃 2.4kg（约每年 1t）的垃圾，每周产生 1t 的工业固体废物；纽约市每天制造 $2.0\times10^7$kg 的垃圾；垃圾存放成为美国难办的问题，虽然垃圾焚烧后能大大地减少垃圾的体积，但这一方面造成更多的空气污染，另一方面焚烧后所剩的 10%有毒废物仍是难以处理的。发展中国家的人均垃圾量少些，但由于处理垃圾的技术手段更差，因此废物危机更严重。

世界的水资源污染是非常严重的。污染的原因是生活与工业污水直接排入水源，固体垃圾直接倒入水源，雨水等媒介使固体垃圾污染水资源。污染使人类的生存环境不断恶化，特别是在第三世界国家，据统计有 17 亿以上的人没有适当的安全饮水供应，30 多亿人没有适当的卫生设备。在印度有 114 个城镇直接把人的粪便和其他未经处理的污水倾入恒河。联合国环境规划署的一项调查指出，在第三世界，由水传染的疾病每天平均导致 2.5 万人死亡。

环境污染在表现上虽然是区域问题，但最终在很大程度上汇向海洋，已威胁海洋生物的生存，直接转变为全球的环境问题。

### （六）人口的急剧增长

在农业革命之前，世界人口基本上是稳定的。在农业革命之后，人口逐渐增长，缓慢的增长一直延续到工业革命。这时，人口曲线开始陡然上扬。20 世纪的人口则急剧增长，几乎每一个 10 年都要增加 10 亿人。根据不完全统计，到 1992 年初，人口已达到了 55 亿。预计到 2032 年将达到 90 亿，即达到地球的最高人口承载量。中国的人口容量在 16 亿～17 亿间。

## 五、恶化的环境对人类的影响

破坏了自然生态系统和地球，就必然伤害到它们的功能和服务效果。人类与自然环境已密不可分，其健康、经济活动、社会正义甚至国家安全都受到恶化环境的影响（Lubchenco，1998）。

1. 人类健康

人类健康越来越多地受到恶化的地球环境的威胁。明显的例子有人类健康依赖于干净的空气、饮用水、食物，以及尽可能少地接触有毒化学物质和紫外线及放射性物质。更广泛地讲，人口的增加、气候的改变及涉足未开发的原始地区有可能更多地导致疾病的传播。例如，近年来又有抬头的莱姆病（Lyme disease）（由蜱传播的由蜱旋体引起的炎症性疾病，通常由侵袭啮齿类及鹿的蜱传播给人类。首先在蜱叮咬处或周围出现鲜红、环形红斑，同时发热、头痛、疲乏。在几周到数月后可有神经、心脏及关节并发症）、汉坦病毒（hantavirus）（存在于啮齿类动物的唾液、尿液及粪便中，感染可引起急性传染病，导致突然发烧且持续 3～8d、结膜充血、虚弱、背痛、头痛、腹痛、厌食、呕吐，出血症状在 3～6d 出现，而后蛋白尿、低血压，有时休克，肾脏可能严重至急性肾衰竭且维持数周。死亡率依感染病毒型别而不同，在 10%以下）、疟疾、锥虫病、血吸虫病、霍乱及黄热病就是在人类不断开垦新土地过程中重新传染的。在亚马逊地区的开垦活动导致人口增加、蛀虫肆虐而使疟疾流行。气候变化而直接或间接引起人类疾病增加，如高温和寒冷引起人体不适甚至死亡，空气污染导致更多肺部疾病及过敏症，人口流动而使疟疾、登革热及黄热病等传播到更多地区等。

全球生物地球化学循环的改变对人类健康的影响目前虽然不太清楚，但其负面效应已初显端倪。某些地区因排污而导致大量生物死亡，赤潮时常爆发、人类与不干净环境的长期接触所导致的肾病及皮肤病等都有上升的趋势和可能。

2. 经济

经济与环境其实密不可分，只是人类不太意识到这一点罢了。在社会发展过程中常出现的“发展经济”还是“保护环境”的选择其实并不存在。这种假设的、虚假的伪问题其实只是“短期利益”与“长期可持续利益”之间的选择。这一点在保险业中表现得最明显，因为它追求长远利益，而越来越频繁、规模越来越大的自然灾害却迫使它去思考如何减少这种不正常现象及其起因。经济发展与自然生态系统对人类的功能已相互融合。然而看起来由人类自身经营的福利体系却有时传达这样的错误信息：繁荣和富裕与保护自然生态系统是相互独立的方面，后者甚至会影响前者。不幸的是，当我们填平湿地、砍伐森林、破坏珊瑚礁、灭绝生物物种或种群、引入外来物种后，我们就部分地或完全地破坏了自然生态系统的功能。这时我们常会目瞪口呆地、未预见性地发现，原来可以从自然免费获取的资源现在却要花费极大的代价去生产、培育和提供。这方面一个明显的例子是纽约的水。历史上纽约可以喝到干净的自然水。然而排污和农业灌溉却影响了自然生态系统对水的过滤和净化。如果修复这一系统，花费只需 10 亿美元，而如果建造人工过滤和净化水质工程和系统却需要 60 亿～80 亿美元，每年的维护费还需 3 亿美元。而这只是一个方面的比较，也只是修复水系一项的花费差额，如果考虑到生态系统还有控制洪水、净化空气、恢复土地肥力、提供林木和多种林副产品，以及娱乐、旅游、激发创作灵感、教育和科学研究等功能，其经济效益真是不可估量。人类真的需要好好计算这些代价和经济效益。

3. 社会正义

穷人或穷国是环境恶化的主要受害者，因为经济实力强的人群或国家可以通过购买瓶装水、搬迁等远离污染或受污染地区，他们也更有机会获取更多信息，因而有多种选择、影响政治决策、食用干净而优质的食品、享受更好的医疗服务等。例如，在世界部分沿海地区进行的捕虾活动常常为国有大公司和跨国公司获取了大量短期利益，然而因此被破坏了的红树林却对当地百姓产生了长远影响，本来这些树木可以为他们提供食物、纤维及净化水质、控制洪水和沉积泥沙等。

4. 国家安全

环境改变、人口迁移、资源匮乏等会引起社会动乱、政治对立、种族冲突甚至战争和恐怖活动，如在孟加拉国、印度、墨西哥、加沙、巴基斯坦、卢旺达、南非、萨尔瓦多、洪都拉斯、海地、秘鲁、菲律宾等国家和地区所发生的那样。美国与加拿大也为鳕鱼和鲑鱼的捕捞等问题展开激烈竞争和交涉。

## 六、环境保护及重建思路

认识和尊重生态系统的特点和规律：生态系统有其自身的结构、特点、运行模式和规律。

我们在保护和重建生态系统时，必须尊重和遵循这些规律和特点。

人类自我循环或循环经济：环境问题的根本原因在于人类向环境排放了超过其极限的物质。人类的最高目标，是将自身的活动限定在人类社会之内，将人类的归人类，自然的归自然，做到不向自然生态系统排放任何非自然之物。

人类干预或参与生态系统恢复：人类对环境及地球的改变是不可逆的过程，而自然生态系统是经过亿万年的演化过程而建立和成熟起来的。如果任其自身发展，那么过程和规模都远达不到要求。人类有条件、有智慧、有实力、有技术、有责任参与这一过程，规划和加速环境重建过程。

依赖科技：科技的发展日新月异，它为人类提供了无尽的可能去解决环境问题，也为人类实现循环经济提供了可能。我们必须尽可能地依赖科学技术。

合作和分享：环境问题是全球性问题，人类只有一个地球。因此保护和重建环境是全球性任务，是每个人的共同责任。在此过程中，携手合作、成果分享等显得尤其重要，它可为人类积累知识、提高效率等方面提供无尽的源泉。

## 七、环境保护主要措施

人类活动对自然生态系统冲击的规模和强度以非线性的方式增长，驱动着全球气候变化和生物多样性的消失，导致生态系统提供产品和维持生命支持系统的功能受损，并引起一系列的生态环境危机。与此同时，人类也正力求通过以下措施来恢复或保护生态系统服务功能，促进经济社会可持续发展（郑华等，2003）。

生态系统管理：即由明确目标驱动，由政策和协议及实践而执行，以监测和对生态系统相互作用与过程的充分理解为基础，综合协调生态学、经济学和社会学原理，从而使生态系统组分、结构和功能达到可持续发展。生态系统管理是实现生态系统可持续性的有效方法。

生态工程：即应用生态系统中物种共生与物质循环再生原理、结构与功能协调的原则，结合系统分析的最优化方法，设计促进分层多级利用物质的生产工艺系统。其目标就是在促进自然界良性循环的前提下，充分发挥资源的生产潜力，防治环境污染，达到经济效益与生态效益同步发展。它将寓环境保护于生产和消费中，寓废物处理于利用中。

生态恢复与重建：即根据生态学原理，通过一定的生物、生态及工程的技术与方法，人为地改变和切断生态系统退化的主导因子或过程，调整、配置和优化系统内部及其与外界的物质、能量和信息的流动过程及其时空秩序，使生态系统的结构、功能和生态学潜力尽快恢复到一定的或原有的乃至更高的水平。生态恢复与重建为综合整治与恢复已退化生态系统及重建可持续的人工生态系统提供了途径。

生态风险评估与生态规划：生态风险评估即利用生态学、环境化学及毒理学的知识，定量地确定环境危害对人类负效应的概率及其强度的过程。生态风险评估为科学地评价某种人为或自然活动对环境的影响及其生态效应提供了重要的途径。生态规划即以生态学原理和城乡规划原理为指导，应用系统科学、环境科学等多学科的手段辨识、模拟和设计人工复合生态系统内的各种生态关系，确定资源开发利用与保护的生态适宜度，探讨改善系统结构与功能的生态建设对策，促进人与环境关系持续协调发展的规划方法。寻求人的活动与自然协调的生态规划是实现资源永续利用和经济社会可持续发展的重要途径。

## 本章小结

人类正在物理性地，并在改变化学组成和引入生物过程中不断改变和改造地球，人类几乎已无处不在。这些改变和改造的主要后果是：地球表面几乎都被物理性地改变过，大气、水及土壤中的有害物质不断积累，一些生物走向灭绝。人类对地球改造活动的明显后果有臭氧减少、大气温度上升、生物灭绝、资源枯竭等。这些也对人类自身产生了极大影响。我们必须采取行动改变这种趋势。

## 本章重点

人类活动对地球的影响及对人类自身的伤害；人类实现可持续发展的思路与途径、方法等。

## 思考题

1. 人类对地球改造的主要表现有哪些?
2. 大气层中的温室气体含量改变会有哪些效应?
3. 人类对生物的影响主要通过哪些途径体现出来?
4. 恶化的环境对人类的影响可能有哪些?
5. 为什么要保护环境?
6. 为什么说保护自然、保护环境就是保护人类自身?
7. 从生态学的角度谈谈物种灭绝对生态系统的影响。
8. 保护环境的思路与措施主要是哪些?
9. 为什么说保护环境、绿色发展、生态文明在我国更有现实意义?
10. 谈谈我们身边存在的非生态绿色的生活方式和习惯。

# 生态学爱国教育专题

对生态学理论的认识和利用，古来有之，特设此专题与本书各章节内容相对应，可供读者仔细品味。

## 第一章

1. 我国人民很早就认识到生物与环境之间的关系，生物不可能单独存在。如《荀子·劝学》中就有“物类之起，必有所始……肉腐出虫，鱼枯生蠹……草木畴生，禽兽群焉，物各从其类也……树成荫，而众鸟息焉。醯酸，而蚋聚焉……积土成山，风雨兴焉；积水成渊，蛟龙生焉。”

2. 我国劳动人民总结出的许多谚语中也包含有生物与环境之间关系的内容。如“风调雨顺，五谷丰登”，“地之秽者多生物，水之清者常无鱼”，“倦鸟归林”。

3. 我们很早就认识到一些特定生物与特定环境之间的关系。如《诗经·周南·葛覃》云：“葛之覃兮，施于中谷，维叶萋萋。黄鸟于飞，集于灌木，其鸣喈喈”；《诗经·小雅·鹤鸣》：“鹤鸣于九皋，声闻于天。鱼在于渚，或潜于渊。”《吕氏春秋》：“水泉深则鱼鳖归之，树木盛则飞鸟归之，庶草茂则禽兽归之”；《汉书·东方朔传》中就有“水至清则无鱼，人至察则无徒”；杜甫《江村》：“自去自来堂上燕，相亲相近水中鸥。”《水槛遣心二首》：“细雨鱼儿出，微风燕子斜。”苏轼《腊日游孤山访惠勤惠思二僧》：“水清出石鱼可数，林深无人鸟相呼……出山回望云木合，但见野鹘盘浮图。”李清照《如梦令》：“常记溪亭日暮，沉醉不知归路。兴尽晚回舟，误入藕花深处。争渡，争渡，惊起一滩鸥鹭。”《法苑珠林》：“譬如飞鸟，暮宿高林，同止共宿，伺明早起，各自飞去，行求饮食。”《红楼梦》：“好一似食尽鸟投林，落了片白茫茫大地真干净。”

4. 我国早期先民也认识到农业生产中环境、人与庄稼之间的关系。如《吕氏春秋·审时》：“夫稼，为之者人也，生之者地也，养之者天也”。汉代的董仲舒在《春秋繁露》中写道：“天地人，万物之本也。天生之、地养之、人成之。天生之以孝悌，地养之以衣食，人成之以礼乐。三者相为手足，合成一体，不可一无也。”《管子》：“民之所生，衣与食也；食之所生，土与水也。”

5. 我国著名生态学家马世骏先生非常重视生态系统内部各成分之间的相互作用、相互联系。在他的生态学研究内容或生态学定义，特别强调“生命系统”与“环境系统”之间的关系。

## 第二章

1. 对于生态因子对生物的作用，我国古人早有窥见。孟浩然《春晓》：“春眠不觉晓，处处闻啼鸟。夜来风雨声，花落知多少？”清楚表明春天到来后，风雨增多，使人犯困、鸟啼叫、花飘落。杨屾《知本提纲》：“盖丰享视乎特产，特产本于五行，然必常相培补，始能发荣滋长。故风动以培其天，日暄以培其火，粪壤以培其土，雨雪以培其水”。白居易《忆江南》：“日出山花红胜火，春来江水绿如蓝。”《孟子·梁惠王上》：“不违农时，谷不可胜食”。元代《王祯农书》：“天气有阴阳寒燠之异，地势有高下燥湿之别，顺天之时，因地之宜，存乎其人。”都说明种庄稼要顺应农时、天地之宜，即遵守季节变化、土壤肥力等。

2. 植物生长需要营养，这在我国古籍中记载颇多。《孟子·告子上》：“苟得其养，无物不长；苟失其养，无物不消。”《吕氏春秋·审时》：“夫稼，为之者人也，生之者地也，养之者天也”，“凡农之道厚之为宝”与“地可使肥，又可使棘(瘠)”。《周礼·考工记》：“以土会之法，辨五地之物生。”《淮南子·主术训》：“上因天时，下尽地财，中用人力，是以群生遂长，五谷蕃殖。”“一亩之稼，则粪溉者先芽；一丘之禾，则后种者晚实，此人力之不同也。”《氾胜之书》：“凡耕之本，在于趣时和土，务粪泽，早锄早获”。《齐民要术》：“顺天时，量地利，则用力少而成功多，任情反道，劳而无获。”

3. 对生物的形态适应，我国古人观察更细。如《酉阳杂俎》记载：“凡禽兽必藏匿形影，同于物类也。是以蛇色逐地，茅兔必赤，鹰色随树。”

4. 古人对生物种类变异性和适应性也有记载。《周礼·考工记》：“桔逾淮而北为枳，鹳鸲不逾济，貉逾汶则死，此地气然也。”《晏子使楚》：“橘生淮南则为橘，生于淮北则为枳，叶徒相似，其实味不同。所以然者何？水土异也。”《酉阳杂俎》：“蛇有水、草、木、土四种。”

5. 生物对环境的影响，《诗经》中就有记载，如《诗经·大雅·行苇》中就有“敦彼行苇，牛羊勿践履。方苞方体，维叶泥泥。”《诗经·小雅·伐木》：“伐木丁丁，鸟鸣嘤嘤。出自幽谷，迁于乔木。”

## 第三章

1. 我国的24节气历久而独特。早在春秋时期（公元前770年—前476年），我国劳动人民就通过观测太阳运行规律，形成了“日南至、日北至”（即太阳在最南、最北）的概念，发现一年当中有一天白天最长（夏至），也有一天白天最短（冬至），两天之间为一年。这其中各有一天昼夜时间相等（春分和秋分）。“两至日”和“两分日”确立后，立春、立夏、立秋、立冬，表示春、夏、秋、冬四季的开始的四个节气也相继确定。在战国后期成书的《吕氏春秋·十二月纪》中，就有了立春、春分、立夏、夏至、立秋、秋分、立冬、冬至等8个节气名称，清楚地划分出了一年的四季，每季两个节气。公元前104年，由邓平等人制定的《太初历》首次明确了24节气及其太阳黄道位置。

2016年11月30日，联合国教科文组织保护非物质文化遗产政府间委员会第11届会议通过决议，将中国申报的“二十四节气——中国人通过观察太阳周年运动而形成的时间知识体系及其实践”列入联合国教科文组织人类非物质文化遗产代表作名录。

2. 我国的农历自具特色。太阴历又叫阴历，它的月以月亮圆缺变化为基本周期，而年以太阳回归年为准。这种历法结合了阴历和阳历的优点，有其独特科学之处。

3. 除农历与24节气对太阳运转以及一年四季的周期变化有描述和运用外，《梦溪笔谈》中有一篇文章《月借日生光》对此有专门描述：“‘日月之形，如丸邪？如扇邪？若如丸，则其相遇岂不相碍？’予对曰：‘日月之形如丸。何以知之？以月盈亏可验也。月本无光，犹银丸，日耀之乃光耳。光之初生，日在其旁，故光侧而所见才如钩；日渐远，则斜照，而光稍满。如一弹丸，以粉涂其半，侧视之，则粉处如钩，对视之，则正圆。此有以知其如丸也。

日、月，气也，有形而无质，故相值而无碍。'"

4. 对光由不同彩光组合而成，我国古人也有记载。《孙子兵法》："声不过五，五声之变，不可胜听也；色不过五，五色之变，不可胜观也；味不过五，五味之变，不可胜尝也。"《金刚证验赋》："降五色之祥云，迎归天上"。从彩虹中古人也看到了彩光。张志和《元真子》："背日喷乎水，成虹霓之状而不可直者，齐乎影也。"沈括："虹乃雨中日影也，日照雨则有之。"朱熹《朱子语类》："虹也，日与雨交倏然成……虹随日所映，故朝西而暮东。"

5. 韭黄和嫩黄白菜至少在我国宋代已经出现。北宋时期的黄庭坚《萧巽葛敏修二学子和予食笋诗次韵答之》："韭黄照春盘，菰白媚秋菜。"梅尧臣《闻卖韭黄蓼甲》："百物种未活，初逢卖菜人。乃知粪土暖，能发萌芽春。柔美已先荐，阳和非不均。芹根守天性，憔悴涧之滨。"王千秋《点绛唇·春日》词："韭黄犹短，玉指呵寒剪。"《本草纲目》载："南方之菘，畦内过冬，北方者多入窖内，燕京圃人又以马粪入窖壅培，不见风日，长出苗叶，皆嫩黄色，脆美无滓，谓之黄芽菜，豪贵以为嘉品，盖亦仿韭黄之法也。"

## 第四章

1. 温度与生物的关系，古人早有认识。陶渊明《饮酒》："衰荣无定在，彼此更共之……寒暑有代谢，人道每如兹。"刘元载《早梅》："南枝向暖北枝寒，一种春风有两般"。曹雪芹《红楼梦》："一年三百六十日，风刀霜剑严相逼。明媚鲜妍能几时，一朝漂泊难寻觅。"《礼记·月令》："东风解冻，蛰虫始振"、"方冬不寒，蛰虫复出"、"冬行春令，则虫蝗为败"；王充《论衡》："虫之生也，必依温湿。温湿之气，常在春夏……春夏非一，而虫时生者，温湿甚也。"

2. 春暖花开，万物复苏，是我国古诗文重要题材之一。白居易《赋得古原草送别》："野火烧不尽，春风吹又生。"《忆江南》名句："日出江花红胜火，春来江水绿如蓝。"《钱塘湖春行》："几处早莺争暖树，谁家新燕啄春泥。"丘迟《与陈伯之书》："暮春三月，江南草长，杂花生树，群莺乱飞。"朱熹《春日》："等闲识得东风面，万紫千红总是春。"苏轼《惠崇春江晓景》："竹外桃花三两枝，春江水暖鸭先知。"

3. 寒冬万物凋敝，古诗文多有涉及。《孔雀东南飞》："今日大风寒，寒风摧树木，严霜结庭兰。"柳宗元《江雪》："千山鸟飞绝，万径人踪灭。孤舟蓑笠翁，独钓寒江雪。"白居易《夜雪》："已讶衾枕冷，复见窗户明。夜深知雪重，时闻折竹声。"晏殊《蝶恋花》："昨夜西风凋碧树，独上高楼，望尽天涯路。"李群玉《醴陵道中》："无端寂寂春山路，雪打溪梅狼藉香。"

4. 四季轮回、万物循环，更让古人长吁短叹。晏殊《浣溪沙》："无可奈何花落去，似曾相识燕归来。"罗愿《尔雅翼》中记蛇"冬辄含土入蛰，及春出蛰则吐之"。李时珍《本草纲目》："蛇以春夏为昼，秋冬为夜。"

5. 不同地点，温度不同，古代人体会很深。杜牧《阿房宫赋》："歌台暖响，春光融融。舞殿冷袖，风雨凄凄。一日之内，一宫之间，而气候不齐"。白居易《大林寺桃花》："人间四月芳菲尽，山寺桃花始盛开。"苏麟《献范仲淹诗》："近水楼台先得月，向阳花木早逢春。"苏轼《水调歌头》："高处不胜寒"。

## 第五章

1. 水对生物的作用，我国古文中俯拾即是。如王充《论衡》："天且雨，蝼蚁徙，蚯蚓出，琴弦缓。”《管子·水地篇》中就说：“水者何也？万物之本原也，诸生之宗也。”“水者，地之血气，如筋脉之通流者也?集于草木，根得其度，华得其数，实得其量。鸟兽得之，形体肥大，羽毛丰茂，文理明著，万物莫不尽其几。反其常者，水之内度适也。”李清照《如梦令》：“昨夜雨疏风骤，浓睡不消残酒。试问卷帘人，却道海棠依旧。知否，知否？应是绿肥红瘦。”赵师秀《约客》：“黄梅时节家家雨，青草池塘处处蛙”。杜甫《春夜喜雨》：“好雨知时节，当春乃发生。随风潜入夜，润物细无声。”

2. 大旱则庄稼受灾。白居易《轻肥》：“是岁江南旱，衢州人食人!”《杜陵叟》：“杜陵叟，杜陵居，岁种薄田一顷余；三月无雨旱风起，麦苗不秀多黄死；九月降霜秋早寒，禾穗未熟皆青乾。”施耐庵《水浒传》：“烈日炎炎似火烧，野田禾稻半枯焦；农夫心内如汤煮，公子王孙把扇摇。”

3. 关于水之相变。荀子《劝学》：“冰，水为之，而寒于水。”《诗经·小雅》：“如彼雨雪、先集维霰。”刘熙《说文》：“霰，水雪相抟（团），如星而散也”；朱熹：“气蒸而为雨，如饭甑盖之，其气蒸郁而汗下淋漓；气蒸而为雾，如饭甑不盖，其气散而不收。”《庄子》：“腾水上溢为雾”；《论衡·说日篇》：“儒者又曰：‘雨从天下’，谓正从天坠也。如当论之，雨从地上，不从天下……夫云则雨，雨则云矣。初出为云，云繁为雨……云雾雨之徵也。夏则为露，冬则为霜，温则为雨，寒则为雪。雨露冻凝者，皆由地发，不从天降也”。

4. 水与温度之间的关系，古人早有察觉。《吕氏春秋》：“见瓶中之冰而知天下之寒!”;《淮南子·兵略训》：“见瓶中之水，而知天下之寒暑。”

5. 都江堰水利枢纽修建于约公元前256年，由当时秦国蜀郡太守李冰父子率众兴修。它创造性地巧妙利用山、堰地势，将岷江一分为二，水由此引入到成都平原，并且可以自动调节水流大小。它是中国古代先民兴修并沿用至今的治水工程。

## 第六章

1. 破除“天地”迷信的思想很早就出现过，如庾信《思旧铭》：“所谓天乎，乃曰苍苍之气；所谓地乎，其实抟抟之土。”

2. 风对生物的作用，诗文中咏唱很多。贺知章的《咏柳》：“碧玉妆成一树高，万条垂下绿丝绦。不知细叶谁裁出？二月春风似剪刀。”高适《别董大》：“千里黄云白日曛，北风吹雁雪纷纷”；王安石《泊船瓜洲》：“春风又绿江南岸”；苏轼《定风波》：“莫听穿林打叶声，何妨吟啸且徐行。竹杖芒鞋轻胜马，谁怕，一蓑烟雨任平生。”

3. 古人很早就设计机关来测风速、风向。殷代就开始出现用鸡毛编成的风向标，汉代出现铜凤凰和相风铜乌。它用铜或木刻成鸟的形状，鸟尾插上小旗。用长竿立在高处，鸟头可以随风向旋转。

4. 温室在汉唐时就开始使用。《汉书补遗》：“太官园种冬生葱韭菜茹，覆以屋庑，昼夜燃蕴火待温气乃生。”唐朝诗人王建《宫前早春》：“酒幔高楼一百家，宫前杨柳寺前花。内园分得温汤水，二月中旬已进瓜。”《资治通鉴》记唐太宗时有司马陈元璹“使民于地室蓄火种蔬而进之。上恶其谄，免元璹官。”

5. 至少在唐代，我国人民就知道日光浴的好处。孙思邈《千金方》：“凡天和暖无风之时，令母将儿于日中嬉戏，数见风日，则血凝气刚，肌肉牢密，堪耐风寒，不致疾病。若常藏在帏帐之中，重衣温暖，譬犹阴地之草木，不见风日，软脆不堪风寒也。”丘处机《摄生消息论》：

“冬三月，天地闭藏，水冰地坼，无扰乎阳，早卧晚起，以待日光，去寒就温，毋泄皮肤，逆之肾伤。”

## 第七章

1. 我国人民很早就意识到土、壤之别。许慎《说文解字》：“‘土’者，是地之吐生万物者也；‘二’，象地之下、地之中，‘l’，物出形也”。郑玄注《周礼·地官·大司徒》：“壤，亦土也，变言耳。以万物自生焉则言土；土，犹吐也。以人所耕稼树艺焉，则言壤；壤，和缓之貌。”

2. 我国春秋战国时代成书的《管子·地员篇》是有关土壤分类和土地利用的重要著作。它以“施”（约 1.63m）为计量单位，对当时各地土壤按泉深(地下水位)进行分类，并对各类土壤特性进行了描述和论证。

3. 古代人民早就认识到土壤耕作或改良土壤对作物有明显好处。《韩非子·外储说左上》载：“耕者且深，耨者熟耘。”《吕氏春秋·任地》说：“其深殖之度，阴土必得，大草不生，又无螟蜮，今兹美禾，来兹美麦”，“凡耕之大方；力者欲柔，柔者欲力；息者欲劳，劳者欲息；棘者欲肥，肥者欲棘；急者欲缓，缓者欲急；湿者欲燥，燥者欲湿。”《齐民要术》：“初耕欲深，转地欲浅。”

4. 我国古人很早就会改良土壤。陆容《菽园杂记》记载：“山阴、会稽有田灌盐卤，或灌盐草灰，不然不茂。宁波、台州近海处，田禾犯盐潮皆死，故砌坝拒之。严州壅田，多用石灰。台州则煅螺、蚌、蛎、蛤之灰，不用人畜粪，云‘人畜粪壅田，禾草皆茂；蛎灰则禾茂草死，故用之。’”明代袁黄《宝坻劝农书》：“地利不同，有强土、有弱土、有轻土、有重土、有紧土、有缓土、有燥土、有湿土、有生土、有熟土、有寒土、有暖土、有肥土、有瘠土，皆须相其宜而耕之。苟失其宜，则徒劳气力，反失其利……紧土宜深耕、熟耙，多耙则土松，用灰壅之最佳，紧甚用浮沙壅之，此紧者缓之也……寒土宜焚草根壅之，寒甚用石灰。”《天工开物》：“土性带冷浆者，宜骨灰蘸秧根(凡禽兽骨)，石灰淹苗足。向阳土不宜也。”

5. 土壤生物的记载。元代《农桑辑要》：“治秧田，须残年开垦，待冰冻过，则土脉苏，来春易平，且不生草。”清《耕心农话》说：“土经冰过，则高不坚垎，卑不淤滞，锄易松细，且解郁蒸之厉气，害稼诸虫及子尽皆冻死。”

## 第八章

1. 对同类物种的不同个体相吸，异类相斥，古人早有体会。《易林·屯》：“殊类异路，心不相慕：牝牛牡猳，独无室家。”《庄子·齐物论》：“猿猵狙以为雌，麋与鹿交，鳅与鱼游。毛嫱丽姬，人之所美也；鱼见之深入，鸟见之高飞，麋鹿见之决骤。四者孰知天下之正色哉。”《左传》：“唯是风马牛不相及也”；《正义》：“服虔曰：‘牝牡相诱谓之风’”；《列女傅》卷四《齐孤逐女传》：“夫牛鸣而马不应者，异类故也”；《论衡·奇怪篇》：“牝牡之会，皆见同类之物，情欲感动，乃能授施。若夫牡马见雌牛，雄雀见牝鸡，不与相合者，异类故也。殊类异性，情欲不相得也”；《艺文类聚·鸳鸯赋》：“金鸡玉鹊不成群，紫鹤红雉一生分”；李商隐《柳枝词》：“花房与蜜脾，蜂雄峡蝶雌，同时不同类，那复更相思。”又《闺情》：“红露花房白蜜脾，黄蜂紫蝶两参差”；黄庭坚《戏答王定国题门》：“花裹雄蜂雌蛱蝶，同时本白不作双”。韩凭妻《乌鹊歌》：“乌鹊双飞，不乐凤凰；妾是庶人，不乐宋王”。（引自《管锥编》）

2. 东汉初年的王充对生物的遗传变异现象就有记载。他在《论衡·讲瑞篇》说“龟故生龟，龙故生龙，形色小大，不异于前者也。见之父，察其子孙，何为不可知？”

3. 我国特有动物大熊猫数量有所增长。世界自然保护联盟于 2016 年 9 月 4 日发布最新濒危物种红色名录，其中提到，由于中国持续不懈的努力，大熊猫的数量在缓慢增加，因此对大熊猫的评级从“濒危”降为“易危”。根据最新调查结果，截至 2013 年年底，我国有 1864 只野生大熊猫。世界自然保护联盟说，大熊猫生存状况的改善“证明中国政府保护这种动物的努力行之有效”，其中包括大力重建熊猫生活需要的竹林。

4. 麋鹿保护取得实效。1900 年我国的麋鹿全部死亡。后从英国乌邦寺公园陆续引进 79 头，分别在北京麋鹿生态实验中心和江苏大丰麋鹿保护区进行饲养和繁育。目前数量已达 3000 头以上。

5. 朱鹮种群稳步增长。朱鹮历史上曾广泛分布于中国、日本、俄罗斯和朝鲜。自 20 世纪 70 年代末，其相继在日本、俄罗斯和朝鲜等地绝迹。1981 年在我国陕西洋县被发现，轰动世界。我国政府和林业主管部门高度重视，积极保护，到 2014 年底，野生朱鹮与人工朱鹮种群已发展到 1000 多只。

## 第九章

我国人口平均寿命目前已达发达国家水平。我国人均期望寿命从 1949 年前的 35.0 岁增加至 2010 年的 74.8 岁，增长了一倍多，目前基本已步入欧美发达国家的行列。

## 第十章

数学模型有很精确的预测性。南京大学经济系杜闻贞教授在 1985 年时，汇集全国很多经济学和数学学者的观点，在《人口纵横谈》一书中预测说：“我国人口学家通过对生育率转变的时机、速度的定量研究，认为在未来百年中合理的人口发展趋势应该是：从 20 世纪 80 年代起逐步实现生育率的第一个转变，坚决杜绝多胎，积极提高一胎率。到 2015 年后，开始生育率的第二个转变，逐步过渡到生两个，这样下去，到一百年后，总人口大体降到 9.77 亿。”2015 年 10 月 29 日，党的十八届五中全会公报提出，全面实施一对夫妇可生育两个孩子政策。

## 第十一章

1. 蝗灾在世界各地历史上都爆发过。我国生态学家马世骏教授对东亚飞蝗的一系列研究成果是国际、国内公认的世界一流的生态学研究。他于 1954 年提出了“根治洪泽湖和微山湖蝗灾的方案”，在小范围试验后，于 1964 年左右在河南省浚县进行了大面积治蝗试验，并于 1965 年出版了专著《中国东亚飞蝗蝗区的研究》。这项系统研究成为我国治蝗的主要科学依据。现在已有 3/4 的蝗区得到彻底改造。

2. 疟疾是全球性恶性疾病，是由疟原虫感染引起的。我国于 1967 年集中力量进行研究，参与者之一的屠呦呦于 1971 年下半年从我国古代中医药书籍中看到，青蒿似乎有治疗疟疾的功效。她创造性地用沸点较低的乙醚来萃取青蒿提取液，最终获得对动物体内疟原虫抑制率达 100%的青蒿中性提取物。青蒿素及其衍生物对恶性疟疾、脑疟等有着强大的治疗效果，挽救了全球尤其是发展中国家数百万人的生命，被饱受疟疾之苦的非洲人民称为“中国神药”。屠呦呦也被称为“青蒿素之母”，获得 2015 年诺贝尔生理学或医学奖。

## 第十二章

1. 对种内竞争，吴均的《与朱元思书》中说："夹岸高山，皆生寒树。负势竞上，互相轩邈；争高直指，千百成峰。"

2. 对植物的无性繁殖，古人也有体认。《韩非子·说林》曰："夫杨横树之即生，倒树之即生，折而树之又生，然使十人树之而一人拔之，则无生杨。"褚人获《坚瓠续集》："倒插枝栽，无不可活，絮入水亦化为萍；到处生理畅遂。送行折柳者，以人之去乡，正如木之离土，望其如柳之随处皆安耳。"

3. 对有性生殖，认识更深。王充《论衡》："'天地故生人'此言妄也。夫天地合气，人偶自生也；犹夫妇合气，子则自生也。夫妇合气，非当时欲得生子；情欲动而合，合而生子矣。且夫妇不故生子，以知天地不故生人也。"

## 第十三章

1. 我国古人对种间关系记载很多。如陶渊明《种豆南山下》："种豆南山下，草盛豆苗稀。"（竞争）；《诗经·魏风·硕鼠》："硕鼠硕鼠，无食我黍……硕鼠硕鼠，无食我麦……硕鼠硕鼠，无食我苗！"（食草作用）、《诗经·小雅·小宛》："螟聆有子，蜾蠃负之。"（寄生）；《淮南子·说林训》："螣〔音"腾"〕蛇游雾，而殆于蝍蛆"；陆佃《埤雅》："蜈蚣能制蛇，卒见大蛇，便缘而啖其脑。"（捕食）；《尔雅·释鸟》："鸟鼠同穴，其鸟为鵌〔音"图"〕，其鼠为鼵〔音"西"〕。"（共栖）；段成式《酉阳杂俎》："寄居，壳似蜗，一头小蟹，一头螺蛤也，寄在壳间常候蜗开出食，螺欲合，遂入壳中。"（共生）；《本草纲目》："(桑寄生)此物寄寓他木而生，如鸟立于上，故曰寄生、寓木、茑木。俗呼为寄生草"（寄生植物）。

2. 古人已懂得利用天敌。《尔雅翼》："今猫能禁之（蛇）；又人家畜有鹅者，蛇亦不至。"《礼记》："古之君子，使之必报之。迎猫，为其食田鼠也；迎虎，为其食田豕也"。刘询《岭表录异》："北方枭（猫头鹰）鸣，人以为怪，共恶之，南中昼夜飞鸣，与乌鹊无异，桂林人罗取生鬻（养殖）之，家家养使捕鼠，以为胜狸也"。

## 第十四章

1. 万物皆有其位，此理古人早有窥见。朱熹《朱子语类》："万物皆有此理，理皆同出一源，但所居之位不同，则其理之用不一。如为君须仁，为臣须敬，为子须孝，为父须慈。物物各具此理，而物物各异其用，然莫非一理之流行也。"

2. 古人已利用生态位不同的生物。如《农桑辑要》卷三《栽桑》说："桑间可种田禾，与桑有宜与不宜。如种谷，必揭得地脉亢干，至秋梢叶先黄，到明年桑叶涩薄十减二、三，又致天水牛，生蠹根吮皮等虫；若种蜀黍，其枝叶与桑等，如此丛杂，桑亦不茂。如种绿豆、黑豆、芝麻、瓜芋，其桑郁茂，明年叶增二、三分。种黍亦可。农家有云：'桑发黍，黍发桑，此大概也'"。韩愈《过南阳》："南阳郊门外，桑下麦青青"；梅尧臣《桑原》："原上种良桑，桑下种茂麦"；范成大《香山》："落日青山都好在，桑间荞麦满芳洲。"王士性《广志绎》："草鱼食草，鲢则食草鱼之矢，鲢食矢而近其尾，则草鱼畏痒而游，草游，鲢又觅随之。凡鱼游则尾动，定则否，故鲢草两相逐而易肥。"

## 第十五章

1. 对生物不同的生活史对策，我国古人早有记载，如《淮南子·说林训》："鹤寿千岁，以极其游，蜉蝣朝生而暮死，而尽其乐。"

2. 对生物生殖方式的不同，古书中也有记载，如对蛇的卵胎生。陈藏器《本草拾遗》记蝮蛇："众蛇之中，此独胎产。"李时珍《本草纲目》："蝮蛇胎生。"

3. 我国古人观四季轮回、动物迁移，感慨颇多。著名的有元好问《摸鱼儿》："问世间情是何物，直教生死相许？天南地北双飞客，老翅几回寒暑!欢乐趣，离别苦，就中更有痴儿女。"

4. 雁雀迁飞，特别是大雁飞翔时往往排队前行，似有意在天空作"人"字，诗词中多有咏叹。如陶敞赋《秋雁》："天扫闲云秋净时，书空匠者最相宜。"金君卿《金氏文集》："仰天一笑六朝事，过雁书空作文字。"黄伯厚《晚泊》："行草不成风断雁，一江烟雨正黄昏"；倪瓒《十月》："停桡坐对西山晚，新雁题书已着行"；程穆衡《泊射阳湖》："鱼喻月影灯生晕，雁没云端墨淡书"；张未《九日登高》："绀滑秋天称行草，却凭秋雁作挥翰"；葛长庚《菊花新》："清晨雁字，一句句在天如在纸"；吴文英："山色谁题，楼前有雁斜书!"（引自钱钟书《管锥编》）

## 第十六章

1. 袁隆平研究团队在 1960 年就发现了水稻的杂交优势现象，但在以后的 10 年中做了 3000 多个杂交组合都没有成功。原因是他们当时所用的杂交水稻亲本之间的亲缘关系太近。1970 年开始，研究团队开始在云南和海南寻找野生水稻，终于在海南三亚找到野生稻雄性不育株，从而为杂交水稻的培育奠定了基础。生物多样性的价值可见一斑。

2. 我国古人很早就认识到生物多样性及其价值。《齐民要术》中曰："粱者，黍、稷之总名也；稻者，溉种之总名；菽者，豆之总名。三谷各二十种，为六十；蔬、果之实，助谷各二十，凡为百种。"《汉书·食货志》："种谷必杂五种，以备灾害"。

3. 晋代嵇含《南方草木状》记载了生物之间相互关系及其利用："交趾人以席囊贮蚁鬻（卖）于市者，其窝如箔絮，囊皆连枝叶，蚁在其中，并巢而卖，蚁赤黄色，大于常蚁，南方柑桔若无此蚁，则其实皆为群蠹所伤，无复一完者矣。"俞宗本《种树书》："柑桔为虫所食，取蚁巢放其上，则虫自去。"屈大均《广东新语》："土人取大蚁饲之，种植家连窠买置树头，以藤竹引度，使之树树相通，斯花果不为虫蚀，柑桔林檬之树尤宜之。"

## 第十七章

1. 《荀子·富国篇》就有群落形成和演化的萌芽："今是土之生五谷也，人善治之，则亩数盆，一岁而再获之；然后瓜桃枣李一本数以盆鼓；然后荤菜百疏以泽量；然后六畜禽兽一而剸车；鼋鼍、鱼鳖、鳅鳣以时别，一而成群；然后飞鸟、凫雁若烟海；然后昆虫万物生其间：可以相食养者不可胜数也。"

2. 沧海桑田是古文常语。葛洪《神仙传》："接待以来，已见东海三为桑田。向到蓬莱，水又浅于往者，会时略半也，岂将复为陵陆乎？"储光羲《献八舅东归》："独往不可群，沧海成桑田。"刘基《惜余春慢·咏子规》："沧海桑田有时，海若未枯，愁应无已。"汤显祖《牡丹亭·缮备》："乍想起琼花当年吹暗香，几点新亭，无限沧桑。"《儿女英雄传》第三十回：

“这一年之中，你我各各的经了多少沧桑，这日月便如落花流水一般的过去了。”

## 第十八章

1. 对生物进行分类与命名的重要性，我国古人早有体会。老子曰：“有名万物之母”；欧阳建《言尽意论》曰：“名不辩物，则鉴识不显”；木华《海赋》：“将世之所收者常闻，所未名者若无”。

2. 《中国植被》（1980 年初版，全书计 200 余万字）一书是我国植物生态学与植物分类学工作者几十年工作的系统总结。它对我国植被的形成、发展历史和分布的背景、植被分类、植被分区以及合理利用、保护与改造途径进行了科学分析，为今后该学科研究的深入奠定了基础，又为农、林、牧、副业及环境保护、国土整治、自然保护区的建设等发展提供了理论依据；同时也为世界植被的研究填补了空白。该书出版后得到许多中外学者的好评，在国际植物生态学界引起强烈反响，并于 1987 年获得“国家自然科学二等奖”。

## 第十九章

1. 我国古人对食物链、食物网认识很深。鲍照《登大雷岸与妹书》：“栖波之鸟，水化之虫，智吞愚，强捕小，号噪惊聒，纷乎其中。”《关尹子·三极》说：“蝍蛆食蛇，蛇食蛙，蛙食蝍蛆，互相食也。”《埤雅》：“蝍蛆搏蛇。旧说蟾蜍食蝍蛆，蝍蛆食蛇，蛇食蟾蜍，三物相制也。”《庄子·山木》：“睹一蝉，方得美荫而忘其身。螳螂执翳而搏之，见得而忘其形。异鹊从而利之，见利而忘其真。”韩婴《韩诗外传》：“螳螂方欲食蝉，而不知黄雀在后，举其颈欲啄而食之也。”《元史》：“丙申，扬州、淮安属县蝗，在地者为鹜啄食，飞者以翅击死，诏禁捕鹜。”

2. 李时珍在《本草纲目》中还详细描述了生产者、初级消费者和次级消费者之间的关系：“鹤步则蛇出，鸡鸣则蛇结。鹳、鹤、鹰、鹃、鹜，皆鸟之食蛇者也，虎、猴、麂、麝、牛，皆兽之食蛇者也。蛇所食之虫，则蛙、鼠、燕、雀、蝙蝠、鸟鹊；所食之草，则芹、茄、石南、茱萸、蛇栗等。”

## 第二十章

1. 《周礼·地官司徒第二》中有这样一段话：“以土会之法，辨五地之物生：一曰山林，其动物宜毛物，其植物宜皂物，其民毛而方；二曰川泽，其动物宜鳞物，其植物宜膏物，其民黑而津；三曰丘陵，其动物宜羽物，其植物宜核物，其民专而长；四曰坟衍，其动物宜介物，其植物宜荚物，其民晳而瘠；五曰原湿，其动物宜臝物，其植物宜丛物，其民丰肉而庳。”似乎已关注到不同的生态系统。

2. 李诩《戒庵老人漫笔》卷四《谈参传》：“谈参者，吴人也，家故起农。参生有心算，居湖乡，田多洼芜，乡之民逃农而渔，田之弃弗辟者以万计。参薄其直收之，佣饥者，给之粟，凿其最洼者池焉，周为高塍，可备坊泄，辟而耕之，岁之入视平壤三倍。池以百计，皆畜鱼，池之上为梁为舍，皆畜豕，谓豕凉处，而鱼食豕下，皆易肥也。塍之平阜植果属，其污泽植菰属，可畦植蔬属，皆以千计。鸟凫昆虫之属悉罗取，法而售之，亦以千计。室中置数十匦，日以其分投之，若某匦鱼入，某匦果入，盈乃发之，月发者数焉。视田之入，复三倍。”可见，在明代已有人工生态系统、生态农业的出现。

3. 我国古诗文中关于自然生态系统的描写也很常见。如《小雅·鱼藻》:“鱼在在藻,依于其蒲”;汉乐府《敕勒川》:“天苍苍,野茫茫,风吹草低见牛羊”;辛弃疾《西江月夜行黄沙道中》:“稻花香里说丰年,听取蛙声一片。”

## 第二十一章

1. 林德曼(1941)的论文《Seasonal Food-Cycle Dynamics in a Senescent Lake》(载American Midland Naturalist,26(3):636-673)以中国谚语“大鱼吃小鱼,小鱼吃小虾,小虾吃泥巴”开头。原文为“Large fish eats small fish;Small fish eats water insects;Water insects eat plants and mud”。

2. 林德曼(1942)的论文《The Trophic-Dynamic Aspect of Ecology》(载 Ecology,23(4):399-417)中也提到中国。原文为:“The Eltonian Pyramid may also be expressed in terms of biomass. The weight of all predators must always be much lower than that of all food animals,and the total weight of the latter much lower than the plant production. To the human ecologist,it is noteworthy that the population density of the essentially vegetarian Chinese,for example,is much greater than that of the more carnivorous English.”翻译为中文是:(埃尔顿的)生态金字塔也可用生物量来表示。肉食性掠食者的重量肯定远低于它们的食物,而后者的重量又远低于植物生产量。例如,对人类生态学家而言这一点非常引人注目,就是食用更多植物性食物的中国人远比食用更多肉类的英国人多。

3. 《白虎通·德论》中就有能量传递的记载:“人民众多,禽兽不足,神农乃因天之时,分地之利,制耒耜,教民农作。”

## 第二十二章

1. 我国先民很早就循环利用粪便肥料。《氾胜之书》:“汤有旱灾,伊尹作为区田,教民粪种,负水浇稼。区田以粪气为美,非必良田也。”《朝野佥载》记载:“长安富民罗会以剔粪自业,里中谓之鸡肆,言若归之积粪而有所得也。会世副其业,家财巨万。”吴自牧《梦粱录》:“杭城户口繁夥,街巷小民之家,多无坑厕,只用马桶,每日自有出粪人去,谓之‘倾脚头’,各有主顾,不敢侵夺,或有侵夺,粪主必与之争,甚者经府大讼,胜而后已。”刘恂《岭表录异》:“新泷等州,山田拣荒平处锄为町畦。伺春雨,丘中聚水,即先买鲩鱼子,散于田内。一二年后,鱼儿长大,食草根并尽。既为熟田,又收鱼利;及种稻,且无稗草。乃养民之上术。”

2. 对水循环也有精辟论述:《吕氏春秋·圜道篇》是世界最早论述水分循环等周期现象的文献。该篇写道:“云气西行,云云然冬夏不辍;水泉东流,日夜不休。上不竭,下不满,小为大,重为轻。圜道也。”何承天于公元 442 年在《论浑天象体》(《宋书·天文志》)对水循环解释为:“百川发源,皆自山出,由高趋下,归注入海。日为阳精,光耀炎炽,一夜入海,所经燋竭。百川归注,足以相补。故旱不为减,浸不为溢。”

3. 我国诗文对物质循环早有阐发。《道德经》:“江海之所以能为百谷王者,以其善下之,故能为百谷王”;龚自珍《己亥杂诗》:“落红不是无情物,化作春泥更护花”;曹雪芹《红楼梦》:“未若锦囊收艳骨,一抔净土掩风流。质本洁来还洁去,强于污淖陷渠沟。”林则徐:“海纳百川,有容乃大”。

## 第二十三章

1. 我国古人很早就认识到行事要遵从自然规律。北魏贾思勰《齐民要术》:“顺天时，量地利，则用力少而成功多。任情反道，劳而无获。”

2. 人与生物平等的思想在我国起源很早。《列子·说符篇》:“齐田氏叹曰‘天之于民厚矣!生鱼鸟以为之用’。鲍氏之子进曰‘不如君言。天地万物与我俱生，类也……非相为而生之……且蚊蚋之噆肤，虎狼食肉，非天本为蚊蚋生人、虎狼生肉者哉!”《庄子·齐物论》:“天地与我并生，而万物与我为一。”《无能子》:“人者，裸虫也，与夫鳞、毛、羽虫俱焉，同生天地，交气而已，无所异也。”

3. 我国古人对自然生态系统的描写，充分展示出自然生态系统的文化价值。王维《山居秋暝》:“空山新雨后，天气晚来秋；明月松间照，清泉石上流；竹喧归浣女，莲动下渔舟；随意春芳歇，王孙自可留。”陶渊明《饮酒》:“采菊东篱下，悠然见南山；山气日夕佳，飞鸟相与还。”马致远《天净沙·秋思》:“枯藤老树昏鸦，小桥流水人家，古道西风瘦马。夕阳西下，断肠人在天涯!”

4. 我国人民很早就会保护自然。孔子《论语·述而》:“钓而不网，弋不射宿”；白居易《鸟》:“劝君莫打三春鸟，子在巢中望母归”。王建《寄旧山僧》:“猎人箭底求伤雁，钓户竿头乞活鱼”。

5. 我国古人很强调可持续利用和发展。《吕氏春秋·义尝》中写道:“竭泽而渔，岂不获得，而明年无鱼；焚薮而田，岂不获得，而明年无兽。”《孟子·梁惠王上》:“不违农时，谷不可胜食也；数罟不入洿池，鱼鳖不可胜食也；斧斤以时入山林，材木不可胜用也。”《荀子·王制》:“草木荣华滋硕之时，则斧斤不入山林，不夭其生，不绝其长也。鼋鼍鱼鳖鳅鳣孕别之时，罔罟毒药不入泽，不夭其生，不绝其长也。”

# 参考文献


曹志平. 2007. 土壤生态学. 北京: 化学工业出版社 : 274.

陈金良, 胡德夫, 曹杰, 等. 2007.普氏野马雄性杀婴行为及其对野马放归的影响. 生物学通报, 42 (2): 6-8.

陈磊, 叶其刚, 潘丽珠, 等. 2008. 长江中下游湖泊两种混生苦草属植物生活史特征与共存分布格局. 植物生态学报, 32 (1) : 106-113.

陈祖宸, 刘玉良. 刘凌冰. 1985. 细板条茗荷与海蛇的偏利共生关系. 动物学杂志, 4: 38.

丑敏霞, 朱利泉, 张玉进, 等. 2000. 光照强度对石斛生长与代谢的影响. 园艺学报, 27(5): 380-382.

丁岩钦. 1964. 陕西关中棉区棉盲蝽种群数量变动的研究. 昆虫学报, 13(3): 297.

方精云. 2000. 全球生态学：气候变化与生态响应. 北京: 高等教育出版社: 319.

方萍, 曹凑贵. 2008.“生态学” 定义新解. 江西农业大学学报(社会科学版), 7 ( 1 ): 107-110.

高雪, 刘向东. 2008. 棉花型和瓜型棉蚜产生有性世代能力的分化. 昆虫学报, 51 (1): 40-45.

葛宝明, 鲍毅新, 郑祥. 2004. 生态学中关键种的研究综述. 生态学杂志, 23 (6): 102-106.

葛雅丽, 席贻龙. 2006. 饥饿时的年龄对萼花臂尾轮虫生活史对策的影响. 安徽师范大学学报(自然科学版), 29(2) : 159-162.

龚固堂, 刘淑琼. 2007. 林火干扰与森林群落动态研究综述. 四川林业科技, 28(4) : 21-25.

何丹军, 严继宁. 2007. 外来生物入侵现状及其预防. 中国检验检疫, 2: 13-14.

何勇田, 熊先哲. 1994. 试论湿地生态系统的特点. 农业环境保护, 13(6) : 275-278.

贺金生, 陈伟烈. 1997. 陆地植物群落物种多样性的梯度变化特征. 生态学报, 17(1) : 91-99.

侯扶江, 杨中艺. 2006. 放牧对草地的作用. 生态学报, 26(1) : 244-264.

胡玲玲, 刘勇, 徐洪富, 等. 2004. 桃蚜、萝卜蚜的种内密度和种间竞争效应. 华东昆虫学报, 13 (1): 77- 80.

胡喜生, 洪伟, 吴承祯, 等. 2007. 木荷天然种群生命表分析. 广西植物, (3): 469- 474.

黄乘明, 卢立仁, 李春瑶. 1996. 论灵长类的婚配制度. 广西师范大学学报 (自然科学版), 14 (4): 78-83.

黄建辉. 1994. 物种多样性的空间格局及其形成机制初探. 生物多样性, 2(2): 103-107.

黄建辉, 韩兴国. 2001. 关键种, 关键在哪里? 植物生态学报, 25 (4): 505-509.

黄康有, 廖文波, 金建华, 等. 2007. 海南岛吊罗山植物群落特征和物种多样性分析. 生态环境, 16(3): 900-905.

江洪涛, 张红梅. 2003. 国内外水葫芦防治研究综述. 中国农业科技导报, 5(3):72-75.

江小蕾, 张卫国, 杨振宇, 等. 2003. 不同干扰类型对高寒草甸群落结构和植物多样性的影响. 西北植物学报, 9:1479-1485.

姜乃力. 2005. 论城市生态系统特征及其平衡的调控. 水土保持学报, 19(2) : 187-190.

金波, 陈集双. 2005. 两株黄瓜花叶病毒卫星 RNA 的竞争与共存研究. 微生物学报, 45(2): 209-212.

金相灿, 杨苏文, 姜霞. 2007. 非稳态条件下藻类种间非生物资源竞争理论及研究进展. 生态环境, 16(2): 632-638.

孔令军, 梁青. 2007. 鼠类种群密度调查与综合治理的研究. 中华卫生杀虫药械, 13(5): 344-346.

李斌, 黄庭钧, 徐清扬. 2003. 水域“癌细胞”——水葫芦. 科技经纬, 1: 16-17.

李俊清. 1986. 阔叶红松林中红松的分布格局及其动态. 东北林业大学学报, 14(1) : 33-38.

李同华, 姜静, 陈建名, 等. 2004. 种子植物性别的多态性. 东北林业大学学报, 32 (5): 48-52.

李永强, 许志信. 2002. 典型草原区撂荒地植物群落演替过程中物种多样性变化. 内蒙古农业大学学报, 23(4): 26-31.

梁子宁, 张永强. 2007. 龙眼园节肢动物群落结构及其时空格局. 生态学报, 27(4) : 1542-1549.

廖崇惠, 李健雄, 杨悦屏, 等. 2003. 海南尖峰岭热带林土壤动物群落——群落结构的季节变化及其气候因素. 生态学报, 23(1) : 139-147.

林仲桂, 雷玉兰. 2003. 光照强度对马齿苋生长的影响. 林业科技开发, 17(5): 31-33.
刘建国, 马世骏. 1990. 现代生态学透视. 北京: 科学技术出版社: 322.
刘金燕, 张桂芬, 万方浩, 等. 2008. 烟粉虱种内及种间竞争取代机制. 生物多样性, 16 (3): 214-224.
刘军和, 贺达汉. 2008. 七星瓢虫与异色瓢虫对桃蚜的种间竞争研究. 中国植保导刊, 28(6): 9-12.
刘蕾, 肖利娟, 韩博平. 2008. 一座南亚热带小型贫营养水库浮游植物群落结构及季节变化. 生态科学, 27(4): 217-221.
刘守江, 苏智先, 张霞, 等. 2003. 陆地植物群落生活型研究进展. 四川师范学院学报(自然科学版), 24(2) : 155-159.
刘伟, 宛新荣, 王广和, 等. 2004. 不同季节长爪沙鼠同生群的繁殖特征及其在生活史对策中的意义. 兽类学报, 24(3) : 229-234.
刘炜, 冯虎元. 2006. 丛枝菌根共生关系的信号机制研究进展. 西北植物学报, 26 (10): 2173-2178.
刘芸, 尤民生. 2008. 黄曲条跳甲实验种群生命表. 福建农林大学学报(自然科学版), 37(1): 27-32.
刘志民, 蒋德明, 高红瑛, 等. 2003. 植物生活史繁殖对策与干扰关系的研究. 应用生态学报, 14 (3): 418-422.
刘仲健, 陈利君, 饶文辉, 等. 2008. 长瓣杓兰(*Cypripedium lentiginosum* )种群数量动态与生殖行为的相关性. 生态学报, 28(1) : 111-121.
卢升高, 吕军. 2004. 环境生态学. 杭州: 浙江大学出版社: 320.
鲁开宏, 王洪柱. 1990. 论农业生态系统的几个显著特点. 农村生态环境, 1:36-38.
鲁新. 1993. 亚洲玉米螟田间主要死亡因子分析. 玉米科学, 1(2) : 77-79.
罗辑, 李伟, 廖晓勇, 等. 2004. 近百年海螺沟冰川退缩区域土壤 $CO_2$ 排放规律. 山地学报, 22(4): 421-427.
罗世家, 邹惠渝, 于盛明, 等. 1999. 黄山松种群的数量特征. 林业科技, 24(4) : 1-4.
马建章, 鲁长虎, 陈化鹏. 1995. 群落边缘效应与物种多样性. 中国科学院生物多样性委员会、林业部野生动物和森林植物保护司. 生物多样性研究进展——首届全国生物多样性保护与持续利用研讨会论文集. 北京: 中国科学技术出版社.
马杰, Metzner W, 梁冰, 等. 2004a. 同地共栖四种蝙蝠食性和回声定位信号的差异及其生态位分化. 动物学报, 50 (2): 145-150.
马杰, 梁冰, 张树义, 等. 2004b. 食鱼蝙蝠形态和行为特化研究. 生态学杂志, 23 (2): 76-79.
马世骏. 1980. 现代生态学的发展趋势及我们的任务(中国生态学学会成立大会报告, 1979). 森林生态系统研究, 1: 221-232.
马世骏, 王如松. 1984. 社会-经济-自然复合生态系统. 生态学报, 4(1): 1-9.
马炜梁, 吴翔. 1989. 薜榕小蜂(*Blastophaga pumilae* Hill)与薜荔(*Ficus pumila* L. )的共生关系. 生态学报, 9(1): 9-14.
马永清, 刘德立, Lovett J V. 1991.杂草间的他感作用及其在杂草生防中的应用. 生态学杂志, 10(5) : 46-49.
马宗仁, 常向前, 郭辉. 2004. 高尔夫球场不同功能区草地优势种蛴螬种群生态位分析. 应用生态学报, 15 (8) :1416-1422.
南春容, 董双林. 2003. 资源竞争理论及其研究进展. 生态学杂志, 22 (2): 36-42.
倪喜军, 郑光美, 张正旺. 2001.鸟类婚配制度的生态学分类. 动物学杂志, 36 (1): 47-54.
牛丽丽, 余新晓, 刘淑燕, 等. 2008. 北京松山自然保护区油松种群生活史及其空间分布格局. 北京林业大学学报, 30(supp. 2): 17-21.
彭少麟. 1997. 全球变化现象及其效应. 生态科学, 16(2): 1-8.
彭少麟, 方炜, 任海, 等. 1998. 鼎湖山厚壳桂群落演替过程的组成和结构动态. 植物生态学报, 22 (3) :245-249.
秦姣, 施大钊. 2008. 植物生长期布氏田鼠种群密度波动特征. 草地学报, 16(1) : 85-88.
任海, 蔡锡安, 饶兴权, 等. 2001. 植物群落的演替理论. 生态科学, 20(4) : 59-67.
任海, 刘世忠, 彭少麟, 等. 2001. 植物群落波动的类型与机理(综述) . 热带亚热带植物学报, 9(2) : 167-173.
上官小霞, 沈文君, 李生才. 2002. 棉田蜘蛛群落时空生态位研究. 中国生态农业学报, 10(4) : 87-90.
尚玉昌. 1986. 行为生态学(十四) : 动物的领域行为(1) .生态学杂志, 5(6) : 60-64.
申继忠. 1992. 植物间的他感作用及杂草防除. 植物保护, 18(3) : 41-43.

沈清基. 1997. 城市生态系统基本特征探讨. 华中建筑, 15(1) : 88-91.
宋君.1990. 植物间的他感作用. 生态学杂志, 9(6) : 43-47.
宋西德, 王得祥, 刘粉莲, 等. 2004. 城市不同绿地生态效应的研究. 生态经济, (12) : 74-78.
孙儒泳, 李庆芬, 牛翠娟, 等. 2002. 基础生态学. 北京: 高等教育出版社: 325.
孙胜梅, 吴云山, 黄洪琳. 2004. 浙江省迁入人口的现状、特征与思考. 浙江社会科学, (2) : 100-105.
陶云霞, 严绍颐. 1990. 动物抗低温机制的研究. 中国生物工程杂志,10(1): 26-30.
滕兆乾, 张青文. 2006. 昆虫精子竞争及其避免机制. 中国农业大学学报, 11 (6): 7-12.
宛新荣, 钟文勤, 王梦军, 等. 2000. 哺乳动物存活曲线类型的分析方法探讨. 兽类学报, 20(2): 142-145.
汪凤娣. 2003.外来入侵物种凤眼莲的危害及防治对策. 黑龙江环境通报, 27(3) : 21-23.
汪子春, 罗桂环, 程宝绰. 1992.中国古代生物学史略. 石家庄: 河北科学技术出版社: 206.
汪祖国, 顾品强, 夏如铁, 等. 2002. 上海地区麦田杂草种群和突增期年际变化及与环境因素的关系. 杂草科学, (3) : 13-17.
王伯荪. 1987. 植物群落学. 北京: 高等教育出版社: 376.
王凤, 鞠瑞亭, 李跃忠, 等. 2006. 生态位概念及其在昆虫生态学中的应用. 生态学杂志, 25 (10): 1280-1284.
王刚, 赵松岭, 张鹏云, 等. 1984. 关于生态位定义的探讨及生态位重叠计测公式改进的研究. 生态学报, 4(2) : 119-127.
王如松, 马世骏. 1985. 边缘效应及其在经济生态学中的应用. 生态学杂志, (2) : 38-42.
王瑶, 刘建, 王仁卿. 2007. 阿利效应及其对生物入侵和自然保护中小种群管理的启示. 山东大学学报(理学版), 42(1) : 76-82.
王元素, 洪绂曾, 王堃. 2007. 植物次生化合物光谱分析预测动物采食量研究进展. 光谱学与光谱分析, 127(9): 1770-1774.
王宗灵, 张克智, 王刚. 1997. 沙坡头人工固沙区草本层片结构组成与群落演替规律分析. 草业学报, 6(3) : 76-80.
吴邦兴. 1991.云南西双版纳季节雨林垂直结构的研究. 植物学报, 33(3): 232-239.
吴东丽, 上官铁梁, 薛红喜, 等. 2003. 滹沱河湿地植物群落的种间关系研究. 山西大学学报(自然科学版), 26 (1): 71-75.
吴冬秀, 张彤, 白永飞, 等. 2002. —3/2 方自疏法则的机理与普适性. 应用生态学报, 13 (9) : 1081-1084.
吴爽, 丁绍刚, 康红涛. 2008.他感作用及其在园林设计中的应用研究 安徽农业科学, 36 (25): 10865-10868.
吴兆录. 1994.生态学的发展阶段及其特点. 生态学杂志, 13(5) : 67-72.
吴征镒. 1980.中国植被. 北京: 科学出版社: 1382.
武维华. 2008.植物生理学. 2 版. 北京: 科学出版社 : 520.
夏北成. 1998. 土壤微生物群落中的无竞争多样性. 中山大学学报(自然科学版), 37(supp. 2) : 212-216.
熊毅. 1982. 农业生态系统的特点及其研究任务. 中国农业科学, 7: 78-83.
徐师华, 王修兰, 吴毅明. 2000. 不同光质光谱对作物生长发育的影响. 生态农业研究, 8(1) : 18-20.
严林. 2001. 影响贵德蝠蛾种群数量变动的主导因子分析. 江苏农业科学, 5: 66-68.
阎希柱. 2000. 初级生产力的不同测定方法. 水产学杂志, 13(1) : 81-86.
阳含熙. 1984.生态学的过去、现在和未来. 自然资源学报, 4(4) : 355-361.
阳含熙. 1984.演替理论的新阶段. 新疆林业科技, 1: 1-8.
杨春文, 张春美, 张广臣, 等. 1996.长白山地林区棕背鼠平种群数量分布及变动的研究. 森林病虫通讯, 3: 9-11.
杨慧, 娄安如, 高益军, 等. 2007.北京东灵山地区白桦种群生活史特征与空间分布格局. 植物生态学报, 31 (2): 272-282.
杨万勤, 王开运, 宋光煜. 2002.土壤生态型及其应用. 中国生态农业学报, 10(1): 38-40.
杨在娟, 岳春雷, 汪奎宏. 2002. 光照强度对雷竹无性系生长的影响. 浙江林业科技, 22(3): 74-83.
姚红, 谭敦炎. 2005.胡卢巴属 4 种短命植物个体大小依赖的繁殖输出与生活史对策. 植物生态学报, 29 (6) :954-960.
姚士桐, 姚德宏, 郑永利.2008. 温度对黄曲条跳甲成虫田间自然种群消长影响研究. 中国植保导刊, 28(1): 10-12.

姚新武，尹华. 2001.中国基本人口数据. 国务院人口普查办公室、国家统计局人口与社会科技司. 2000 年第五次全国人口普查主要数据. 北京：中国统计出版社: 64.

殷蕙芬. 1983.材小蠹属与真菌共生关系的研究概况. 森林病虫通讯, 2:26-30.

尹林克.1995.中亚荒漠生态系统中的关键种—柽柳(*Tamarix* spp.)．干旱区研究, 12(3) : 43-47.

于丹. 1994.水生植物群落动态与演替的研究. 植物生态学报, 18(4) : 372-378.

于晓东，房继明. 2003. 亲缘关系与布氏田鼠双亲行为和杀婴行为关系的初探. 兽类学报, 23 (4): 326-331.

张大勇，雷光春, Hanki I.1999.集合种群动态:理论与应用. 生物多样性, 7 (2):81-90.

张光明，谢寿昌.1997.生态位概念演变与展望. 生态学杂志, 16 (6): 46-51.

张嘉生. 2005.钩栲群落优势植物种群竞争的研究. 福建林业科技, 32(4): 82-85.

张建军，张知彬. 2003a.动物的性选择. 生态学杂志, 22 (4): 60-64.

张建军，张知彬. 2003b.动物的婚配制度. 动物学杂志, 38 (2): 84-89.

张晋东，戴建洪，戴强，等. 2006.若尔盖湿地 3 种无尾两栖类不同发育阶段的生态位宽度. 应用与环境生物学报, 12 (5): 665-668.

张景光，李新荣，王新平，等. 2001.沙坡头地区固定沙丘一年生植物小画眉草种群动态研究. 中国沙漠, 21(3) : 232-235.

张景光，王新平，李新荣，等. 2005. 荒漠植物生活史对策研究进展与展望. 中国沙漠, 25(3) : 306-314.

张立波，常立群，徐海军，等. 2001. 达乌尔黄鼠特定时间生命表和存活曲线. 中国地方病防治杂志, 16(1): 41-42.

张善余，彭际作，毛爱华. 2006. 西部地区人口迁移形势及其影响分析. 内蒙古社会科学(汉文版), 27(1) : 95-99.

张维，罗新泽. 2004.生物种群调节方式探讨. 伊犁师范学院学报, 3: 51-53.

张学珍，郑景云，方修琦，等. 2007.1470-1949 年山东蝗灾的韵律性及其与气候变化的关系. 气候与环境研究, 12(6):788-794.

张谊光. 1983.我国不同气候生态型水稻品种的种植上限及其温度条件. 自然资源, 2: 65-72.

张永香，赵海英，黄磊，等.2008. 浅谈太原盆地南部气候生态型的特殊性及冬小麦品种生态型. 科技情报开发与经济, 18(32): 147-148.

张昀. 1998.生物进化. 北京：北京大学出版社: 266.

张志强，王德华. 2004.小型哺乳动物种群周期性波动的自我调节假说. 兽类学报, 24(3): 260-266.

长有德，康乐. 2002.昆虫在多次交配与精子竞争格局中的雌雄对策. 昆虫学报, 45 (6): 833-839.

赵志模、郭依泉. 1990.群落生态学原理与方法. 北京：科学技术文献出版社: 288.

郑华，欧阳志云，赵同谦，等. 2003.人类活动对生态系统服务功能的影响. 自然资源学报, 18(1) : 118-126.

郑然，李栋梁，蒋元春，等. 2015. 全球变暖背景下青藏高原气温变化的新特征. 高原气象, 34(6): 1531-1539.

郑师章，吴千红，王海波，等. 1994.普通生态学：原理、方法和应用. 上海：复旦大学出版社 : 434.

周灿芳.2000.植物群落动态研究进展. 生态科学, 19(2) : 53-59.

周立志，宋榆钧. 1997.长春花背蟾蜍春夏季种群生态研究. 动物学杂志, 32(6) : 26-31.

周晓，葛振鸣，施文彧，等.2006.长江口九段沙湿地大型底栖动物群落结构的季节变化规律. 应用生态学报, 17 (11): 2079-2083.

周长发，苏翠荣，归鸿. 2015. 中国蜉蝣概述. 北京：科学出版社: 310.

朱春全.1993. 生态位理论及其在森林生态学研究中的应用. 生态学杂志, 12 (4): 41-46.

朱道弘.2004. 小翅稻蝗的精子竞争及交配行为的适应意义. 生态学报, 24 (1): 84-88.

朱光峰，徐荣. 2004.宁波市蚊类种群 1999～2002 年的年际动态变化. 中国媒介生物学及控制杂志, 15(3) : 182-183.

朱小龙，裘丽，李振基. 2002. “关键种”理论与福建南亚热带极度退化生态系统重建构想. 福建林业科技, 29(2) : 4-8.

朱志红. 1995.老芒麦同龄种群的种内竞争与结构研究Ⅱ：自疏与密度调节. 青海畜牧兽医杂志, 25(4) : 12-15.

宗世祥, 骆有庆, 许志春, 等. 2006.沙棘木蠹蛾蛹的空间分布. 生态学报, 26(10) : 3232-3237.

祖元刚. 1990.能量生态学引论. 长春: 吉林科学技术出版社: 388.

Adams D C. 2004. Character displacement via aggressive interference in appalachian salamanders. Ecology, (10): 2664-2670.

Albert A Y K, Millar N P, Schluter D. 2007. Character displacement of male nuptial colour in threespine sticklebacks (*Gasterosteus aculeatus*). Biological Journal of the Linnean Society, 91: 37-48.

Allen J F. 1996.Separate Sexes of the mitochondrial theory of ageing. Journal of Theoretical Biology, 180: 135-140.

Allee W C. 1931.Animal Aggregations. A Study in General Sociobiology. Chicago: University of Chicago Press: 431.

Allee W C, Emerson A E, Park O, et al. 1949.Principles of Animal Ecology. Philadelphia and London :W. B. Saunders: 837.

Arrhenius O. 1921.Species and area. Journal of Ecology, 9: 95-99.

Ayala F J, Valentine J W. 1984.现代综合进化论.胡楷译. 北京: 高等教育出版社: 427.

Banbura J, Zielinski P.1995.A clear case of sexually selected infanticide in the swallow *Hirundo rustica*. Journal and Ornithology, 136 (3): 299-301.

Bateman A J. 1948.Intra-sexual selection in *Drosophila*. Heredity, 2: 349-368.

Berglund A, Rosenqvist G, Svensson I. 1989.Reproductive success of females limited by males in two pipefish species. The American Naturalist, 133 (4): 506-516.

Blackman F F. 1905.Optima and limiting factors. Annals of Botany, 19: 281-295.

Boonstra R, Krebs C J, Stenseth N C. 1998. Population cycles in small mammals: the problem of explaining the low phase. Ecology, 79(5): 1479-1488.

Braun-Blanquet J. 1932. Plant Sociology: the Study of Plant Communities. New York: McGraw-Hill: 300.

Calder W A. 1973. Microhabitat selection during nesting of hummingbirds in the rocky mountains. Ecology, 54(1): 127-134.

Chan K, Augusteyn J. 2003. Relationship between bird-unit size and territory quality in three species of fairy-wrens (*Malurus* spp.) with overlapping territories. Ecological Research, 18: 73-80.

Chapman J L, Reiss M J. 1999. Ecology: Principles and Applications. Cambridge:Cambridge University Press: 330.

Clements F E.1916. Plant Succession: an Analysis of the Development of Vegetation. Washington: Publication of the Carnegie Institute: 242.

Clements F E. 1920. Plant Indicators: the Relation of Plant Communities to Process and Practice. Washington: Carnegie Institute Publications: 388.

Clements F E. 1936.Nature and structure of the climax. Journal of Ecology, 24: 253-284.

Clutton-Brock T H, Guinness F E, Albon S. 1982. Red Deer, Behavior, and Ecology and Two Sexes. Chicago: Chicago University Press: 378.

Connell J H. 1961.The influence of interspecific competition and other factors on the distribution of the barnacle *Chthamalus stellatus*. Ecology, 42: 710-723.

Connell J H. 1970.A predator-prey system in the marine intertidal region. Ⅰ. *Balanus glandula* and several predatory species of Thais. Ecological Monography, 40: 49-78.

Connell J H. 1978.Diversity in tropical rain forests and coral reefs. Science, 199(4335): 1302-1310.

Connell J H, Slatyer R O. 1977.Mechanisms of succession in natural communities and their role in community stability and organization. The American Naturalist, 111: 1119-1144.

Cooper W S. 1923a.The recent ecological history of Glacier Bay, Alaska. Parts Ⅰ. Ecology, 4 (2): 93-128.

Cooper W S. 1923b.The recent ecological history of Glacier Bay, Alaska. Parts Ⅱ. Ecology, 4 (3): 223-46.

Cooper W S. 1923c.The recent ecological history of Glacier Bay, Alaska. Parts Ⅲ. Ecology, 4 (4): 355-365.

Courchamp F, Clutton-Brock T, Grenfell B. 1999. Inverse density dependence and the Allee effect. Tree, 14(10): 405-410.

Cox P A. 1982. Vertebrate pollination and the maintenance of dioecism in *Freycinetia*. The American Naturalist, 120 (1): 65-80.

Creighton J C, Schnell G D. 1996. Proximate control of siblicide in cattle egrets: a test of the food-amount hypothesis. Behavioral Ecology and Sociobiology, 38 (6): 371-377.

Cyr H, Pace M L.1993. Magnitude and patterns of herbivory in aquatic and terrestrial ecosystems. Nature, 361:148-150.

Darwin C. 1963. 物种起源.周建人, 叶笃庄, 方宗熙译. 北京: 商务印书馆: 575.

Davidson J, Andrewartha H G. 1948a. Annual trends in a natural population of *Thrips imaginis* (Thysanoptera). Journal of Animal Ecology, 17: 193-199.

Davidson J, Andrewartha H G. 1948b. The influence of rainfall, evaporation and atmospheric temperature on fluctuations in the size of a natural population of *Thrips imaginis* (Thysanoptera). Journal of Animal Ecology, 17: 200-222.

Dawkins R, Krebs J R. 1979.Arms Races between and within Species. Proceedings of the Royal Society of London (B), 205: 489-511.

del Moral R. 1998.Early succession on lahars spawned by Mount St. Helens. American Journal of Botany, 85: 66, 820-828.

Dodson C H, Dressler R L, Hills H G, et al. 1969. Biologically active compounds in orchid fragrances. Science, 164: 1243-1249.

Donald C M. 1951.Competition among pasture plants Ⅰ. Intra-specific competition among annual pasture plants. Australian Journal of Agricultural Research, 2: 355-376.

Duca C, Guerra T J, Marini M Â. 2006.Territory size of three Antbirds (Aves, Passeriformes) in an Atlantic forest fragment in southeastern Brazil. Revista Brasileira de Zoologia, 23 (3): 692-698.

Elton C. 1924.Periodic fluctuations in the numbers of animals: their causes and effects. British Journal of Experimental Biology, 2:119-163.

Elton C.1927. Animal Ecology. New York: Macmillan: 207.

Emerson A E. 1960.Evolution of Adaptation in Population Systems. Tax S. Evolution after Darwin. Chicago: Chicago University Press: 307-348.

Evans F C. 1956.Ecosystem as the basic unit in ecology. Science, 123: 1127-1128.

Fabiani A, Galimberti F, Sanvito S, et al. 2004.Extreme polygyny among southern elephant seals on Sea Lion Island, Falkland Islands. Behavioral Ecology, 15: 961-969.

Field C B, Behrenfeld M J, Randerson J T, et al.1998. Primary production of the biosphere: integrating terrestrial and oceanic components. Science, 281(5374): 237-240.

Fuller M E. 1934.The insect inhabitants of carrion: a study in animal ecology. Council for Scientific and Industrial Research. Bulletin, (82): 63.

Gams H. 1918. Prinzipienfragen der vegetationsforschung. Vierteljahrsschrift der Naturforschenden Gesellschaft in Zurich, 63: 293-493.

Gargett V. 1977. A 13-year population study of the black eagles in *Matopos rhodesia*. Ostrich, 48: 17-27.

Garner W W, Allard H A.1920. Effect of the relative length of day/night and other factors of the environment on growth and reproduction in plants. Journal of Agricultural Research, 18: 533-606.

Gause G F. 1934.The Struggle for Existence. Baltimore:Williams and Wilkins: 163.

Gause G F. 1935.Vérifications expérimentales de la théorie mathématique de la lutte pour la vie. Actual Sei Ind , 277: 1-63.

Gerhardt H C, Dyson M L, Tanner S D. 1996.Dynamic properties of the advertisement calls of gray tree frogs: patterns and variability of female choice. Behavioral Ecology, 7 (1): 7-18.

Getz L L, Ozgul A, Kloli M, et al. 2007.Dynamics of sympatric vole populations: influence of interspecific competition. 动物学报, 53 (5): 800-811.

Getz L L. 2005.Vole populationfluctuations: why and when? 兽类学报, 25(3) : 209-218.

Gleason H A.1922. On the relation between species and area. Ecology, 3: 158-162.

Golley F B. 1960.Energy dynamics of a food chain of an old-field community. Ecological Monographs, 30(2): 187-206.

Golley F B. 1991.The ecosystem concept: a search for order. Ecological Research, 6: 129-138.

Grant P R. 1972.Convergent and divergent character displacement. Biological Journal and the Linnean Society, 4: 39-68.

Grant P R, Grant B R. 2006.Evolution of character displacement in Darwin's finches. Science, 313: 224-226.

Grime J P. 1979.Plant strategies and vegetation processes. Chichester: Wiley: 222.

Grinnell J.1917. The niche relationships of the California thrasher. Auk, 34: 427-433.

Grinnell J.1924. Geography and evolution. Ecology, 5: 225-229.

Grinnell J. 1928.Presence and absence of animals. University of California Chron, 30: 429-450.

Grubb P J. 1977.The maintenance of species richness in plant communities: the importance of the regeneration niche. Biological Review, 52: 107-145.

Haeckel E. 1866.Generelle Morphologie der Organismen, 2 Vols. Ⅰ. Allgemeine anatomie der organismen; Ⅱ: Allgemeine entwicklungsgeschichte der organismen. Berlin: Georg Reimer Verlag : 626.

Haeckel E. 1869. Zur Entwickelungsgeschichte der Siphonophoren. Natuurk Verk Prov Utrechtsh Genoots, 6: 1-120.

Hamilton W J, Orians G H. 1965. Evolution of brood parasitism in altricial birds. Condor, 67:361-382.

Hansen T F, Stenseth N C, Henttonen H. 1999.Multiannual vole cycles and population regulation during long winters: an analysis of seasonal density dependence. The American Naturalist, 154(2): 129-139.

Hilbert D W, Swift D M, Detlingt J K, et al. 1981.Relative growth rates and the grazing optimization hypothesis. Oecologia (Berlin), 151: 14-18.

Huey R B, Pianka E R. 1974.Ecological character displacement in a lizard. American Zoologist, 14(4): 1127-1136.

Huey R B, Pianka E R, Egan M E, et al.1974. Ecological shifts in sympatry: kalahari fossorial lizards (*Typhlosaurus*). Ecology, 55: 304-316.

Husar S L.1976.Behavioral character displacement: evidence of food partitioning in insectivorous bats. Journal of Mammalogy, 57 (2): 331-338.

Hutchinson G E. 1957.Concluding remarks. Cold Spring Harbor Symposia on Quantitative Biology, 22: 415-427.

Johannesson B.1986. Shell morphology of *Littorina saxatilis* Olivi: the relative importance of physical factors and predation. Journal of Experimental Marine Biology and Ecology, 102(2-3): 183-195.

Johnston D W, Odum E P. 1956.Breeding bird populations in relation to plant succession on the Piedmont of Georgia. Ecology, 37: 50-62.

Jones A G, Arguello J M, Arnold S J. 2002.Validation of Bateman's principles: a genetic study of sexual selection and mating patterns in the rough-skinned newt. Proceedings of the Royal Society of London (B), 269: 2533-2539.

Jones A G, Rosenqvist G, Berglund A, et al. 2000.The Bateman gradient and the cause of sexual selection in a sex-role-reversed pipefish. Proceedings of the Royal Society of London (B), 267: 677-680.

King A A, Schaffer W M. 2001. The geometry of a population cycle: a mechanistic model of snowshoe hare demography. Ecology, 82: 814-830.

Kitowski I. 2005.Sibling conflict in Montagu's harrier *Circus pygargus* during the post fledging period in southeast Poland. 动物学报, 51 (5): 790-796.

Klump G M, Gerhardt H C. 1987.Use of Non-arbitrary acoustic criteria in mate choice by female gray tree frogs. Nature, 326: 286-288.

Knops J M H, Koenig W D, Carmen W J. 2007. Negative correlation does not imply a tradeoff between growth and reproduction in California oaks. Proceedings of the National Academy of Sciences of the United States of America, 104(43): 16982-16985.

Kozlovsky D G. 1968. A critical evaluation of the trophic level concept. Ⅰ. Ecological efficiencies. Ecology, 49(1): 48-60.

La Sociobiologie V M. 1988. 社会生物学.殷世才，孙兆通译. 北京：社会科学文献出版社: 132.

Lack D. 1954. The natural regulation of animal numbers. Oxford: Clarendon Press: 343.

Le Boeuf B J. 1974. Male-male competition and reproductive success in elephant seals. American Zoologist, 14: 163-176.

Levitt J.1980.Responses of plant to environmental stresses. London: Academic Press: 297.

Liebig J. 1840.Chemistry and its application to agriculture and physiology. London:Taylor and Walton: 407.

Lieth H, Whittaker R H.1975. Primary productivity of the biosphere. Ecological Studies, v 14. New York: Springer-Verlag: 339.

Lindeman R L. 1942.The trophic-dynamic aspect of ecology. Ecology, 23: 399-418.

Lindenfors P, Tullberg B S, Biuw M. 2002.Phylogenetic analyses of sexual selection and sexual size dimorphism in pinnipeds. Behavioral Ecology and Sociobiology, 52: 188-193.

Lively C M, Craddock C, Vrijenhoek R C. 1990.Red queen hypothesis supported by parasitism in sexual and clonal fish. Nature, 344: 864-866.

Lotka A J. 1925. Elements of physical biology. Baltimore: Williams and Wilkins: 460.

Loyau A, Jalme M S, Cagniant C, et al. 2005. Multiple sexual advertisements honestly reflect health status in peacocks (*Pavo cristatus*). Behavioral Ecology and Sociobiology, 58 (6): 552-557.

Loyau A, Jalme M S, Sorci G. 2005. Intra- and intersexual selection for multiple traits in the peacock (*Pavo cristatus*). Ethology, 111 (9): 810-820.

Lubchenco J. 1978.Plant species diversity in a marine intertidal community: importance of herbivore food preference and algal competitive abilities. The American Naturalist, 112: 23-39.

Lubchenco J. 1980. Algal zonation in a New England rocky intertidal community: an experimental analysis. Ecology, 61: 333-344.

Lubchenco J. 1983.*Littorina* and *Fucus*: effects of herbivores, substratum heterogeneity, and plant escapes during succession. Ecology, 64: 1116-1123.

Lubchenco J. 1998.Entering the century of the environment: a new social contract for science. Science, 279: 491-497.

Lyon B E. Egg recognition and counting reduce costs of avian conspecific brood parasitism. Nature, 2003, 422: 495-499.

MacArthur R H, Levins R. 1967.The limiting similarity, convergence and divergence of coexisting species. The American Naturalist, 101: 377-385.

MacArthur R H, Wilson E O. 1963.An equilibrium theory of insular zoogeography. Evolution, 17:373-387.

MacArthur R H, Wilson E O. 1967.The theory of island biogeography. Princeton: Princeton University Press: 224.

Malthus T R. 1806.An essay on the Principle of Population, as it Affects the Future Improvement of Society, with Remarks on the Speculations of Mr. Godwin, M. Condorcet, and Other Writers. London: Gale Ecco: 505.

Martin A P, Palumbit S R. 1993.Body size, metabolic rate, generation time, and the molecular clock. Proceedings of the National Academy of Sciences of the United States of America, 90: 4087-4091.

Mayr E. 1942. Systematics and the Origin of Species from the Viewpoint of a Zoologist. New York: Columbia University Press: 372.

Mayr E. 1990. 生物学思想的发展. 涂长晟译. 成都：四川教育出版社: 1096.

McIntosh R P. 1998. The myth of community as organism. Perspectives in Biology and Medicine, 41(33): 426-438.

Møller A P. 1988. Female choice selects for male sexual tail ornaments in the monogamous swallow. Nature, 332: 640-642.

Monks A, Kelly D. 2006. Testing the resource-matching hypothesis in the mast seeding tree *Nothofagus truncata* (Fagaceae). Austral Ecology, 31: 366-375.

Moritz C, Mccallum H, Donnellan S,et al. 1991.Parasite loads in parthenogenetic of sexual lizards (*Heteronotia binoei*): support for the red queen hypothesis. Proceedings of Biological Sciences, 244: 145-149.

Nevo E, Gorman G C, Soulé M, et al. 1972. Competitive exclusion between insular *Lacerta* species (Sauria, Lacertidae). Notes on experimental introductions. Oecologia, 10: 175-183.

Odum E P. 1953.Fundamentals of Ecology. Philadelphia: W.B. Saunders Company: 384.

Odum H T. 1957.Trophic structure and productivity of Silver Springs, Florida. Ecological Monographs, 27: 55-112.

Odum E P. 1959.Fundamentals of Ecology.2nd ed. Philadelphia and London: W.B. Saunders Company: 546.

Odum E P. 1969.The strategy of ecosystem development. Science, 164: 262-270.

Odum E P. 1981. 生态学基础. 3 版. 孙儒泳, 等译. 北京: 人民教育出版社: 606.

Odum H T. 1983.Systems Ecology: an Introduction. New York :Wiley: 644.

Packer C, Pusey A E. 1983. Adaptations of female lions to infanticide by incoming males. The American Naturalist, 121 (5): 716-728.

Paine R T.1966. Food web complexity and species diversity. The American Naturalist, 100: 65-75.

Paine R T. 1969.The Pisaster-Tegula interaction: prey patches, predator food preference, and intertidal community structure. Ecology, 50: 950-961.

Park T. 1948a.Experimental studies interspecific competion. Ⅰ. Competition between populations of the flour beetle *Tribolium confusum* Duv. and *Tribolium castaneum* Herbst. Ecological Monography, 19:265-308.

Park T. 1948b.Experimental studies of interspecific competion. Ⅱ. Temperature, humidity and competion in two species of *Tribolium*. Physiological Zoology, 27:177-238.

Parker G A. 1970. Sperm competition and its evolutionary consequences in the insects. Biological Review, 45: 525-567.

Pauly D, Christensen V. 1995. Primary production required to sustain global fisheries. Nature, 374: 255-257.

Pearl R, Parker S L. 1921. Experimental studies on the duration of life. Ⅰ. Introductory discussion of the duration of life in *Drosophila*. The American Naturalist, 55:481.

Pennisi E. 2006.Competition drives big beaks out of business. Science, 313: 156.

Perry D A. 1994.Forest Ecosystems. Baltimore:John Hopkins University Press: 649.

Petrie M, Halliday T. 1994. Experimental and natural changes in the peacock's (*Pavo cristatus*) train can affect mating success. Behavioral Ecology and Sociobiology, 35 (3): 213-217.

Pfennig D W, Murphy P J. 2003.A test of alternative hypotheses for character divergence between coexisting species. Ecology, 84: 1288-1297.

Pianka E R. 1970. On *r*- and *K*-selection. The American Naturalist, 104: 592-597.

Pickett S T A, Collins S L, Armesto J J. 1987. A hierarchical consideration of causes and mechanisms of succession. Vegetatio, 69: 109-114.

Pierce W D, Cushman R A, Hood C E. 1912. The insect enemies of the cotton boll weevil. USDA Bureau of Entomology Bulletin, 100:99.

Queller D C. 1983. Sexual selection in a hermaphroditic plant. Nature, 305: 706-707.

Ramade F.1981. Ecology of Natural Resources. New York: John Wiley & Sons: 231.

Raunkiaer C. 1905. Types biologiques pour la géographie botanique. Bulletin Academy of Royal Science (Denmark), 5: 347-437.

Raunkiaer C. 1918.Recherches statistiques sur les formations végétales. Biologiske Meddeleser Kongelige Danske Videnskabernes Selskab, 1:1-80.

Raunkiaer C. 1932. The Life Forms of Plants and Statistical Plant Geography. New York: Oxford University Press: 104.

Raunkiaer C. 1934.The Life Forms of Plants and Statistical Plant Geography. Oxford: Clarendon Press: 632.

Root R B. 1967. The niche exploitation pattern of the blue-gray gnatcatcher. Ecological Monographs, 37 (4): 317-350.

Schoener T W. 1968. Sizes of feeding territories among birds. Ecology, 49: 123-141.

Shelford V E. 1913. Animal Communities in Temperate America. Chicago: University of Chicago Press: 368.

Shelford V E. 1931. Some concepts of bioecology. Ecology, 12(3): 455-467.

Shine R, Charnov E L. 1992. Patterns of survival, growth, and maturation in snakes and lizards. The American Naturalist, 139: 1257-1269.

Skogsmyr I, Lankinen A. 2002. Sexual selection: an evolutionary force in plants? Biological Reviews, 77: 537-562.

Sommer U. 1993. Hutchinson's heritage: the diversity-diaturbance relationship in phytoplankton. Hydrobiologia, 249: 1-7.

Southwood T R E. 1976. Bionomic strategies and population parameters. May R M. Theoretical Ecology. London:Blackwell: 26-48.

Stephens M L. 1982. Mate takeover and possible infanticide by a female northern Jacana (*Jacana Spinosa*). Animal Behavior, 30: 1253-1254.

Stephens M L. 1984. Interspecific aggressive behavior of the polyandrous northern Jacana (*Jacana Spinosa*). Auk, 101: 508-518.

Sukachev V, Dylis N. 1968. Fundamentals of Forest Biogeocoenology. Translated from the Russian edition by J. M. Maclennan. Edinburgh:Oliver and Boyd: 672.

Tansely A G. 1935. The use and abuse of vegetational concepts and terms. Ecology, 64: 284-307.

Tansley A G.1939. The British Isles and Their Vegetation. Cambridge :Cambridge University Press: 930.

Teal J M. 1962. Energy flow in the salt marsh ecosystem of Georgia. Ecology, 43: 614-624.

Thorne B L.1997.Evolution of Eusociality in termites. Annual Review of Ecology and Systematics, 28: 27-54.

Thornhill R. 1977. The comparative predatory and sexual behavior of hanging flies (Mecoptera: Bittacidae) .Occasional Papers of the Museum of Zoology University of Michigan, 667: 1-43.

Tilman D. 1977. Resource competition between planktonic algae: an experimental and theoretical approach. Ecology, 58: 338-348.

Tilman D, Mattson M, Langer S. 1981. Competition and nutrient kinetics along a temperature gradient: an experimental test of a mechanistic approach approach to niche theory. Limnology and Oceanography, 26: 1020-1033.

Trumbo S T. 1990.Reproductive benefits and infanticide in a biparental burying beetle *Nicrophorus orbicollis*. Behavioral Ecology and Sociobiology, 27 (4): 269-273.

Vahed K. 1998. The function of nuptial feeding in insects: a review of empirical studies. Biological Reviews, 73: 43-78.

van Valen L.1973. A new evolutionary law. Evolutionary Theory, 1: 1-30.

Vaughton G, Ramsey M. 1998. Floral display, pollinator visitation and reproductive success in the dioecious perennial herb *Wurmbea dioica* (Liliaceae). Oecologia, 115 (1-2): 93-101.

Verner J, Willson M F. 1996. The influence and habitats on mating system of north american passerine birds. Ecology, 47 (1): 143-147.

Volterra V. 1926.Variazioni e fluttuazioni del numero d'individui in specie animali conviventi. Memorie della Reale Accademia dei Lincei, 2: 31-113.

Wade M J, Shuster S M. 2005. Don't throw bateman out with the bathwater. Integrative and Comparative Biology, 45 (5): 945-951.

Weiss P A. 1971.Hierarchically Organized Systems in Theory and Practice. New York :Hafner: 263.

Whittaker R H. 1953. A consideration of climax theory: the climax as a population and pattern. Ecological Monographs, 23: 41-78.

Whittaker R H. 1967. Gradient analysis of vegetation. Biological Review, 42: 207-264.

Whittaker R H. 1975. Communities and Ecosystems. New York: Macmillan Publishing Company: 385.

Whittaker R H.1977. 群落与生态系统. 姚璧君, 王瑞芳, 金鸿志译. 北京: 科学出版社: 173.

Whittaker R H, Levin S A. 1975. Niche: Theory and Application. Stroudsburg:Dowden, Hutchinson and Ross: 448.

Whittaker R H, Levin S A, Root R B.1973. Niche, habitat, and ecotope. The American Naturist, 107: 321-338.

Wikelski M, Trillmich F. 1997. Body size and sexual size dimorphism in marine iguanas fluctuate as a result of opposing natural and sexual selection: an island comparison. Evolution, 51 (3): 922-936.

Wikelski M. 2005.Evolution of body size in galapagos marine iguanas. Proceedings of the Royal Society (B), 272: 1985-1993.

Wilkinson G S. 1990. Food sharing in vampire bats. Scientific American, 262 (2): 76-82.

Wilkinson G S. 1984. Reciprocal food sharing in the vampire bat. Nature, 308: 181-184.

Willis A J. 1997. The ecosystem: an evolving concept viewed historically. Functional Ecology, 11: 268-271.

Winemiller K O, Rose K A. 1992. Patterns of life-history diversification in north American fishes: implications for population regulation. Canadian Journal of Fisheries and Aquatic Sciences, 19(10): 2196-2218.

Yoda K, Kira T, Ogawa H, et al.1963.Intraspecific competition among higher plants. Ⅸ. Self-thinning in overcrowded pure stands under cultivation and natural conditions. Journal of Biology (Osawa City University), 14:107-109.

# 中 文 索 引

**D**



**E**



**F**



**G**

**K**



**L**



**M**



**N**

**O**



**P**



**Q**



**R**



**S**

**T**

**W**



**X**



**Y**

**Z**

# 英 文 索 引

**K**

key factor analysis 关键因子分析, 86

keystone species 关键种, 179

**L**

landscape diversity 景观多样性, 167

*Lappula myosotis* 鹤虱, 199

*Larus argentatus* 银鸥, 41

Lasiopodomys brandti 布氏田鼠, 97, 112, 159

law of constant final yield 最后产量衡值法则, 118

law of effective temperature 有效积温法则, 38

law of limiting factors 限制因子定律, 14

law of Lindeman's trophic efficiency 林德曼营养效率定律, 232

law of tolerance 耐受性定律, 15

*Lawana imitata* 白蛾蜡蝉, 181

*Lemmus lemmus* 欧旅鼠, 104

*Lemna* 浮萍属, 196

lentic ecosystem 静水生态系统, 252

Lepidoptera 鳞翅目, 111

Lepus americanus 美洲兔, 98, 103, 136

*Leymus secalinus* 赖草, 199

Liebig's law of minimum 最小因子定律, 14

life cycle 生活周期, 150

life form spectrum 生活型谱, 182

life form 生活型, 181

life history strategies 生活史对策, 150

life history 生活史, 150

life table，life form 生命表, 82

limnetic zone 敞水区或湖沼区, 252

Lindeman efficiency 林德曼效率, 232

*Lindera camunis* 香叶树, 133

*Lipaphis erysimi* 萝卜蚜, 132

*Lithocarpus glaber* 石栎, 133

littoral zone 沿岸区, 252

*Littorina littorea* 厚壳玉黍螺, 173

*Littorina saxatilis* 岩栖滨螺, 156

living time 生活时长, 82

Logistic equation 逻辑斯谛方程, 92

logistic growth model 逻辑斯谛增长模型, 92

*Lolium loliaceum* 黑麦草, 118

long day plant 长日性植物, 31

longevity 寿长, 82

*Lupinus lepidus* 白羽扇豆, 198

*Lycaon pictus* 非洲野犬, 123

*Lygocoris lucorum* 绿盲蝽, 97

Lyme disease 莱姆病, 292

*Lynx canadensis* 加拿大猞猁, 98, 136

**M**

*Macrosiphum avenae* 麦长管蚜, 107, 161

Malthusian growth model 马尔萨斯增长模型, 91

*Malurus* 尾鹩莺属, 126

*Manacus manacus* 白须侏儒鸟, 114

mangrove 红树林, 251

mark-recapture method 标记重捕法, 77

*Marmota flaviventri* 黄腹旱獭, 114

Matsucoccus matsumurae 日本松干蚧, 102

Mecoptera 长翅目, 111

*Meriones unguiculatus* 长爪沙鼠, 159

metapopulation 集合种群, 72

*Michelia maudiae* 深山含笑, 133

microcosm 微小整体, 223

*Microtus agrestis* 黑田鼠, 104

*Microtus ochrogaster* 橙腹田鼠，黄腹田鼠, 97, 104, 142

*Microtus ochrogaster* 根田鼠, 104

*Microtus richardsoni* 里氏田鼠, 115

*Microtus townsendii* 西岸田鼠, 104

migration 侵移, 194

*Mirounga angustirostris* 象海豹, 117

modular organism 构件生物, 69

monoclimax hypothesis 单元顶极学说, 203

monogamy 单配制, 113

mortality 死亡率, 76

mosaic 镶嵌性, 184

multi- factorial hypothesis 复合因子假说, 102

*Murina leucogaster* 白腹管鼻蝠, 146

*Mus musculus* 小家鼠, 75

*Mustela rixosa* 黄鼠狼, 275

mutualism 互利共生, 140

*Myotis chinensis* 中华鼠耳蝠, 146

*Mytilus californianus* 牡蛎, 172

*Myzus persicae* 桃蚜, 132, 133, 161

*Myotis ricketti* 足鼠耳蝠, 146

**T**



**U**



**V**

**W**

water cycle 水循环, 278
wetland 湿地, 248

**X**

*Xyleborus* 材小蠹属, 140

**Y**

year 年份, 82

**Z**

Zurich-Montpellier school 法瑞学派, 3